우주탐사의 물리학

우주탐사의 물리학

현실과 SF를 넘나드는 외계행성 탐사에 관한 모든 것

초판 1쇄 펴낸날 2023년 3월 28일
초판 3쇄 펴낸날 2024년 5월 31일
지은이 윤복원
펴낸이 한성봉
편집 최창문·이종석·오시경·권지연·이동현·김선형·전유경
콘텐츠제작 안상준
디자인 최세정
마케팅 박신용·오주형·박민지·이예지
경영지원 국지연·송인경
펴낸곳 동아시아
등록 1998년 3월 5일 제1998-000243호
주소 서울시 중구 필동로8길 73 [예장동 1-42] 동아시아빌딩
페이스북 www.facebook.com/dongasiabooks
인스타그램 www.instargram.com/dongasiabook
블로그 blog.naver.com/dongasiabook
전자우편 dongasiabook@naver.com
전화 02) 757-9724, 5
팩스 02) 757-9726

ISBN 978-89-6262-486-1 93400

만든 사람들
편집 안상준
디자인 studio forb

현실과 SF를 넘나드는
외계행성 탐사에 관한
모든 것
우주 탐사의 물리학
윤복원 지음
동아시아

프롤로그

1950년대 후반에 본격적으로 실행에 옮겨지기 시작한 우주기술은 1961년에 사람을 대기권 밖 우주로 보냈고, 1969년에는 지구 밖 천체인 달 표면에 사람을 보냈다. 무인 우주탐사도 계속되어 1980년대까지 태양계의 모든 행성에 탐사선을 보냈다. 21세기에는 왜행성으로 강등된 명왕성, 소행성대의 왜행성인 세레스, 추류모프-게라시멘코 혜성 등 다양한 천체를 탐사해 오고 있다. 꾸준히 항공우주과학기술에 투자한 한국도 2022년에는 자체 기술로 개발한 추진체인 누리호로 인공위성을 쏘아 올리는 데 성공했고, 달 궤도선 다누리호도 개발해 탄도형 달 전이 방식을 거쳐 달 주위를 도는 궤도에 안착시켰다.

한편 천문 관측에도 꾸준한 발전이 있었다. 특히 시구와 같이 생명체가 살 수 있는 외계행성도 있지 않을까 하는 호기심으로 외계행성 관측에 많은 관심이 모였다. 1990년대에 시작된 외계행성 관측은 2023년 초까지 5,000개가 넘는 외계행성을 찾는 성과를 내고 있다. 아직은 달 이외의 어떤 천체에도 사람을 보낸 적이 없지만, 외계행성 발견 뉴스를 접하면서 우리는 생명이 살 수 있는 외계행성에 발을 디디고 이주지를 개발하는 상상을 한다. 과학기술이 엄청나게 발달한 먼 미래에는 가능할 것이라는 기대 속의 상상이다.

이 책은 과거, 현재, 가까운 미래, 그리고 아주 먼 미래를 잇는 우주탐사의 긴 여정에서 생각해 봐야 할 과학 지식을 담고 있다. 특히 유인 우주탐사에 관련된 과학 지식을 비중 있게 다룬다. 우리가 중력이라고 느끼는 것은 중력이 아니라는 사실, 자유낙하로 만드는 무중력, 하이퍼루프를 이용한 미래의 무중력 체험, 우주선의 초기속도와 중력 탈출속도, 공전과 자전이 우주선 발사나 비행에 끼치는 영향, 로켓 추진 없이도 우주선 속도를 높일 수 있는 중력 도움 항법, 소행성 또는 혜성 충돌로부터의 지구 방위, 장시간 유인 우주비행에 필요한 인공중력을 만드는 방법, 그리고 인공중력에서 벌어지는 특별한 현상 등을 과학 지식에 기반해 꼼꼼히 설명한다.

책의 후반부에서는 외계행성을 찾는 방법, 지상과 우주에서 나타나는 신기루, 블랙홀이 합쳐질 때 발생하는 중력파 관측과 관련된 과학 지식을 설명한다. 마지막에는 아주 먼 미래의 외계행성을 향한 유인 우주탐사에서 일어나는 일과 결과를 특수상대성이론으로 풀어나간다. 빛이 날아가는 데도 수백 년 이상이 걸리는 곳에 몇십 년 만에 갈 수 있는 이유, 쌍둥이 역설, 빛의 속도에 가깝게 우주선을 가속하는 과정, 그리고 이에 필요한 에너지 등을 따진다.

책에서는 이러한 내용을 일반 대중의 눈높이뿐만 아니라 과학 마니아의 눈높이에도 신경을 써서 설명했다. 글만으로는 이해하기 쉽지 않을 수 있는 부분은 다양한 그림을 넣어서 보완했다. 꼭 필요하지 않으면 수식은 가능하면 피했다. 관련 과학기술의 기본 원리를 어떻게 응용하는지도 설명했다. 현재와 미래의 과학기술뿐만 아니라 상상에만 존재하는 내용도 과학적으로 따졌다.

아무쪼록 초중고 학생들부터 대학생 이상의 성인들까지 많은 사람들이 이 책을 통해서 우주탐사와 관련된 과학 정보를 얻고 지적 호기심도 충족하기를 바란다. 초중고에 재학 중인 청소년들이 기본 과학 지식을 쌓는 데 이 책이 큰 도움을 줄 것이라 자부한다. SF 작가들에게도 큰 도움이 되기를 기대한다. 우주탐사 관련 글을 쓸 때 확인해야 할 세부 과학 지식을 제공하는 동반자로서의 역할을 충분히 수행할 것으로 본다.

차례

2부

태양계 우주탐사

3부

소행성과 혜성, 그리고 지구방위

4부

장기간 유인 우주탐사에 필요한 인공중력

5부

외계천체 찾기

6부

특수상대성이론으로 풀어보는 외계행성 유인 탐사

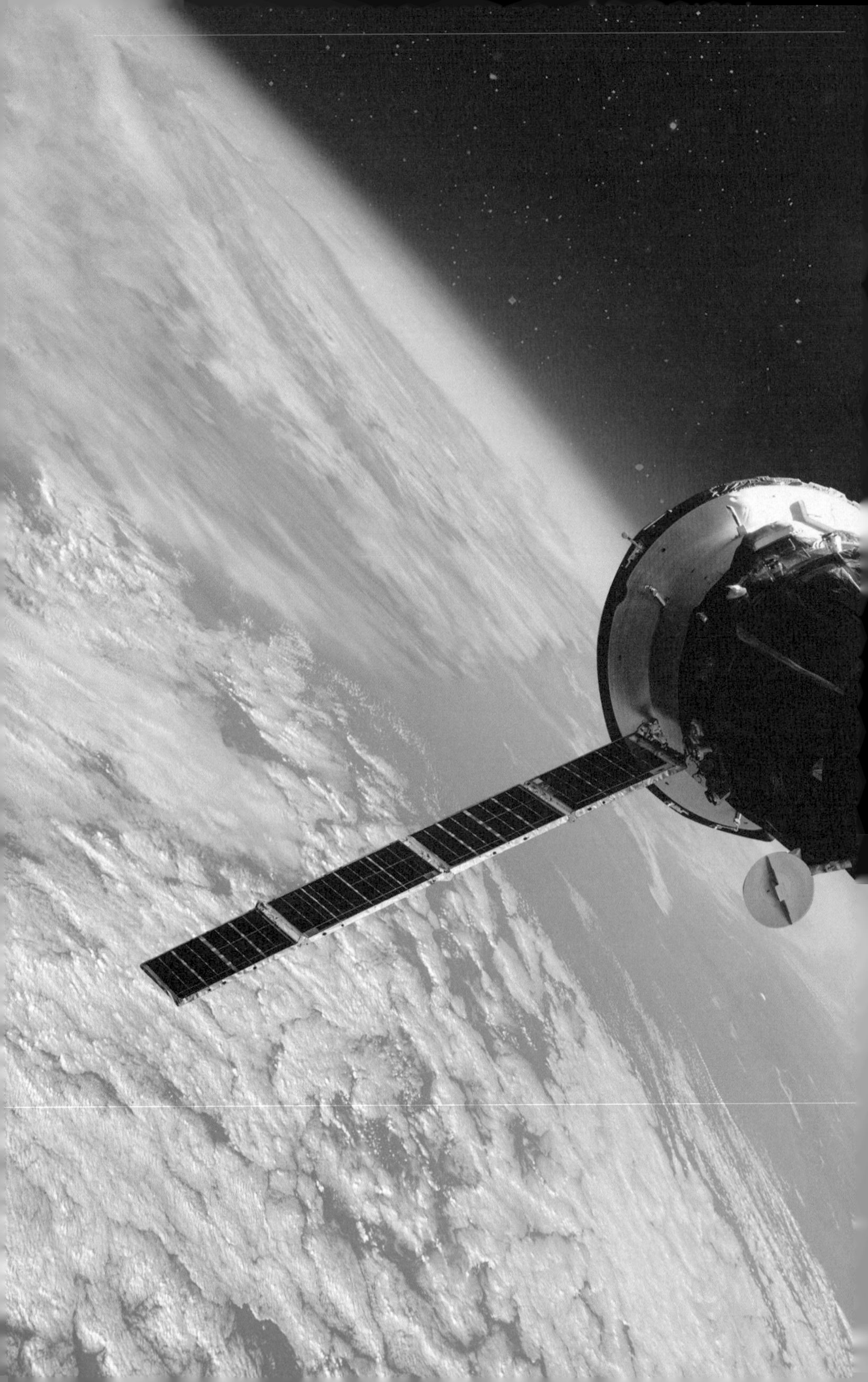

무중력과 인공위성

맨몸으로 하늘을 나는 꿈, 실현 가능할까?

누구나 한 번쯤은 맨몸으로 하늘을 나는 꿈을 꾼다.
피터 팬처럼 하늘을 날아오르려면 중력이 작은 곳으로 가야 한다.
태양계에서 중력이 작은 천체에 가서 뛰면 어떤 일이 벌어질까?

어렸을 적에 한 번쯤은 '피터 팬'처럼 살짝만 뛰어도 높이 올라 허공에서 자유롭게 날아다니는 상상을 해본다. 아마 꿈속에서 이런 경험을 해본 사람들도 있을 수 있다. 중력의 영향 속에 있는 지구 위에서 맨몸으로는 날아다니는 경험을 하기는 쉽지 않다. 액션 영화를 촬영할 때 사용하는 와이어 액션처럼 줄에 매달리거나 제트팩[1] 또는 행글라이더의 도움을 받으면 허공을 날아다니는 유사한 경험이 가능하다. 하지만 몸이 줄이나 제트팩 또는 행글라이더에 매달려 있는 것을 느낄 수밖에 없기 때문에 상상처럼 가볍게 날아다니는 것과는 분명 차이가 있다. 아무런 장치나 기구의 도움 없이 가볍게 뛰어오르고 날아다니려면, 중력이 작거나 거의 없는 곳을 찾아가거나 그런 환경을 만들어야 한다.

중력이 작은, 이른바 '저중력'인 곳은 어떤 곳일까? 달처럼 크기가 지구보다 작은 암석 천체의 표면에서는 중력이 지구 중력보다 작다. 달 위에서는 지구 중력의 6분의 1 정도이다.[2] 지구 위에서 30센티미터 정도 뛰어오를 수 있는 에너지 또는 속도로 달에서는 약 1.8미터를 뛰어오를 수 있다. 하지만 지구와는 달리 달 표면은 대기가 거의 없고, 밤낮의 온도 차이가 매우 큰 환경이어서 산소 공급, 온도 조절, 압력 유지 등에 필요한 생명유지장치가 갖춰진 우주복을 입고 있어야 한다.[3] 이런 장비의 무게 때문에 실제 뛰어오를 수 있는 높이는 줄어든다. 1969년과 1972년 사이에 달 위에 발을 디뎠던 우주인들이 달에서 뛰는 모습을 동영상으로 보면, 중력이 작은 달 표면임에도 불구하고 우주인들이 뛰어오르는 높이가 생각보다 그리 높지 않은 것을 볼 수 있다. 일부 호사가들은 이 부분을 "인간이 실제로는 달에 간 적이 없다"라는 음모론의 증거로 제시하기도 했다.

달보다 더 작은 크기의 천체는 어떨까? 소행성 탐사선 돈Dawn호가 주위를 돌며 탐사한 왜행성 세레스Ceres의 경우를 보자. 표면에서 밝게 빛나는 점이 발견되어 사람들의 관심을 받았던 세레스의 질량은 지구 질량의 6,000분의 1 정도이고 반지름은 지구의 13분의 1 정도이다. 이 값을 이용해 계산한 세레스 표면에서의 중력은 지구 표면 중력의 약 35분의 1에 불과하다.[4] 이만한 중력이면 무거운 우주복을 입고도 수 미터는 거뜬히 뛰어오를 수 있고, 우주복이 충분히 가볍고 점프력이 있다면 10미터 이상도 뛰어오를 수 있다.

세레스에서의 중력에도 만족하지 못한다면 혜성 탐사선 로제타호가 탐사했던 혜성 67P/추류모프-게라시멘코67P/Churyumov-Gerasimenko, 67P/CG를 생각해 볼 수 있다. 이 혜성의 핵은 길이가 긴 곳은 5킬로미터 정도이고 질량은 지구 질량의 6,000억분의 1 정도밖에 안 된다.[5] 이로부터 계산한 혜성의 핵 표면에서의 중력은 지구 표면의 1만분의 1 정도이다. 조금만 힘차게 점프를 해도 엄청난 높이로 뛰어올라 아예 우주로 튕겨 나갈 만큼 작은 중력이다. 거의 피터 팬이 날아다니는 수준 또는 그 이상이다.

그런데 문제는 '이런 천체에 사람이 갈 수 있는가'이다. 40여 년 전 달 표면에 우주인을 보냈던 아폴로 프로그램에도, 그 당시 돈으로 200억 달러가 넘는 엄청난 비용이 들어갔다. 게다가 달에 마지막으로 우주인이 갔다 온 1972년 이후 지금까지, 달뿐 아니라 지구 이외의 어떤 천체에도 사람이 직접 갔다 온 적이 없다. 이러한 현재 상황을 감안하면, 가까운 미래에 중력이 매우 작은 천체에 사람이 갈 수는 없을 것 같다.

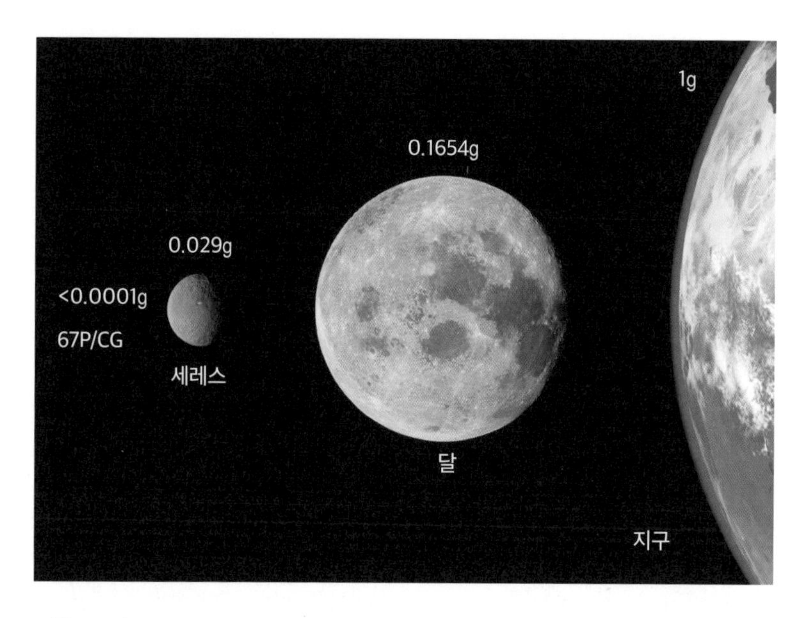

그림 1-1 (오른쪽에서 왼쪽 방향으로) 지구, 달, 세레스, 67P/추류모프-게라시멘코 혜성(67P/CG. 세레스 지름의 200분의 1 정도밖에 안 되는 길이를 가진 67P/CG는 이 그림에서 점 하나 정도의 크기이다). 각 천체 표면에서 중력의 크기를 지구 표면 중력의 크기와 비교하면, 달 표면에서는 6분의 1, 왜행성 세레스 표면에서는 35분의 1, 67P/CG 혜성 표면에서는 1만분의 1 정도이다. 유인 기지가 있다면 달 표면에서는 1~2미터를 뛰어오를 수 있고, 세레스 표면에서는 10미터 이상도 뛰어오를 수 있을 만한 중력이다. 67P/CG 혜성에서는 세게 뛰어오르면 혜성의 중력에서 완전히 벗어나 아주 멀리 날아간다. 1g는 지구 표면에서의 중력가속도 크기이고, 떨어지는 속도가 1초에 초속 9.8미터씩 더 커지는 것을 의미한다.

달 기지에서 NBA 프로 농구 선수가 뛰어오르면 얼마나 높이 올라갈까?

미래에 유인 달 기지를 건설해 지구의 대기와 유사한 실내 환경을 만들었다고 가정해 보자. 이런 상황에서는 무거운 장비가 달린 우주복을 입지 않고, 가벼운 옷만 입고도 생활할 수 있다. 이곳에서 마음먹고 지구에서처럼 힘껏 뛰어오르면 보통 사람들도 2미터 정도 높이까지 올라갈 수 있다. 일반인들보다 훨씬 높이 뛸 수 있는 농구 선수라면 더 높이 뛰어오를 수 있다. 미국 프로 농구 선수들 중에는 수직점프vertical jump 높이가 1미터가 넘는 선수도 있다고 한다.[6] 이 선수들이 지구에서 1미터 높이로 수직점프 하는 속도로 달 기지에서 뛰어오르면 6미터 정도 높이까지 올라갈 수 있다.

더 먼 미래에 왜행성인 세레스에 우주기지를 만들어 지구와 같은 대기 조건 속에서 생활할 수 있다면 상황은 더 재미있다. 지구에서 30센티미터 높이로 수직점프 할 수 있는 사람은 10미터 이상을 뛰어올라갈 수 있고, 점프력 있는 NBA 프로 농구 선수라면 35미터 이상도 뛰어오를 수 있다.

퀴즈

(1) 미래에 인류가 화성에 유인 우주기지를 건설하고 실내를 지구와 같은 환경으로 만들어 우주기지에 거주하는 사람들이 지구에서처럼 생활한다고 하자. 지구에서 50센티미터 높이로 수직점프하는 것과 같은 속도로 화성 유인 우주기지 실내에서 뛰어오르면 얼마나 높이 올라갈 수 있을까? 화성 표면에서의 중력의 크기는 지구 표면에서의 중력의 크기의 38%이다.

(2) 달에도 유인 우주기지를 만들어 지구에서처럼 생활한다고 하자. 달 유인 우주기지에 거주하는 사람이 수직점프를 했더니 3미터를 뛰어올랐다. 이 사람이 지구에서 똑같은 속도로 뛰어오르면 얼마나 높이 올라갈까? 달 표면에서의 중력의 크기는 지구 표면에서의 중력의 크기의 6분의 1이다.

무중력을 만드는 방법

지구상에서도 무중력을 만들고 경험할 방법은 없을까?
궤도 우주비행, 탄도 우주비행, 무중력 체험 프로그램 '제로-G' 등
무중력을 만드는 방법들을 알아보자.

지구 주위를 도는 궤도 우주비행에서 경험하는 무중력

작은 천체에 갈 수 없다고 해서 저중력이나 무중력상태를 경험할 수 없는 것은 아니다. 400킬로미터 상공에서 초속 7.7킬로미터의 속도로 지구 주위를 돌고 있는 국제우주정거장International Space Station, ISS 안이 대표적인 예이다. 가끔 고도를 높이기 위해 일시적으로 추진력을 사용하는 경우를 제외하면, ISS는 대부분의 시간 동안 추진력 없이 지구 주위를 도는 '궤도 우주비행'을 한다. 이런 궤도 우주비행을 하는 우주선 또는 우주정거장 안에서 무중력을 경험할

그림 1-2 400킬로미터 상공에서 지구 주위를 도는 궤도 우주비행을 하는 국제우주정거장. 추진력을 사용하지 않고 지구 주위를 도는 ISS 안은 무중력상태이다. 일시적으로 궤도의 높이를 올리기 위해 추진력을 사용할 때는 무중력상태에서 벗어난다.

수 있다. ISS에서는 2000년 11월 이후 지금까지 여러 우주인이 짧게는 며칠, 길게는 수백 일 동안 무중력상태로 머무르면서 임무를 수행했다.

세계 최초로 유인 궤도 우주비행을 한 우주인은 유리 가가린 Yuri Gagarin으로, 1961년 4월 12일에 보스토크 1호Vostok 1 우주선을 타고 지구를 한 바퀴 돌았다. 이후 지금까지 수백 명의 우주인이 궤도 우주비행을 했다.[7] 그중 16명은(2022년 4월 기준) 여행비를 개인이 지불하고 우주여행을 한 '민간 우주 여행객'이다.[8] 1인당 여행비는 최대 5,500만 달러까지 지불한 것으로 알려졌다. 궤도 우주비행 방식의 우주여행 비용을 가늠해 볼 수 있는 부분이다. 며칠 동안 무중력을 체험하는 데 필요한 수천만 달러는 일반인들은 감히 엄두도 못 내는 비용이다.

인류 최초의 유인 우주비행

인류 최초의 우주인인 옛 소비에트연방의 유리 가가린은 1961년 4월 로켓 우주선 보스토크 1호를 타고 대기권 밖의 우주로 나가 지구를 거의 한 바퀴 돌고 지표면으로 귀환했다. 궤도 우주비행으로 지구 주위를 돈 첫 번째 사람이다. 대기권 밖에서 추진력 없이 지구 주위를 도는 동안 보스토크 1호 안은 거의 무중력상태였다.

초속 8킬로미터에 육박하는, 매우 빠른 속도로 지구를 돌던 보스토크 1호는 역추진하면서 속도를 줄이고 고도를 낮춰 대기권에 진입했다. 이때 분리된 귀환 캡슐은 공기저항으로 속도가 줄어들었다. 그 결과로 줄어든 운동에너지가 열에너지로 변하면서 대기와 부딪치는 부분의 온도가 높이 올라갔다.

지상에 착륙하기 직전에 귀환 캡슐은 유리 가가린을 밖으로 튕겨 내보내고, 가가린은 낙하산으로 지표면에 귀환했다. 마지막 단계에서 낙하산을 타고 지표면에 귀환했던 것을 제외하면, 보스토크 1호의 우주비행 방식은 우주인과 화물을 ISS로 실어 나르는 요즘 우주선과 기본적으로 큰 차이가 없다.

보스토크 1호 발사 장면(왼쪽)과 전시된 보스토크 1호 캡슐(오른쪽).

탄도 우주비행의 무중력

궤도 우주비행에 비해 상대적으로 적은 비용이 들어가는 우주여행 방식으로 무중력을 체험할 수도 있다. 단순하게 100킬로미터 이상의 고도에 올라갔다가 내려오는 비행 방식이다. '탄도 우주비행' 또는 '준궤도 우주비행'이라고 부른다. 미국인 최초 우주인인 앨런 셰퍼드Alan Shepard가 우주로 갔을 때의 우주비행 방식이다. 탄도비행 우주선은 최대 속도가 궤도 우주비행에 필요한 속도에 못 미친다. 고도 100킬로미터를 좀 넘는 높이까지 올라가는 우주선의 경우는 최대 속도가 초속 2~3킬로미터 정도이다.

우주선이 상승하는 속도가 최대가 되었을 때 추진 로켓을 끄면, 지구 중력이 끌어당기는 힘에 의해 우주선의 속도가 점점 줄어든다. 상승 속도가 0이 될 때 우주선은 가장 높은 곳에 이른다. 이후 다시 하강하기 시작하면 내려가는 속도가 점점 커진다. 이렇게 추진력 없이 상승하다 하강하는 동안 우주선 안에서는 거의 무중력에 가까운 상태가 유지된다.[9] 궤도 우주비행을 하는 ISS에서는 체류하는 내내 무중력을 체험하는 것에 비해, 탄도 우주비행으로는 훨씬 짧은 몇 분 동안만 무중력을 체험할 수 있다.

탄도 우주비행 또는 준궤도 우주비행 방식의 우주여행을 상업적으로 추진하는 민간 업체들도 있다. 버진 갤럭틱Virgin Galactic과 블루 오리진Blue Origin이 대표적인 기업이다. 이 업체들이 제시하는 우주여행 상품 가격은 약 25만 달러로, 원화로는 3억 원 정도이다.[10] 궤도 우주비행 비용보다는 상대적으로 훨씬 저렴하지만, 일반인들에게는 여전히 비싼 가격이다.

민간 우주비행을 선도적으로 개발하고 추진한 회사인 버진 갤럭틱은 자체 제작한 유인 우주선 '스페이스십 원'으로 2004년에 고도 100킬로미터를 넘기는 시험 탄도 우주비행에 세 차례 성공했다. 2014년 10월에 비행사 1명을 잃고 또 다른 1명은 중상을 입는 '스페이스십 투'의 시험비행 사고 등을 겪었다.[11] 2021년 7월 11일(현지 시각)에 창업주 리처드 브랜슨과 조종사를 포함해 모두 6명을 태운 유인 우주선 VSS 유니티Virgin SpaceShip unity의 우주비행에 성공했다.[12] 우주선은 86킬로미터 높이까지 도달하고 4~5분 동안의 무중력 체험을 하면서 민간 우주비행 사업이 다시 본격적으로 시작되었음을 알렸다.

2021년 7월 20일에는 우주선 제조 회사이자 우주비행 회사인

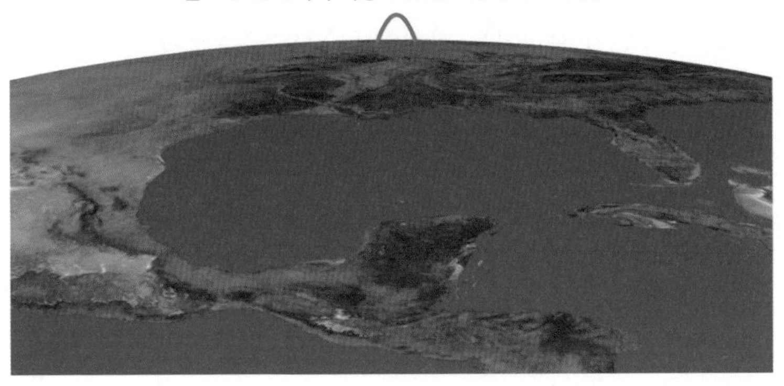

그림 1-3 무중력을 체험할 수 있는 궤도 우주비행과 탄도(준궤도) 우주비행의 궤적 비교. 400킬로미터 상공에서 궤도 우주비행을 하는 ISS는 추진력을 사용하지 않고도 초속 7.7킬로미터의 속도로 지구의 표면과 평행하게 움직인다. 지구가 둥글기 때문에 지구를 한눈에 볼 수 있는 아주 먼 곳에서 보면 ISS는 거의 동그라미 모양으로 움직인다. 100킬로미터 이상의 높이에서는 공기가 거의 없기 때문에 공기저항도 거의 없다. 이 높이까지 올라갔다 바로 내려오는 비행을 탄도 우주비행이라고 한다. 탄도 우주비행을 하는 우주선이 추진력을 사용하지 않고 관성만으로 날아가는 구간에서 우주선은 포물선 모양과 비슷한 궤적으로 움직인다.

블루 오리진의 유인 우주선 뉴 셰퍼드New Shepard가 창업주 제프 베이조스를 포함한 4명을 태우고 우주비행에 성공했다.[13] 뉴 셰퍼드호는 107킬로미터 높이까지 다다랐다.

항공기를 이용한 무중력 체험

우주로 나가지 않고도 무중력에 가까운 상태를 체험할 수 있는 방법도 있다. 비행기로 포물선 모양의 궤적을 그리면서 최대 10킬로미터 상공까지 올라가는 비행인데, 탄도 우주비행을 축소한 방식이다. 우주선이 아닌 비행기 안에서 무중력상태를 만든다. 우주인들이 우주에서 경험할 무중력상태를 미리 체험하는 훈련에도 사용되는 방법이다. 무중력을 체험할 수 있는 시간이 30초에 못 미칠 정도로 짧다. 하지만 한 번의 비행으로 착륙하기 전까지 무중력 체험을 여러 번 반복할 수 있는 장점이 있다. 비행 방법에 따라서는

그림 1-4 우주왕복선에 탑승할 예정인 사람들이 비행기 안에서 무중력 훈련을 하는 모습. 포물선 모양으로 비행하는 방법으로, 비행기 안에서 무중력 또는 저중력 상태를 만들 수 있다. 1985년 사진.

달이나 화성의 중력같이 저중력 상태도 만들 수도 있다. 2000년대에 들어 제로-G Zero-G 라는 이름으로 일반인에게 상업적인 무중력 체험 프로그램을 제공하고 있다.[14] 20초 정도의 무중력 체험을 10회 이상 하는 상품은 2022년 기준 세금을 포함하지 않은 가격이 약 8,200달러로, 원화 1,000만 원 정도이다. 이보다 비싼 1등석 항공 여행도 있는 것을 감안하면, 가격이 터무니없이 비싸 보이지는 않는다.

퀴즈

(1) 무중력에서 콩나물이 어떻게 자라는지 실험하려고 한다. 궤도 우주비행, 탄도(준궤도) 우주비행, 비행기를 이용한 제로-G 중에서 어떤 방식의 무중력 체험에서 실험을 해야 할까?

(2) 미리 준비한 밀가루 반죽을 공중에서 돌려 5초 만에 원하는 크기와 두께의 피자 반죽을 만드는 피자 요리사가 있다. 이 사람이 무중력에서 같은 방법으로 피자 반죽을 만들 수 있는지 실험해 보려고 한다. 이 실험을 할 수 있는 가장 경제적인 무중력 체험 방식은 무엇일까?

무중력의 정체

'무중력'이라는 말과 달리, 무중력은 중력이 없는 것이 아니다.
우리가 느끼지 못할 뿐, 무중력의 공간에도 중력이 존재한다.
무중력의 정체에 대해 자세히 알아보자.

비용이나 기회의 문제가 있기는 하지만 이렇게 여러 방식으로 구현할 수 있는 '무중력상태'와 관련해 쉽게 오해하는 것들이 있다. 대표적인 오해의 하나가 '무중력상태에서는 중력이 없다'라고 생각하는 것이다. 우주로 나가면 무중력을 경험하고, 무無중력이라는 단어도 글자 그대로 해석하면 '중력이 없음'이라는 뜻이 아닌가? 이러니 중력이 우주에서는 없어지는 것으로 생각하기 쉽다.

하지만 지표면에서나 ISS 높이의 우주에서나, 지구 중력은 여전히 존재한다. 지표면에서 약 400킬로미터 상공인 ISS 높이에서

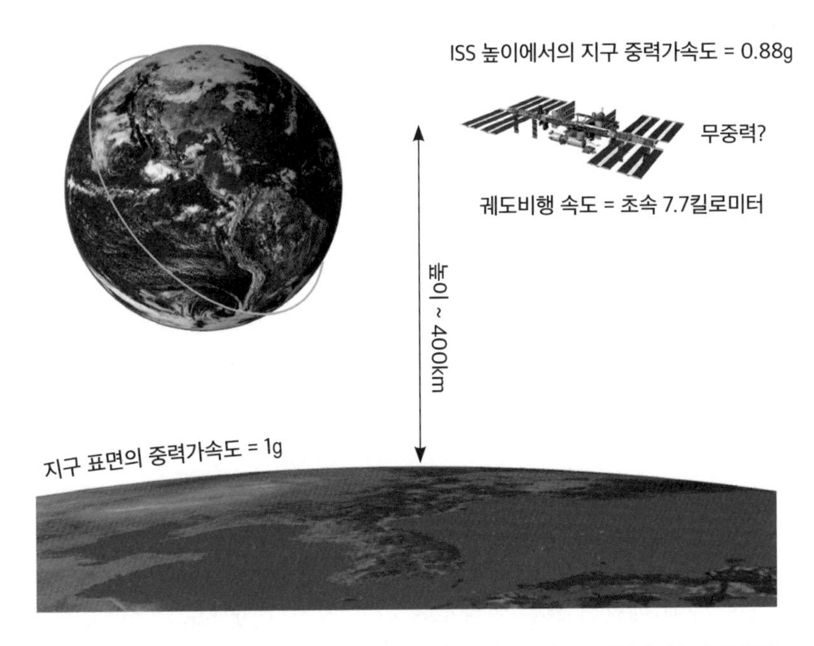

그림 1-5 지구의 표면과 국제우주정거장에서의 중력 차이. ISS와 ISS 내부에 있는 모든 물체에 작용하는 지구 중력가속도의 크기는 지표면에 비해 12% 정도 작다. 하지만 ISS 안에서는 무중력상태이다. 지구의 중력이 여전히 작용하는데 무중력인 이유는 무엇일까?

는 중력의 크기가 12% 정도 줄어들 뿐이다. 지구 중력이 여전히 존재하는데도 ISS 안에서는 무중력상태라고? 이런 상황이 언뜻 모순돼 보일 수 있다. 이 상황을 이해하려면 우리가 중력을 어떻게 느끼는지를 알 필요가 있다.

중력에 대항하는 힘이 없을 때의 무중력

지구의 중력은 지구 위에 있는 모든 물체를 아래로 잡아당긴다. 하지만 중력이 작용한다고 해서 모든 것이 다 아래로 떨어지는 것은 아니다. 한 예로 땅바닥에 서 있는 사람은 지구의 중력이 당기고 있지만, 땅속으로 더 떨어지지 않는다. '땅바닥이 튼튼하니까 땅바닥을 뚫고 땅속으로 떨어지지 않는다'라는 이 뻔한 사실의 이면에는 '땅바닥이 우리 발바닥을 위로 민다'라는 사실이 있다. 이렇게 바닥이 위로 미는 힘이 아래로 끌어당기는 중력과 힘의 균형을 이루면서, 서 있는 사람은 더 이상 떨어지지 않는다. 땅이 발바닥을 위로 미는 힘이 중력에 대항하고 있는 것이다. 또 다른 하나의 예로, 어깨에 매달린 팔은 아래로 향하고 있지만 아래로 더 떨어지지 않는다. 이 경우도 마찬가지로 어깨가 팔이 떨어지지 않도록 팔을 위로 끌어당기고 있기 때문이다. 이 힘도 마찬가지로 중력에 대항하는 힘이다.

중력을 느낀다고 말할 때, 우리는 지구가 잡아당기는 중력을 느끼지 않고 바로 이 '중력에 대항하는 힘'을 느낀다. 이를 다시 말하면 중력에 대항하는 힘이 없다면, 중력이 존재하고 있더라도 '중력을 느끼지 못하는' 상황이 된다. 이 상황이 바로 우리가 말하는 '무중력상태'이다. 궤도 우주비행과 탄도 우주비행, 그리고 비행기를 이용한 포물선 비행에서 무중력상태에 있는 것은 우리가 느낄 '중력에 대항하는 힘'이 없는 상태이기 때문이다.

중력에 대항해 바닥에서 받쳐주는 힘이나 위에서 당기는 힘이 없으면, 중력이 끌어당기는 대로 떨어진다. 주위의 물체들과 함께 떨어지는 상황에서, 떨어지는 사람은 같이 떨어지는 물체를 일부러 밀거나 당기는 등의 방법으로 힘을 주는 것 정도밖에 할 수 없다. 같이 떨어지는 물체도 사람에게 힘을 지속적으로 줄 수 없다. 결국 주위의 어떤 물건도 같이 떨어지는 사람에게 중력에 대항하는 힘을 주지 않는다. 이때 떨어지는 사람은 중력에 대항하는 힘이 없어 중력을 느끼지 못하는 무중력상태가 된다. 이렇게 중력이 당기는 대로 떨어지는 것을 '자유낙하'라고 부른다. 무중력은 자유낙하를 통해 경험한다는 이야기이다.

자유낙하로 경험하는 무중력

자유낙하를 통해 짧은 시간이나마 무중력상태와 유사한 상황을 경험할 수 있는 방법이 우리 주위에도 있다. 번지점프를 하거나 놀이공원에서 자이로드롭을 타는 방법이다. 둘 다 높은 곳에서 자유낙하에 가깝게 떨어진다. 떨어지는 것에서 오는 공포감과 공기(또는 바람)를 가르는 느낌 때문에 몇 초 안 되는 동안 무중력에 가까운 상황을 체험하는 데 집중하기 어려운 문제점이 있기는 하다. 번지점프나 자이로드롭의 높이가 아주 높으면 더 긴 시간의 무중력 체험을 할 수 있지 않을까 하고 생각해 볼 수도 있지만, 여기에는 '공기저항'이라는 문제가 있다.

더 오래 떨어질수록 떨어지는 속도가 더 커진다. 속도가 커지면 공기저항도 커지면서 떨어지는 속도가 더 커지는 것을 방해한다. 이런 상황에서 공기저항은 중력에 대항하는 힘이 되고, 떨어지는 움직임은 자유낙하에서 벗어난다. 결국 떨어지는 사람은 공기저항을 느끼면서 '중력을 느끼는 상황'이 된다. 이 때문에 수천 미터 상공에서 스카이다이빙을 하는 사람도 뛰어내린 후 짧은 시간 동안만 무중력과 비슷한 상태를 경험할 뿐, 떨어지는 대부분의 구간에서 공기저항 때문에 무중력상태를 경험하지 못한다.

아래 방향으로 떨어지는 것만을 자유낙하라고 부르지는 않는다. 트램펄린을 보자. 뛰어오르는 순간에는 속도가 위로 향하지만, 중력은 위로 올라가는 사람을 아래로 끌어당겨 올라가는 속도가 점점 줄어든다. 그러다 아래로 떨어지는 방향으로 속도가 바뀌는 순간에 가장 높은 위치에 도달한다. 이렇게 위로 올라가면서 속도가 줄어드는 경우도 중력에 대항하는 힘이 없으면 자유낙하에 해당한다. 최고 높이에 이른 이후에는 아래를 향해 움직이기 시작하고 아래로 떨어지는 속도가 점점 커진다. 모든 과정이 중력이 아래로 당기기 때문에 일어나는 움직임이다. 움직이는 속도가 너무 빠르지 않으면 공기저항도 작아 중력이 당기는 대로 움직이는 '자유낙하'에 가깝다. 이와 같은 이유로 트램펄린 위에서 뛰어올라 공중에 머무르는 동안에는 중력에 대항하는 힘이 거의 없는 무중력에 가까운 상태를 경험한다. 성능 좋고 안전한 트램펄린 위에서 5미터 높이까지 뛰어오를 경우, 무중력을 경험하는 시간은 2초 정도이다.

트램펄린이 충분히 넓고 뛰는 방향이 수직 방향이 아닌 각도로 뛰면, 뛰는 사람은 공중에서 포물선 모양을 그리며 움직인다. 중력은 위아래로 움직이는 속도에만 영향을 주고 지면과 평행한 수평 방향의 속도에는 영향을 주지 않는다. 이 때문에 위로 올라가는 속도는 점점 줄어들어 다시 아래로 향하고 수평 방향으로 움직이는 속도는 거의 그대로 유지되면서, 뛰는 사람이 날아가는 궤적의 모양은 포물선과 비슷한 모양이 된다. 이 경우도 중력이 당기는 대로 움직이는 '자유낙하'가 되어 뛰는 사람은 무중력에 가까운 상황을 경험한다. 대포를 쐈을 때 무거운 포탄이 날아가는 궤적도 포물선과 비슷한 모양을 그린다.

무중력 체험 비행 방식들의 공통점은 자유낙하를 한다는 것이다. 100킬로미터 이상의 높이까지 올라가는 탄도 우주비행에서 가장 높은 고도 근처는 공기가 거의 없어 공기저항이 사실상 없어진다. 이 높이에서 우주선의 추진력을 사용하지 않고 올라가던 관성으로만 움직이면, 우주선은 포물선과 비슷한 모양의 궤적으로 움직이면서 자유낙하를 한다. 이때 우주선 안에 있는 사람은 중력에 대항하는 힘이 거의 없는 무중력상태를 경험한다.

자유낙하를 충분히 길게 하기 위해서는 공기저항이 없는 높은 상공으로 올라가야 하고, 우주선의 속도도 충분히 커야 한다. 그래야 중력이 끌어당겨도 더 오랫동안 위로 올라가고, 다시 내려오는데 걸리는 시간도 그만큼 더 길어지기 때문이다. 우주선이 충분한 속도를 내려면 속도를 높이는 가속 구간이 필요하고, 이 구간에서 우주선은 중력보다 더 큰 추진력을 내야 한다. 이 추진력은 우주선

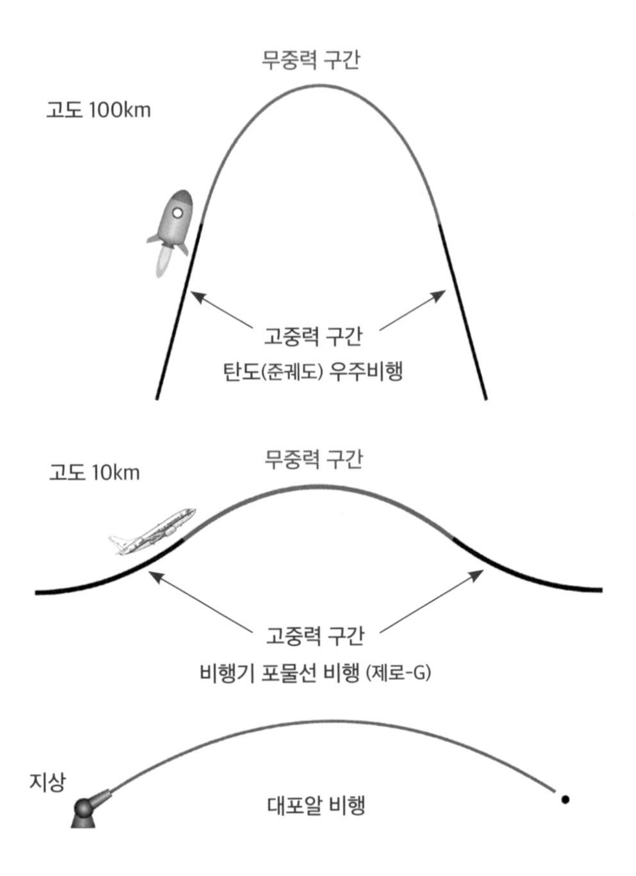

그림 1-6 우주선의 탄도 우주비행, '제로-G' 무중력 체험 비행, 그리고 대포알의 비행이 그리는 포물선 궤적(빨간색 선). 공기저항이 없다면 추진력 없이 움직이는 우주선이나 비행기는 포물선과 비슷한 모양으로 움직이는 비행을 하고, 이때 비행체 안에는 무중력 상황이 만들어진다. 공기저항이 있는 실제 상황에서는 추진력을 일부 사용해 공기저항으로 줄어드는 속도를 만회해 공기저항이 없을 때의 포물선 모양 움직임을 만든다. 지상에서 출발해서 포물선 궤적에 이르기 전까지는 상승하는 속도를 높여야 하고, 포물선 궤적 이후 지상에 착륙하기 전까지는 하강하는 속도를 줄여야 한다. 그러려면 포물선 궤적 이전과 이후에는 추진체가 더 큰 힘으로 밀어 올려야 한다. 이때 비행체는 탑승한 사람들을 더 큰 힘으로 밀어 올리기 때문에 탑승한 사람들이 지표면 중력보다 더 큰 중력을 느끼는 고중력 상태(검은색 선)가 된다. 포탄은 공기저항이 없는 이상적인 상황에서만 포물선 모양으로 움직인다. 실제 상황에서는 공기저항을 무시할 수 없어, 완벽한 포물선 모양이 아닌 포물선과 비슷한 모양으로 움직인다.

에 탑승한 사람을 위로 더 세게 밀어 올린다. 이때 우주인은 지표면보다 더 큰 중력(고중력)을 느낀다. 자유낙하를 마친 후 안전하게 착륙하기 위해서는 우주선이 내려오는 속도를 0에 가깝게 줄여야 한다. 대기권의 공기저항과 로켓의 역추진이 우주선 속도를 줄인다. 이때도 공기저항과 역추진에 의한 힘이 중력보다 커야지만 우주선의 속도가 줄어든다. 이 힘을 우주인은 지표면에서보다 더 큰 중력(고중력)으로 느낀다.

비행기를 이용한 무중력 체험에서도 비행기가 포물선 모양으로 자유낙하 하는 원리를 이용한다. 비행기는 10킬로미터 정도 높이까지 올라가는데, 이 높이에서는 공기저항을 무시할 수 없다. 특히 비행기는 질량에 비해 부피가 훨씬 크고 속도가 빠르기 때문에 이로 인한 공기저항도 크다. 하지만 비행기는 제트엔진의 추진력으로 포물선 모양의 자유낙하 움직임을 인위적으로 만들어서 공기저항으로 인한 속도 변화를 상쇄할 수 있다. 이때 비행기 안에 있는 사람은 자유낙하를 하면서 무중력상태를 경험한다. 여기에 더해 밀폐된 비행기 안에서는 번지점프나 자이로드롭처럼 바람을 가를 일이 없어 그만큼 무중력에 훨씬 더 가까운 상황을 경험할 수 있다.

지구 주위를 도는 ISS도 자유낙하를 한다

그러면 지구에 떨어지지도 않고 포물선 궤적으로 움직이지도 않는 ISS 안은 어떤 이유로 무중력상태가 될까? 이 경우도 자유낙하의 원리가 적용된다. 여기에 지구가 둥글다는 사실을 추가로 고려해야 한다. 약 400킬로미터 상공의 궤도를 도는 ISS는 초속 7.7킬로미터로 지표면과 평행한 방향으로 날아간다. 하지만 지구 중력이 아래로 끌어당겨서 ISS는 1초에 약 4.3미터 정도 떨어진다. 만약 지구가 둥글지 않고 평평하다고 가정하면 ISS는 결국 땅에 떨어져 부딪힌다. 그런데 실제 지구는 둥글기 때문에, ISS가 1초 날아가는 동안 ISS 밑의 지구 표면도 ISS가 떨어진 거리와 거의 비슷하게 구부러진다. ISS와 지표면과의 거리가 거의 변하지 않는 이유이다. 다시 말해 궤도를 도는 ISS는 사실 중력에 의해 계속 떨어지는 상태이지만, 지구가 둥글기 때문에 거의 일정한 높이를 유지하면서 지구 주위를 돌고 있는 것이다.

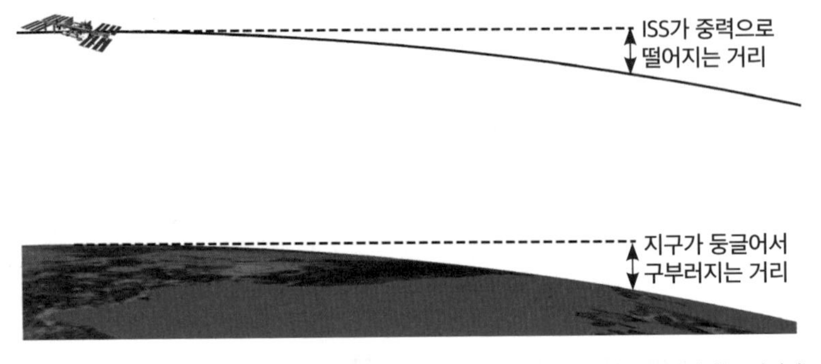

그림 1-7 자유낙하를 하면서 지구를 도는 국제우주정거장. ISS가 중력으로 떨어지는 거리가 둥근 지구가 구부러지는 거리와 거의 같기 때문에 계속 떨어지면서도 같은 높이를 유지한다.

만약에 ISS 속도가 현재 속도보다 느리면 지구 주위를 계속 돌 수 없다. 더 느린 속도로 같은 거리를 날아가려면 더 긴 시간이 걸린다. 더 긴 시간 동안 ISS는 더 많이 떨어진다. 지표면이 구부러지는 정도보다 더 많이 떨어지면서 ISS는 지표면과 점점 가까워지다

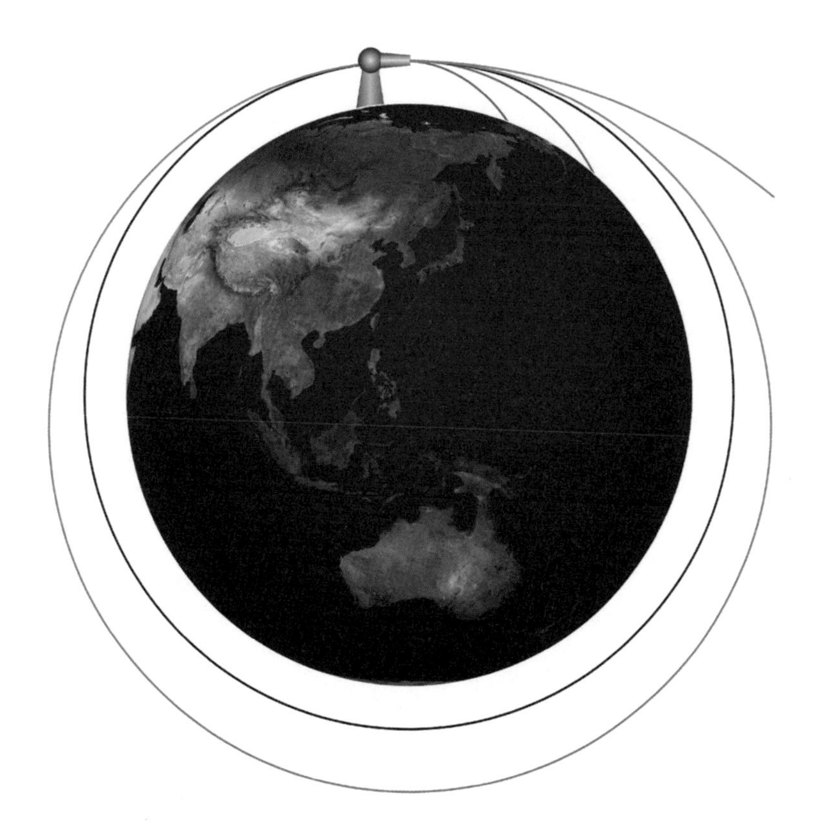

그림 1-8 뉴턴의 대포. 공기저항이 없다고 가정하고 높은 곳에서 대포를 수평 방향으로 쏠 때의 대포알의 궤적. 대포알의 속도가 충분히 크지 않으면(파란색 곡선) 포물선 모양과 비슷한 궤적을 그리며 지표면에 떨어진다. 대포알의 속도가 충분히 크면(검은색과 빨간색 곡선) 대포알이 지구 중력으로 인해 지구 중심을 향해 떨어짐에도 불구하고, 지구가 둥글기 때문에 떨어지면서 날아가는 대포알은 지표면에 닿지 않고 지구 주위를 돈다.

가 대기권에 진입한다. 결국 ISS는 대기권의 공기 때문에 생기는 공기저항으로 속도는 줄고 뜨거워지면서 타버리고, 타다 남은 일부는 지상에 떨어진다.

퀴즈

(1) 트램펄린을 뛰는 동안 무중력을 체험하기도 하고 지구 중력보다 더 큰 중력을 체험하기도 한다. 언제 무중력을 느끼고, 언제 고중력을 느낄까?

(2) 지구와 크기 또는 지름은 같지만 질량이 작아서 표면에서의 중력은 지구보다 작은 외계행성이 있다고 하자. ISS처럼 우주정거장이 외계행성의 400킬로미터 상공을 동그라미 모양으로 도는 궤도 우주비행을 하고 있으면, 이 우주정거장이 날아가는 속력은 지구를 도는 ISS의 속력보다 빠를까, 아니면 느릴까? 그리고 그 이유는 무엇일까?

스타십과 하이퍼루프를 이용한 미래의 무중력 체험

스타십을 이용한 이동 방식으로는 수십 분의 무중력을 경험할 수 있다.
미래의 운송 수단 하이퍼루프가 실현된다면,
대중교통으로 무중력을 경험해 볼 수 있을지도 모른다.

미사일과 비슷한 탄도 우주비행

인공위성과 비슷한 궤도 우주비행

탄도 우주비행 또는 준궤도 우주비행 방식은 단순히 높은 고도에 올라갔다가 내려온다는 점에서 탄도미사일과 비교할 수 있다. 최고 상승 높이가 100킬로미터를 조금 넘는 수준이어서, 비행 궤적만 보면 단거리 탄도미사일Short-Range Ballistic Missile, SRBM의 비행 궤적과 비슷하다. 수평과 수직으로 움직이는 거리가 비교적 짧기 때문에, 우주에서 추진력 없이 관성으로만 날아가는 구간에서는 거의 포물선 모양의 궤적으로 움직인다. 정확하게는 타원 모양의 맨 끄트머리에 해당하는 모양이다. 이 구간에서 승객들은 우주선과 같이 자유낙하를 하기 때문에 무중력상태를 경험한다.

한편 궤도 우주비행은 로켓 추진력 없이 지구 주위를 계속 돈다는 면에서 인공위성과 비교할 수 있다. 로켓 추진은 발사할 때 주로 사용하고, 목표한 우주 고도와 속도에 도달한 이후부터는 로켓 추진을 사용하지 않고 관성으로만 날아가면서 지구 주위를 돈다는 공통점이 있다. 이후 로켓 추진은 고도를 수정하기 위한 특별한 상황에서만 사용한다. 400킬로미터 상공을 도는 인공위성 또는 우주선의 속도는 초속 7.7킬로미터에 이른다. 인공위성이 지구 중력에 끌려 지구로 떨어져도 빠른 속도로 움직이는 인공위성 아래의 지구도 같이 휘기 때문에, 인공위성은 계속 비슷한 고도를 유지하면서 지구 주위를 돈다.

단거리 탄도미사일과 인공위성 사이를 잇는 중간 과정으로 대륙간 탄도미사일Inter-Continental Ballistic Missile, ICBM이 있다. 사실상 인공위성을 날려 보낼 수 있는 기술이지만, 지구 주위를 돌지 않고 5,500킬로미터 이상의 아주 먼 거리까지 날아가 떨어지는 비행 방식이다. 발사 후 처음 수 분간은 로켓 추진력으로 속도를 초속 6킬로미터 이상으로 높이면서 계획한 각도로 방향을 잡는다. 이후 추진력 없이 관성으로만 날아간다. 목표 지점에 가까워지면서 고도가 낮아져 대기권에 진입하고 수 분 후 목표 지점을 타격한다. 우주에서 로켓 추진 없이 관성으로만 날아가는 미사일의 궤적은 타

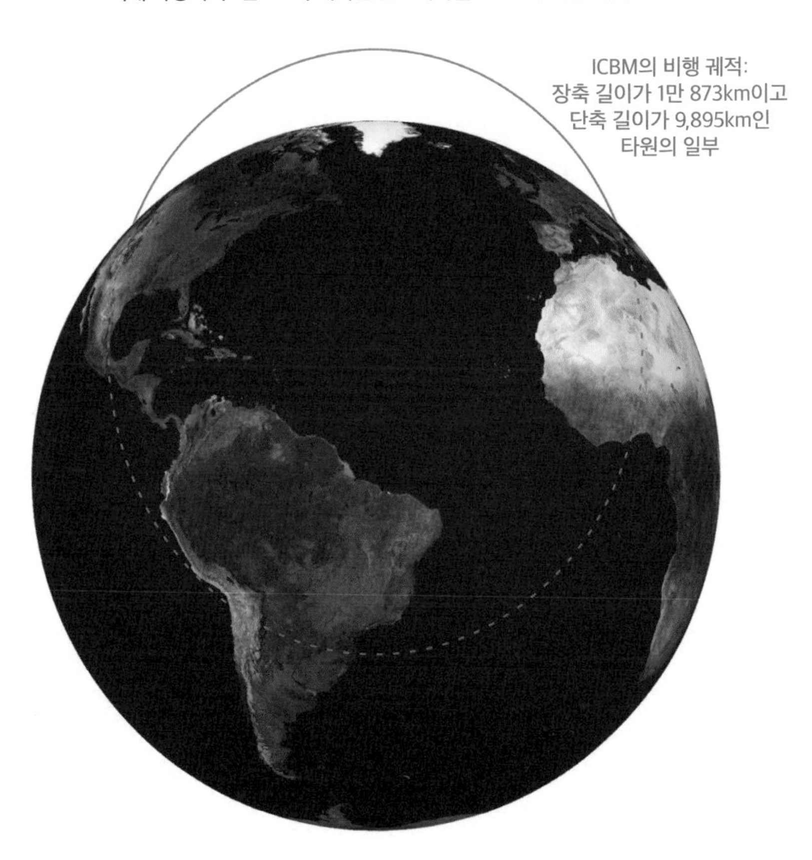

그림 1-9 간단한 모델로 계산한 최대 사정거리 1만 킬로미터인 대륙간 탄도미사일의 비행 궤적. 장축의 길이가 1만 873킬로미터이고 단축의 길이가 9,895킬로미터인 타원의 일부 모양이다. 초기속도는 초속 7.2킬로미터, 최대 고도는 1,320킬로미터에 이른다. 비행시간은 32분 11초이다. 공기저항 없이 초기속도로만 계산하는 가장 단순한 모델을 사용했다. 실제 상황에서는 발사 때 로켓 추진으로 속도를 높여 대기권을 뚫고 나가는 과정과 목표 지점을 타격할 때 대기권을 뚫고 들어가는 과정이 있어서, 비행시간과 비행 궤적이 약간 다르다.

원의 일부 모양이다.

북한이 2017년 11월 28일에 시험 발사한 화성 15호의 경우, 최대 고도가 4,475킬로미터에 이르렀고 지구상에서는 950킬로미터를 날아갔다. 시험 발사 때의 상승 고도와 지표면 도달 거리를 측정하면 실제 상황의 최대 사정거리를 추정할 수 있다. 간단한 모델로 계산한 2017년 당시의 화성 15호의 최대 사정거리는 1만 킬로미터에 이른다. 미국의 참여 과학자 모임Union of Concerned Scientists, UCS은 화성 15호의 최대 사정거리가 1만 3,000킬로미터에 이르러 미국 본토 전역이 사정거리 안에 있다고 보았다.[15] 2022년 3월 24일에 북한이 시험 발사한 미사일은 6248.5킬로미터 상공까지 올라갔고, 날아간 지상 거리는 1,090킬로미터였다.[16] 이 경우 간단한 모델로 계산한 최대 사정거리는 1만 8,000킬로미터에 이른다.

대륙간 탄도미사일이 비행하는 방식과 비교할 만한 유인 우주 비행 방식이 있을까? 스페이스엑스SpaceX의 일론 머스크는 스타십Starship이라는 대형 우주선을 이용해 대륙 사이를 이동하는 신개념 이동 방식을 제시했다. 일명 '지구에서 지구로Earth to Earth' 방식이다.[17] 로켓 추진체로 발사해서 우주로 나간 다음 목표 지점에 도달할 즈음 대기권에 진입해 착륙하는 비행 방식으로, 사실상 대륙간 탄도미사일과 같은 비행 방식이다. 사람이 타고 가기 때문에 목적지에 도착할 때 속도를 줄여 사뿐히 착륙한다는 점이 대륙간 탄도미사일과는 다른 점이다.

'지구에서 지구로' 비행 방식이 실현된다면, 관성으로만 날아가는 우주비행 구간에서 무중력상태를 경험할 수 있다. 약 1만 1,100킬로미터 거리의 뉴욕과 서울(인천) 사이의 비행시간은 40분 정도이고, 지구에서 가장 먼 거리인 2만 킬로미터 떨어진 곳까지는 50분이면 갈 수 있다. 비행시간의 반 이상은 로켓 추진 없이 관성으로 날아갈 수 있고 그동안 승객은 무중력을 체험할 수 있다. 스타십과 마찬가지로 대륙간 탄도미사일도 발사 후 1시간 안에 전 세계 어디든지 타격할 수 있다.

그림 1-10 '지구에서 지구로'의 신개념 이동 방식을 소개하는 유튜브 동영상 링크 QR 코드. https://youtu.be/zqE-ultsWt0

그런데 문제는 가격이다. 10분 정도의 비행에 4분 정도 무중력을 체험하는 탄도(준궤도) 우주비행 상품 가격이 3억 원 이상인 것을 고려하면, '지구에서 지구로' 방식의 초기 우주관광 상품 가격은 이보다 훨씬 비쌀 것으로 보인다.

미래 운송 기술 하이퍼루프를 이용한 무중력 체험

우주선과 비행기를 타지 않고 포물선 자유낙하를 할 수 있는 방법은 없을까? 2012년에 일론 머스크가 언급하면서 대중의 관심을 받은 하이퍼루프라면 가능하다.

하이퍼루프는 거의 진공상태를 유지하는 튜브 속을 '캡슐

capsule' 또는 '포드pod'라고 불리는 차량이 최대 시속 1,200킬로미터 고속으로 달리는 미래의 이동 방식이다.[18] 튜브 안의 공기 압력은 1기압의 1,000분의 1 수준으로, 성층권과 중간권의 경계인 50킬로미터 상공에서의 기압과 비슷하다. 이 때문에 캡슐이 공기저항을 거의 받지 않고 시속 1,000킬로미터 이상의 속도로 움직일 수 있다. 지금은 실험 단계로 일반인들이 실제 교통수단으로 이용할 수 있을지는 아직 미지수이다. 하지만 하이퍼루프가 실현된다면, 포물선 모양의 하이퍼루프 터널을 지상에 만들어서 제로-G의 포물선 자유낙하 비행과 비슷한 무중력 체험을 할 수 있다.

캡슐이 포물선 모양의 자유낙하에 진입하려면 수평으로 달리는 캡슐의 주행 방향을 어느 정도 위로 향하게 해야 한다. 방향을 바꾸는 동안 캡슐 안에는 인공중력이 생기면서 중력이 커지는 고중력 상태가 된다. 캡슐에 타고 있는 사람이 큰 불편함이 없도록 방향을 바꾸는 정도를 조절해 인공중력의 크기가 너무 커지지 않게 할 필요가 있다. 캡슐이 움직이는 방향이 계획한 각도에 이르면 방향 바꾸는 것을 멈추고, 포물선 모양의 자유낙하 움직임으로 진입하게 한다. 이때부터 캡슐 안은 무중력상태가 된다. 포물선 자유낙하 궤적이 끝나는 지점부터는 캡슐이 움직이는 방향을 서서히 수평 방향으로 바꾼다. 이때 캡슐 안은 다시 중력이 더 커지는 고중력 상태가 된다(그림1-11).

무중력 체험 시간에 따른 하이퍼루프의 최고 높이는 표1-1에서 확인할 수 있다. 캡슐의 속도는 시속 1,000킬로미터이고 고중력

표 1-1 하이퍼루프의 속도는 시속 1,000킬로미터이고, 고중력 구간에서 하이퍼루프 안에서 느끼는 중력의 크기가 지표면 중력의 2배라고 가정했을 때의 계산 결과.

무중력 체험 시간	무중력 상승 높이	고중력 체험 시간	고중력 상승 높이
5초	31미터	2.5초×2	31미터
10초	123미터	5초×2	123미터
20초	490미터	10초×2	490미터
30초	1,100미터	15초×2	1,100미터
40초	1,960미터	20초×2	1,960미터

구간에서 느끼는 중력의 크기는 지표면 중력의 2배라고 가정했다. 지상에 건설하는 만큼, 미리 계산한 포물선 모양에 가까운 산을 골라 그 위에 하이퍼루프 터널을 건설할 필요가 있다. 한국 지형에서는 출발 지점과 비교해 최대 높이가 980미터인 하이퍼루프를 건설해 20초 연속 무중력 체험하는 것을 상상해 볼 수 있다. 수천 미터 높이의 높은 산들이 있는 나라에서는 30초 이상 끊김 없는 무중력 체험이 가능한 하이퍼루프도 상상해 볼 수 있다.

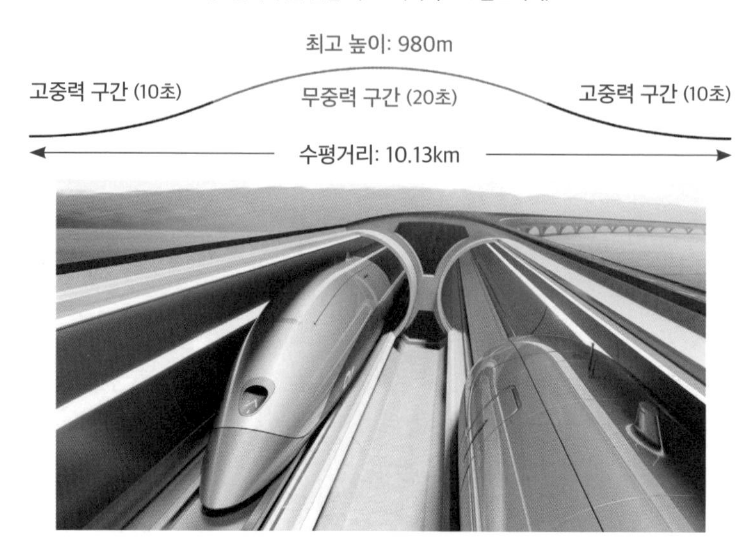

그림 1-11 20초 동안 무중력 체험을 할 수 있는 하이퍼루프. 고중력 구간에 진입하는 속도가 시속 1,000킬로미터이고, 이 구간에서 인공중력 포함 총 2g의 중력가속도를 유지한다고 했을 때, 무중력 체험 전후로 10초씩의 고중력 구간이 필요하다. 총 수평거리는 10.13킬로미터이고 출발 지점과 비교한 최고 높이는 980미터이다. 아래 그림은 하이퍼루프의 상상도.

퀴즈

(1) '지구에서 지구로' 방식으로 날아가는 스타십이 최고 높이에 이른 후에는 로켓 추진을 하지 않고 관성으로만 날아간다고 하자. 최고 높이에서의 스타십의 속력은 같은 높이에서의 인공위성의 속력보다 클까, 작을까? 그 이유는 무엇일까?

(2) 무중력 체험 상품 제로-G와 비교해, 미래의 하이퍼루프를 이용한 무중력 체험의 장점과 단점은 무엇일까?

상상의 지구에서 체험하는 무중력

지구 중심을 관통하는 터널을 뚫거나 지구 속이 텅 비어 있다면,
오랜 시간 동안 무중력 체험이 가능하지 않을까?
상상 속에서나 가능한 무중력 체험을 이론으로 따져보자.

이론상이기는 하지만 땅속으로 떨어져 무중력 체험을 하는 방법도 있다. 수직 터널이 깊으면 깊을수록 오랫동안 떨어질 수 있는데, 만약에 지구 중심을 관통해 지구 반대편까지 도달하는 터널을 뚫는다면 아주 오랫동안 떨어질 수 있다. 이때 터널 안을 공기저항이 없는 진공상태로 유지하면 완벽한 자유낙하를 할 수 있어 떨어지는 내내 무중력상태를 체험할 수 있다. 물론 지구 내부의 뜨거운 열기와 압력, 그리고 방사능 물질에서 나오는 방사선을 완전히 차단하는 터널 보호벽도 필요하겠다. 따라서 현재로선 실현 불가능하고 상상으로만 생각해 볼 수 있는 방법이다.

'지구중심 관통터널'을 만들었다고 가정하고 터널 입구에서 번지점프 하듯이 뛰어내린다고 하자. 처음에는 중력이 아래로 잡아당겨서 지구 중심을 향해 떨어지는 속도가 점점 빨라진다. 지구 중심에 이르면 속도가 최대가 된다. 지구 중심을 지나 지구 반대쪽으로 향해 가는 동안에는 중력에 의해 속도가 점점 줄어든다. 지구 반대편 터널 끝에 도달하면 속도 크기가 0이 된다. 여기에서 멈추지 않으면 다시 떨어져 지구 중심을 통과해 처음 출발했던 터널 입구로 돌아간다.

터널을 통해 지구 반대편까지 가는 데 걸리는 시간도 계산할 수 있다. 지구 내부의 밀도가 균일하다고 가정하면 문제가 간단해진다. 물리학에서 자주 사용하는 '가우스 법칙'이라는 것이 있다. "완전히 둘러싼 표면에서 표면과 직각 방향의 중력장 성분과 표면 면적을 곱한 값의 합은 표면 내부의 질량에 비례한다"라는 내용이다. 이 법칙을 적용해 계산하면 지구중심 관통터널 안에서 떨어지는 물체의 움직임을 스프링에 매달린 물체가 진동하는 움직임과 같이 표현할 수 있다. 훅의 법칙으로 잘 알려진 움직임이다.

지구 질량(M), 지구 반지름(R), 그리고 중력상수(G)로 지구 반대편까지 도달하는 데 걸리는 시간을 계산하면 $\pi\sqrt{\frac{R^3}{GM}} = 2,530$초, 약 42분 걸린다는 결과가 나온다. 왕복을 하면 그 2배인 약 84분이 걸린다. 이 시간 동안 지구중심 관통터널 안에서 자유낙하 하는 사람은 무중력을 체험한다. 궤도 우주비행 시간에는 못 미칠 수 있지만, 탄도 우주비행의 무중력 체험보다 훨씬 긴 시간이다. 지구 중심을 지날 때 나오는 최고 속도는 초속 7.9킬로미터에 이른다.

지구의 자전도 고려해야 한다

지구중심 관통터널을 뚫을 때는 지구의 자전의 영향도 생각해야 한다. 적도에서 적도를 잇는 지구중심 관통터널이 있고 그 터널 입구에서 뛰어내린다고 하자. 이 경우 뛰어내리는 순간의 속도는 0일 것으로 생각하기 쉽다. 하지만 뛰어내리는 사람은 지구의 자전 속도인 초속 465미터의 속도를 품고 뛰어내린다. 이에 더해 지구중심 관통터널을 지나가는 동안에 지구도 자전하면서 움직인다. 이 두 가지 이유 때문에 지구 중심을 지나지 않는 휜 방향으로 지구중심 관통터널을 뚫어야 한다. 그리고 이 터널은 편도로밖에 사용하지 못한다. 지구의 자전의 영향을 받지 않으려면 정확하게 지구의 자전축을 따라 북극과 남극을 연결하는 터널을 뚫어야 한다. 그러면 지구 중심을 지나는 일직선 터널이어도 지구의 자전의 영향을 받지 않고 지구 반대편까지 자유낙하를 할 수 있다. 왕복으로도 사용할 수 있다.

현실에서 실현 불가능한 가상실험이기는 하지만, 가상으로 이런 상황을 설정하고 물리학 법칙과 수학을 이용해 계산해 볼 수 있다는 것 자체도 상당히 흥미롭다. 실제로 2015년에 지구중심 관통터널 문제를 다룬 내용이 미국 물리교사협회에서 내는 과학잡지에

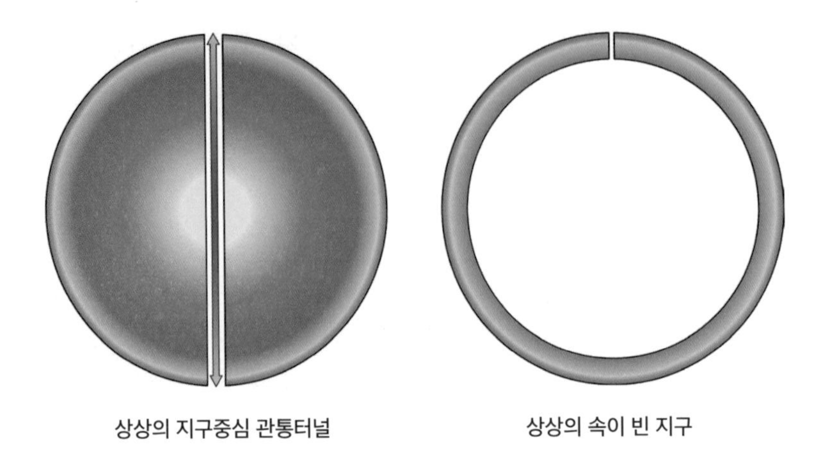

그림 1-12 왼쪽 그림은 지구 중심을 관통하는 터널을 상상한 그림이다. 지구 내부 밀도가 일정하고 공기저항이 없으며 지구 내부의 열과 방사능에 영향을 받지 않는다고 가정하면, 지구의 한쪽 끝에서 뛰어내리면 42분 후에 지구의 반대쪽 끝에 도달한다. 42분의 자유낙하 시간 동안 떨어지는 사람은 무중력을 체험할 수 있다. 오른쪽 그림은 속이 빈 지구를 상상한 그림이다. 지구공동설을 생각하면 된다. 껍데기의 밀도와 두께가 일정한 완전한 공 모양의 텅 빈 상상의 지구 내부에서는 지구 질량에 의한 중력 자체가 사라진다.

논문으로 실리기도 했다.[19] 이 논문에는 지구 내부 밀도가 균일하지 않다는 것을 고려해 계산했는데, 그 결과는 지구 밀도가 균일한 경우와 비교해 10% 더 짧은 약 38분이면 지구 반대편에 도달한다는 내용이다.

지구중심 관통터널보다 더 나아간 가상의 설정도 있다. 지구 내부가 완전히 비어 있다고 보는 설정이다. '아가르트타Agartha'라고 불리는 전설의 지하 세계와도 연결되어 사람들의 입에 많이 오르내렸던 지구공동설을 생각하면 되겠다. 공 모양의 지구 껍데기의 밀도와 두께가 일정하다고 가정하고 가우스 법칙을 이용해 계산하면, 내부에서는 지구 중력이 사라지는 결과가 나온다. 다른 천체에 의한 중력을 생각하지 않는다면, 단순히 중력을 못 느끼는 무중력 상태가 아니라 실제로 중력이 없는 무중력상태가 된다. 물론 지구만큼 크고 속이 빈 모양을 한 행성이 존재할 리 없겠지만, 상상도 하지 말라는 법은 없다. 상상이라 해도 거기에 과학이 곁들여지면 흥미롭고 의미 있는 상상이 된다.

퀴즈

(1) 지구중심 관통터널을 뚫어 지구 반대쪽에 위치한 곳까지 자유낙하로 가는 이동 수단을 만든다고 상상해 보자. 지구 어느 곳에 뚫어야 터널 하나로 왕복 여행이 가능할까?

(2) 지구중심 관통터널을 뚫어 무중력 체험을 한다고 했을 때, 지구 중력보다 더 큰 중력을 느끼는 고중력 구간이 필요할까, 필요하지 않을까?

지구의 자전주기는 24시간이 아니다

지구에서 볼 때 한곳에 멈춰 있는 것처럼 보이는 정지궤도 위성.
케플러 법칙으로 정지궤도 위성의 궤도를 계산할 수 있다.
지구의 자전주기가 24시간이 아니라는 것도 알아야 한다.

2020년 2월 19일 아침(한국 시간 기준) 천리안 2B호가 발사됐다. 약 2주 후에 한반도가 위치한 경도인 동경 128.1도의 적도 상공에서 한반도와 한반도 주변의 해양 및 환경 관측 임무를 수행하기 시작했다.[20] 천리안 2B호는 적도 해수면을 기준으로 3만 5,786킬로미터 상공에 고정적으로 머무는 정지위성이다. 지구가 자전하는 것에 맞춰 적도 상공 주위를 돌기 때문에 마치 한반도 남쪽 하늘 한곳에 정지해 있는 것과 같다.

지구 주위를 도는 인공위성이 지구를 한 바퀴 도는 데 걸리는

그림 1-13 발사되기 전 준비 중인 천리안 2B호.

시간은 지구에 가까울수록 짧고 멀수록 길다. 400킬로미터 상공에서 지구 주위를 도는 ISS는 지구 주위를 한 바퀴 도는 데 1시간 반 정도밖에 안 걸린다. 반면, 적도 상공 3만 5,786킬로미터에 있는 천리안 2B호가 지구 주위를 한 바퀴 도는 데 걸리는 시간은 지구 자체가 남북극을 잇는 축으로 한 바퀴 도는 시간과 같다. 자연 위성인 달은 지구에서 평균 38만 킬로미터가량 떨어져 있는데, 지구 주위를 27일에 한 바퀴씩 돈다. 지구에서 먼 위성일수록 한 바퀴 도는 데 걸리는 시간은 더 길어진다.

케플러 법칙이 적용되는 인공위성의 움직임

케플러는 태양 주위를 도는 행성의 움직임을 천체망원경으로 관측한 자료로부터 '행성이 태양 주위를 타원 모양으로 돈다'라는 '케플러의 행성운동 제1법칙'을 발견했다. 이 법칙은 행성의 움직임뿐만 아니라, 행성을 중심으로 그 주위를 도는 달이나 인공위성의 움직임에도 적용된다. 구체적인 타원 모양은 위성이 처음에 어떻게 만들어졌는지, 또는 위성이 행성의 중력에 어떻게 갇혔는지에 달려 있다. 완벽한 원 모양은 중심에서의 거리가 항상 같을 때 생기는데, 타원 모양의 특별한 경우이다.

위성까지의 거리를 지구 표면으로부터의 거리가 아닌 지구 중심으로부터의 거리로 따지면, 위성이 지구를 한 바퀴 도는 데 걸리는 시간인 공전주기와 위성까지의 거리 사이에는 '케플러의 행성운동 제3법칙'이 적용된다. 이 법칙에 의하면, 공전주기의 제곱은 위성의 타원 모양 공전궤도의 긴 축의 반지름, 수학 용어로는 '긴 반지름semi-major axis'의 세제곱에 비례한다. 뉴턴의 운동법칙과 뉴턴의 중력법칙으로 정확하게 계산한 위성의 공전주기도 같은 결과가 나온다. 이를 이용하면 지구에서의 거리로부터 인공위성의 공전주

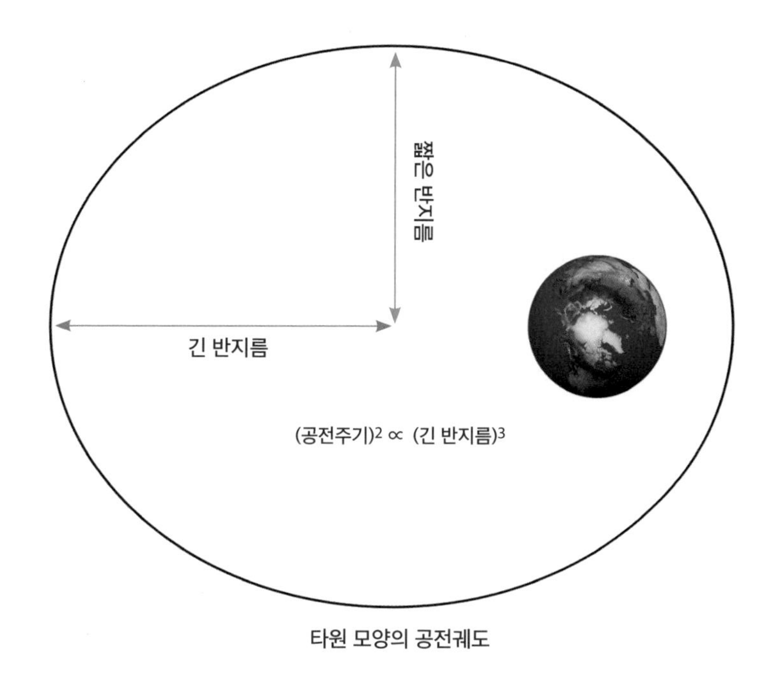

그림 1-14 인공위성이나 달이 공전하는 모양인 타원궤도. 긴 반지름이 짧은 반지름과 같으면 원 모양이 된다. 한 바퀴 도는 데 걸리는 시간인 공전주기의 제곱은 타원궤도의 긴 반지름의 세제곱에 비례한다(케플러의 행성운동 제3법칙).

기를 계산할 수 있고, 반대로 인공위성이 특정 공전주기로 돌기 위한 거리도 계산할 수도 있다.

지구의 자선주기는 23시간 56분 4초

지구가 남북극을 축으로 팽이처럼 도는 움직임을 '자전'이라고 부른다. 자전으로 한 바퀴 도는 데 걸리는 시간은 '자전주기'라고 부른다. 천리안 2B호 같은 정지위성은 지구 주위를 한 바퀴 도는 데 걸리는 시간인 공전주기가 지구의 자전주기와 같다. 그러면 여기에서 질문 하나를 해보자. 지구의 자전주기는 얼마일까?

정답은 23시간 56분 4초다. 이 값이 이상하다고 느끼는 사람들이 있을 수 있다. 지구의 자전으로 생기는 낮과 밤이 반복되는 시간이 24시간이다. 이 때문에 지구에서 낮과 밤을 만드는 자전주기가 하루 24시간이라고 생각하기 쉽다. 하지만 지구의 자전주기는 24시간보다 3분 56초 짧다. 그 이유는 다음과 같다.

지구에서의 하루는 지구에서 보이는 태양이 기준이다. 예를 들면 전날 태양이 가장 높이 떠 있을 때부터 다음 날 태양이 가장 높이 떠 있을 때까지의 시간이 하루이다. 하루의 길이 24시간을 결정하는 가장 중요한 요인은 지구의 자전이다. 하지만 그것이 다는 아니다. 지구가 태양의 주위를 도는 공전도 하루의 길이에 영향을 끼친다.

북쪽 하늘의 먼 우주에서 지구를 본다고 가정하면 지구는 태양 주위를 시계 반대 방향으로 돈다. 지구가 태양 주위를 한 바퀴 도는 데 걸리는 시간은 365.256일로 365일보다 6시간 정도 더 길다. 한 바퀴가 360도이니 하루에 대략 1도씩 돈다고 보면 되겠다. 여기에 더해 지구 자체도 남북극을 잇는 자전축을 기준으로 마치 팽이처럼 도는 자전을 한다. 지구의 자전도 북쪽 하늘의 우주에서 보면 시계 반대 방향으로 돈다,

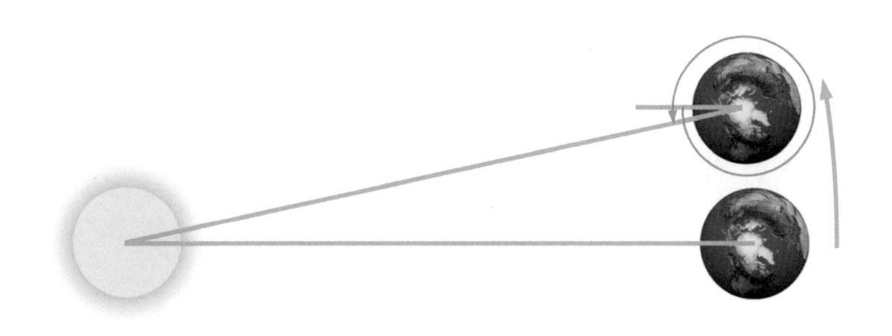

그림 1-15 자전하면서 공전하는 지구. 지구는 태양 주위를 도는 '공전'을 하면서 동시에 남북극을 잇는 축으로 자체 회전하는 '자전'을 한다. 북극 하늘 우주에서 볼 때 공전과 자전 모두 시계 반대 방향으로 돈다. 이 때문에 지구에서 볼 때 태양이 가장 높은 곳으로 다시 오는 데 걸리는 시간인 하루가 되려면 지구는 자전으로 한 바퀴보다 조금 더 돌아야 한다(그림에서는 시각적 효과를 위해 공전하는 정도를 과장되게 그렸다).

지구가 자전하면서 동시에 태양 주위를 공전하기 때문에, 태양이 지구의 한 위치를 정확하게 향하려면 자전으로 한 바퀴 도는 것에 더해 지구가 공전한 각도만큼 더 돌아야 한다. 다시 말하면 24시간 동안 지구는 한 바퀴보다 더 많이 돈다는 이야기이다. 이 때문에 지구가 자전으로 한 바퀴 도는 데 걸리는 시간은 24시간보다 약간 짧다. 정확하게는 23시간 56분 4초이다. 365.256일 동안 지구는 태양 주위를 한바퀴 돌고, 같은 기간 동안 지구는 365.256+1=366.256번 자전한다.

정지위성의 고도를 계산할 때도 하루 24시간과 지구의 자전주기 23시간 56분 4초를 정확하게 구분하지 않으면 문제가 생긴다. 만약에 지구의 자전주기를 24시간으로 보고 계산하면, 인공위성의 고도는 지구 적도 상공의 3만 5,863킬로미터가 된다. 실제 정지위성의 고도인 3만 5,786킬로미터와 불과 77킬로미터 차이이다. 지구가 23시간 56분 4초 동안 한 바퀴 돌 때 그 고도에 있는 인공위성은 지구 한 바퀴를 다 채우지 못하고 돌기 때문에 매일 조금씩 서쪽으로 치우친다. 더 이상 정지위성이 아니게 되는 것이다.

퀴즈

(1) 만약에 지구의 자전주기가 23시간 56분 4초보다 더 짧아졌다고 하자. 그러면 정지위성의 높이는 더 높아져야 할까, 아니면 더 낮아져야 할까?

(2) 한반도의 기상을 관측하던 정지위성의 위치가 서쪽 방향으로 치우쳐서 좀 더 동쪽으로 위치를 옮기려고 한다. 이 인공위성의 속도를 낮췄다가 높여야 할까, 아니면 높였다가 낮춰야 할까?

(3) 지구가 태양 주위를 한 바퀴 도는 데 걸리는 시간은 365.256일이다. 365.256일 동안 지구는 몇 번 자전할까?

인공위성과 미사일이 날아가면서 휘는 이유는?

미사일은 날아가는 궤적이 휜다. 지구의 자전 때문이다.
우주선은 발사할 때 지구의 자전 속도를 덤으로 얻고 날아간다.
군사위성 하나로 전 세계를 훑는 원리를 이해해 보자.

사정거리가 5,500킬로미터 이상인 미사일을 대륙간 탄도미사일이라고 부른다. 지상에서 발사된 대륙간 탄도미사일은 로켓 추진으로 대기권을 벗어나 우주로 나간다. 계획한 속도와 방향에 도달하면 로켓 추진 없이 관성만으로도 목표 지점까지 날아간다.

지구가 자전하는 것을 모르고 멀리 떨어진 우주에서 본다면, 우주에서 관성으로만 날아가는 미사일은 지구 중심을 초점으로 한 타원 모양을 그리며 날아간다. 지상의 발사 지점과 목표 지점을 뚫고 지나갈 수 없으므로 완전한 타원 모양은 아니고 잘린 타원 모양이다. 이 구간에서 미사일은 지상의 두 지점을 잇는 가장 짧은 경로인 측지선 상공을 날아간다('측지선'에 대한 구체적인 설명은 뒤에서 하기로 한다).

그런데 문제는 지구가 자전한다는 사실이다. 미사일이 날아가는 동안 지구는 남극과 북극을 잇는 축을 기준으로 회전한다. 이 때문에, 실제 지구 위에서는 미사일이 지상의 최단 경로인 측지선 상공을 날아가지 않는다.

지구의 자전으로 휘는 미사일 비행 궤적

지구가 자전하는 것을 모르고 먼 우주에서 볼 때 대륙간 탄도미사일이 적도에서 북위 60도까지 정확하게 북쪽 방향으로 날아가는 경우를 보자(그림1-16). 발사 지점에서 도착 지점까지 지상에서 가장 짧은 경로는 측지선을 따라가는 경로이고, 그 거리는 6,672킬로미터이다. 이 경로의 상공을 대륙간 탄도미사일이 날아가려면 20분 이상 걸린다. 그동안 자전하는 지구는 서쪽에서 동쪽 방향으로 돈다. 이 때문에, 지상에서 보면 미사일은 정확하게 북쪽을 향해 날아가지 않고 약간 서쪽으로 치우쳐 날아간다.

공기저항 없이 초기 발사속도만으로 관성비행을 하는 간단한 모델을 생각해 보자. 이 모델에서, 대륙간 탄도미사일이 발사 후 6,672킬로미터 거리의 측지선 경로 상공을 날아 목표 지점에 도달하는 데 걸리는 시간은 24분 53초이다. 이 시간 동안 지구는 자전

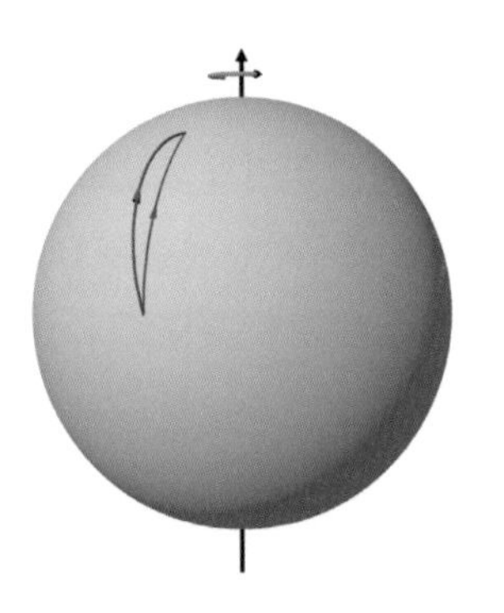

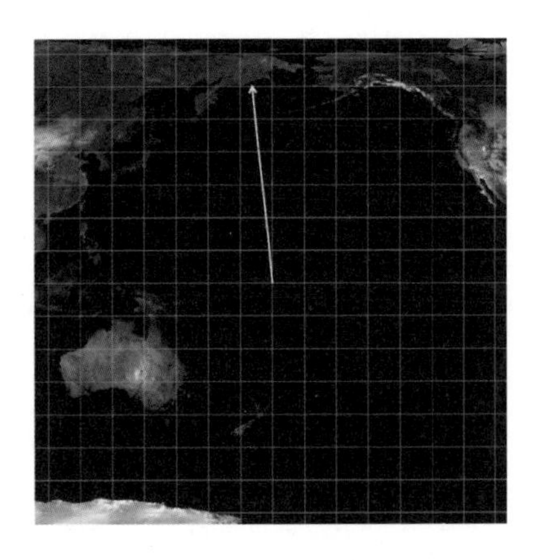

그림 1-16 우주에서 볼 때 지구 적도에서 북위 60도까지 정확하게 북쪽 방향으로 날아가는 대륙간 탄도미사일. 왼쪽: 지구가 자전하는 것을 모르고 보면 미사일은 지구의 측지선 상공을 날아가는 것처럼 보인다. 하지만 미사일이 날아가는 동안 지구는 자전한다. 오른쪽: 지구가 자전하기 때문에 미사일이 도착하는 지점은 서쪽으로 치우친다. 측지선에서 약간 벗어난 경로의 상공을 날아간다.

을 하기 때문에 동쪽 방향으로 6.24도 회전한다. 북위 60도에서 이 각도의 궤적을 지구 위의 거리로 계산하면 346킬로미터이다. 미사일은 지구가 자전하지 않는다고 가정했을 때보다 서쪽으로 346킬로미터 멀어진 지점에 떨어진다.

지구 위의 두 지점을 잇는 경로 중 가장 짧은 경로인 측지선

우리가 접하는 세계지도는 공 모양인 지구 표면을 평평한 종이 위에 옮겨놓은 것이다. 어떤 방법으로 옮기는가에 따라 여러 종류의 세계지도가 있지만, 어떤 지도로도 모든 나라의 크기와 모양을 정확하게 표현하지는 못한다. 공 모양 지구 위에 있어야 할 모습을 2차원 평면에 정확하게 표현하는 것 자체가 애초부터 불가능하다. 단지 비슷하게 표현할 뿐이다.

경도와 위도가 일직선으로 표시된 평면지도에서는 두 지점 사이를 잇는 가장 짧은 경로는 두 지점을 잇는 직선이다. 예를 들어 지도에서 북위 37도에 위치한 한국의 한 지점과 같은 위도의 태평양 한 지점을 잇는 가장 짧은 경로는 같은 위도를 따라가는 직선이다. 하지만 현실의 둥근 지구 위에서 이 두 지점을 잇는 가장 짧은 경로는 지도처럼 같은 위도를 따라가지 않는다.

둥근 지구 위에서 두 지점을 잇는 가장 짧은 경로를 측지선geodesic이라고 부른다. 둥근 공 모양의 지구본 위에서 측지선을 찾는 방법은 의외로 간단하다. 두 지점에 압정을 꽂고 실로 두 압정을 탱탱하게 묶었을 때 실이 지구본 위에 만드는 곡선이 측지선이다. 두 지점과 지구 중심, 이렇게 세 점이 만드는 평면으로 지구를 절단하는 절단면에서 지구 표면의 경계선에 측지선이 위치한다. 지구 중심을 기준으로 두 지점이 만드는 원의 호arc가 측지선이다.

북위 37도에 위치한 한국의 한 지점과 같은 위도의 태평양 한 지점을 잇는 측지선을 평면지도 위에 그려보면, 처음에는 위도가 높아지다가 나중에는 위도가 낮아지면서 목표 지점에 도달한다. 같은 위도이면서 지구 반대쪽에 위치한 지점까지의 측지선은 북반구의 경우 북극을 지나가고, 남반구의 경우는 남극을 지나간다. 측지선이

측지선 바로 위에서 내려다보는 최단 거리 경로

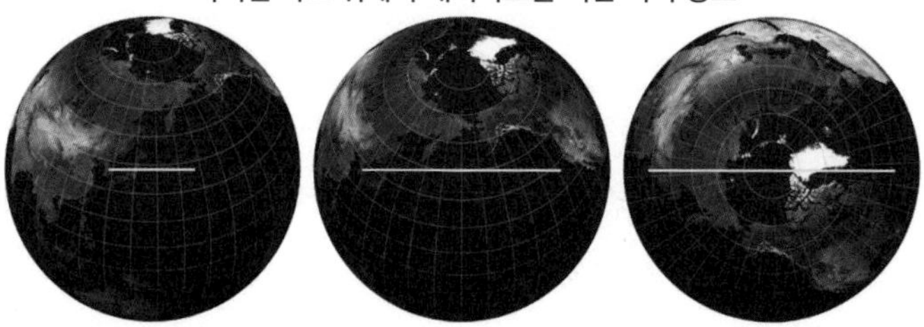

측지선과 지구 중심이 만드는 절단면에서 보는 최단 거리 경로

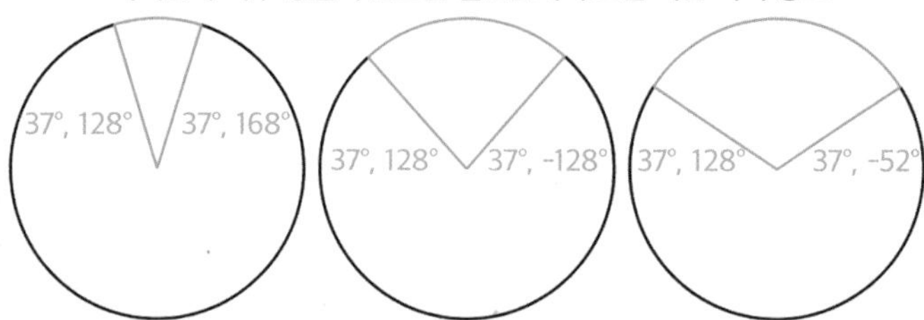

평면지도 위에서의 최단 거리 경로

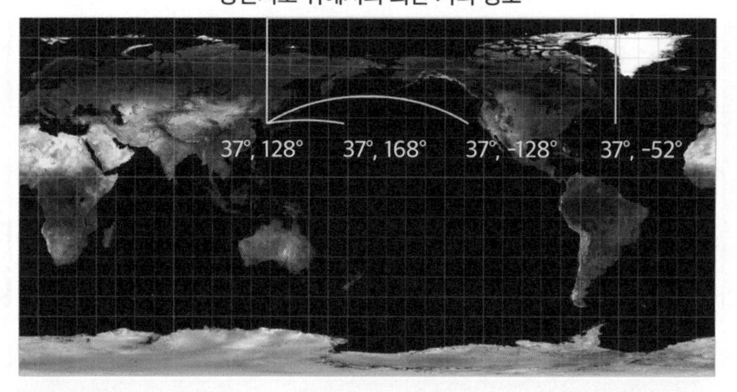

한국(북위 37도, 동경 128도)에서 같은 위도에 있는 지점까지의 최단 거리 경로는 측지선이다. 동경 168도 지점까지 측지선의 중간 지점 위도는 북위 38.73도, 서경 128도 지점까지 측지선의 중간 지점 위도는 북위 50.75도, 서경 52도 지점까지 측지선은 북극을 지난다. 위도와 경도가 직선으로 표시된 평면지도에서의 최단 거리 경로(직선)가 실제 최단 거리 경로(측지선)와 다른 경우이다.

같은 위도를 따라가는 경우는 두 지점이 모두 위도가 0인 적도에 있는 경우이다.

한편 정확하게 남북 방향으로만 떨어진 두 지점을 잇는 측지선은 평면지도에서 그려도 직선이다. 이 경우는 둥근 지구에서의 측지선과 평면지도에서의 가장 짧은 경로가 같은 경우이다.

미사일이나 인공위성은 발사할 때 지구의 자전 속도를 덤으로 얻는다

지구의 자전은 미사일 발사속도에도 영향을 끼친다. 지구에서 발사하는 미사일은 지구가 자전으로 움직이는 속도를 덤으로 얻는다. 달리는 버스 안에서 정확하게 위로 던져 올린 공을 버스 안에 있는 사람이 보면 공은 위로 올라가지만, 버스 밖 길거리에 서 있는 사람이 보면 공은 버스가 달리는 방향으로도 움직이는 것과 같은 이치이다. 지상에서 발사하는 미사일을 지상에서 보면 발사한 속도와 방향으로 움직인다. 하지만 먼 우주에서 보면 지구가 자전으로 움직이는 속도가 더해지기 때문에, 지상에서 보는 방향보다 자전하는 방향으로 치우쳐 날아간다.

자전으로 지구가 움직이는 속도는 위도에 따라 다르다. 같은 해수면 높이라면 적도에 위치한 지점이 지구가 자전하는 축에서 가장 멀리 떨어져 있는 지점이다. 이 때문에, 자전으로 움직이는 속도는 적도에서 가장 빨라서 초속 465미터에 이른다. 위도 30도에서는 초속 402미터이고 위도 60도에서는 초속 233미터로 점점 줄어든다. 북극이나 남극은 자전축에 위치하고 있기 때문에 제자리에서 돌기만 한다. 따라서 적도에 가까운 곳에서 발사할수록 미사일이 지구의 자전으로 인해 덤으로 얻는 속도는 더 커진다.

인공위성을 발사할 때도 지구의 자전 속도를 덤으로 얻는 것은 마찬가지이다. 지구가 자전하는 방향으로 발사하면 발사속도를 높

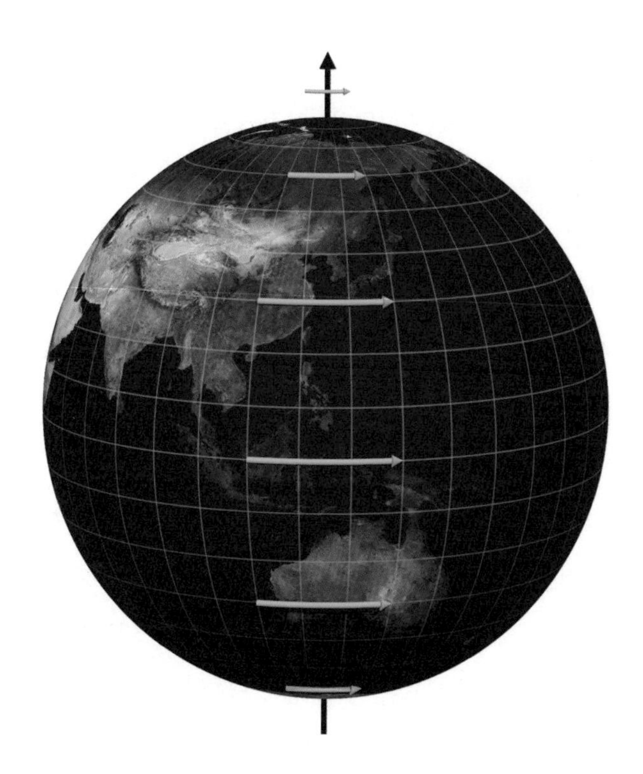

그림 1-17 지구가 자전으로 움직이는 속도는 위도에 따라 다르다. 적도에서 가장 빠르고(초속 465미터), 북극이나 남극에 가까이 갈수록 느려진다.

이는 효과가 있기 때문에, 그만큼 적은 로켓연료로 목표한 속도에 도달할 수 있는 장점이 있다. 우주선을 가능하면 적도에 가까운 장소에서 발사하는 이유가 여기에 있다.

위도에 따라 자전 속도가 달라지기 때문에 생기는 재미있는 현상이 '코리올리 효과'이다. 북반구에서 움직이는 물체는 움직이는 방향을 보면 시계 방향으로 휘고 남반구에서는 시계 반대 방향으로 휜다. 지구가 자전하지 않으면 생기지 않는 현상이다.

예를 들어 적도에서 북반구의 북쪽을 향해 대륙간 탄도미사일을 쏜다고 하자. 발사할 때 미사일은, 자전으로 인해 지구가 동쪽으로 움직이는 속도를 덤으로 얻고 날아간다. 미사일이 점점 더 북쪽으로 갈수록 자전으로 인해 지구가 움직이는 속도는 줄어든다. 하지만 미사일은 발사 때 덤으로 얻은 속도를 그대로 지니고 날아간다. 이 때문에 북쪽으로 갈수록 미사일은 지구보다 더 빨리 동쪽으로 날아가면서 동쪽으로 휜다. 날아가는 방향을 보면 오른쪽 방향, 다시 말해 시계 방향으로 휜다.

반대로 자전으로 인해 지구가 움직이는 속도가 작은 북반구 고위도에서 적도를 향해 미사일을 쏘면, 미사일이 덤으로 얻는 속도는 상대적으로 작다. 하지만 적도에 가까울수록 지구는 자전으로 더 빨리 동쪽으로 움직인다. 이 때문에 남쪽으로 날아가는 미사일은 이를 따라가지 못하고 점점 서쪽으로 치우쳐 날아간다. 종합해 보면, 북반구 안에서는 미사일이 북쪽을 향해 날아가든 남쪽을 향해 날아가든, 미사일은 날아가는 방향을 볼 때 오른쪽 방향으로, 다

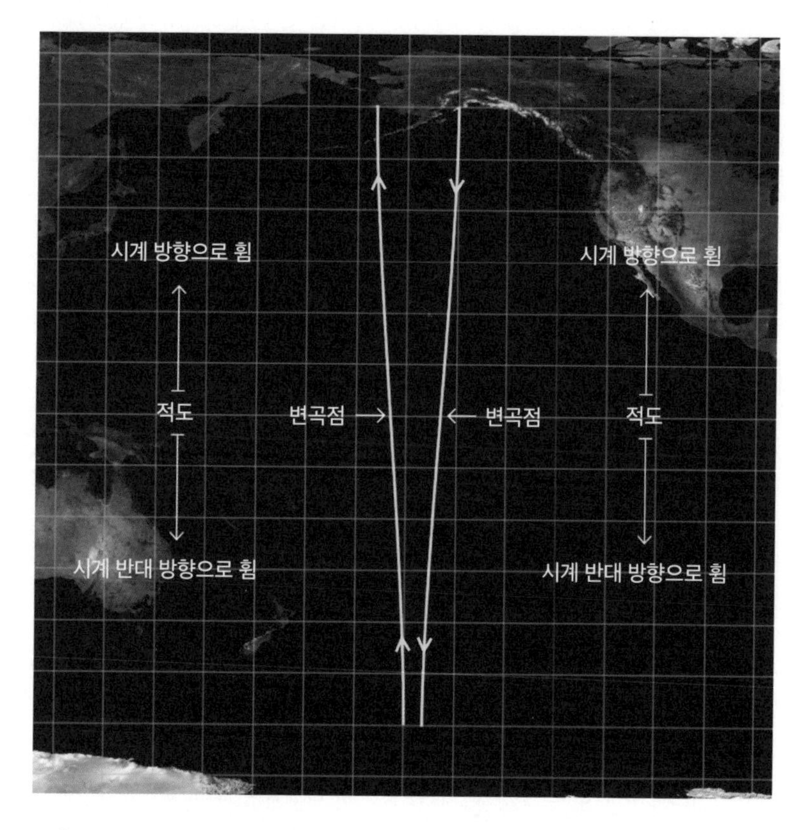

그림 1-18 북위 60도에서 남위 60도 지점을 목표로 정확하게 남쪽 방향으로 발사한 대륙간 탄도미사일과, 남위 60도에서 북위 60도 지점을 목표로 정확하게 북쪽 방향으로 발사한 대륙간 탄도미사일의 수직 아래 지상 궤적. 북반구에서는 시계 방향으로 휘고, 남반구에서는 시계 반대 방향으로 휜다. 휘는 방향이 바뀌는 변곡점은 적도에 위치한다(그림의 미사일 궤적 계산에는 공기저항 없이 초기 발사속도만 가정하는 간단한 모델을 사용했다).

시 말해 시곗바늘이 도는 방향으로 휜다. 남반구에서는 날아가는 방향을 볼 때 왼쪽 방향으로, 다시 말해 시계 반대 방향으로 휜다.

전 지구를 훑는 저궤도 위성, 한곳에 고정된 정지궤도 위성

지구 주위를 도는 인공위성은 타원 모양의 궤도를 돈다. 한 바퀴 돌면 원래 위치로 되돌아온다는 것을 의미한다. 하지만 지구가 자전하기 때문에 인공위성 수직 아래 지상 위치는 특별한 경우를 제외하면 한 바퀴 돈 후에도 제자리로 돌아오지 않는다. 인공위성이 한 바퀴 도는 동안 지구는 자전하면서 동쪽으로 더 움직이고, 이로 인해 인공위성 수직 아래 지상 위치는 원래 위치보다 서쪽으로 밀린다. 이 과정이 반복되면서 인공위성은 지구의 여러 지역을 훑는다. 특히 낮은 고도에서 북극과 남극에 가깝게 공전하는 극궤도polar orbit를 도는 경우, 사실상 전 세계를 훑는 것이 가능하다. 이러한 이유로 극궤도 인공위성 하나로 전 세계의 군사시설과 핵시설을 정찰할 수 있다. 정찰위성으로 사용할 수 있는 것이다.

인공위성의 궤도가 적도에 가까우면 훑는 지역은 적어진다. 지구를 가장 적게 훑는 경우는 위도가 0도인 적도 위를 돌 때이다. 이 경우에 인공위성은 공전주기와 상관없이 적도 위의 상공에서만 움직인다. 적도 위를 도는 인공위성이 해수면에서 3만 5,786킬로미터 높이에 있고 지구가 자전하는 방향과 같은 방향으로 돌면, 인공위성이 하늘의 한 위치의 고정된 것과 같은 '정지궤도'를 돈다. 대표적인 정지궤도 인공위성으로 통신위성과 기상관측위성이 있다.

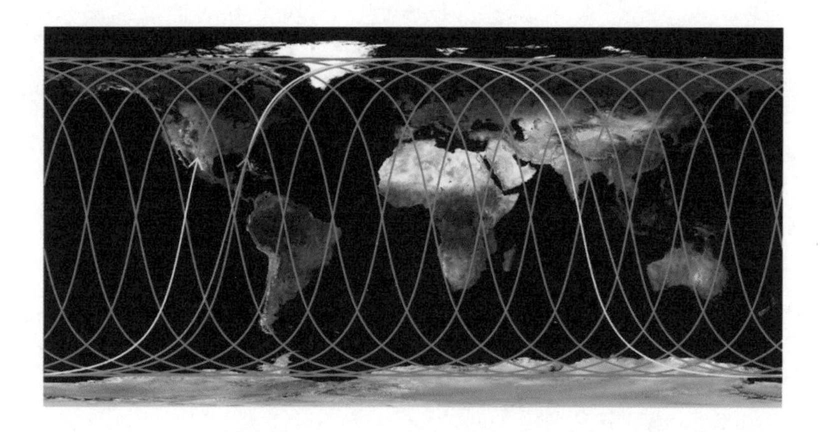

그림 1-19 15도 기운 극궤도를 해수면 561킬로미터 상공에서 도는 인공위성의 궤적. 주황색 곡선: 지구가 자전하지 않는다고 가정했을 때의 인공위성의 궤적. 인공위성 공전주기인 1시간 35분 44초 후에 제자리로 돌아온다. 노란색과 회색 곡선: 자전하는 지구에서의 인공위성의 궤적. 인공위성이 공전주기인 1시간 35분 44초 후에 제자리에 돌아와도 지구는 자전하기 때문에 인공위성 수직 아래 지표면 위치는 서쪽으로 밀린 곳에 위치한다. 이렇게 인공위성 위치가 밀리는 과정이 반복되면서 인공위성은 전 세계를 훑는다.

퀴즈

(1) 지구가 자전하지 않는다면 위성방송을 위한 정지위성이 가능할까?

(2) 수백 킬로미터의 저고도 상공에서 극궤도를 도는 군사위성은 전 세계를 훑는다. 군사위성 하나가 전세계를 한 번 훑는데 걸리는 시간은 어느 정도일까?

2부 태양계 우주탐사

초기속도란 무엇인가?

처음에 움직이기 시작하는 속도가 초기속도이다.
초기속도를 알면 물체의 움직임을 계산할 수 있다.
물리학에서 중요하게 다루는 초기속도에 대해 알아보자.

태양계 생성과 생명의 근원에 대한 비밀을 품고 있을지 모를 추류모프-게라시멘코 혜성, 소행성대의 가장 큰 천체이면서 왜행성으로 분류된 세레스, 과거에는 태양에서 가장 먼 아홉 번째 행성이었지만 지금은 왜행성으로 지위가 격하된 명왕성. 비교적 최근에 우주탐사선이 직접 다가가 관측해 과학계를 들썩이게 했던 천체들이다. 공통적으로 지구보다 태양에서 훨씬 더 멀리 떨어져 있다.

태양의 질량은 우리가 살고 있는 지구의 질량의 약 33만 배이고, 태양계에서 가장 큰 행성인 목성의 질량의 1,000배가 넘는다.

그림 2-1 태양과 태양계 행성들의 크기를 비교할 수 있게 모은 그림. 태양은 지구와 비교해 지름은 109배 크고 질량은 약 33만 3,000배 크다. 태양을 태양계에서 제일 큰 행성인 목성과 비교하면, 지름은 9.96배 크고 질량은 약 1,048배 크다.

태양을 뺀 태양계 천체를 다 합친 질량보다 500배 정도 크다. 이런 태양이 끌어당기는 중력은 매우 크다. 지구의 중력을 거슬러 달까지 우주선을 보내기가 쉽지 않은 것처럼, 이런 엄청난 질량의 태양이 당기는 중력을 거슬러 더 먼 천체에 가는 것도 결코 쉬운 일이 아니다. 특히 목성보다 먼 행성에 탐사선을 보내는 것은 로켓 추진력만으로는 매우 어렵다.

하지만 인류가 만든 탐사선은 1970년대에 목성과 토성에, 1980년대에는 그보다 먼 곳에 있는 천왕성과 해왕성에 도달했다.[1] 1977년에 발사한 보이저 1호는 2023년 1월 기준으로 태양에서 237억 킬로미터 이상 떨어진 곳까지 날아갔고, 초속 17킬로미터의 속도로 태양에서 멀어지고 있다. 보이저 1호보다 16일 먼저 발사된 보이저 2호는 197억 킬로미터 이상 떨어진 곳까지 날아갔고, 지금은 초속 15.4킬로미터의 속도로 멀어지고 있다.

먼 천체를 탐사하려면 강력한 로켓 기술은 기본이다. 여기에 더해 지구의 공전과 자전을 이용해 효율적으로 우주선을 발사해야 하고, 항해 도중에 다른 행성의 중력과 공전을 이용해 우주선의 속도를 높이는 항법도 사용해야 한다. 그래야만 태양의 중력을 극복하고 먼 천체에 가기 위해 필요한 속도를 얻을 수 있기 때문이다. 우주선의 속도를 높이기 위해 행성의 공전을 어떻게 이용하는지를 좀 더 구체적으로 살펴볼 필요가 있다.

초기 SF 영화에 나오는 우주선 비행과 물리학에서의 초기속도

물리학에서 물체의 움직임을 설명할 때 '초기속도'라는 개념을 자주 사용한다. 공을 손으로 던지거나 발로 차 날아가기 시작하는 속도, 또는 라켓이나 방망이로 쳐서 날아가기 시작하는 속도를 초기속도라고 말할 수 있다. 일단 움직이기 시작한 물체는 처음 움직일 때의 관성으로도 계속 움직인다. 우리가 살고 있는 지구 위 공간에서는 지구의 중력뿐만 아니라 공기저항도 물체의 움직임에 영향을 끼친다. 하지만 지구에서 충분히 떨어진 우주에서는 공기저항이 없기 때문에, 물체의 초기속도와 천체의 중력만 알면 관성만으로 움직이는 물체의 움직임을 정확하게 계산할 수 있다.

우주선도 마찬가지로 초기속도를 알고 주위 천체의 위치와 움직임을 알면, 추진력 없이 관성만으로 움직이는 우주선의 움직임을 계산할 수 있다. 그런데 실제 우주선을 발사할 때는 발사 이후에도 로켓의 추진으로 일정 시간 동안 속도가 계속 증가한다. 이 때문에 어느 시점의 속도가 초기속도에 해당하는지 콕 집어서 말하기가 어렵다. 그런데도 물리학을 가르치는 사람이나 배우는 사람은 초기속도 개념을 우주선에도 거침없이 적용한다. 계산이 훨씬 간단해지기 때문이다.

우주선의 초기속도는 실제의 우주선보다는 이야기 속의 '비현실적인' 우주선에 더 잘 표현되어 있다. 세계 최초의 SF 영화로 알려진 〈달나라 여행Le Voyage dans la Lune〉을 보면 사람이 탄 우주선을 대포를 이용해 달로 쏘아 올린다.[2] 오히려 우주선보다는 포탄에 더 가까운 설정으로, 현실의 우주탐사 역사에서는 전혀 사용한 적이 없는 발사 방식이다. 이 영화를 제작해 공개한 때인 1902년은 라이트 형제가 동력 비행기로 비행에 성공하기 1년 전이고, 로켓 추진체의 원조쯤 되는 독일의 'V-2 로켓'이 개발되기 40년 전이다. 이런 점을 감안하면, 엉뚱해 보이는 우주선 발사 방식을 영화에 도입했던 영화제작자를 이해할 만도 하다. 그럼에도 불구하고 대포 포신을 떠나는 순간의 우주선 속도는 초기속도를 잘 표현한다. 발사 이후 추진력을 추가로 사용하지 않고, 초기속도의 관성만으로 날아가는 우주선을 표현하기 때문이다.

중력의 영향을 받는 물체의 움직임을 설명할 때는 초기속도라는 개념이 유용하다. 공을 위로 던지는 경우를 생각해 보자. 빠른 속도로 던질수록, 다시 말해 초기속도가 클수록 공은 더 높이 올라간다. 그만큼 지구가 잡아당기는 중력을 더 오랫동안 극복하면서 위로 올라갈 수 있기 때문이다. 미국 메이저리그 프로야구의 강속구 투수는 시속 160킬로미터 또는 초속 44.7미터의 속도로 공을 던질 수 있다. 만약에 이 속도로 공을 위로 던질 수 있다면, 공기저항이 없다는 가정하에 공은 약 100미터 높이까지 올라간다.

우주선도 마찬가지로 시속 160킬로미터의 속도로 위로 발사하면 공기저항이 없을 경우 100미터 상공까지 올라간다. 공이건 우주선이건 초기속도가 같고 공기저항이 없으면, 얼마나 무거운가와는 상관없이 도달할 수 있는 높이는 같다. 질량이 다른 두 물체라도 같은 지구 중력에서는 속도가 변하는 비율, 다시 말해 가속도가 같기 때문이다. 초기속도만 알면 중력에 의한 물체의 움직임을 질량과 관계없이 계산하고 설명할 수 있다.

영화 〈달나라 여행〉에서처럼 경사진 방향으로 발사하면, 발사속도가 빠를수록 더 높이 올라가기도 하지만 더 멀리 날아가기도 한다. 이 경우도 초기속도의 크기와 방향만 같으면 우주선이 도달할 수 있는 높이와 거리는 우주선의 질량과는 관계없이 같다. 물론 공기저항이 없다는 가정이 필요하다.

여기에서 중요한 것이 얼마나 높이, 그리고 얼마나 멀리 날아가는가이다. 도달할 수 있는 높이와 거리가 수 킬로미터 정도면, 중력에 의해 속도가 변하는 정도인 중력가속도는 거의 변하지 않는

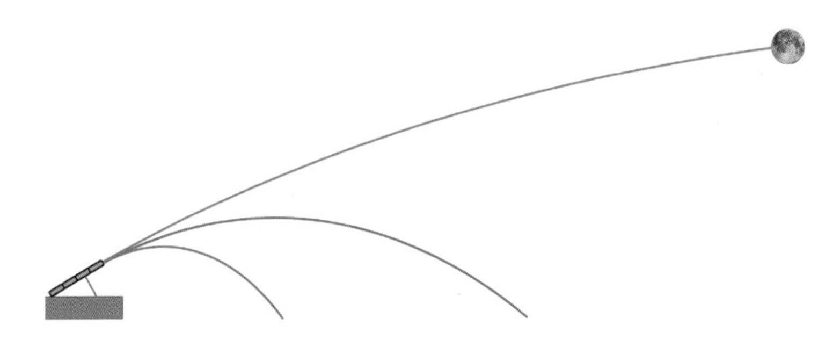

그림 2-2 대포로 포탄을 쏘듯이 우주선을 쏘아 올려 달에 보내는 개념. 발사속도가 충분하지 않으면 도로 땅 위에 떨어진다.

다. 포탄이 5킬로미터 상공까지 올라가면 중력가속도는 지표면에 비해 0.16% 정도 줄어들 뿐이다. 같은 높이에서 수평으로 수 킬로미터 움직일 때, 중력가속도 변화는 훨씬 더 미미하다. 이런 경우에는 중력가속도는 변하지 않는 상수로 봐도 무방하다. 둥근 지구의 영향도 거의 없다. 5킬로미터 떨어진 곳에서는 완벽하게 평평한 평면에서 2미터 정도 휘어 0.04% 변화가 있을 뿐이다. 중력가속도가 거의 변하지 않고 지표면도 거의 평평하다고 볼 수 있는 이런 상황에서 날아가는 물체는 포물선 모양으로 날아간다.

날아가는 높이나 거리가 수백 킬로미터 이상이면, 중력가속도가 변하지 않고 지표면이 평평하다고 가정하는 것이 더 이상 적절하지 않다.

포탄이 날아가는 모양과 거리

공기저항이 없고 중력의 크기가 높이와 관계없이 일정한 평평한 지표면에서 날아가는 포탄은 포물선 모양으로 날아간다. 포탄을 발사할 때의 초기속도와 발사 각도 그리고 중력(또는 중력가속도)의 크기를 알면 어떤 포물선 모양인지 정확하게 계산할 수 있다. 초기속도의 크기가 일정하면, 발사하는 각도에 따라 올라가는 높이와 날아가는 거리가 변한다. 대포가 위치한 곳의 높이와 포탄이 떨어지는 곳의 높이가 같다면 발사 각도가 45도일 때 가장 멀리 날아간다. 가장 높이 쏘아 올리려면 포탄을 수직으로 쏴야 한다.

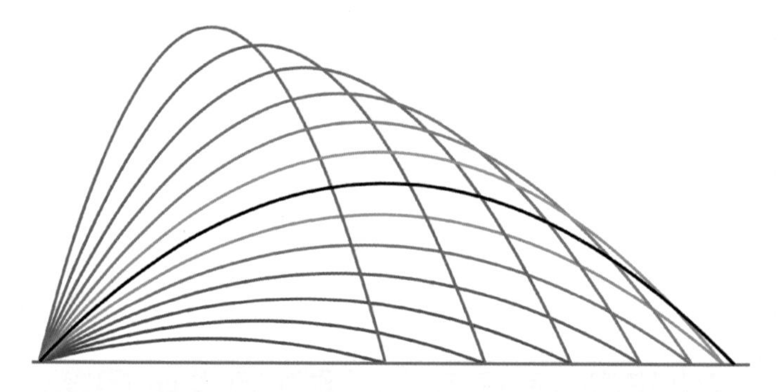

지표면에서 같은 초기속도로 발사했을 때, 각도에 따라 포탄이 날아가는 모양. 평평한 지형에서 중력가속도가 변하지 않으며 공기저항이 없다고 가정했을 때 날아가는 궤적이다. 발사각도가 45도일 때(검은색 선) 가장 멀리 날아간다. 붉은색 계열의 곡선들은 발사각도가 45도보다 클 때(50도, 55도, 60도, 65도, 70도, 65도)이고, 푸른색 계열의 곡선은 발사각도가 45도보다 작을 때(15도, 20도, 25도, 30도, 35도, 40도)이다. 이것들은 모두 포물선 모양이다. 하지만 공기저항이 있는 실제의 상황에서는, 포탄이 날아가는 모양은 포물선에서 벗어난 모양이다.

높이에 따라 변하는 중력, 둥근 지구, 그리고 공기저항의 영향

먼저 중력가속도를 보자. 해발 100킬로미터 상공에서는 중력가속도의 크기가 해수면 높이에 비해 3% 줄어든다. 200킬로미터 상공에서는 6%, 300킬로미터 상공에서는 8.8% 줄어든다. 국제우주정거장이 돌고 있는 고도인 400킬로미터 상공에서는 중력가속도의 크기가 지표면보다 11.5% 줄어든다. 중력가속도를 변하지 않는 값으로 취급하면 그만큼 오차는 커진다. 뉴턴의 중력법칙을 써서 높이에 따라 중력가속도가 변하는 것을 감안해야 한다.

수백 킬로미터를 날아가면 더 이상 평평한 지표면 위를 날아간다고 볼 수 없다. 둥근 지구의 영향으로 지표면은 100킬로미터마다 785미터 정도 휜다. 수백 킬로미터 또는 수천 킬로미터 거리에서는 지표면이 휘어지는 정도가 훨씬 더 크기 때문에, 평평한 지표면을 가정하면 오차도 그만큼 심해진다. 지구의 자전의 영향으로 미사일이 날아가는 궤적도 휜다.

공기저항과 지구의 자전에 의한 영향이 없다고 가정하고, 초기 속도로만 날아가는 간단한 계산 모델로 중력가속도가 높이에 따라 변하는 것과 지구가 둥근 것을 감안해 계산하면, 미사일이 움직이는 궤적은 포물선 모양이 아닌 타원의 끝자락 모양이다. 가장 멀리 날아가기 위한 발사각도도 45도보다 작다.

우주선이나 미사일을 발사하는 실제 상황에서는 정지 상태에서 출발해 로켓 추진으로 일정한 시간 동안 가속해야 한다. 그사이 로켓 연료를 사용하면서 로켓의 질량은 줄어든다. 대기권을 지나가는 동안 공기저항도 상당하다. 이런 이유들 때문에 발사할 때는 각도를 높여서 대기를 지나가는 거리를 줄여 공기저항으로 인한 손실을 최소화하고, 고도가 높아져 공기저항이 줄어들면 각도를 낮추는 방식으로 날아간다.

대륙간 탄도미사일이 날아가는 모양

2022년 3월 24일에 북한이 시험 발사한 대륙간 탄도미사일은 6,248.5킬로미터 높이까지 올라갔고 1,090킬로미터의 지상거리를 날아갔다.[3]

지구의 자전에 의한 영향과 공기저항을 고려하지 않는 간단한 계산 모델에서 이런 궤적이 나오려면 초기속도는 초속 7.879킬로미터이고 발사각도는 85.06도여야 한다. 이 경우 미사일의 비행 궤적은 긴 타원이 지구에 의해 잘린 모양이다.

같은 초기속도로 미사일이 가장 멀리 날아가려면 발사각도는 5.06도여야 한다. 그러면 미사일이 날아가는 지상 거리는 1만 7,766킬로미터이고, 최고 상승 고도는 510킬로미터이다. 이 경우 미사일의 비행 궤적은 둥근 타원이 지구에 의해 잘린 모양이다.

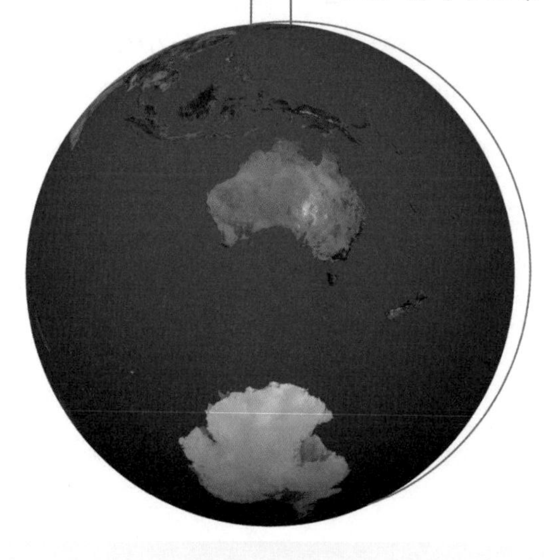

공기저항이 없고 초기속도로만 날아가는 간단한 모델로 계산한 2022년 북한의 대륙간 탄도미사일의 궤적. 파란색 곡선: 초기속도가 초속 7.879킬로미터인 경우에 실제 미사일의 궤적과 거의 비슷하다. 빨간색 곡선: 같은 초기속도에 발사각도가 5.06도면 최대 사정거리가 나온다.

퀴즈

(1) 질량 100그램의 공과 질량 200그램의 공을 같은 속도로 수직으로 던지면 어느 공이 더 높이 올라갈까? 공기저항은 없다고 가정하자.

(2) 같은 크기의 속도로 공을 던질 때, 가장 멀리 날아가게 하려면 어떤 각도로 던져야 할까? 공기저항은 없고, 지표면은 평평하며, 중력은 다른 높이에서도 같다고 가정하자.

(3) 대륙간 탄도미사일이 우주에서 로켓 추진 없이 관성으로만 날아가는 구간에서, 미사일이 날아가는 궤적의 모양이 포물선이 아닌 이유는 무엇일까?

달 그리고 다른 행성에 가기 위한 초기속도

달에 가기 위한 초기속도는 지구 중력 탈출속도와 비슷하다.
다른 행성에 가려면 태양의 중력도 거슬러 올라가야 한다.
공전하는 지구에서 발사하는 우주선은 지구의 공전 속도를 덤으로 얻는다.

지구의 중력을 탈출하기 위한 속도: 초속 11.2킬로미터

우주선의 초기속도는 얼마나 돼야 우주선이 달까지 갈 수 있을까? 적어도 날아가는 도중에 지구로 다시 떨어지지 않아야 한다. 그러려면 달의 중력이 지구의 중력보다 커지는 지점까지 가야 한다. 그래야 지구로 끌려가지 않고 달로 끌려가기 때문이다.

지구와 달 사이 거리의 9:1 되는 위치에서는 지구가 끌어당기는 중력의 크기와 달이 끌어당기는 중력의 크기가 같다. 이 위치에서는 지구의 중력과 달의 중력이 같은 크기의 힘으로 서로 반대 방향으로 끌어당기기 때문에 어느 방향으로도 끌리지 않는다. 이 위치를 통과해 달에 더 가까이 가면 달이 지구보다 더 강하게 끌어당기기 때문에, 우주선은 달에 끌린다.[4] 지구에서 출발할 때 우주선의 초기속도가 초속 11.1킬로미터이면 이 지점에 도달할 수 있다. 달의 중력을 감안하지 않고 지구에서 달까지의 평균 거리인 38만 4,000킬로미터까지 가는 데 필요한 초기속도도 이보다 초속 10미터 정도 더 큰 수준으로 거의 비슷하다.

또 하나 중요한 우주선의 초기속도는 우주선이 '지구의 중력을 완전히 벗어나기 위한 최소한의 속도'이다. 지구 외에 다른 천체가 없다고 가정하면, 지구의 중력을 완전히 벗어난다는 것은 무한히 먼 곳까지 갈 수 있는 것을 의미한다. 지구 중력 '탈출속도'라고도 부르는 이 초기속도는 초속 11.2킬로미터이다. 달에 가기 위한 초기속도인 초속 11.1킬로미터와 거의 차이가 없다. 중력은 무한히

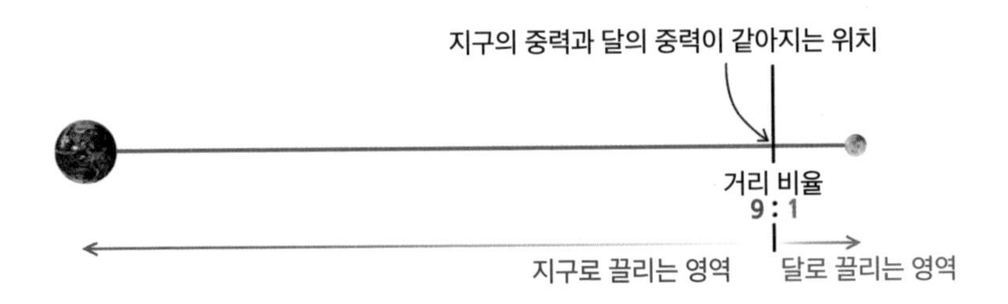

그림 2-3 지구의 중력과 달의 중력이 같아지는 위치. 지구와 달 사이 거리의 9:1 되는 위치이다. 우주선이 이 위치에 도달하기 전까지는 지구의 중력이 달의 중력보다 더 커서 지구 쪽으로 끌리고, 이 위치를 넘어서면 달의 중력이 지구의 중력보다 커서 달 쪽으로 끌린다.

먼 곳까지 다다르지만, 달은 지구의 중력이 이미 많이 약해진 곳에 위치하고 있는 것이 이런 작은 차이에 한몫을 한다. 이러한 이유로 초속 11.2킬로미터를 달에 갈 수 있는 초기속도로 보기도 한다.

초속 11.2킬로미터는 음속의 30배가 넘는 속도이다. 대포를 쏴서 우주선을 이렇게 빠른 속도로 쏘아 올릴 수 있다고 하더라도, 실제 우주선 안에 사람이 탈 수 있는지는 한번 따져봐야 한다. 영화 〈달나라 여행〉에서는 거의 순간적으로 우주선을 대포로 날려 보내는 것처럼 묘사한다. 만약에 정지한 상태에서 1초 만에 초속 11.2킬로미터의 속도를 내려면, 지표면 중력가속도보다 1,140배 큰 가속이 필요하다. 이때 우주선 안에서는 지표면의 중력보다 1,140배 큰 인공중력이 만들어진다. 1킬로그램의 우주복 헬멧을 쓰고 있다면, 이 우주선에서 헬멧이 우주인의 머리를 누르는 힘은 지상에서 1톤이 넘는 자동차가 누르는 힘과 비슷한 수준이다. 사람이 견딜 수 없는 중력이다. 여기에 더해 우주선을 가속하는 포신의 길이도 5.6킬로미터는 되어야 한다.

'공기저항'이라는 문제도 있다. 초속 11.2킬로미터는 국제우주정거장에 있는 우주인이 지구로 귀환할 때 타고 오는 우주선이 지구 대기권에 진입하는 속도보다 1.4배 이상 큰 속도이다. 대기권과 우주 경계 부분이 지상보다 공기가 훨씬 희박함에도 불구하고, 귀환 캡슐이 대기권을 뚫고 들어올 때는 공기저항으로 인해 엄청난 열이 발생한다. 공기저항으로 속도가 줄면 운동에너지가 줄어드는데, 이 줄어든 운동에너지의 대부분이 열에너지로 바뀐 결과이다.

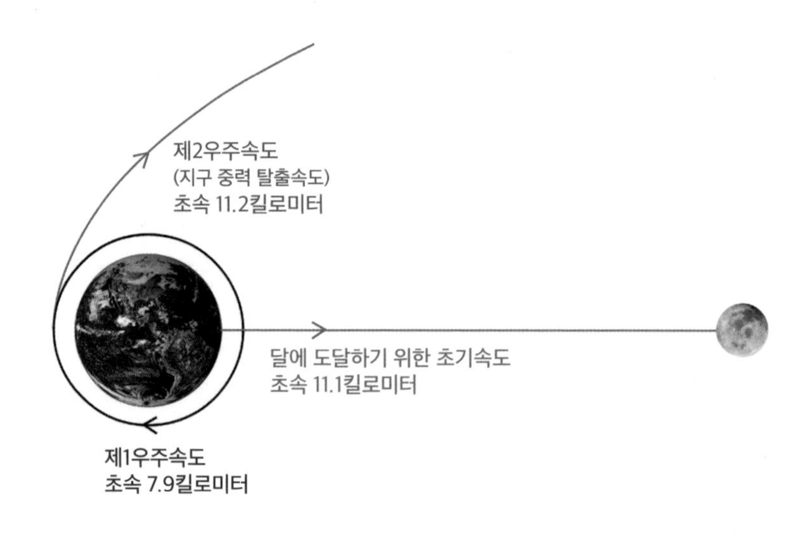

그림 2-4 제1우주속도(지구 주위를 공전하기 위한 최소 초기속도)와 제2우주속도(지구의 중력을 완전히 벗어나기 위한 속도). 달에 도달하기 위한 초기속도는 제2우주속도와 비슷하다. 지구와 달 사이의 거리, 그리고 우주비행 궤적은 시각적 이해를 돕기 위해 과장되게 그렸다.

공기가 훨씬 많은 지상에서 초속 11.2킬로미터의 속도로 날아간다면 공기저항도 훨씬 더 크다. 이로 인해 생기는 열도 엄청날 수밖에 없다. 최신 기술의 우주선도 이런 열을 버티기 어렵다.[5] 공기저항으로 줄어드는 속도만큼 초기속도도 더 커야 달에 갈 수 있다. 이러한 이유로 지구에서 대포를 쏘는 형태로 우주선을 발사해 달까지 가는 것은 비현실적이다.

하지만 좀 전에도 언급했듯이 이런 가상의 방식으로 발사된 우주선의 속도를 물리학에서는 '초기속도'라는 이름으로 중요하게 다룬다. 그리고 우주선 비행과 관련된 설명에도 서슴없이 적용해 사용한다. 사실 물리학을 하는 사람 중에는 SF 영화를 보고 비과학적인 내용을 찾아 따지는 사람들이 많다. 그러면서 한편으로는 비현실적인 발사 방법을 가정해야만 가능한 우주선의 초기속도 개념을 사용해 우주비행을 설명하려고 한다는 점은 흥미로운 부분이다.

초기속도 중에 우주비행과 관련된 몇 가지 중요한 속도가 있다. 그 하나는 제1우주속도cosmic velocity라고 부르는 초속 7.9킬로미터이다. 공기저항이 없다고 가정했을 때, 인공위성처럼 지구 주위를 공전하게 할 수 있는 최소한의 발사속도이다. 좀 전에 언급한 지구 중력 탈출속도인 초속 11.2킬로미터는 제2우주속도라고 부른다. 제2우주속도는 제1우주속도보다 정확하게 $\sqrt{2} \simeq 1.414$배 크다.

다른 행성에 가거나 태양계를 벗어나기 위한 속도는?

행성 탐사는 달 탐사와 비교해 무엇보다 비행 거리에서 엄청난 차이가 있다. 인류가 발을 디딜 첫 행성으로 꼽히는 화성의 경우, 지구와 가장 가까울 때에도 지구에서 약 5,500만 킬로미터나 떨어져 있다. 지구의 공전궤도와 화성의 공전궤도 사이의 평균 거리는 약 7,800만 킬로미터이다. 거리도 문제이지만, 태양계 질량의 대부분을 차지하는 태양에 의한 중력이 큰 걸림돌이다. 지구에서 달까지 가기 위해 지구의 중력을 거슬러 가야 하듯이, 태양에서 더 멀리 떨어진 화성까지 가려면 태양의 중력을 거슬러 가야 한다.

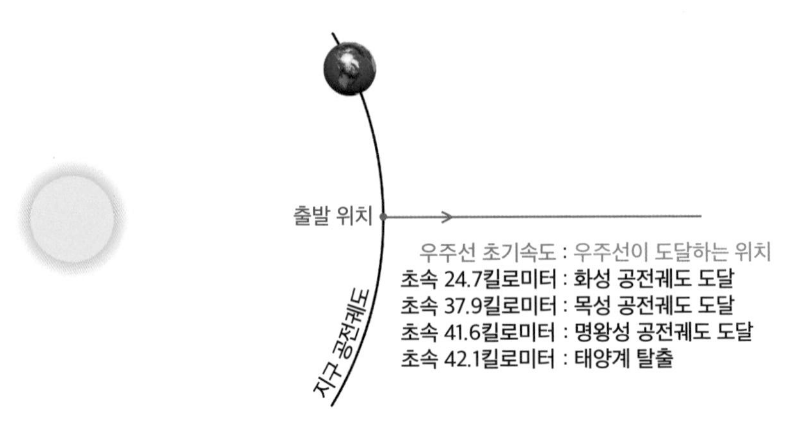

그림 2-5 지구의 공전궤도의 한 위치에서 다른 행성의 공전궤도의 한 위치까지 가기 위한 우주선의 초기속도.

일단 지구 중력을 고려하지 않고, 그림2-5처럼 지구의 공전궤도의 한 위치에서 우주선을 발사해 화성의 공전궤도의 한 위치까지 가장 짧은 거리의 일직선으로 간다고 가정해 보자. 우주선이 목표한 위치까지 가려면 초기속도가 초속 24.7킬로미터는 돼야 한다. 초기속도가 이에 못 미치면, 태양이 끌어당기는 중력 때문에 목표한 위치에 도달하기 전에 속도를 잃고 태양 쪽으로 다시 끌려온다. 더 먼 천체인 목성의 공전궤도까지 가려면 초속 37.9킬로미터, 명왕성의 공전궤도까지 가려면 41.6킬로미터의 초기속도가 필요하다. 태양계를 완전히 벗어나려면 초속 42.1킬로미터가 되어야 한다.

우주선이 내야 하는 속도가 클수록 이에 필요한 추진체의 크기와 필요한 연료의 양은 기하급수적으로 증가한다. 초기속도가 초속 11.1킬로미터여야 하는 달에 유인 우주선을 보내는 데도 엄청난 크기의 로켓 추진체를 사용했는데, 화성이나 그보다 멀리 떨어진 천체에 우주선을 보내려면 도대체 얼마나 큰 추진체를 사용해야 하는 것일까? 그런데 여기에서 우리가 아직 고려하지 않은 부분이 있다. 우주선은 지구에서 발사하고, 지구는 태양 주위를 공전한다는 사실이다.

지구에서 발사하는 우주선은 지구의 공전 속도를 덤으로 얻는다

태양에서 약 1억 5,000만 킬로미터 떨어져 공전하는 지구는 1년 동안 태양 주위를 한 바퀴 돈다. 평균 공전 속도는 초속 29.8킬로미터이다. 이 속도를 시속으로 바꾸면 시속 10만 7,000킬로미터로, 대륙 사이를 비행하는 대형 여객기보다 100배 이상 빠른 속도이다.[6] 이런 지구에서 우주선을 발사한다는 것 자체만으로 우주선은 이미 지구가 공전하는 속도를 지니고 출발하는 효과가 있다.[7] 만약 지구가 공전하는 방향과 같은 방향으로 우주선을 발사하면, 우주선은 발사속도에 지구의 공전 속도인 초속 29.8킬로미터를 더한 속도로 날아간다.[8] 버스 안에서 버스가 움직이는 방향으로 걷는 사람을 버스에 탑승한 사람이 보면 그냥 걷는 속도로 움직이지만, 버스 밖 길가에 서 있는 사람이 보면 버스가 달리는 것보다 더 빠르게 움직이는 것처럼 보이는 것과 같은 이치이다.

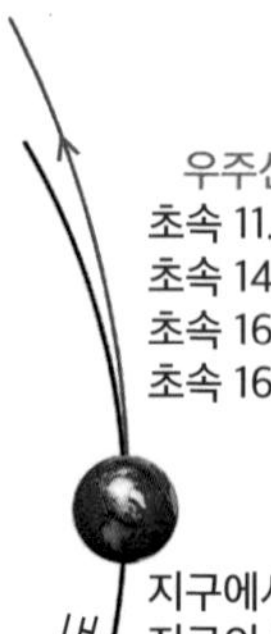

그림 2-6 지구에서 지구의 공전 방향으로 발사한 우주선이 다른 행성에 도달하기 위한 초기속도. 지구의 중력을 벗어나야 하지만, 지구에서 발사한다는 자체만으로 우주선은 지구의 공전 속도를 덤으로 얻고 가기 때문에 초기속도는 그림2-5의 경우에 비해 훨씬 더 줄어든다. 태양계를 탈출하기 위한 초기속도인 초속 16.7킬로미터를 제3우주속도라고 부른다.

만약에 우주선의 발사속도에 지구의 공전 속도를 더한 속도가 태양계를 벗어날 수 있는 속도인 초속 42.1킬로미터(지구의 공전 속도의 $\sqrt{2} \simeq 1.414$배)에 이르면, 우주선은 태양계를 완전히 벗어날 수 있을 만큼 아주 먼 곳까지 날아갈 수 있다.[9] 초속 42.1−29.8=12.3킬로미터가 이 발사속도에 해당한다. 하지만 지구의 중력도 벗어나야 하기 때문에, 실제 지구 표면에서 발사하는 우주선이 태양계를 완전히 벗어나려면 초기속도는 이보다 커야 한다.

몇 가지 물리 법칙과 원리를 이용해 계산하면, 우주선의 초기속도가 초속 16.7킬로미터일 때 태양계를 완전히 벗어날 수 있다는 결과가 나온다.[10] 이 속도를 제3우주속도라고 부른다. 물론 우주선은 지구가 공전하는 방향과 같은 방향으로 날아가야 한다. 만약 우주선이 지구의 공전 방향과 반대 방향으로 날아간다면, 우주선의 속도는 지구의 공전 속도에서 우주선의 발사속도를 뺀 속도가 된다. 이 경우엔 우주선의 속도가 지구의 공전 속도보다 작아지기 때문에, 우주선은 지구의 공전궤도 바깥으로 가지 못하고, 지구가 공전하는 궤도의 안쪽으로 태양에 더 가까이 끌려간다.

초속 16.7킬로미터는, 지구의 공전을 고려하지 않고 계산한 지구의 공전궤도에서의 태양계 탈출 초기속도인 초속 42.1킬로미터의 반도 안 되는 크기이다. 우주선이 내야 하는 속도가 클수록 추진체의 크기와 연료의 양이 기하급수적으로 늘어난다는 점을 고려하면, 지구의 공전이 우주비행 비용을 엄청나게 절약해 준다는 것을 알 수 있다.

한편, 태양의 중력을 완전히 벗어나지 않고, 지구의 공전궤도 바깥에 있는 태양계 행성에 도달하기 위한 우주선의 초기속도는 그림2-6에서처럼 제3우주속도보다 작다. 이 경우들도 마찬가지로 지구의 공전을 고려하지 않고 계산한 결과보다 훨씬 작은 초기속도로 다른 행성에 도달할 수 있다.

퀴즈

(1) 지구의 위치에서 태양계를 벗어나기 위한 초기속도는 초속 42.1킬로미터이다. 그런데 지구에서 출발하는 우주선이 태양계를 벗어나기 위한 초기속도는 초속 16.7킬로미터이다. 더 느린 초기속도로 태양계를 벗어날 수 있는 이유는 무엇일까?

(2) 지구보다 태양에서 더 멀리 떨어져 있는 행성에 우주탐사선을 보내려면, 우주선을 발사해서 지구가 공전하는 방향으로 로켓을 추진해야 할까, 아니면 반대 방향으로 추진해야 할까?

(3) 제1우주속도, 제2우주속도, 제3우주속도는 무엇이고, 각각 그 크기는 얼마일까?

중력도움 항법은 보이지 않는 공짜 추진체

행성 근처를 지나가는 것만으로 우주선의 속도를 높이는 중력도움 항법.
엄청난 크기의 추진체를 대체하는 무형의 공짜 추진체이다.
행성의 중력과 공전이 우주선의 속도를 어떻게 높이는지
그 원리를 이해해 보자.

최근의 항공우주공학 기술로는 로켓 추진만으로 토성, 또는 그보다 멀리 있는 천체에 탐사선을 보낼 수 있는 속도를 내는 것이 매우 어렵다. 그런데 로켓 추진 없이도 우주선의 속도를 높이는 마술 같은 방법이 있다. 단순히 공전하는 행성 근처를 지나가는 것만으로 우주선의 속도를 높이는 '중력도움'이라는 방법이다. '스윙바이' 또는 '슬링샷'으로도 불리는 중력도움은 보이저 1·2호뿐 아니라 명왕성을 탐사한 뉴호라이즌스호까지, 지구에서 아주 멀리 떨어진 곳을 향해 날아가는 탐사선의 속도를 높이는 데 결정적 역할을 했다. 중력도움이 어떻게 탐사선의 속도를 높이는지 이해하려면 상대속도 개념을 구체적으로 알아볼 필요가 있다.

공항의 자동길로 이해하는 상대속도

규모가 큰 국제공항에는 '자동길'(무빙워크)이라고 부르는 움직이는 길이 있다. 에스컬레이터가 층 사이를 오르고 내리는 '움직이는 자동계단'이라면, 자동길은 '수평으로 움직이는 바닥'이다. 자동길을 이용하는 사람이 본인과 자동길 밖에 서 있는 사람에게 어떻게 보이는지를 비교해 보자.

자동길 위에 가만히 서 있는 사람은 본인이나 옆에 같이 서 있는 사람을 보면 움직이지 않고 가만히 있는 것으로 보인다. 이 사람이 들고 있는 공도 움직이지 않고 가만히 있다. 하지만 자동길 위에 있지 않고 자동길 밖의 건물 바닥에 서 있는 사람이 보면, 자동길 위에 있는 사람도 자동길이 움직이는 속도로 움직이고 그 사람이 들고 있는 공도 같은 속도로 움직인다. 보는 사람이 어떻게 움직이는지에 따라 보이는 움직임의 속도가 다른 것이다. 이렇게 특정 사람에게 보이는 속도를 '상대속도'라고 부른다.

자동길 밖에 서 있는 사람은 태양, 자동길 위에 서 있는 사람은 지구, 자동길 위에 서 있는 사람이 들고 있는 공은 발사대에 있는 우주선, 자동길의 움직임은 지구가 공전하는 움직임으로 보자. 그러면 지구에서 보는 우주선의 상대속도와 태양에서 보는 우주선의

자동길이 움직이는 속도
자동길 위에 서 있는 사람이 보는 공의 속도
자동길 밖에 서 있는 사람이 보는 공의 속도

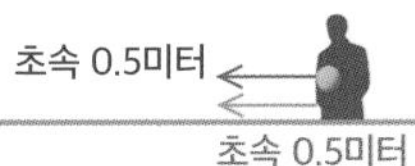

초속 0.5미터

자동길 위에 서 있는 사람이 들고 있는 공은 자동길이 움직이는 속도로 움직인다

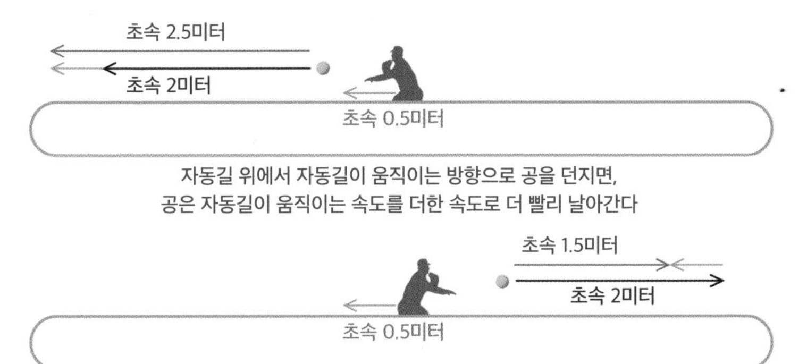

자동길 위에서 자동길이 움직이는 방향으로 공을 던지면,
공은 자동길이 움직이는 속도를 더한 속도로 더 빨리 날아간다

자동길 위에서 자동길이 움직이는 반대 방향으로 공을 던지면,
공은 자동길이 움직이는 속도를 뺀 속도로 더 천천히 날아간다

그림 2-7 상대속도를 이해하기 좋은 예인 자동길(무빙워크). 맨 위 사진은 인천국제공항의 자동길이다. 자동길 밖에 서 있는 사람이 볼 때, 자동길 위에 서 있는 사람이 던진 공은 던진 방향에 따라 다른 속도로 날아간다. 자동길이 움직이는 방향으로 던지면 공이 더 빨리 날아가고, 반대 방향으로 던지면 공이 더 천천히 날아간다. 문제를 간단하게 하기 위해 중력으로 떨어지는 것은 따지지 않는다.

상대속도를 쉽게 이해할 수 있다. 자동길 위에 서 있는 사람이 볼 때 자신이 들고 있는 공이 가만히 있는 것처럼, 발사하기 전의 우주선은 지구에서 보면 움직이지 않는다. 지구에서 보는 우주선의 상대속도는 0인 것이다. 하지만 자동길 밖에 서 있는 사람이 볼 때 공이 자동길에 서 있는 사람과 같이 움직이는 것처럼, 발사 전의 우주선을 태양에서 보면 지구가 공전하는 속도로 같이 움직인다. 태양에서 보는 우주선의 상대속도는 지구의 공전 속도인 것이다.

자동길 위에 서 있는 사람이 자동길이 움직이는 방향으로 공을 던지는 경우를 보자(그림2-7의 두 번째 그림). 문제를 간단하게 하기 위해 중력으로 아래로 떨어지는 것은 일단 따지지 않기로 하자. 자동길 위에 서 있는 사람이 보면 이 공은 던진 속도로 움직인다. 하지만 자동길 밖에 서 있는 사람이 보기에는 이 공은 던진 속도에 자동길이 움직이는 속도가 더해져 더 빠르게 움직인다. 이제 자동길 밖에 서 있는 사람은 태양, 자동길 위에 서 있는 사람은 행성, 자동길의 움직임은 행성이 공전하는 움직임으로 보고, 자동길 위에 서 있는 사람이 던진 공은 행성이 공전하는 방향으로 행성에서 멀어지는 우주선이라고 보자. 그러면 태양에서 보는 우주선의 속도는 행성에서 보는 우주선의 속도에 행성의 공전 속도가 더해져서 더 빠르다는 것을 이해할 수 있다.

이번엔 자동길 위에 서 있는 사람이 자동길이 움직이는 방향과 반대 방향으로 공을 던진다고 하자(그림2-7의 세 번째 그림). 자동길 위에 서 있는 사람이 보면 이 공은 당연히 던진 속도로 움직인다.

하지만 자동길 밖에 서 있는 사람이 보면 이 공은 던진 속도보다 자동길이 움직이는 속도만큼 더 느린 속도로 움직인다. 이 경우는 행성이 공전하는 방향과 반대 방향으로 날아가는 우주선인 경우로 볼 수 있다. 그러면 태양에서 보는 우주선의 속도가 행성에서 보는 우주선의 속도보다 행성의 공전 속도만큼 더 느린 것을 이해할 수 있다.

태양 중력 탈출속도와 중력도움 항법

행성 탐사선으로 다시 돌아오자. 우주선은 속도가 빠를수록 태양의 중력을 뿌리치고 태양에서 더 멀리 날아갈 수 있다. 공을 위로 던질 때 빠르게 던질수록 지구의 중력을 뿌리치고 더 높이 올라가는 것과 같은 이치이다. 우주선의 속도가 충분히 크면 태양의 중력을 완전히 뿌리치고 태양계를 벗어날 수도 있다. 이렇게 태양의 중력을 완전히 뿌리칠 수 있는 최소한의 속도가 '태양 중력 탈출속도'이다. 태양의 중력을 벗어나야 하는 만큼, 태양 중력 탈출속도는 태양에서 본 속도로 따져야 한다.

태양에서 지구만큼 떨어진 거리에서는 초속 42.1킬로미터가 태양 중력 탈출속도이다. 지구에서 발사하는 우주선은 지구의 공전 속도를 덤으로 얻는 대신 지구의 중력을 벗어나기 위한 추가적인 초기속도가 필요하다는 것까지 감안하면, 지구에서 태양계를 벗어나기 위한 우주선의 초기속도는 우주선의 '제3우주속도'라고 불리는 초속 16.7킬로미터 이상이어야 한다.

제3우주속도는 지구에서 출발한 우주선이 태양계를 벗어나기 위한 최소한의 속도이기 때문에, 이 속도로 시작해서 태양계 너머 아주 먼 곳에 가려면 시간이 오래 걸린다. 태양계 언저리에 이르면 우주선의 속도가 매우 느려지기 때문이다. 빨리 목적지에 도착하려면 이보다 더 빠른 속도가 필요하다. 로켓 추진만으로 이런 속도를 내기는 어렵고, 항해 도중에 중력도움을 이용해 속도를 높여 부족한 속도를 채워야 한다.

중력도움으로 속도를 높이려면 행성에 다가갔다 멀어지는 과정을 거친다. 그 원리를 이해하는 데는 다음 두 가지 사실이 중요하다. 첫째는 '행성은 태양 주위를 공전한다'는 것이고, 둘째는 '어느 위치에서 보느냐에 따라 우주선의 속도는 다르다'는 것이다. 중력도움이라는 이름 자체에는 행성의 공전을 의미하는 단어가 없다. 하지만 행성의 중력뿐만 아니라 공전도 중력도움에 중요한 역할을 한다.

태양의 위치에서 보는 우주선의 움직임만으로 중력도움 항법이 작동하는 원리를 이해하는 것은 쉽지 않다. 우주선의 움직임과 행성의 움직임에 우주선을 끌어당기는 행성의 중력이 개입하는 복합한 움직임이기 때문이다. 하지만 행성의 위치에서 보는 우주선의 상대속도를 먼저 따지고 나중에 행성의 공전 속도를 추가해서 따지면, 비교적 어렵지 않게 태양에서 보는 우주선의 속도 변화를 이해할 수 있다.

중력도움으로 우주선의 속도를 높이는 원리

먼저, 행성에서 보는 우주선의 속도를 따져보자. 이 기준에서는 행성에 다가가거나 멀어지는 것과 상관없이 행성에서 떨어진 거리가 같으면 우주선 속도의 크기는 같다. 이는 에너지 보존법칙으로 쉽게 이해할 수 있다. 행성에서 떨어진 거리가 같으면 중력에 의한 위치에너지가 같다. 이 상황에서 위치에너지와 운동에너지를 더한 전체 에너지가 보존되려면 운동에너지가 같아야 하고, 결국 속도의 크기가 같아야 한다. 다가가거나 멀어짐에 따라 방향만 달라질 뿐이다. 우주선을 공이라고 보았을 때, 행성의 중력은 날아오는 공을 같은 크기의 속도로 튕겨내는 라켓과 같은 역할을 한다고 볼 수 있다.

태양의 위치에서 보는 우주선의 속도는, 행성에서 보는 우주선의 속도에 행성의 공전 속도를 더한 속도이다. 행성이 공전하는 방향과 같은 방향으로 우주선이 멀어지는 경우에는, 행성에서 보는 우주선 속도의 크기에 행성 공전 속도의 크기를 더해주기만 하면 태양의 위치에서 보는 우주선의 속도가 된다. 하지만 우주선이 움직이는 방향과 행성이 공전하는 방향이 다른 경우에는, 단순히 속도의 크기만 더하는 것이 아닌 방향까지 고려하는 '벡터 더하기' 방식을 적용해야 한다. 이렇게 태양의 위치에서 본 우주선의 속도를 계산하면, 행성에 다가갈 때와 행성에서 멀어질 때의 우주선의 속도 크기가 달라질 수 있다.

중력도움 항법을 우주선의 속도를 높이는 목적으로 사용하려

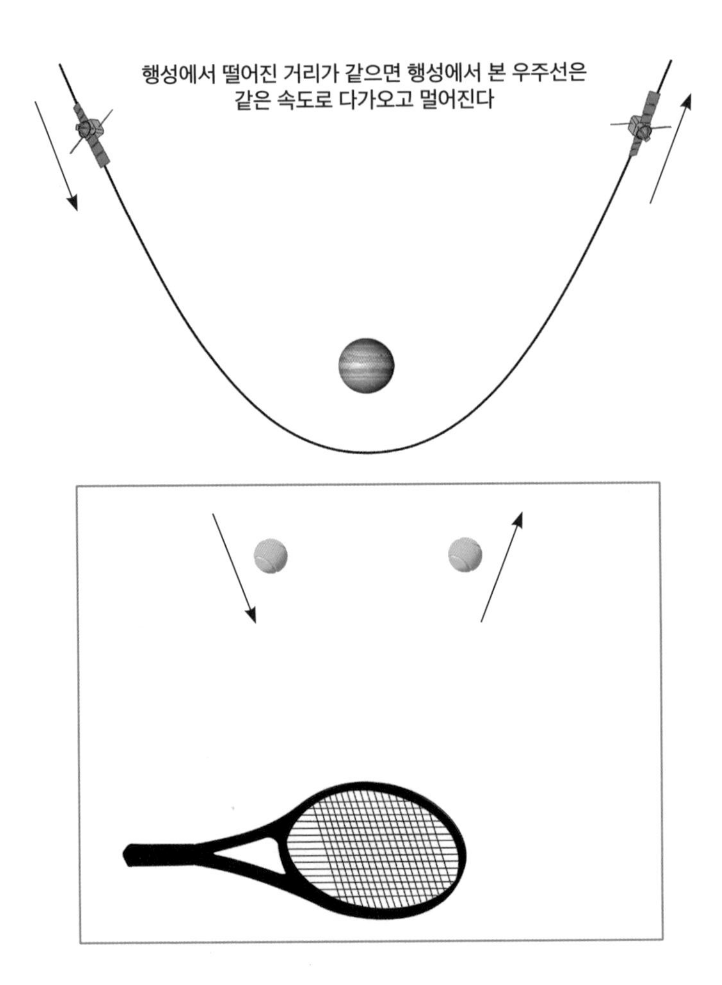

그림 2-8 행성의 중심에서 본다고 가정했을 때 행성에 다가왔다가 멀어지는 우주선의 속도. 행성에서의 거리가 같으면 우주선이 움직이는 방향만 다를 뿐 속도의 크기는 같다. 우주선을 공이라고 가정했을 때, 행성의 중력은 날아오는 공을 같은 크기의 속도로 튕겨내는 라켓과 같은 역할을 한다.

면, 우주선이 행성에 접근할 때보다 멀어질 때 우주선의 속도가 더 커야 하는 것이 당연하다. 물론 이때의 우주선의 속도는 태양의 위치에서 본 속도이다. 속도를 가장 많이 높이는 방법은 행성의 공전 방향과 반대인 방향으로 접근해서 행성이 공전하는 방향과 같은 방향으로 멀어지는 것이다. 이런 이상적인 중력도움 항법을 시행하면, 우주선은 공전 속도의 2배에 해당하는 속도를 추가로 얻을 수 있다.

그림2-9는 중력도움 항법으로 속도를 높이는 원리를, 자동길에서 움직이는 사람이 공을 튕겨내는 것으로 설명하는 그림이다. 행성은 자동길에 서 있는 사람으로, 행성의 공전은 자동길의 움직임으로, 우주선이 중력에 끌려 행성에 다가왔다 다시 멀어지는 것은 공을 라켓으로 튕겨서 같은 속도로 되돌려 보내는 것으로 비유했다. 문제를 간단하게 하기 위해, 중력으로 인해 아래로 떨어지는 것은 없다고 가정했다. 그림은 다음과 같은 과정으로 이해하면 된다.

(1) 자동길 밖에 서 있는 사람이 자동길을 향해 초속 2미터로 공을 던진다. 자동길은 공을 던지는 사람을 향해 초속 0.5미터로 움직인다.

(2) 자동길 위에 서 있는 사람이 보면, 자동길 밖에서 던진 공의 속도에 자동길의 속도가 더해져 초속 2.5미터로 공이 날아온다.

(3) 자동길 위에 서 있는 사람은 공을 라켓으로 튕겨서 날아온 속도로 되돌려 보낸다. 자동길 위에 서 있는 사람에게 공은 초속 2.5미터로 날아간다.

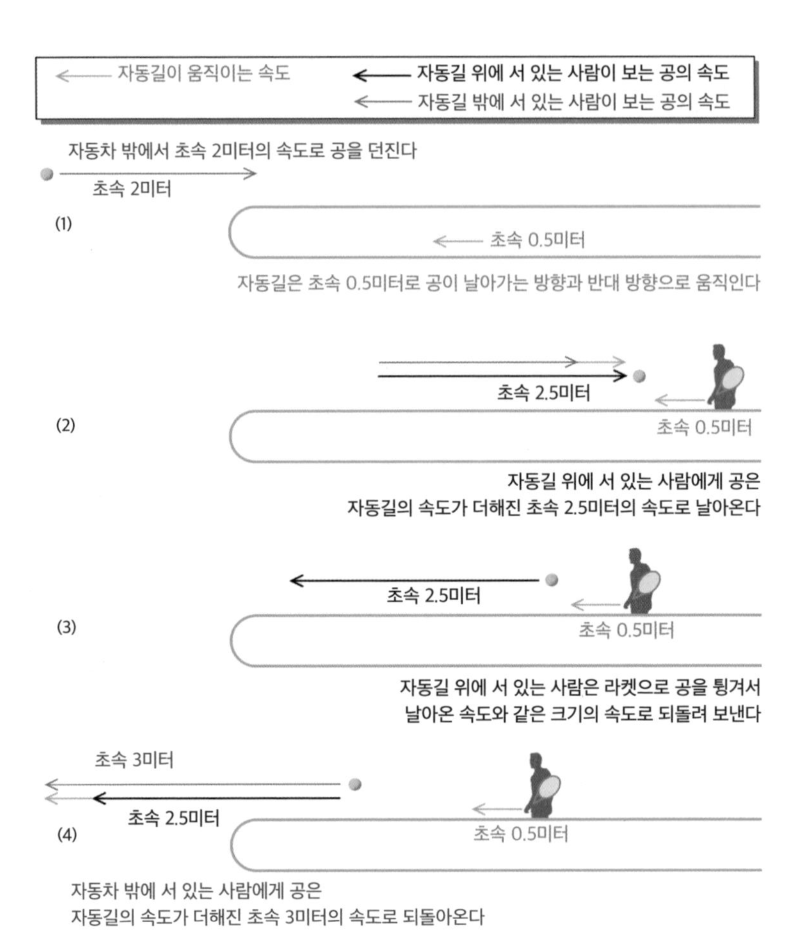

그림 2-9 중력도움 항법으로 속도를 높이는 원리를, 자동길에서 움직이는 사람이 공을 튕겨 내는 것으로 설명할 수 있다. 문제를 간단하게 하기 위해 중력으로 떨어지는 것은 없다고 가정했다.

(4) 자동길 밖에 서 있는 사람이 보면, 튕겨진 공은 자동길 속도가 더해져 초속 3미터로 날아온다. 공을 처음 던졌을 때와 비교하면, 공은 자동길이 움직이는 속도인 초속 0.5미터의 2배인 초속 1미터의 속도만큼 더 빨라져서 되돌아온다.

자동길 위에 서 있는 사람은 날아온 공을 같은 속도로 튕겨서 되돌려 보냈지만, 자동길 밖에 있는 사람이 보면, 라켓으로 공을 튕겨내기 전보다 후가 더 빠르다. 행성의 중력으로 튕겨 나오는 우주선도 마찬가지이다. 우주선은 행성이 공전하는 방향과 반대로 움직이는데, 행성에 다가갈 때보다 행성이 공전하는 방향과 같은 방향으로 멀어질 때 더 빠르게 움직인다.

실제 상황에서는 속도를 최대로 높일 수 있는 이런 이상적인 중력도움을 하지 않는다. 그림2-10에서와 같이 행성이 공전하는 방향과 많이 다르게 행성에 접근해서 행성이 공전하는 방향과 비슷하거나 같게 행성에서 멀어진다. 이 경우에도 태양의 위치에서 보는 우주선의 속도는, 행성에 다가갈 때보다 멀어질 때가 더 크다. 목성에 접근하는 중력도움을 이용하면 우주선이 높일 수 있는 속도는 초속 10킬로미터 이상이다. 로켓 추진만으로 초속 10킬로미터 이상의 속도를 추가로 높이려면 로켓 연료의 양과 발사체 크기가 현실의 과학기술이 감당할 수 없는 수준으로 훨씬 더 커져야 한다. 중력도움은 엄청난 크기의 발사체를 대체하는 보이지 않는 공짜 추진체인 셈이다.

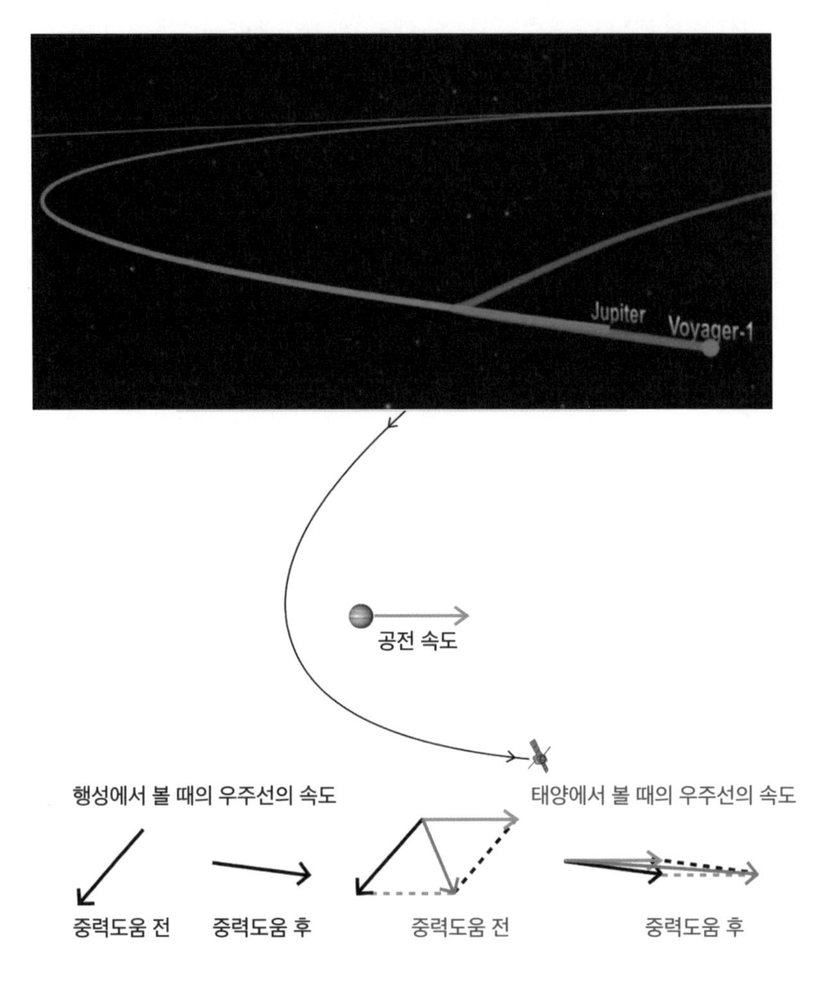

그림 2-10 중력도움으로 속도를 높이는 방법. 위: 목성을 지나갈 때의 보이저 1호의 비행 궤적. 가운데: 중력도움 항법으로 속도를 높일 때, 행성의 위치에서 본 전형적인 우주선의 궤적. 우주선이 행성에 접근하는 방향은 행성이 공전하는 방향과 크게 다르고, 우주선이 멀어지는 방향은 행성이 공전하는 방향과 비슷하다. 아래: 행성의 위치에서 본 우주선의 속도(검은색 화살표)는 다가갈 때나 멀어질 때나 행성으로부터의 거리만 같으면 그 속도의 크기가 같다. 하지만 태양의 위치에서 본 우주선의 속도(보라색 화살표)는 행성의 공전 속도가 더해져서 멀어질 때가 더 크다. 공전 속도를 더할 때는 단순히 크기만 더하는 것이 아닌, 방향까지 고려한 벡터 더하기를 한다.

행성이 공전하는 방향과 비슷하게 행성에서 멀어지기 위해서는 우주선이 어떻게 행성에 접근하는지가 중요하다. 만약에 행성에 너무 가까이 다가가면, 행성의 중력이 우주선을 너무 많이 끌어당겨서 우주선이 날아가는 방향이 과도하게 꺾일 수 있다. 이런 경우 속도를 높이는 효과가 떨어질 수 있다. 반면, 너무 멀리 접근하면 행성의 중력이 우주선을 덜 끌어당겨서 우주선이 방향이 충분히 꺾이지 않을 수 있다. 그만큼 우주선 속도를 높이는 효과도 작아진다.

'중력도움'이 의미하는 것처럼 '행성의 중력'이 주는 도움도 중요한 역할을 한다. 하지만 중력도움이라는 이름에 드러나지 않은 '행성의 공전'이 우주선의 속도를 높이는 데에는 매우 중요한 역할을 한다. 우주선이 행성의 중력에 끌려 행성에 접근하고 멀어지는 과정에서, 우주선은 행성이 공전하는 방향과 비슷하게 멀어지면서 공전하는 행성에 이끌려 우주선의 속도가 커진다. 우주선이 행성이 공전하는 속도의 일부를 훔치는 셈이다. 행성의 질량이 우주선의 질량에 비해 어마어마하게 크기 때문에 행성의 공전 속도에는 변화가 없는 것처럼 보일 뿐이다.

행성이 태양을 공전하는 것은 태양의 중력 때문이라는 것을 생각하면, 중력도움 항법으로 우주선 속도를 높이는 것은 결국 태양의 중력에 의한 결과라고도 볼 수 있다. 종합해 보면, 태양의 중력은 우주선을 끌어당겨 우주선이 태양으로부터 더 멀리 가는 것을 어렵게 만들기도 하지만, 한편으로는 행성을 공전하게 하고 이를 이용한 중력도움 항법으로 우주선의 속도를 높여 태양으로부터 더 멀리 가는 것도 가능하게 한다. 양면성이 있는 것이다.

좀 더 멀리 봐서, 우리 은하 안의 다른 별을 탐사한다고 가정해 보자. 태양계 안의 다른 천체들의 움직임을 설명할 때에는 보통 태양이 움직이지 않는다고 보지만, 실제로 태양계는 은하의 중심 주위를 돌고 있다. 우리 태양계가 은하 중심을 도는 속도는 무려 초속 230킬로미터에 이른다.[11] 별과 별 사이를 여행하는 우주선이 중간에 태양계를 거쳐 간다고 하면, 이론적으로 태양의 움직임을 이용한 중력도움 항법을 사용해 우주선의 속도를 높일 수도 있다. 이 경우 초속 100킬로미터의 속도 증가도 기대해 볼 만하다.

공전하는 행성의 중력을 이용해 우주선의 속도를 높이는 중력도움 항법은 1961년에 제트추진연구소Jet Propulsion Laboratory, JPL에서 인턴으로 일하던 미노비치Michael A. Minovitch가 찾아낸 것으로 알려졌다.[12] 1972년 3월 3일에 발사된 파이오니어 10호Pioneer 10가 중력도움 항법으로 태양계를 벗어날 수 있는 속도에 도달한 최초의 탐사선이다. 발사한 지 1년 9개월이 지난 1973년 12월에 목성에 접근하는 중력도움 항법으로 초속 12킬로미터 이상의 속도를 추가로 높였다. 목성 너머의 우주를 탐사하는 다른 우주선들도 모두 이 항법을 이용해 속도를 높였다.[13] 파이오니어 11호, 보이저 1호와 2호, 토성 탐사선 카시니-하위헌스Cassini-Huygens호, 명왕성을 탐사한 뉴호라이즌스호가 대표적인 경우들이다.

카시니-하위헌스호

토성 탐사선인 '카시니'와 토성의 위성 타이탄 착륙선인 '하위헌스'로 구성된 카시니-하위헌스호는 탐사선 질량만 2.5톤에 이르러, 보이저 1호나 2호보다 3배 이상 컸다. 당시 로켓 기술로는 이만한 질량의 탐사선을 토성까지 직접 보낼 만한 속도를 내기 어려웠다. 대신 카시니-하위헌스호는 행성을 스쳐 지나치는 중력도움을 네 번 시행해 탐사선의 속도를 토성까지 갈 수 있는 속도로 높였다. 처음 두 번은 금성을, 세 번째는 지구를, 그리고 마지막은 목성을 스쳐 지나가는 중력도움이었다.[14]

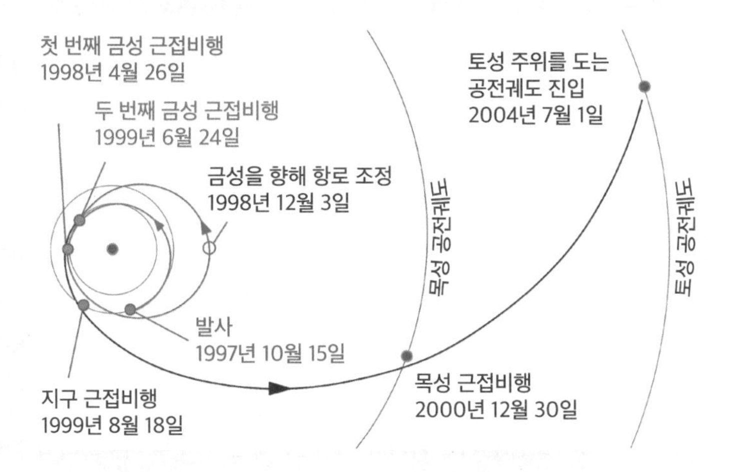

카시니-하위헌스호의 비행 궤적. 금성에서 두 번, 지구에서 한 번, 목성에서 한 번, 총 네 번의 중력도움 항법으로 탐사선의 속도를 높여서, 2.5톤에 이르는 탐사선이 토성에 도달할 수 있었다.

1997년 10월 15일에 발사된 카시니-하위헌스호는 7년 동안 총 네 번의 중력도움을 시행하면서 날아가 2004년 7월에 토성 주위를 도는 공전궤도에 진입했다. 2005년 1월에는 하위헌스 착륙선이 분리되어 토성의 위성인 타이탄에 진입했다. 남은 카시니 토성 탐사선은 2017년까지 토성과 토성의 위성들을 탐사한 후, 2017년 9월 11일에 토성의 위성인 타이탄을 스쳐 지나가면서 타이탄의 중력으로 토성을 향해 날아가는 비행 방향으로 바꿔, 4일 후인 9월 15일 토성에 충돌했다.

퀴즈

(1) 초속 30미터의 속도로 달리는 기차 안에서 한 승객이 기차가 달리는 방향으로 초속 1미터의 속도로 걸어가고 있다. 기차 밖의 한 건물에서 바라보면, 기차 안에서 걸어가는 이 사람의 속도는 얼마일까?

(2) 중력도움으로 우주선의 속도를 높이려면 행성이 공전하는 방향과 다르게 접근해서 비슷하게 멀어져야 할까, 아니면 행성이 공전하는 방향과 비슷하게 접근해서 다르게 멀어져야 할까?

(3) 토성 탐사선 카시니-하위헌스호는 발사 후 지구보다 태양에 더 가까운 금성을 향해 날아갔다. 그 이유는 무엇일까?

수성과 태양 탐사에도 이용하는 중력도움 항법

수성이나 태양에 가까이 가려면 우주선의 속도를 줄여야 한다.
이 경우에도 행성을 스쳐 지나가는 중력도움 항법으로
우주선의 속도를 줄일 수 있다. 행성에 어떻게 다가가서 어떻게 멀어져야
우주선의 속도가 줄어드는지 알아보자.

수성 탐사선 매리너 10호의 중력도움 항법

태양에 가장 가까운 행성은 수성이다. 지구와 수성 사이의 거리는 짧을 때는 7,700만 킬로미터이고, 멀 때는 2억 2,000만 킬로미터이다. 한편, 지구와 목성 사이의 거리는 가장 짧을 때도 6억 킬로미터에 이른다. 이렇게 수성이 목성보다 지구에 훨씬 더 가까이 있어서 수성 탐사를 훨씬 더 일찍 하지 않았을까 하는 생각을 할 수 있다. 하지만 첫 수성 탐사 시기는 첫 목성 탐사 시기와 비슷하다. 파이오니어 10호는 1972년 3월 3일 발사되어 1973년 12월 4일 처

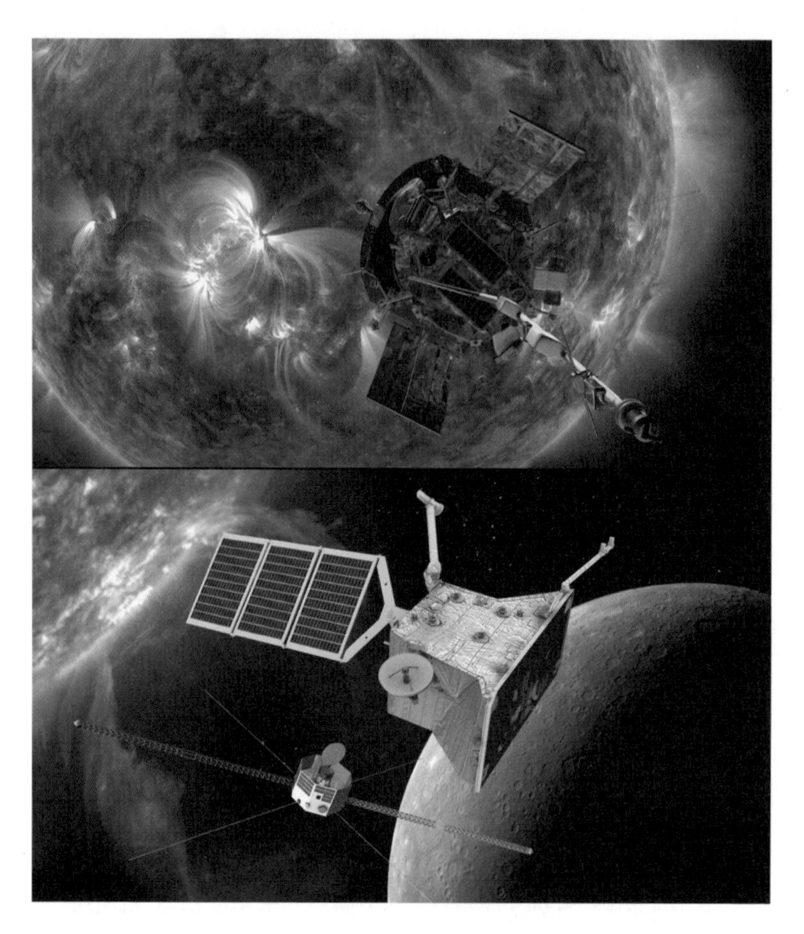

그림 2-11 태양 탐사선 파커호(위)와 수성 탐사선 베피콜롬보호(아래).

음으로 목성에 가장 가까이 간 반면, 최초의 수성 탐사선인 매리너 10호Mariner 10는 1973년 11월 3일 발사되어 1974년 3월 29일 수성에 가장 가까이 다가갔다.

수성 탐사선은 지구보다 더 안쪽을 공전하는 수성을 향해 날아가야 한다. 그런데 지구의 공전 속도를 덤으로 얻은 우주선의 빠른 속도가 문제이다. 우주선을 지구의 공전 방향으로 강하게 떠미는 관성이 방향을 바꾸는 것을 어렵게 만든다. 똑같이 방향을 바꾸려고 해도 우주선이 빠를수록 더 큰 속도 변화가 필요하기 때문이다. 배를 타고 물살이 빠른 강을 건널 때, 아무리 노를 저어도 강가에 서 있는 사람이 보면 배는 빠른 물살에 떠밀려 강물의 흐름과 별 차이 없게 움직이는 것처럼 보이는 것과 비슷하다.

다행히 지구와 수성 사이에 있는 금성이 이 문제를 좀 더 쉽게 만든다. 금성은 지구에서 가장 가까운 행성이고, 공전궤도도 지구의 공전궤도와 비교적 가까운 편이다. 그만큼 우주선을 금성에 보내는 것도 상대적으로 쉽다. 매리너 10호가 발사되기 12년 전인 1961년에 이미 매리너 2호가 금성에 3만 5,000킬로미터까지 접근했던 것만 봐도 알 수 있다. 금성에 가까이 다가가면 우주선은 금성의 중력에 끌린다. 다가가는 방향과 거리가 적절하면 우주선은 금성의 중력으로 금성 주위를 감아 돌고 빠져나오면서 방향을 수성을 향하게 할 수 있다. 이렇게 행성의 중력을 이용해 우주선의 방향을 바꾸는 것도 중력도움 항법이다.

수성 탐사선 매리너 10호는 발사한 지 약 3개월 뒤인 1974년 2월 5일 금성에 접근해 금성을 감아 도는 중력도움을 시행해 수성으로 향했다. 단순히 방향만 바꾼 것이 아니라 속도도 줄였다.[15] 그 결과로 태양 주위를 도는 공전궤도가 줄어들어, 매리너 10호는 금성 궤도와 수성 궤도를 걸치는 타원 모양의 궤도로 태양 주위를

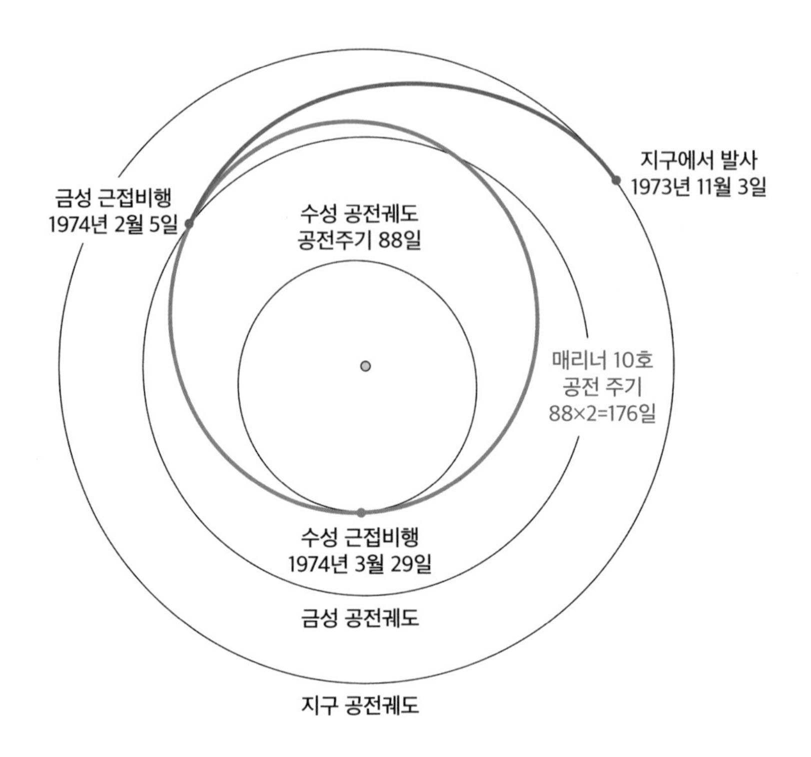

그림 2-12 금성에 접근하는 중력도움 항법으로 수성을 향해 날아간 매리너 10호의 궤적. 금성을 근접 비행한 후 매리너 10호는 태양 주위를 176일에 한 번씩 돌면서 수성을 반복적으로 만났다. 중력도움 항법으로 방향과 속도를 조절한 매리너 10호의 공전주기가 수성의 공전주기의 2배여서 가능한 일이었다. 이 아이디어는 1970년대 초에 주세페 콜롬보가 제안했다.

176일에 한 바퀴씩 돌았다. 수성이 태양 주위를 한 바퀴 도는 데 걸리는 시간인 88일의 2배이다. 매리너 10호가 수성에 접근한 다음 176일 동안 태양 주위를 한 바퀴 돌고 다시 돌아오면, 그사이 수성은 태양을 두 바퀴 돌고 돌아와 매리너 10호와 다시 만나는 것을 반복할 수 있었다. 1975년 3월 24일 통신이 끊기기 전까지 매리너

10호는 세 번에 걸쳐 수성에 가까이 다가갔고 탐사 결과를 지구로 송신했다. 이렇게 금성에 접근하는 중력도움 항법으로 수성에 주기적으로 접근하는 아이디어를 제시한 사람은 이탈리아 수학자이면서 엔지니어인 주세페 콜롬보Giuseppe Colombo였다.[16] 2018년에 발사한 수성 탐사선의 이름인 '베피콜롬보BepiColombo'가 바로 그의 애칭이다.

보이저 1호와 2호의 방향을 바꾸는 중력도움 항법

1977년 9월 5일에 발사된 보이저 1호는 목성에 접근하는 중력도움 항법으로 속력을 높여, 지금은 지구와 태양 사이의 거리보다 160배 정도 되는 거리에서 더 멀어지고 있다. 속도는 아직도 초속 17킬로미터에 이른다. 그런데 보이저 1호가 토성에 접근해 마지막으로 시행한 중력도움 항법을 주목할 필요가 있다. 목성에 접근할 때와는 달리 보이저 1호는 토성의 아래쪽(남극)으로 접근했다. 토성의 중력에 이끌린 보이저 1호는 토성의 아래쪽에서 위쪽으로 감아 돌아 날아가면서 방향을 바꿨다. 중력도움 항법의 주목적이 방향을 바꾸는 것이었던 대표적인 경우이다. 보이저 1호는 현재는 태양계 행성이 만드는 면과 약 35도의 각도를 이루면서 위쪽으로 멀어지고 있다.

보이저 2호는 태양계 행성들이 만드는 면에 계속 머물면서 토성, 천왕성, 해왕성을 차례로 근접 비행했다. 마지막 행성인 해왕성 근접 비행 때는 해왕성의 중력을 이용해 태양계 아래쪽으로 방향을 바

꿔, 현재 태양 아래 방향 48도 각도로 날아가고 있다.[17]

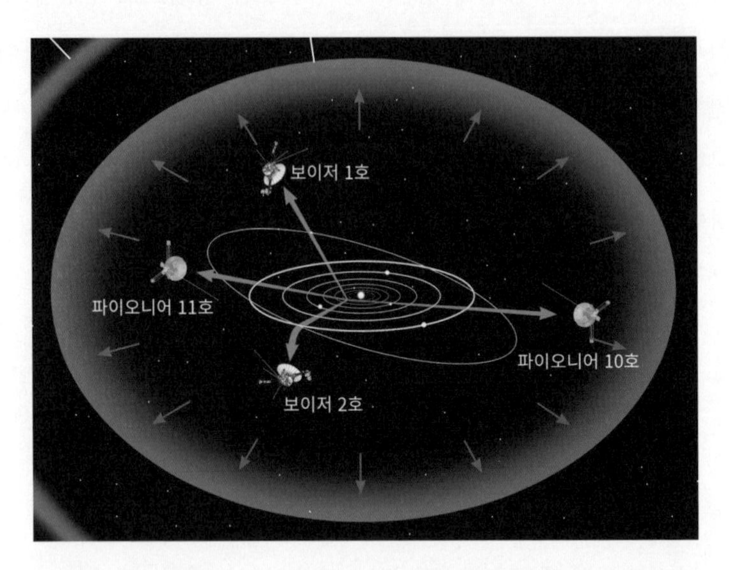

보이저 1호와 2호가 날아가는 방향. 태양계 행성들이 시계 방향으로 돌아가는 것으로 보이는 쪽이 위쪽이라고 할 때, 보이저 1호는 현재 위쪽 35도 각도로 날아가고 있고, 보이저 2호는 아래쪽 48도 각도로 날아가고 있다.

수성 탐사선은 왜 속도를 줄여야 하나?

매리너 10호는 176일에 한 번씩 수성 가까이 지나치기는 했어도, 수성 근처에 계속 머물 수는 없었다. 수성 가까이에서 지속적으로 관측하려면 수성 주위를 도는 수성의 인공위성이 되는 것이 가장 좋은 방법이다. 최초로 수성의 인공위성이 된 수성 탐사선은 메신저Messenger호이다. 매리너 10호보다 무려 30여 년이 지난 후인 2004년 8월 3일에 발사됐다. 메신저호가 수성의 인공위성이 된 때는 발사 후 6년 7개월이 지난 2011년 3월 18일이었다. 상당히 긴 시간이 걸린 이유는 여러 번의 중력도움을 시행했기 때문이다.

매리너 10호처럼 금성을 스쳐 지나가는 중력도움으로 탐사선이 날아가는 방향을 바꾸고 속도를 줄이면, 태양에서 멀 때는 금성의 공전궤도에 도달하고 태양에 가까울 때는 수성의 공전궤도에 도달하는 타원 모양의 탐사선 궤도를 만들 수 있다. 하지만 이 경우 탐사선이 수성의 공전궤도에 접근하면 탐사선의 속도가 수성이 공전하는 속도보다 더 커지는 문제가 생긴다.

탐사선이 금성을 이용한 중력도움을 시행한 후에 금성의 공전궤도와 수성의 공전궤도에 걸치는 타원궤도로 태양 주위를 돌게 된 경우를 보자. 문제를 간단하게 하기 위해 탐사선이 태양에서 가장 멀리 떨어진 거리는 금성과 태양의 평균 거리인 1억 800만 킬로미터이고, 태양에 가장 가까운 거리는 수성과 태양의 평균 거리인 5,800만 킬로미터라고 하자. 그러면 탐사선이 수성의 공전궤도에 접근했을 때의 속도는 초속 54.7킬로미터이다. 수성의 평균 공전 속도보다 초속 7킬로미터 정도 더 빠른 속도이다. 높은 곳에서 떨어뜨린 돌멩이가 지구의 중력으로 아래로 떨어지면서 속도가 커지듯이, 태양에서 먼 금성의 공전궤도에 있던 탐사선이 태양에 가까운 수성의 공전궤도로 떨어져서 속도가 더 커진다고 보면 된다. 이런 상황에서 탐사선이 수성의 중력에 갇혀 수성의 인공위성이 되게 하려면, 수성에 가장 가까이 다가갔을 때 탐사선의 속도를 초속

5킬로미터 정도 줄여야 한다.[18] 하지만 로켓 추진으로 초속 5킬로미터를 줄이는 것은 쉽지 않다.[19] 바로 이 부분에서 수성을 스쳐 지나가는 중력도움이 필요하다.

수성을 이용한 중력도움을 시행하면 탐사선의 속도를 더 줄일 수 있다. 이 과정을 반복하면, 금성의 궤도까지 멀어졌던 탐사선의 한쪽 궤도를 수성의 궤도에 가깝게 줄일 수 있다. 탐사선의 궤도가 수성의 공전궤도와 비슷해지면, 탐사선의 속도도 수성의 공전 속도와 비슷해진다. 이 경우 탐사선이 수성에 가장 가까워졌을 때 속도를 초속 1킬로미터 정도만 줄이면, 탐사선은 수성의 중력에 갇히면서 수성의 주위를 도는 인공위성이 된다. 수성을 지나치는 중력도움을 하지 않았을 때와 비교하면, 수성의 인공위성이 되기 위해 줄여야 하는 속도는 20% 수준으로 훨씬 작아진다.

중력도움으로 우주선의 속도를 줄이는 원리

중력도움으로 우주선의 속도를 줄이려면 우주선이 행성의 공전 방향과 비슷하게 다가가고 공전 방향과 다르게 멀어져야 한다. 우주선의 속도를 높이는 중력도움과는 반대이다. 가장 이상적인 상황은 우주선이 행성이 공전하는 방향과 같은 방향으로 날아가면서 행성의 뒤에서 접근하고, 행성이 공전하는 방향과 반대 방향으로 날아가면서 행성에서 멀어지는 것이다. 이런 이상적인 중력도움 항법을 시행하면 우주선은 행성의 공전 속도의 2배에 해당하는 속도를 줄일 수 있다.

그림2-13은 중력도움으로 속도를 줄이는 원리를 자동길의 경우에 비유해 설명하는 그림이다. 행성은 자동길에 서 있는 사람으로, 행성의 공전은 자동길의 움직임으로, 우주선이 중력에 끌려 행성에 다가왔다 다시 멀어지는 것은 공을 라켓으로 튕겨서 같은 속도로 되돌려 보내는 것으로 비유했다. 이 경우도 문제를 간단하게 하기 위해, 중력으로 아래로 떨어지는 것은 없다고 가정했다. 그림을 이해하는 과정은 다음과 같다.

(1) 자동길 밖에 서 있는 사람이 자동길을 향해 초속 2미터로 공을 던진다. 자동길은 공을 던지는 사람에서 멀어지는 방향으로 초속 0.5미터로 움직인다.

(2) 자동길 위에 서 있는 사람이 보면, 자동길 밖에서 던진 공의 속도에서 자동길의 속도를 뺀 초속 1.5미터로 공이 날아온다.

(3) 자동길 위에 서 있는 사람은 공을 라켓으로 튕겨서 날아온 속도로 되돌려 보낸다. 자동길 위에 서 있는 사람에게 공은 초속 1.5미터로 날아간다.

(4) 자동길 밖에 서 있는 사람이 보면, 튕겨진 공은 자동길 속도만큼 속도가 줄어들면서 초속 1미터로 날아온다. 처음 공을 던졌을 때와 비교하면, 공은 자동길이 움직이는 속도인 초속 0.5미터의 2배, 즉 초속 1미터의 속도만큼 줄어서 되돌아온다.

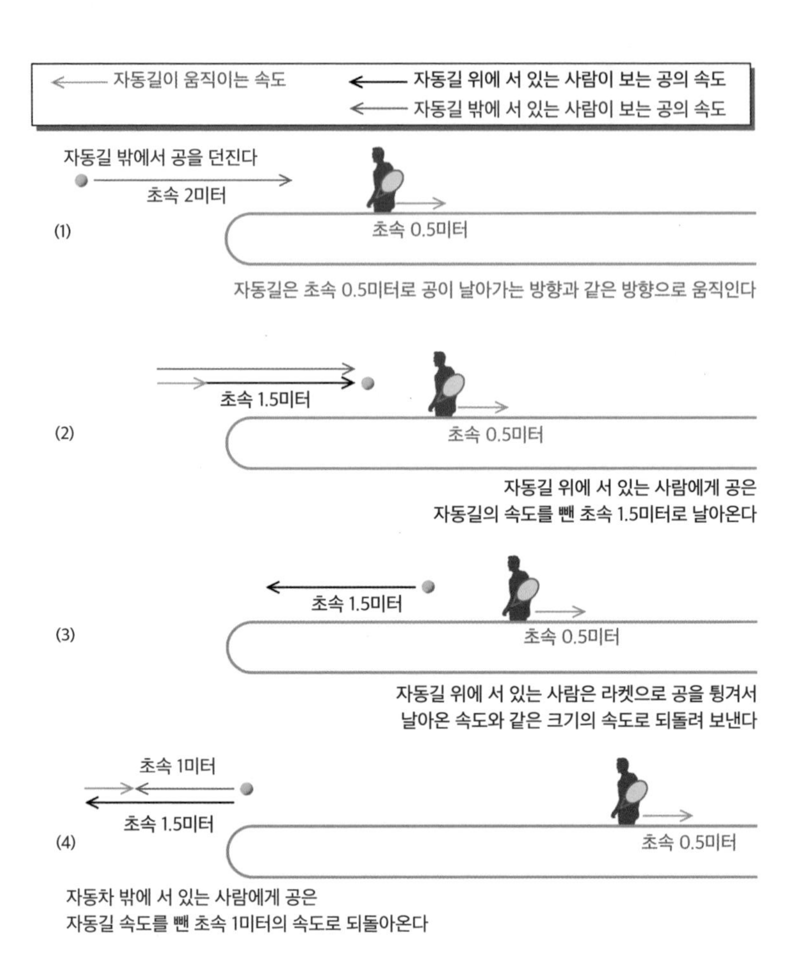

그림 2-13 중력도움으로 속도를 줄이는 원리를 자동길에서 움직이는 사람이 공을 튕겨내는 것으로 설명하는 그림. 문제를 간단하게 하기위해 중력으로 떨어지는 것은 없다고 가정했다.

자동길 위에 서 있는 사람은 날아온 공을 라켓으로 튕겨서 같은 속도로 쳐서 되돌려 보냈지만, 자동길 밖에 있는 사람이 보면 공을 라켓으로 튕기기 전보다 후가 더 느리다. 행성의 중력으로 튕겨 나오는 우주선도 마찬가지이다. 우주선이 행성이 공전하는 방향으로 움직이면서 행성에 다가갈 때보다 행성이 공전하는 방향과 반대인 방향으로 멀어질 때 우주선이 더 느리게 움직인다.

실제 상황에서는 그림2-14에서와 같이, 행성이 공전하는 방향과 비슷하게 행성에 접근해서 행성이 공전하는 방향과 많이 다르게 행성에서 멀어진다. 이 경우에도 태양의 위치에서 보는 우주선의 속도는 행성에 다가갈 때보다 행성에서 멀어질 때가 더 느리다. 단순히 행성 가까이 지나치는 것만으로 우주선의 속도를 줄일 수 있는 것이다. 이때 우주선은 중력도움을 통해 우주선 속도의 일부를 행성에 뺏긴다고 볼 수 있다.

앞서 언급한 최초의 수성 탐사선인 매리너 10호는 금성에 접근하는 중력도움 항법으로 탐사선의 속도를 초속 37.0킬로미터에서 초속 32.3킬로미터까지 줄였다.[20] 최초로 수성의 인공위성이 되었던 메신저호는 지구에서 한 번, 금성에서 두 번, 그리고 수성에서 세 번, 이렇게 총 여섯 번의 중력도움 항법을 시행했다. 중력도움 항법을 할 때마다 탐사선 방향은 조금씩 바뀌고 속도도 줄었다. 수성에 접근하는 세 번의 중력도움을 통해서 탐사선은 수성이 공전하는 궤도와 거의 비슷하게 비행하도록 비행 항로를 수정했다. 다시 수성에 접근했을 때 탐사선은 탑재한 추진체로 역추진을 해서

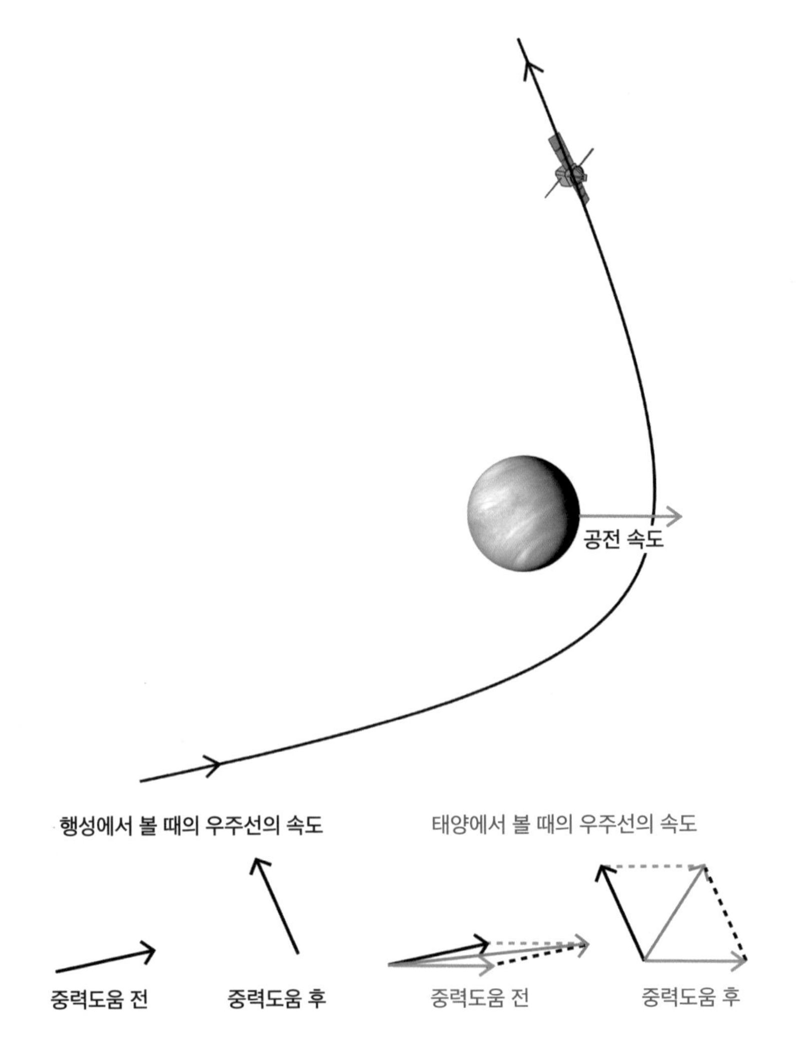

그림 2-14 중력도움으로 속도를 줄이는 전형적인 방법. 위: 우주선이 행성에 접근하는 방향은 행성이 공전하는 방향과 비슷하고, 우주선이 멀어지는 방향은 행성이 공전하는 방향과 달라야 한다. 아래: 행성 위치에서 본 우주선의 속도(왼쪽)는 다가갈 때나 멀어질 때나 같다. 반면, 태양 위치에서 본 우주선의 속도(오른쪽)는 행성의 공전 속도가 더해져서(벡터 더하기) 다가갈 때 더 크다. 두 경우 모두 행성에서의 거리가 같을 때의 속도를 비교했다.

속도를 줄였고, 이후 수성의 중력에 갇히면서 수성 주위를 도는 인공위성이 되었다. 발사 후 수성의 인공위성이 되기까지 총 7년 7개월 동안 메신저호는 중력도움 사이에 추진체를 이용한 소폭의 궤도 수정도 여러 번 시행했다. 중력도움을 잘할 수 있도록 궤도를 조절하는 중요한 과정이었다.

2018년 10월 20일에 발사된 수성 탐사선 베피콜롬보호도 메신저호와 유사한 중력도움을 시행한다.[21] 메신저호의 7년 7개월보다는 약간 더 짧은 7년 1개월이 조금 넘는 기간 동안 베피콜롬보가 총 아홉 번의 중력도움을 시행한다. 구체적으로는 지구에 한 번, 금성에 두 번, 수성에 여섯 번 접근하는 중력도움이다. 베피콜롬보호도 메신저호와 마찬가지로 중력도움을 할때마다 방향을 바꾸고 속도를 줄여서 탐사선 궤도를 수성의 공전궤도와 비슷하게 만든다. 중력도움 사이에 보조적으로 사용하는 추진체로 이온 추진체ion thruster를 사용하는 것이 특이한 점이다.[22] 베피콜롬보호는 수성의 인공위성이 된 후 탑재한 2개의 수성 궤도선을 분리해 서로 다른 거리에서 수성 주위를 돌면서 탐사 활동을 벌인다.[23]

태양 탐사선 파커Parker호도 6년 동안 모두 일곱 번에 걸쳐 금성에 접근하는 중력도움 항법을 시행한다.[24] 파커호는 태양 주위를 도는 '인공행성'이 된다. 중력도움 항법으로 탐사선의 속도를 줄이고 방향을 바꾸는 것을 반복해 태양에 점점 더 가까이 다가가서 616만 킬로미터 거리까지 접근한다. 태양 지름의 4.4배 정도밖에 안 되는 거리이다. 금성을 이용하는 중력도움 항법만 시행하기 때문에, 최종 궤도에 이르러서도 태양에서 가장 멀 때는 금성의 공전 궤도에 이르는 타원 모양의 공전궤도를 돈다. 태양을 한 바퀴 도는 데 걸리는 시간은 88일로 계획되어 있다.

속도를 높이는 중력도움과 속도를 줄이는 중력도움의 비교

정리해 보면 중력도움은 로켓 추진 없이 우주선의 속도를 높이거나 줄이거나, 방향을 바꾸는 항법으로, 우주탐사에 두루두루 쓰인다. 특히 우주선 속도 조절에는 행성의 중력뿐만 아니라 행성의 공전도 중요한 역할을 한다. 그림2-15에서 볼 수 있듯이, 우주선의 속도를 높이려면 공전 방향과 다르게 행성에 접근하고 공전 방향과 비슷하게 멀어져야 한다. 이때 우주선은 행성의 공전 속도의 일부를 훔친다. 반대로 우주선의 속도를 줄이려면 공전 방향과 비슷하게 행성에 접근해서 공전 방향과 다르게 멀어져야 한다. 이때 우주선은 속도의 일부를 행성에 뺏긴다. 중력도움 항법을 여러 번 시행하는 경우에는 목표한 천체까지 도달하는 데 긴 시간이 걸린다는 단점도 있다. 하지만 추진체로서 할 일의 대부분을 중력도움 항법으로 대신하는 만큼 발사체의 크기를 줄일 수 있고, 로켓 연료도 절약할 수 있는 장점은 단점을 상쇄하고도 남는다.

한국도 자체 개발한 발사체인 누리호로 인공위성을 궤도에 성공적으로 올렸고, 달 탐사를 위한 발사체 개발도 추진하고 있다. 앞으로 지속적인 투자와 연구 개발이 뒤따르면, 달뿐만 아니라 다른

그림 2-15 중력도움 항법으로 우주선 속도를 높이거나 줄이거나, 방향만 바꾸는 방법. 탐사선의 속도를 높이려면 행성의 공전 방향과 다르게 접근해서 비슷하게 멀어져야 한다. 이때 우주선은 행성의 공전 속도 일부를 훔친다. 반대로 탐사선의 속도를 줄이려면 행성의 공전 방향과 비슷하게 접근해서 다르게 멀어져야 한다. 이때 우주선은 속도의 일부를 행성에 뺏긴다.

행성이나 소행성 또는 혜성에 탐사선을 보낼 수 있으리라 본다. 자체 개발한 발사체를 이용해 탐사선을 우주로 보내고 필요한 중력도움을 계획해 계산하고 실행하는 때도 곧 오길 기대해 본다.

퀴즈

(1) 중력도움으로 우주선의 속도를 줄이려면 행성이 공전하는 방향과 다르게 접근해서 비슷하게 멀어져야 할까, 아니면 행성이 공전하는 방향과 비슷하게 접근해서 다르게 멀어져야 할까?

(2) 수성 탐사선 베피콜롬보호는 수성에 다가갔음에도 불구하고 수성에 접근하는 중력도움을 여러 번 시행했다. 그 이유는 무엇일까?

(3) 태양 탐사선 파커호는 금성을 이용한 중력도움을 반복해서 시행해 태양에 가까이 다가간다. 파커호가 태양에서 가장 멀어질 때의 거리는 어느 정도일까?

우주선 비행 궤도의 모양이 의미하는 것은?

우주선이 중력에 갇히면 타원 모양으로 공전하고,
중력을 벗어나면 포물선이나 쌍곡선 모양으로 날아간다.
우주선이 날아가는 모양에 대해 구체적으로 알아보자.

2021년 10월 21일에 대한민국 자체 기술로 개발한 위성 발사체 누리호의 1차 발사가 있었다.[25] 700킬로미터 이상의 상공에는 성공적으로 도달했지만, 발사체에서 분리된 위성 모사체는 아쉽게도 지구 주위를 도는 위성궤도에 오르지 못했고 호주 남쪽 바다에 떨어졌다. 700킬로미터 상공을 도는 궤도에 오르기 위해 필요한 속도인 초속 7.5킬로미터에 이르지 못한 결과였다. 3단 산화제 탱크의 내부 구조의 결함으로 비행 중 균열이 발생해 엔신의 연소가 예정보다 일찍 종료된 것이 문제였다.[26]

그림 2-16 한국 시간으로 2022년 6월 21일 오후 4시에 발사된 누리호의 발사 장면.

정확히 8개월 후인 2022년 6월 21일에는 누리호의 2차 발사가 있었다. 발사 후 123초에 1단 분리, 227초에 위성 덮개 분리, 269초에 2단 분리, 875초에 162.5킬로그램의 성능검증위성 분리, 945초에 1.3톤의 위성 모사체 분리를 성공적으로 마쳤다. 발사 후 교신을 통해 성능검증위성이 인공위성의 궤도에 안착했음을 확인했고, 성능검증위성에 동반된 소형 큐브 위성들이 순차적으로 사출되었다.[27] 누리호 2차 발사를 통해 대한민국은 독자 기술로 700킬로미터의 상공에 초속 7.5킬로미터의 속도로 인공위성을 궤도에 올리는 목표를 처음으로 달성했다.

로켓 발사체의 발사를 계획하고 성공 여부를 떠나 발사 결과를 분석할 때, 발사체가 어떻게 날아가는지 그 궤적을 계산할 필요가 있다. 하지만 이 계산은 간단하지 않다. 로켓의 추진력, 연료를 사용하면서 시간에 따라 줄어드는 발사체의 질량, 지구의 중력이 끌어당기는 힘, 발사체가 날아가는 각도 등 고려해야 할 것들이 많다. 대기권 안에서 날아갈 때는 공기저항도 영향을 끼친다. 반면, 공기저항이 없는 우주에서 추진력 없이 관성으로만 날아가는 경우는 계산이 어렵지 않다. 궤도역학으로 비교적 간단하게 계산할 수 있기 때문이다.

중력에 갇히면 타원 모양으로 공전한다

지구 주위를 도는 인공위성과 우주정거장은 타원 모양으로 돈다. 케플러의 행성운동법칙을 이용하면 타원 모양의 궤도를 거의 정확하게 설명할 수 있다. 이 법칙은 태양 주위를 도는 행성의 움직임을 관측한 자료를 17세기 초에 케플러가 분석해 찾은 법칙이다. 태양은 지구로 대체하고 행성은 인공위성으로 대체하면, 지구 주위를 도는 인공위성과 우주정거장의 타원궤도를 케플러의 행성운동법칙으로 설명할 수 있다. 17세기 후반에는 뉴턴이 운동법칙과 중력법칙을 확립하면서 케플러의 행성운동법칙을 수학적, 물리학적으로 정확하게 설명했다. 이후 중력의 영향 속에서 움직이는 로켓 및 우주선에도 적용할 수 있는 궤도역학으로 발전했다.

타원 모양의 궤도로 설명할 수 있는 것은 지구 주위를 도는 인공위성이나 우주정거장의 움직임뿐만이 아니다. 지구 주위를 완전히 돌지 못하고 중간에 떨어지는 경우를 설명하는 데도 유용하다. 로켓 추진을 마친 후, 관성만으로 우주를 날아가는 움직임은 타원 모양이기 때문이다. 단지 지구에 가로막혀 타원 일부분만 나올 뿐이다. 대륙간 탄도미사일의 후반부 움직임이 이 부분에 해당한다.

지구 위에 떨어진 첫 번째 누리호의 위성 모사체 비행 궤적도 타원궤도로 설명할 수 있다. 날아간 궤적만 보면 대륙간 탄도미사일과 다를 바가 없다. 3단 연소를 마친 후에 분리된 위성 모사체는 로켓 추진 없이 관성으로만 날아갔다. 이 부분에 타원궤도를 적용하면, 최고 높이와 날아간 거리로부터 위성 모사체의 속도를 추정할 수 있다. 누리호가 올라간 최고 높이는 700킬로미터와 750킬로미터 사이이고, 이후 5,000킬로미터가량 더 날아간 것으로 알려졌다.[28] 대기권에 재진입 후에 공기저항으로 인해 속도와 날아간 거리가 감소한 것까지 고려하면, 위성 모사체가 날아간 거리는 최고 높이에서의 속도가 초속 6.4킬로미터일 때 날아간 거리에 가깝다.

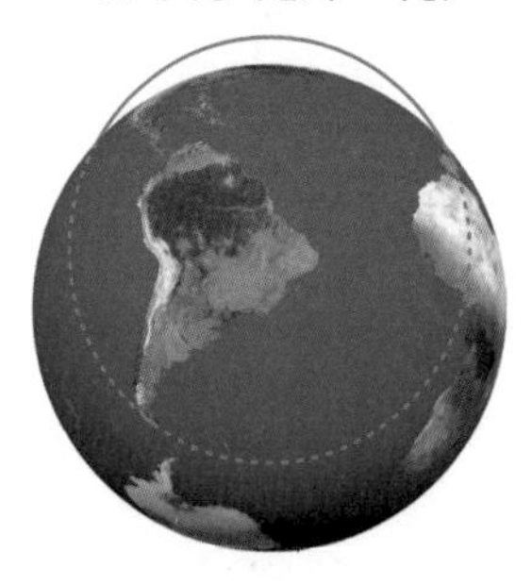

그림 2-17 위: 공기저항이 없다고 가정했을 때, 초기속도의 관성만으로 날아가는 대륙간 탄도미사일은 타원궤도로 날아간다. 아래: 공기저항이 있는 실제 상황에서 대륙간 탄도미사일은 로켓 추진으로 대기권의 공기저항을 뚫고 목표한 속도와 높이에 도달한다. 이후 공기저항이 없는 우주에서 타원궤도로 날아간다. 대기권에 재진입할 때는 공기저항으로 속도가 줄면서 지상에 떨어진다.

이 높이에서 인공위성이 되기 위한 속도는 초속 7.5킬로미터인데, 이보다 초속 1킬로미터 정도 부족한 상황이었다.

만약에 추진체를 의도적으로, 인공위성이 되기 위한 속도보다 조금 부족한 속도를 내도록 설계하고 제작했다고 하자. 그러면 이 추진체를 만든 목적은 무엇일까? 지구 주위를 돌지 않고 다시 지구로 떨어져야 하는 것의 하나가 대륙간 탄도미사일인 것을 생각하면, 추진체가 대륙간 탄도미사일을 위한 것일 수도 있다. 추진체에 사용하는 연료가 액체인가 고체인가에 따라 활용 범위에 차이가 있을 수는 있지만, 날아갈 수 있는 거리만 따지면 인공위성 추진체와 대륙간 탄도미사일 추진체는 큰 차이가 없다.

중력을 벗어나면 포물선이나 쌍곡선 모양으로 날아간다

타원 모양의 궤도는 중력에 갇힌 경우에 나타난다. 중력을 완전히 벗어나 아주 먼 곳까지 멀어지려면 중력 탈출속도나 그 이상의 속도가 필요하다. 이 경우에 날아가는 궤도의 모양은 타원 모양이 아니다. 중력을 완전히 벗어나는 궤도의 모양은 두 가지가 있다. 첫 번째는 포물선 모양으로 정확하게 중력 탈출속도로 날아가는 경우이다. 아주 먼 곳에서의 속도가 거의 0이 될 정도로 아슬아슬하게 중력을 벗어난다. 중력 탈출속도보다 조금이라도 작은 속도에서는 타원 모양 궤도가 나오기 때문에, 포물선 모양 궤도는 타원 모양 궤도의 경계면에 있다. 중력을 벗어나는 두 번째 궤도의 모양은 쌍곡선으로, 중력 탈출속도보다 빠르게 날아가는 경우에 나타난다. 마찬가지로, 속도가 중력 탈출속도에 아주 가까우면 포물선 모양과 비슷해진다. 쌍곡선의 경계면에도 포물선이 있는 것이다.

중력 탈출속도는 중력을 제공하는 천체로부터 얼마나 떨어져 있는가에 따라 다르다. 초속 11.2킬로미터인 지구 중력 탈출속도는 지구 해수면에서의 중력 탈출속도이다. 하지만 실제 상황에서는 대기의 공기저항 때문에 이 속도로는 지구 중력을 벗어날 수 없다. 달 표면처럼 대기가 없다고 가정했을 때나 가능하다. 누리호가 도달한 높이인 지구 700킬로미터 상공에서는 초속 10.6킬로미터가 지구 중력 탈출속도이다. 이 높이에서 동그라미 모양의 궤도를 도는 인공위성의 속도는 초속 7.5킬로미터이고, 중력 탈출속도는 이의 1.414배이기 때문이다. 공기저항이 거의 없는 700킬로미터 상공에서 초속 10.6킬로미터의 속도로 날아가는 우주선은 포물선 모양으로 날아가기 시작한다.

그런데 다른 천체들이 존재한다는 문제가 있다. 이들의 중력은 날아가는 우주선의 궤적에 영향을 끼친다. 예를 들어 지구 700킬로미터 상공에서 초속 10.6킬로미터로 날아는 우주선은 처음에는 포물선 모양으로 날아간다. 하지만 지구에서 멀어지면서 태양과 달의 중력으로 인해 포물선 모양에서 벗어나기 시작한다. 지구와 달 모두에서 충분히 멀어지면 태양의 중력이 훨씬 더 중요해지기 때문에, 우주선은 태양의 중력에 갇혀 태양 주위를 타원 모양으로 돌기 시작한다.

태양의 중력을 벗어나는 포물선 모양의 궤도가 나오려면 우주선의 속도는 태양 중력 탈출속도로 커져야 한다. 지구가 태양 주위를 도는 공전궤도의 위치에서 태양 중력 탈출속도는 초속 42.1킬로미터이다. 쌍곡선 궤도가 나오려면 태양 중력 탈출속도보다 더 큰 속도여야 한다. 지구에서 출발하는 경우는 지구의 공전 속도인 초속 29.8킬로미터를 덤으로 얻는 대신 지구의 중력을 벗어나야 하기 때문에, 태양의 중력을 벗어나려면 제3우주속도인 초속 16.7킬로미터 또는 그 이상이 필요하다. 한편, 태양의 중력을 벗어나는 속도로 날아간다고 해도, 도중에 다른 행성 근처를 지나가면 행성 중력의 영향으로 궤도의 모양이 변한다.

속도가 중력 탈출속도보다 커서 쌍곡선 모양의 궤도로 날아가는 대표적인 경우로 우주탐사선 보이저 1호와 2호를 들 수 있다.[29] 이들은 태양을 기준으로 쌍곡선 모양으로 날아가면서 태양에서 멀어진다. 2023년 초 현재, 태양으로부터 230억 킬로미터 이상 떨어져 있는 보이저 1호는 태양으로부터 초속 17.0킬로미터로 멀어지고 있다. 아주 먼 미래에 태양의 중력이 거의 미치지 않는 곳에 도달하면 그 속도는 초속 16.7킬로미터로 약간 더 낮아질 예정이다. 2023년 초 현재, 태양으로부터 190억 킬로미터 이상 떨어져 초속 15.4킬로미터로 멀어지고 있는 보이저 2호도, 아주 먼 미래에는 속도가 초속 14.9킬로미터로 약간 더 낮아질 예정이다. 보이저 1호와 2호 모두 쌍곡선 궤도의 후반부를 지나가고 있다고 보면 되겠다.

외계천체 오우무아무아의 쌍곡선 모양 궤도

쌍곡선 모양의 궤도로 날아가는 또 다른 경우로 '오우무아무아 Oumuamua'를 들 수 있다. 태양계 밖 외계에서 날아온 이 길쭉한 천체는 쌍곡선 모양의 궤도로 태양에 다가온 후 멀어졌다. 그 속도가 태양 중력 탈출속도보다 크다는 이야기이다. 오우무아무아가 날아가는 궤적을 관측한 결과, 태양 근처를 지나는 동안 미세하게 가속되면서 궤도의 모양이 약간 변한 것도 관측되었다.[30]

우주탐사선이 행성 근처를 지나가면서 속도를 높이거나 줄이고 방향도 바꾸는 중력도움 항법에서도 부분적으로 쌍곡선 모양의 궤적을 볼 수 있다. 단, 행성에 비교적 가까운 위치에서 행성의 위치를 기준으로 볼 때에 한해서이다. 이 경우 행성으로부터의 거리가 같으면 탐사선이 행성에 다가오는 속도와 멀어지는 속도가 같다. 하지만 태양을 기준으로 보면 탐사선의 속도에 행성의 공전 속도가 더해지면서 우주탐사선은 쌍곡선과는 많이 다른 모양의 궤적을 날아간다. 이 때문에 행성에 어떻게 접근하는가에 따라, 탐사선의 속도가 더 빨라지기도 하고 느려지기도 하며 방향도 바뀐다.

지금까지 우주선 또는 천체가 타원, 포물선, 쌍곡선 모양의 궤도로 움직이는 것에 대해 알아보았다. 이들 모양의 공통점은 고등학교 수학에서 배우는 기하에 나오는 모양이라는 것이다. 중력을 제공하는 천체의 중심은 이들 모양의 초점에 위치한다. 어떤 모양의 궤도가 나오는가는 중력 속에서 움직이는 물체의 속도가 중력 탈출속도보다 작은가, 같은가, 또는 큰가에 달려 있다. 속도의 미세

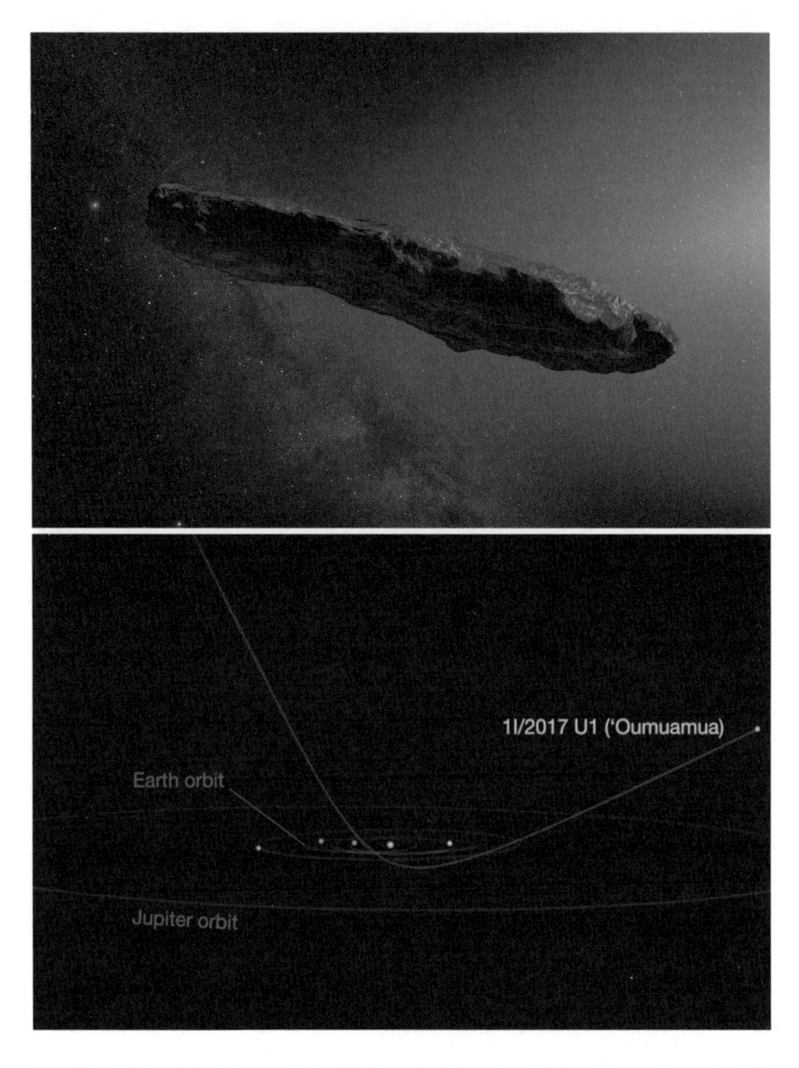

그림 2-18 외계천체로 추정되는 오우무아무아의 상상도(위)와 태양에 다가왔다 멀어지는 오우무아무아의 쌍곡선 궤적(아래). '오우무아무아'는 최초로 태양계 내에서 확인된 성간 천체이다. '정찰병' 또는 '저 멀리 최초로 도착한 메신저'라는 뜻의 하와이어이다.

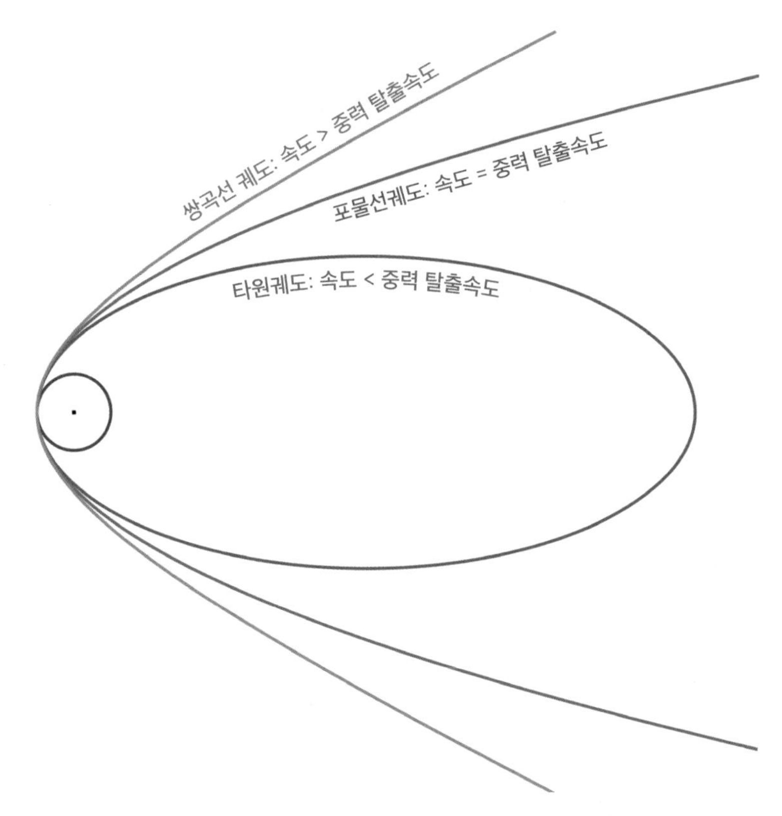

그림 2-19 속도가 중력 탈출속도보다 작으면 타원궤도(초록색), 중력 탈출속도와 같으면 포물선궤도(회색), 중력 탈출속도보다 크면 쌍곡선 궤도(주황색)를 날아간다. 원 모양의 궤도(파란색)는 타원궤도의 특수한 경우이다. 원궤도 중심에 위치한 점은 중력을 제공하는 천체의 중심을 표시한다. 천체의 중심은 타원궤도, 포물선궤도, 쌍곡선 궤도의 초점에 위치한다.

한 차이로 타원 모양의 궤도가 되기도 하고, 포물선 모양의 궤도가 되기도 하고, 쌍곡선 모양의 궤도가 되기도 한다. 타원, 포물선 그리고 쌍곡선이 서로 연결되어 있음을 알 수 있는 부분이다.

퀴즈

(1) 태양 주위를 타원 모양의 궤도로 날아가는 소행성과 포물선 모양의 궤도로 날아가는 소행성이 있다. 어느 소행성이 태양에서 더 멀리 날아갈까?

(2) 목성을 지나치는 중력도움 항법으로 우주선의 속도를 높일 때, 목성의 위치에서 보는 우주선은 날아가는 모양이 어떤 모양에 가까울까?

(3) 태양계가 아닌 다른 항성계에서 만들어져 날아와 태양에 접근하는 외계천체가 있다. 이 외계천체가 태양에 접근하고 멀어지는 비행 궤적은 어떤 모양일까? 다른 행성의 중력 영향은 없다고 가정하자.

로켓과 이온 추진체,
그리고 미래의 광자로켓

로켓은 어떤 원리로 날아갈까?
로켓의 성능을 말해주는 속도 증분 Δv는 로켓 방정식으로 풀 수 있다.
더 좋은 성능의 이온 추진체와 미래의 광자로켓에 대해서도 알아보자.

로켓 추진의 원리와 로켓 방정식

발사한 로켓은 불기둥을 내뿜으면서 날아간다. 액체나 고체 상태인 연료를 태우면 높은 온도의 기체가 되면서 부피가 팽창하고, 이렇게 팽창한 기체를 한쪽 방향으로 내뿜는 방식이다. 공기를 불어 넣은 고무 풍선의 꼭지를 묶지 않고 그대로 놓으면, 풍선은 꼭지로 공기를 내뿜으며 앞으로 나아간다. 로켓이 날아가는 것도 풍선이 꼭지에서 나오는 바람으로 날아가는 것과 비슷하다. 한쪽으로 기체를 내뿜는 운동량만큼 반대 방향으로 로켓의 운동량이 증

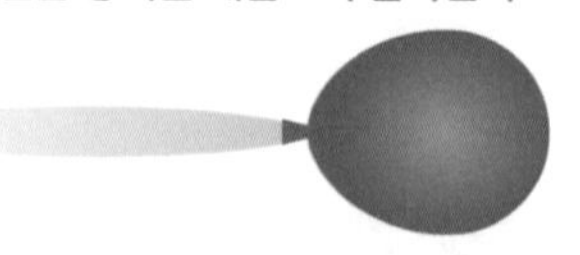

로켓은 타는 연료를 내뿜으며 가속한다

치올콥스키 로켓 방정식

$$\Delta v = v_e \ln \frac{m_i}{m_f}$$

Δv	속도 증분	m_i	추진하기 전 우주선 질량
v_e	연료를 내뿜는 속도	m_f	추진한 후 우주선 질량

그림 2-20 로켓으로 우주선을 가속하는 원리와 치올콥스키 로켓 방정식. 공기를 불어 넣은 풍선의 꼭지를 묶지 않으면, 풍선은 공기를 꼭지로 내뿜으면서 날아간다. 로켓도 비슷한 원리로 연료를 태워 내뿜으면서 날아간다. 로켓 추진으로 증가하는 속도를 나타내는 속도 증분 Δv는 치올콥스키 로켓 방정식으로 계산한다.

가하면서 속도가 늘어나는 방식이다.

로켓 추진으로 늘어난 속도를 의미하는 '속도 증분' Δv(델타V)는 러시아 과학자인 치올콥스키가 1897년에 찾아낸 '로켓 방정식'으로 계산할 수 있다.[31] 로켓이 연료를 태워 내뿜는 속도와, 추진하기 전과 후의 로켓 질량으로부터 Δv를 계산하는 방정식이다. Δv를 알면 얼마나 높이 올라갈 수 있는지, 또는 우주의 어떤 궤도에 올릴 수 있는지를 알 수 있다. Δv로 로켓의 성능을 가늠할 수 있는 것이다.

200~2,000킬로미터 높이에서 지구 주위를 도는 '지구 저궤도 LEO: Low Earth orbit'에 우주선을 올리기 위한 Δv는 초속 9.4킬로미터 이상이다. 지상에서 발사해서 인공위성이 되기 위한 초기속도의 이론상 최솟값인 초속 7.9킬로미터보다 더 크다. 중력과 공기저항이 늦추는 속도 때문이다. 1.5톤의 탑재물을 싣고 가는 누리호의 Δv는 초속 11킬로미터 정도로 알려졌다.[32] 발사와 추진 과정에 문제만 없다면 지구 저궤도에 인공위성을 올리기에 충분한 로켓 성능이다. 참고로 누리호처럼 케로신을 연료로 사용하는 로켓엔진이 연료를 태워 내뿜는 속도는 초속 3킬로미터 정도이다.[33]

달과 화성의 궤도선이 되기 위해 필요한 Δv

달에 탐사선을 보내려면 얼마나 큰 Δv가 필요할까? 누리호가 인공위성을 올려놓은 700킬로미터 고도에서는 초속 7.5킬로미터로 지구 주위를 돈다. 이 궤도에서는 초속 10.5킬로미터로 속도를 올리면 달을 향하는 지구-달 전이궤도로 탐사선을 보낼 수 있다. 두 속도의 차이인 초속 3킬로미터의 Δv가 더 필요한 것이다. 하지만 이 Δv만으로는 달 주위를 도는 달 궤도선이 될 수 없다. 달을 스쳐 지나가거나 달에 부딪히는 것밖에 하지 못한다. 달 궤도선이 되려면 초속 0.8킬로미터의 Δv가 더 필요하다. 그래야 달의 중력에 갇혀 달 표면 고도 100킬로미터를 도는 달 궤도선이 될 수 있다. 결

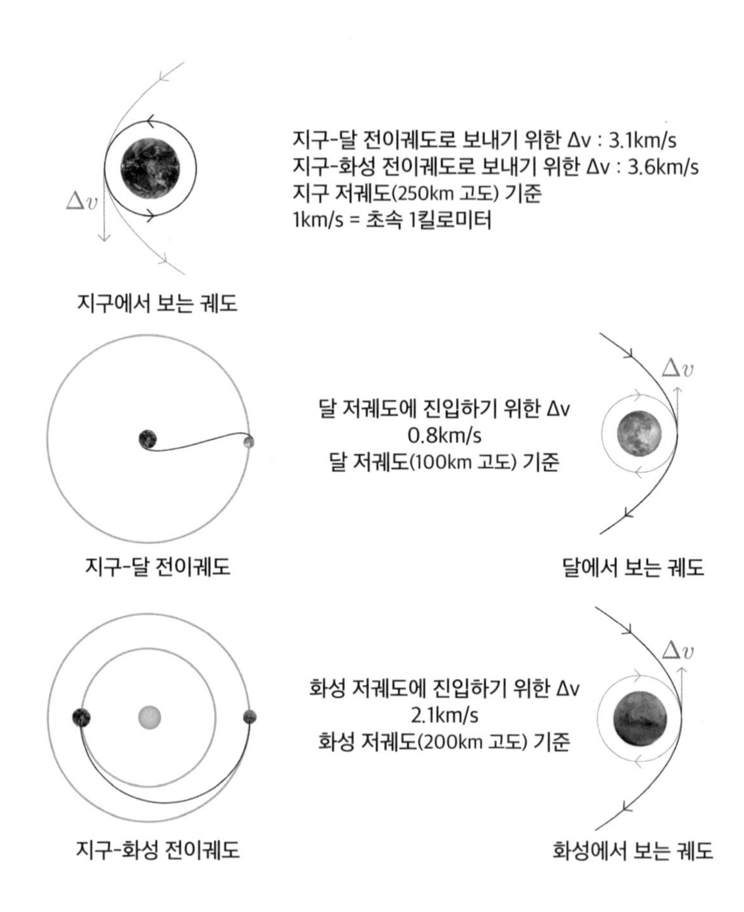

그림 2-21 달과 화성에 궤도선을 보내기 위해 필요한 Δv. 검은색 곡선은 로켓 추진 전의 궤도이고, 파란색 곡선은 로켓 추진 후의 궤도이다. 고도 250킬로미터의 지구 저궤도를 돌고 있는 탐사선이 달을 향한 지구-달 전이 궤도로 보내기 위해 필요한 Δv는 초속 3.1킬로미터이다. 화성을 향한 지구-화성 전이궤도로 보내기 위해 필요한 Δv는 초속 3.6킬로미터이다. 달에 가까워졌을 때 고도 100킬로미터의 달 저궤도에 진입하기 위한 Δv는 초속 0.8킬로미터이고, 화성에 가까워졌을 때 고도 200킬로미터의 화성 저궤도에 진입하기 위한 Δv는 초속 2.1킬로미터이다. 그림에서 궤도선의 움직임은 지구, 달, 화성을 기준으로 한 상대적인 움직임이다.

국 두 값을 더한 초속 3.8킬로미터가 달 궤도선을 보내기 위해 추가로 필요한 Δv이다. 만약에 누리호가 올려놓은 궤도보다 낮은 높이의 궤도에서 시작하면 추가로 필요한 Δv는 조금 더 늘어난다. 예를 들어 250킬로미터 고도의 궤도에서 출발해 달 궤도선이 되려면 초속 3.9킬로미터의 Δv가 추가로 필요하다.

대한민국이 제작한 최초의 달 궤도선인 다누리호는 Δv를 더 줄이기 위해 기존 방식과는 다른 방식으로 달에 접근했다.[34] '탄도형 달 전이Ballistic Lunar Transfer, BLT'라고 부르는 방식이다. 스페이스엑스의 펠콘9 추진체에 실려 발사된 다누리호는 먼저 지구와 달 사이의 거리보다 4배 정도 떨어진 곳까지 날아갔다. 달까지 가는 데 필요한 Δv와 지구의 중력을 완전히 벗어나는 데 필요한 Δv가 거의 비슷하기 때문에, 발사체가 다누리호를 달보다 훨씬 멀리 떨어진 곳까지 보내는 것에는 큰 어려움이 없다. 이후 다누리호는 태양의 중력을 이용해 비행 궤적을 수정했다. 이 과정에서 다누리호는 자체 추진체를 이용한 미세한 궤도 수정을 해서 달에 다가갔을 때의 비행 궤적이 달의 공전궤도와 비슷하도록 만들었다.

탄도형 달 전이 방식으로 달에 접근하면, 달 탐사선의 비행 궤적이 달의 공전궤도와 비슷해지면서 탐사선의 속도도 달의 공전 속도와 비슷해진다. 이 때문에, 달 주위를 도는 공전궤도에 진입하기 위해 달 탐사선이 줄여야 하는 속도는 더 줄어든다.[35] 처음부터 달을 향해 날아가는 기존 방식과 비교하면, 탄도형 달 전이 방식은 달 궤도 진입에 필요한 두 번째 Δv를 줄이는 장점이 있다. 반면에,

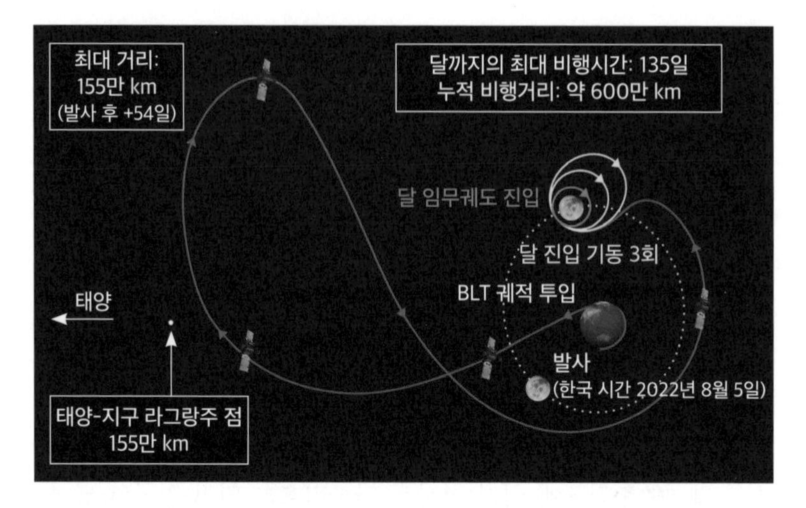

그림 2-22 대한민국이 제작한 달 궤도선 다누리호의 달까지의 비행 여정. 태양의 중력을 추가로 이용하는 '탄도형 달 전이' 방식으로 달을 향해 간다. 이 방식을 이용한 다누리호는 달에 다가갈 때 달의 공전 속도와 비슷하게 비행한다. 이 때문에 달의 중력에 갇혀 달 주위를 돌게 하기 위해 필요한 속도 증분을 줄일 수 있다. 훨씬 먼 거리를 돌아가지만 싣고 가는 로켓연료를 줄이고 관측 기기를 더 싣고 갈 수 있는 장점이 있다.

훨씬 먼 거리를 돌아가야 하기 때문에 달까지 가는 데 걸리는 시간이 많이 길어진다는 단점이 있다.

2022년 11월 16일에 발사된 아르테미스 1호는 기존의 방식으로 처음부터 달을 향해 날아가 5일 만에 달에 가까이 다가갔다. 탄도형 달 전이 방식을 선택한 다누리호는 2022년 8월 5일에 발사되어 4개월이 지난 12월에야 달에 도달할 만큼 먼 길을 돌아갔다. 대신, 달 주위를 도는 공전궤도 진입에 필요한 추진체 연료를 덜 싣고 갈 수 있었기 때문에, 추가된 관측 장비 등으로 인한 달 궤도선의 질량 증가를 감당할 수 있었다.

지구 저궤도에서 출발해 화성을 향하는 지구-화성 전이궤도까지 가기 위한 Δv는 초속 3.6킬로미터이다. 그리고 화성에 접근했을 때 화성의 중력에 갇혀 화성의 저궤도를 돌게 하기 위한 Δv는 초속 2.1킬로미터이다. 화성 궤도선이 되기 위해 필요한 Δv는 이 두 값을 더한 초속 5.7킬로미터이다.[36] 이만한 Δv를 내려면, 초속 3킬로미터인 연료 분사 속도를 기준으로 탐사선 질량의 5.7배가 되는 연료와 산화제를 싣고 지구 저궤도에서 떠나야 한다. 화성의 저궤도에 진입하기 위한 Δv인 초속 2.1킬로미터로만 한정해도, 탐사선 본체와 비슷한 질량의 연료와 산화제를 싣고 가야 한다.

더 적은 연료를 사용하면서 같은 Δv를 얻는 방법은 없을까? 연료 분사 속도를 높이면 가능하다.

훨씬 더 빠른 속도로 이온을 내뿜어 추진하는 이온 추진체

이온 추진체는 이온을 전기장으로 가속해 내뿜는 방식의 추진체이다. 이미 소행성 탐사선 돈호와 수성 탐사선 베피콜롬보호에 장착해 사용했거나 사용하고 있다. 돈호에 탑재된 이온 추진체는 원자번호 54번인 제온 원자에서 전자를 떼어내 이온을 만든다. 이온을 전기장으로 가속해 내뿜는 속도는 초속 30킬로미터 정도이다.[37] 케로신을 연료로 사용하는 일반 로켓 추진제가 연료를 내뿜는 속도보다 10배 정도 빠른 속도이다. 이런 이온 추진체로 초속 5킬

그림 2-23 소행성 탐사선 돈호에 탑재된 이온 추진체와 같은 종류의 이온 추진체. 제논 원자에서 전자를 떼어내 만든 이온을 전기장으로 가속해 초속 30킬로미터의 속도로 내뿜는다.

로미터의 Δv를 내려면 탐사선 질량의 18% 정도인 제온을 싣고 가면 된다. 같은 Δv를 내기 위해 일반 로켓이 탐사선 질량의 4.3배에 해당하는 연료와 산화제를 실어야 하는 것과 비교하면 상당히 적은 양임을 알 수 있다.[38]

지금까지 개발된 이온 추진체는 짧은 시간에 몰아서 큰 힘을 낼 수 없기 때문에, 지상에서 발사하는 목적으로는 사용할 수 없다는 단점이 있다. 대신 우주에서 긴 시간 동안 천천히 속도를 높이거나 낮추는 상황에서 사용하기에 적합하다. 예를 들어 수개월 또는 그 이상의 긴 시간 동안 천체 사이를 비행하면서 궤도 수정이 필요한 경우에 이온 추친체를 사용한다. 소행성대의 베스타4Vesta와 세레스 주위를 공전하면서 탐사했던 탐사선 돈호는 이온 추진체를 사용해 초속 11킬로미터의 Δv를 냈다. 이를 위해 탐사선에 신고 간 제논의 질량은 탐사선 전체 질량의 35%인 425킬로그램이었다.[39]

빛의 속도로 빛을 내뿜는 광자로켓은 어떨까?

만약에 초속 수백 킬로미터 이상의 속도를 내는 우주선이 필요하다면 이온 추진체로도 감당할 수 없다. 아직 실제 사용한 사례는 없지만 빛을 내뿜어서 추진하는 광자로켓이면 이론적으로 이런 큰 Δv를 낼 수 있다. 질량은 없지만 초속 30만 킬로미터로 날아가는 빛을 추진하려고 하는 방향과 반대로 내뿜으면서 로켓을 추진하는 방식이다. 하지만 빛을 만드는 에너지를 연료를 태우는 방식으로 생산하면, 신고 가야 하는 연료의 질량이 엄청나게 커야 하기 때문에 말짱 도루묵이다. 핵발전과 같이 적은 질량으로도 큰 에너지를 만들 수 있는 에너지 생산 방식이 필요하다.

아인슈타인의 질량-에너지 등가원리에 의하면 질량이 소멸하면 $E=mc^2$만큼의 에너지가 생긴다. 핵폭탄이나 핵발전소처럼 핵분열을 통해 사라진 질량으로 에너지를 만들 수도 있고, 태양처럼 핵융합을 통해 사라진 질량으로 에너지를 만들 수도 있다. 궁극의 에너지 생산 방식으로 물질과 반물질이 만나 소멸해서 에너지를 만드는 방식도 생각해 볼 수 있다.

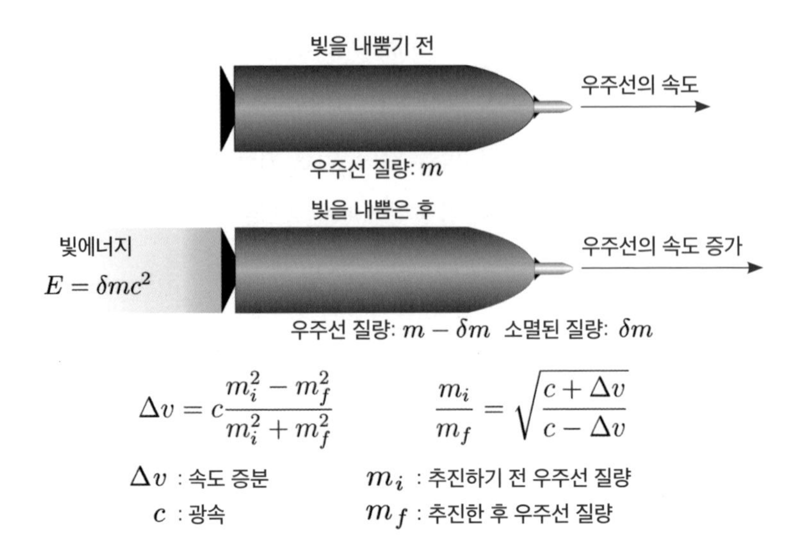

그림 2-24 광자로켓은 빛을 내뿜는 방향과 반대 방향으로 우주선을 추진한다. 질량-에너지 등가원리에 의하면, 질량이 사라지면 그에 해당하는 에너지를 만든다. 이상적인 광자로켓의 경우, 추진 전후의 우주선 질량으로부터 Δv를 계산하거나, 반대로 목표한 Δv로부터 추진 전후의 우주선 질량을 계산할 수 있다.

질량을 소멸해 만든 에너지를 모두 빛으로 만들어 광자로켓 추진에 사용하는 이상적인 광자로켓을 가정해 보자. 이 경우 그림 2-24에서처럼 추진 전후의 우주선 질량으로부터 Δv를 계산할 수 있고, 반대로 목표한 Δv가 있으면 추진 전후의 추진체 질량 비율을 계산할 수 있다.[40]

1톤의 광자로켓으로 초속 100킬로미터의 Δv를 내려면 334그램의 질량이 사라져야 한다. 플루토늄-239 1킬로그램이 핵분열을 하면 약 0.9그램의 질량이 사라지면서 에너지를 만들므로,[41] 334그램의 질량이 사라지려면 약 370킬로그램의 플루토늄-239가 광자 로켓 질량 안에 포함되어 있어야 한다. 전체 질량의 37%가 핵연료여야 한다는 계산이다. 사용한 핵연료를 버리면서 날아가면 약간 더 큰 Δv를 낼 수 있다. 핵융합을 이용하면 더 적은 연료면 되고, 반물질을 이용하면 167그램의 반물질과 167그램의 물질이면 충분하다. 그런데 에너지의 크기에 주목할 필요가 있다. 334그램의 질량이 사라져 만든 에너지는 나가사키에 투하했던 핵폭탄 334개가 폭발하는 에너지와 맞먹는다.[42]

퀴즈

(1) 로켓에 탑재할 연료와 산화제 질량이 정해져 있다. Δv를 크게 하려면 어떻게 해야 할까?

(2) 이온 추진체가 일반 로켓보다 더 효율적인 이유는 무엇일까?

(3) 이온 추진체에서 제논 원자를 이온으로 만들고 이온을 가속하는 데 태양광에너지를 사용한다고 했을 때, 화성과 목성 사이에 있는 소행성을 탐사하는 돈호보다 수성 탐사선 베피콜롬보호가 더 유리한 이유는 무엇일까?

3부

소행성과 혜성, 그리고 지구 방위

소행성과 혜성의 모양이 울퉁불퉁한 이유는?

행성은 공 모양인데 왜 소행성과 혜성은 공 모양이 아닐까?
천체의 크기와 구성 물질의 강도에 따라 천체의 모양이 달라진다.
자체 중력에 의해 천체의 모양이 변하는 것에 대해 알아보자.

둥근 공 모양의 천체와 울퉁불퉁한 천체

망원경은 누가 처음 발명했는지에 대해서는 여러 이야기가 있지만, 17세기 초에 처음 만들어진 것으로 알려져 있다.[1] 태양계의 행성들이 둥근 공 모양임을 직접 본 것도 이때 이후이다. 태양계 행성의 하나인 지구는, 인간이 지구에 살고 있어서 비교적 최근까지 그 모양을 직접 볼 수 없었지만, 이미 고대 그리스 때에도 지구가 둥글다는 사실은 알고 있었다고 한다.[2] 콜럼버스가 1492년 아메리카 대륙에 도달한 탐험도 지구가 둥글다는 사실에 기반한 아

시아를 향한 서쪽 항로 개척이 목표였다는 것도 잘 알려진 사실이다.[3]

1521년에 마젤란이 유럽을 출발해 남아메리카를 돌아 아시아에 도착함으로써 지구가 둥글다는 사실을 확인했지만,[4] 둥근 공 모양의 지구 전체를 직접 본 것은 아니었다. 우주선을 우주로 보내 사진을 찍을 수 있게 된 20세기 중반 이후에야 사진으로나마 지구 전체의 모습을 볼 수 있게 되었다. 오히려 다른 태양계 행성에 비해 훨씬 늦게 지구의 모양을 본 셈이다.

과학과 기술이 계속 발달해 천체망원경의 해상도가 높아지고 태양계의 원하는 곳에 우주선을 보내면서, 태양계의 먼 행성들과 작은 천체들을 관찰하는 것도 가능해졌다.

작은 천체 중에 태양에 가까이 다가오면 독특한 긴 꼬리의 모습을 보여주는 '혜성'이라는 천체가 있다. 여러 혜성 중 대략 76년마다 지구의 공전궤도를 지나가는 핼리 혜성이 대표적이다. 혜성의 대부분은 태양계의 먼 외곽에서 만들어지는 것으로 알려졌다. 중심의 핵 주위를 기체와 먼지로 둘러싸고 있는 혜성은, 충돌해서 초기 지구에 물을 공급했을 것이라는 주장과 유기 화합물 분자의 존재 등으로 많은 관심을 받고 있다.[5] 2004년에 발사된 유럽우주기구ESA의 혜성 탐사선 로제타호는 10년 만인 2014년에 목적지인 혜성 67P/추류모프-게라시멘코(이하 67P/C-G)의 주위를 도는 궤도에 진입해 근접 관측을 했다. 2014년 11월에는 착륙선이 혜성의 구성 성분 분석을 목적으로 혜성 표면에 착륙을 시도했다.[6]

그림 3-1 혜성 67P/추류모프-게라시멘코의 모습(위)과 착륙선의 착륙 예정 지점(아래).

로제타 탐사선이 2014년 8월에 찍어 보낸 근접 사진을 보면, 중심의 핵은 길이 5킬로미터 정도의 작은 천체로, 둥근 공 모양과는 거리가 먼 울퉁불퉁한 모양을 띠고 있다. 이 혜성뿐 아니라 수십 킬로미터 길이의 소행성들도 둥근 공에서 벗어난 모양을 하고 있다는 사실은 이미 여러 관측을 통해 밝혀졌다. 여기에서 궁금한

점이 생긴다. 태양과 행성, 그리고 행성 주위를 도는 큰 위성들은 둥근 공 모양을 하고 있는데, 혜성이나 크기가 작은 소행성들이 울퉁불퉁한 모양을 띠는 이유는 뭘까?

널리 받아들여지는 태양계 생성 이론에 의하면, 태양계는 기체와 먼지의 구름으로부터 시작됐다. 중심에 수소와 헬륨을 주성분으로 하는 태양이 만들어졌다. 그 주위에서는 먼지가 모여 덩어리가 만들어지고, 덩어리는 다시 다른 덩어리나 먼지와 합쳐져 더 커지는 과정을 통해 큰 천체들이 만들어졌다.[7] 이렇게 만들어진 초기 천체들의 모양은 울퉁불퉁한 모양에서 출발한다. 이 울퉁불퉁한 천체가 어떤 조건에서 둥근 공 모양이 되는지가 천체의 모양을 이해하는 핵심이다.

천체의 모양은 중력과 내부 물질에 따라 다르다

천체의 크기에 따라 모양이 다른 이유와 관련해, 2006년 체코 프라하에서 열렸던 국제천문연맹 총회를 주목할 필요가 있다. 이 총회에서는 1930년에 발견되어 70년 넘게 태양계 행성의 하나로 보고 있던 명왕성을 태양계 행성 목록에서 제외하는 중요한 결정을 했다. 왜행성이라는 새로운 분류가 만들어지고, 명왕성은 세레스, 에리스Eris와 함께 왜행성에 속하게 되었다. 이때 새로 확립된 행성과 왜행성의 정의를 보면, 공통으로 포함된 조건들 중에 "질량이 충분히 커서 자체 중력으로 둥근 모양을 하고 있어야 한다"라는 내용이 있다. 실제 발표된 행성과 왜행성의 정의에는 "유체정력학적인 평형 상태 모양"이라고 좀 더 전문적인 용어로 표현하고 있다. 이는 "질량이 충분히 크지 않으면 자체 중력이 약해 둥근 모양을 갖지 않을 수 있다"라는 사실을 의미하기도 한다. 천체가 둥근 모양인가 아닌가는 천체의 질량과 중력의 문제라는 것이다.

뉴턴의 중력법칙으로 잘 알려진 중력은 질량이 있는 물체 사이에 작용하는 서로 끌어당기는 힘이다. 행성, 별, 달 같은 모든 천체는 중력으로 천체 위의 모든 물체를 끌어당긴다. 떠받치는 힘이나 미끄러지는 것을 막는 마찰력이 충분하지 않으면, 높은 곳에 있는 물체는 중력에 의해 낮은 곳으로 떨어진다. 중력의 방향이 천체의 중심을 향하는 것을 감안하면, 높은 곳에서 낮은 곳으로 떨어진다는 것은 곧 천체의 중심에서 먼 곳에 있는 물체가 중심에 가까운 곳으로 옮겨 간다는 것을 의미한다. 사과나무에서 사과가 떨어지는 것도, 물이 높은 곳에서 낮은 곳으로 흐르는 것도, 지구 중심에서 멀리 떨어진 물체나 물질이 중력에 의해 지구 중심에 좀 더 가까운 곳으로 옮겨 가는 과정이다. 이를 통해 높낮이가 큰 울퉁불퉁한 표면이 좀 더 매끄러워진다.

만약 높은 곳에 있는 물체나 물질이 모두 낮은 곳으로 옮겨 가서 천체 표면이 모두 같은 높이가 되면, 표면에서는 더 이상 중력에 의해 움직이는 것이 없는 가장 안정적인 모양이 된다. 이 경우 천체의 모양은 천체 중심에서 표면까지 거리가 일정한 공 모양이다.[8]

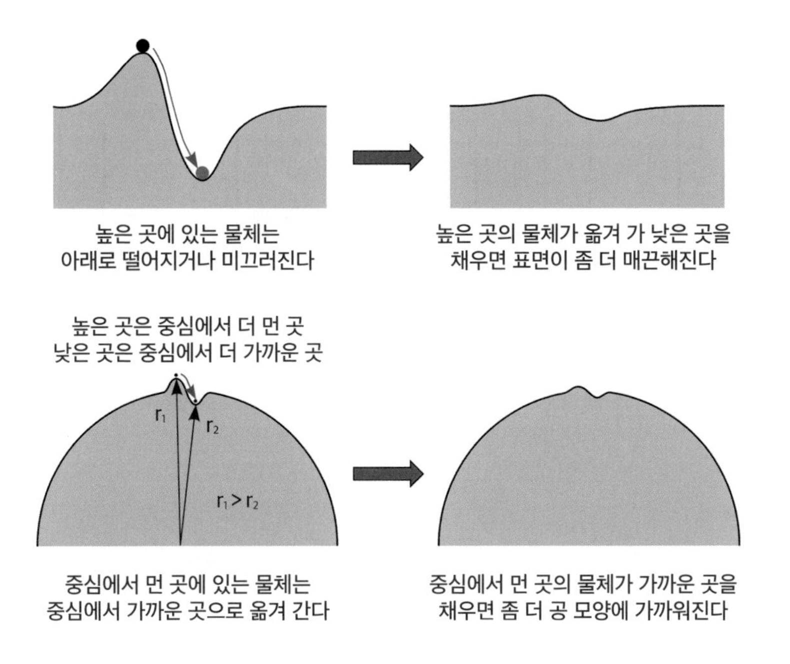

그림 3-2 표면의 움직임으로 울퉁불퉁한 표면이 좀 더 매끄러워지는 과정. 높은 곳에 있는 물체는 중력이 끌어당겨 아래로 떨어지거나 미끄러지면서 표면이 더 매끄러워진다.

천체 내부가 기체나 액체처럼 쉽게 모양을 바꾸거나 흐를 수 있는 유동체로 만들어진 경우를 생각해 보자. 이런 천체가 공에서 벗어난 모양을 하고 있으면 어떤 일이 벌어질까? 공 모양에서 벗어났다는 말은 천체의 질량중심에서 표면까지의 거리가 일정하지 않아 높낮이에 차이가 있다는 것을 의미한다. 높낮이 차이는 천체 내부의 압력 차이를 만들고, 압력 차이는 내부의 유동체가 이동하게 만든다. 이로 인해 표면의 높낮이 차이가 줄어드는 상황이 만들어

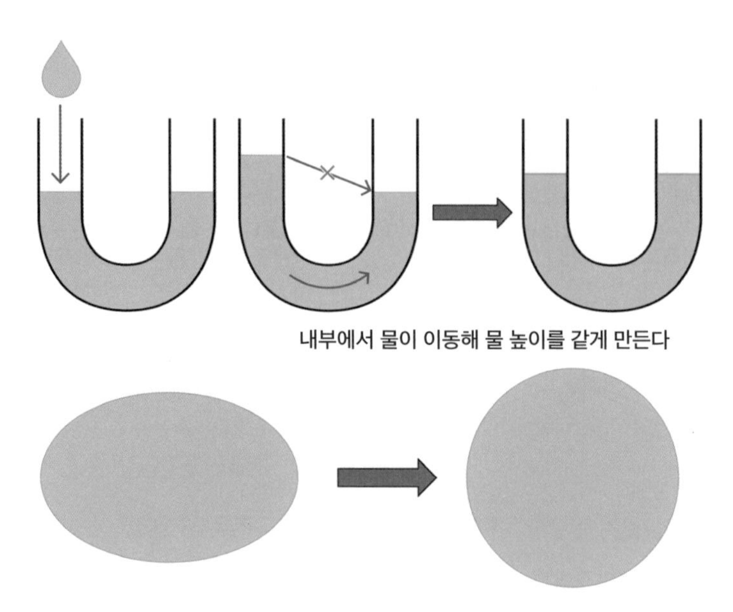

그림 3-3 내부의 움직임으로 모양이 변하는 과정. 물과 같은 유동체는 압력 차이로 인해 내부에서 이동하면서 표면 높이를 같게 하거나 공 모양으로 만든다.

진다. 좀 더 쉽게 이해하기 위해 그림으로 살펴보자.

물이 들어 있는 U자형 유리관의 왼쪽에 물을 더 넣으면 그 순간에 왼쪽의 물이 더 높아진다. 높아진 만큼 중력에 의해 더 많은 물이 누르기 때문에, 왼쪽에서 물이 누르는 압력이 커진다. 연결된 아랫부분을 통해 더 세게 누르는 왼쪽에서, 더 약하게 누르는 오른쪽으로 물이 이동한다. 시간이 지나면 양쪽 끝의 물 높이가 같아지고 누르는 압력도 같아져 더 이상 물이 이동하지 않는다. 양쪽 물

높이가 같아졌다는 것은, 지구의 중심에서 양쪽 물 표면까지의 거리가 같아졌다는 것을 의미한다. 마찬가지로 유동체로 만들어진 천체도 천체 중심에서 표면까지의 거리가 모두 같아지는 공 모양으로 변하도록 내부 물질이 이동한다.

태양과 목성류 행성들은 내부가 대부분 기체나 액체인 유동체로 채워져 있다. 이 때문에 천체 내부에서 물질이 이동하기 쉬워 천체가 안정적인 공 모양이 되는 데 유리하다. 그런데 모양을 바꾸기 어려운 고체로 만들어진 천체도 많다. 지구나 화성 같은 경우는 내부를 구성하는 물질 대부분이 매우 단단한 암석이지만, 전체적으로는 둥근 공 모양을 하고 있다. 이런 공 모양의 암석 행성을 설명하려면 행성 자체의 무게로 인해 생기는 천체 내부의 압력에 대한 이해가 필요하다.

지구의 중력이 만드는 압력

지구의 중력은 대기권에 있는 공기도 끌어당긴다. 이 때문에 지표면에 있는 모든 물체는, 지구의 중력이 끌어당기는 공기가 누르는 압력을 받는다. 바다 수면과 같은 높이(해발 0미터)에서 공기가 누르는 압력의 평균 크기는 1기압이다. 대략 1킬로그램의 물체가 지구의 중력에 의해 손톱 넓이 정도인 1제곱센티미터 표면을 누르는 압력의 크기이다. 인체는 이에 적응해 평소에는 이런 압력을 느끼지 못하지만, 차를 타고 높은 산에 올라가면 귀가 멍해지는

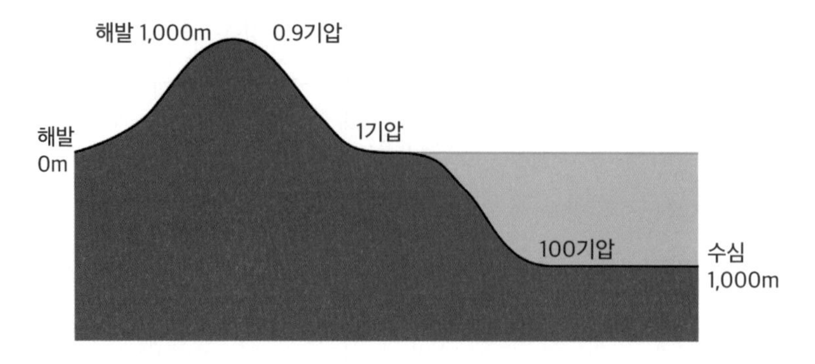

그림 3-4 공기의 압력과 물속의 압력. 지구의 중력이 공기를 끌어당겨 공기가 지표면에서 누르는 압력은 1,000미터에 0.1기압 정도 변하는 반면, 지구의 중력이 끌어당기는 물이 물속에서 누르는 압력은 1,000미터에 100기압 정도 변한다.

것을 느낀다. 높은 곳에 올라가면 공기의 압력이 낮아지는데, 낮은 곳에서 맞춰져 있던 귀 속의 압력과 차이가 생기고, 그 차이를 귀로 느끼는 것이다. 해발 1,000미터 높이에서는 약 0.9기압으로, 바다 수면에 비해 공기 압력이 10퍼센트 정도 낮아진다.

지구의 중력은 지구 위의 물도 끌어당긴다. 이 때문에 물속에서는 물이 누르는 힘으로 압력이 발생한다. 물속에 깊이 들어갈수록 더 많은 양의 물이 위에 있게 되고, 그만큼 더 큰 무게로 눌러 압력도 더 커진다. 여기에 더해, 물은 같은 부피의 공기보다 훨씬 무겁기 때문에 공기 중에서보다 물속에서 더 빠르게 압력이 변한다. 물속 10미터를 더 들어갈 때마다 압력은 약 1기압씩 커진다. 이렇게 빨리 변하는 압력 때문에 전문 잠수사들도 수십 미터 깊이의 물속까지 내려가기가 쉽지 않다.

같은 부피의 물보다 무거운 암석 성분으로 만들어진 땅속에서는 압력이 더 빨리 커진다. 지구의 가장 바깥 구조를 '지각'이라고 하는데, 대륙 밑의 지각을 구성하는 물질의 질량은 같은 부피의 물보다 대략 2.7배 크다. 이 크기를 가지고 계산하면 3.8미터를 땅속으로 내려갈 때마다 압력이 1기압이 증가한다는 결과가 나온다. 3.8킬로미터 땅속에서는 1,000기압 정도의 압력이 생기고, 38킬로미터 땅속에서는 무려 1만 기압 정도의 압력이 생긴다.[9] 지구의 평균 지름이 1만 2,742킬로미터인 것을 고려하면, 3.8킬로미터와 38킬로미터 깊이의 땅속은 지구 표면의 아주 얇은 껍데기에 불과한 지점이지만, 받는 압력은 1기압의 1,000배와 1만 배의 크기이다.

물질의 강도는 무엇인가?

압력으로 어떤 물질을 부수거나 모양을 변하게 할 수 있는지를 통해 압력이 어느 정도 큰지 가늠할 수 있다. 먼저 우리가 쉽게 부술 수 있는 두부를 보자. 두부 한 모를 손바닥으로 살짝 누르면 두부 모양이 약간 변하긴 해도 누르고 있는 손바닥을 떼면 다시 원래 모양으로 돌아온다. 훨씬 더 세게 누르면 두부는 찌그러지고, 누르고 있는 손바닥을 떼어도 원래 모양으로 돌아오지 않는다. 두부 모양이 변하는 것으로 압력이 큰지 작은지를 알 수 있는 것이다.

외부에서 힘을 가했을 때 모양이 변하지 않고 버틸 수 있는 정도를 그 물질의 '강도'라고 하는데, 그중에서 누르는 압력으로 측정

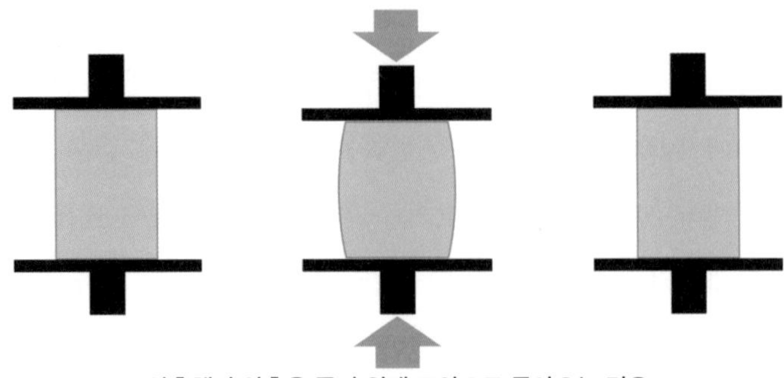

압축했다 압축을 풀면 원래 모양으로 돌아오는 경우

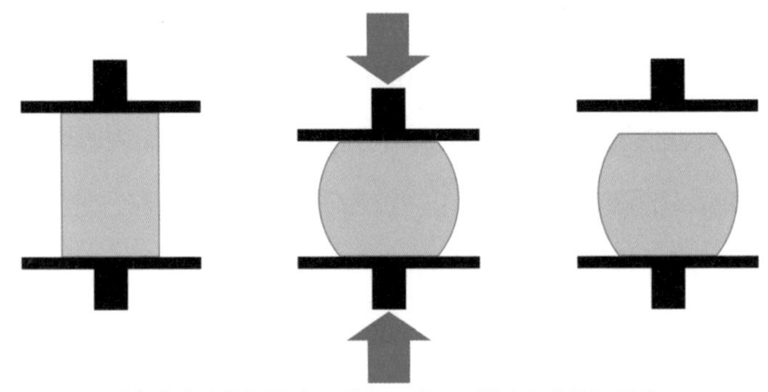

압축했다 압축을 풀어도 원래 모양으로 돌아오지 않는 경우

그림 3-5 압축강도는 원래 모양을 유지하면서 버틸 수 있는 가장 큰 압축 힘을 물체의 단면적으로 나눈 값이다.

한 강도를 '압축강도'라고 부른다. 두부의 경우는 손바닥 힘만으로도 쉽게 찌그러뜨릴 수 있을 정도로 압축강도가 약한 경우이다.[10]

한편 웬만한 압력으로는 부수거나 모양을 변형하기 어려운 물질도 있다. 건물을 만드는 데 쓰는 콘크리트는 수백 기압 또는 그 이상의 압축강도를 지니고, 암석은 종류에 따라 수십 기압에서 수천 기압 정도의 압축강도를 지닌다.[11] 일반 콘트리트로 만든 구조물은 땅속 3.8킬로미터 깊이의 압력인 1,000기압으로 눌러야 부술 수 있고, 강도가 매우 큰 암석으로 만든 구조물은 땅속 38킬로미터 깊이의 압력인 1만 기압으로 눌러야 부술 수 있다.

물질의 강도 때문에 모양을 유지하면서 만들 수 있는 물체의 크기에 한계가 있다. 매우 큰 크기의 두부를 만든다고 가정해 보자. 두부 자체도 질량이 있기 때문에 중력에 의해 윗부분에 있는 두부는 아랫부분에 있는 두부를 누른다. 외부에서 힘을 가하지 않아도 중력에 의한 자체 무게로 압력이 생기는 것이다. 이 때문에 두부의 크기가 수직으로 커질수록 두부 아랫부분에서 받는 두부 자체에 의한 압력도 커진다. 수직 크기가 너무 커지면 두부의 강도가 자체 압력을 감당하지 못하고 아랫부분부터 찌그러지기 시작한다. 이 때문에 모양을 유지하면서 만들 수 있는 두부의 크기는 한계가 있다.

기네스북 세계기록에 오른 가장 큰 두부의 크기는 가로 2.2미터, 세로 1.2미터에 높이가 0.9미터라고 한다.[12] 두부의 가로와 세로의 길이를 더 늘리는 데에는 큰 문제가 없지만, 두부의 높이를 늘리기는 쉽지 않다. 너무 높게 만들면 자체 무게에 의한 압력이 지나치게 커져 아래에 위치한 두부가 눌려 찌그러지기 때문이다. 하지만 두부를 더 높게 만드는 방법이 영 없는 것은 아니다. 지구 표면보다 중력이 더 작은 화성 표면에서는 두부의 무게가 작아지기 때문에, 더 높은 크기의 두부를 찌그러뜨리지 않고 만들 수 있다.

지구의 에베레스트산과 화성의 올림푸스산

지구 위에는 8,848미터 높이의 에베레스트산을 비롯해 수천 미터 높이의 산들이 많다. 산은 주로 암석으로 만들어져 있고, 두부와 마찬가지로 암석도 어느 정도의 압력까지는 부서지거나 변형되지 않는 강도를 지닌다. 이 때문에 두부를 만들 수 있는 높이에 한계가 있듯이 산의 높이에도 한계가 있을 수 밖에 없다. 암석의 강도가 두부보다 훨씬 커서 수천 미터 높이의 산이 만들어질 수 있다는 것이 차이점이다. 이미 에베레스트산이 존재하므로, 지구 표면에서 만들어질 수 있는 산의 최대 높이는 적어도 에베레스트산의 높이보다는 높다.

중력이 상대적으로 약한 화성 표면에서는 같은 크기의 산 내부의 아랫부분에서 받는 압력이 그만큼 작다. 같은 구성물질이라면 강도가 같기 때문에 화성 표면에서는 더 높은 산이 만드는 압력도 버틸 수 있다. 이 때문에 이론상으로는 화성에서는 지구에 있는 산보다 더 큰 산이 만들어질 수 있다. 실제 화성에는 '올림푸스산 Olympus Mons'으로 불리는 무려 22킬로미터 높이의 산이 존재한다.[13]

산의 높이에 한계가 있다는 말은 그만큼 표면이 울퉁불퉁한 정도에 한계가 있다는 것을 의미한다. 에베레스트산의 높이는 지구 평균 지름의 1,440분의 1이고, 올림푸스산의 높이는 화성 평균 지

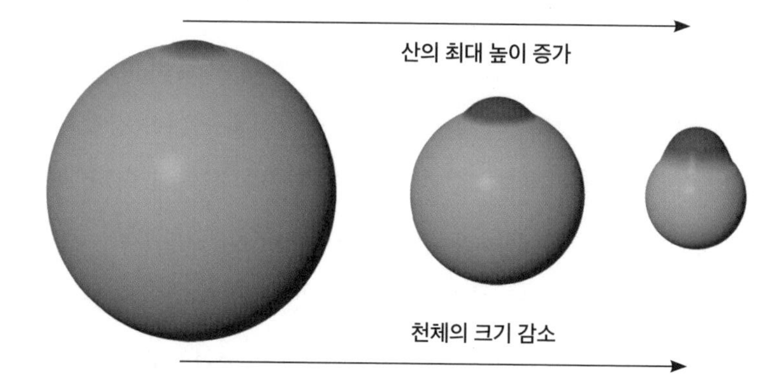

그림 3-6 천체의 크기에 따른 울퉁불퉁한 정도. 천체가 작으면 중력이 작아지면서 산 자체가 누르는 압력도 작아진다. 이로 인해 작은 천체 표면에서는 산이 커도 밑부분이 그만큼 변형되기 어려워 산의 모양을 더 잘 유지할 수 있다.

름의 300분의 1 정도이기 때문에, 행성 전체를 한꺼번에 보면 이런 산들이 만드는 울퉁불퉁한 정도는 인식하기 어려울 정도로 작다. 하지만 천체의 크기가 더 작으면 약한 중력으로 인해 더 큰 산이 만들어질 수 있어, 울퉁불퉁한 정도가 상대적으로 더 클 수 있다. 심할 경우 울퉁불퉁함 때문에 천체의 모양을 둥근 공 모양이라고 보기 어려운 경우도 있을 수 있다.

고체이면서 유동체처럼 움직이는 지구 내부

지구 내부로 좀 더 깊숙이 들어가면 지하 수십 킬로미터에서

지하 2,900킬로미터 지점까지 '맨틀'이라는 구조가 존재한다. 지표면과 가까운 곳은 수천 기압의 압력을 받고, 맨틀의 바닥 부분은 140만 기압의 압력을 받는다고 한다.[14] 암석뿐 아니라 강철의 모양도 변화시키기에 충분하고도 남는 압력이다. 여기에 더해, 맨틀 내부의 온도도 깊이에 따라 섭씨 500도에서 4,000도까지 이른다고 한다. 물질의 물리적 성질도 변할 수 있는 온도이다. 맨틀을 구성하는 물질이 대부분 고체 상태이지만, 이런 조건들로 인해 아주 긴 지질학적 시간으로 보면 맨틀도 마치 유동체처럼 움직인다. 맨틀의 밑부분에 존재하는 '외핵'은 상대적으로 더 쉽게 모양이 변할 수 있는 액체 상태로 존재한다.[15]

어떤 큰 천체가 만들어지는 과정에서, 천체의 모양이 공 모양에서 벗어날 만큼 표면에 큰 규모의 높낮이 변화가 생겼다고 가정해 보자. 이러한 모양의 변화는 천체 내부의 압력 변화를 만든다. 유동체처럼 또는 유동체로 움직이는 천체 내부의 물질은 내부의 압력 변화로 이동하기 시작한다. 이런 이동으로 인해, 오랜 시간이 지나면 천체는 표면 높이가 같아지는 공 모양에 점점 더 가까운 모양으로 변한다.

천체의 질량과 크기가 작으면 자체 중력으로 인한 내부의 압력도 작다. 천체의 크기가 충분히 작아 내부 압력이 천체를 구성하는 물질의 강도에 못 미치면, 울퉁불퉁한 모양에서 생기는 내부의 압력 차이에도 물질이 찌그러지거나 이동하기 어렵다. 이런 상황에서는 천문학적으로 오랜 시간이 지나도 공 모양이 되지 않고 울퉁불통한 모양으로 남는다.

둥근 공 모양과 울퉁불퉁한 모양의 경계

화성 궤도와 목성 궤도 사이에 있는 소행성대에는 천체의 모양과 관련해 중요한 2개의 천체가 있다. 소행성대에서 크기와 질량이 가장 크고 왜행성으로 분류된 세레스와, 소행성대에서 두 번째로 크지만 왜행성으로 분류되지 못한 베스타가 그 두 천체이다.[16,17] 세레스는 평균 지름이 950킬로미터이면서 둥근 공 모양을 하고 있고, 베스타는 평균 지름이 525킬로미터이면서 공 모양에서 벗어난 모양을 하고 있다. 이는 두 천체의 크기 사이에 공 모양이 되기 시작하는 소행성의 크기가 있음을 의미한다. 특히, 베스타의 구성 물질 대부분이 암석인 것을 감안하면, 암석 천체가 공 모양이 되려면 베스타보다 더 커야 한다는 것을 알 수 있다.

균일한 밀도의 물질로 구성되었다고 가정하고 계산한 중심부의 자체 내부 압력은 세레스가 약 1,350기압, 베스타가 약 1,100기압이다.[18] 같은 가정으로 1,000기압의 압력을 받는 곳의 위치를 계산해 보면, 세레스의 경우는 중심과 표면의 중간 지점이다. 반면에 베스타의 경우는 중심에 훨씬 더 가까운 곳, 즉 중심과 표면 사이의 1:2 비율인 지점이다. 천체의 모양이 공 모양이 되는가를 결정하는 내부 압력의 기준도 이 두 소행성 사이에 있다고 볼 수 있다.

한편 암석을 별로 포함하지 않은 천체들도 있다. 그림3-7의 아

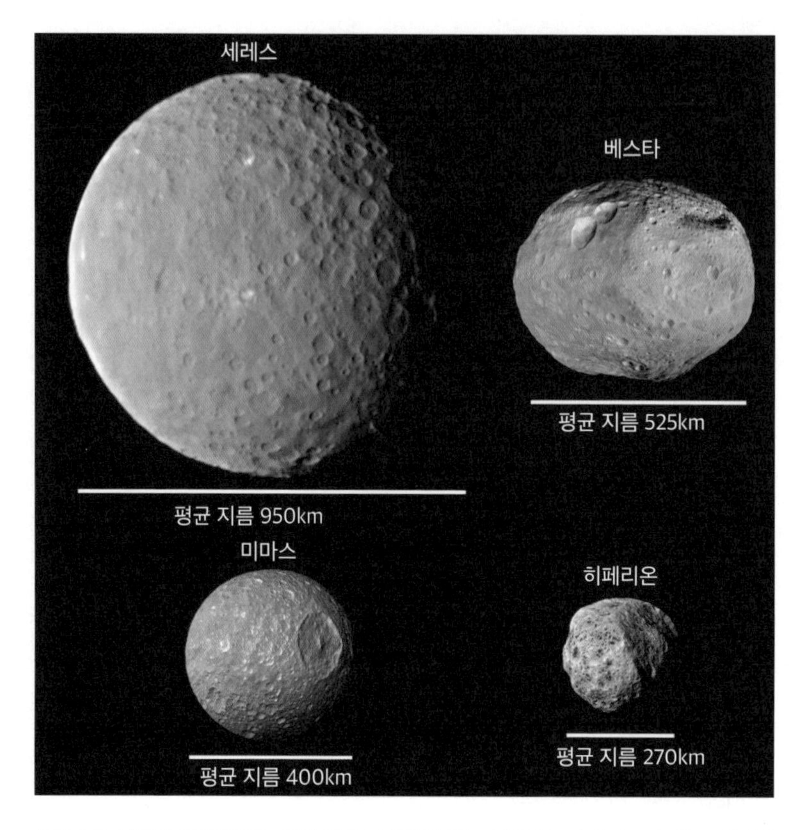

그림 3-7 무엇으로 만들어졌는지에 따라 공 모양이 되는 천체의 크기가 다르다. 위: 소행성대에서 가장 큰 세레스와 두 번째로 큰 베스타. 암석이 주요 구성 물질이다. 아래: 토성의 위성인 미마스와 히페리온은 구성 물질 대부분이 얼음이다.

래 두 천체는 토성의 여러 위성들 중에서 구성 물질 대부분이 얼음이면서 공 모양과 공 모양이 아닌 모양의 경계 근처에 있는 위성들이다. 같은 부피의 얼음은 암석보다 질량이 작다. 이 때문에 같은 크기의 암석 천체에 비해 질량이 작아 자체 중력에 의한 내부 압력도 작다. 하지만 얼음의 강도는 암석에 비해 훨씬 작다. 음식을 먹다가 조그만 돌을 이로 씹으면 이가 상할 만큼 돌(암석)의 강도는 크지만, 조그만 얼음 조각은 이로 씹어 부숴 먹을 수 있을 만큼 얼음의 강도는 암석보다 훨씬 작다. 얼음이 암석보다 더 작은 압력으로도 찌그러질 수 있다는 것을 의미한다. 얼음으로 만들어진 천체가 베스타 소행성보다 작아도 모양이 둥근 공 모양일 수 있는 이유이다.

평균 지름이 400킬로미터 정도인 미마스Mimas의 경우, 큰 크레이터가 있지만 둥근 공 모양이라고 하기에 무리가 없는 모양을 하고 있다.[19] 평균 지름이 270킬로미터 정도인 히페리온Hyperion은 둥근 공 모양으로 보기 어려운 모양을 하고 있다.[20] 얼음으로 만들어진 천체가 공 모양을 하는 최소 지름의 크기는 미마스와 히페리온 사이에 있음을 알 수 있다. 균일한 질량밀도라고 가정하고 계산한 미마스 중심부의 압력은 70기압 정도로, 암석으로 만들어진 천체인 베스타보다 훨씬 작다. 그런데도 미마스가 공 모양인 것은 그만큼 미마스를 구성하는 물질의 강도가 작음을 의미한다.[21, 22]

혜성이나 소행성의 울퉁불퉁한 모양

길이가 수십 킬로미터이거나 이보다 작은 소행성들은 일반적으로 공 모양이 아닌 울퉁불퉁한 모양을 지닌다. 중력에 의한 압력이 너무 작아서 내부 물질을 움직여 공 모양으로 변하게 하기 어려운 경우들이다. 한 예로 6,600만 년 전 지구에 충돌해 지구상의 공룡을 멸종시켰다는 소행성의 경우를 보자. 이 소행성의 길이가 10킬로미터이고 지구 대륙 지각의 평균 질량밀도를 가진 물질이 균일하게 소행성 내부를 채우고 있다고 가정하면, 자체 중력으로 인한 중심부에서의 압력은 약 0.25기압이라는 계산 결과가 나온다. 우리가 지표면에서 받는 공기 압력의 4분의 1에 불과한 압력이다. 이런 크기의 압력은 암석의 모양을 변하게 하기에는 턱없이 작기 때문에 울퉁불퉁한 소행성 모양이 공 모양으로 변하는 것은 사실상 불가능하다.

혜성 탐사선 로제타호가 접근해서 찍은 사진으로 그 모양이 알려진 67P/C-G 혜성의 울퉁불퉁한 모양도 같은 원리로 이해할 수 있다. 주로 얼음 물질로 만들어진 혜성의 질량밀도는 암석으로 만들어진 소행성보다 훨씬 작다.[23] 핼리 혜성의 질량밀도와 비슷하다고 가정하고 계산하면, 67P/C-G 혜성 중심에서의 압력은 1,000분의 1기압 정도밖에 안 된다. 아무리 강도가 훨씬 작은 얼음으로 만들어진 혜성이라고 할지라도, 이런 미미한 압력으로는 모양이 변하는 것을 기대하기 어렵다. 태양에 가까이 다가가 녹는 경우에나 모양이 변하는 것을 기대할 수 있다.

퀴즈

(1) 중성자별은 지름이 20킬로미터 정도이지만 질량은 태양의 질량보다 더 크다. 중성자별의 모양은 어떤 모양일까?

(2) 영화 〈돈 룩 업〉에서 지구와 충돌하는 혜성은 길이가 5~10킬로미터로 설정되어 있다. 이 혜성이 얼음으로 만들어졌다면 어떤 모양일까?

(3) 소행성이 충돌하면 크레이터 또는 충돌구라고 부르는 충돌 흔적이 남는다. 똑같은 크기의 커다란 충돌구가 지구에도 생기고 달에도 생겼다고 하자. 아주 오랜 시간이 지났을 때 지구와 달, 어느 곳에 있는 충돌구가 그 모양을 더 잘 유지할까?

공룡을 멸종시킨 소행성 충돌 에너지는 어디에서 왔나?

소행성 충돌 에너지의 원동력은 지구와 태양의 중력이다.
태양에서 더 먼 곳에서 올수록 더 빠르게 부딪친다.
소행성이 지구와 충돌하는 속도를 중력 탈출속도와 연결해서 알아보자.

공룡 멸종은 소행성 또는 혜성이 지구에 충돌했기 때문이라는 설이 유력하다. 6,600만 년 전 공룡이 멸종했던 시기에 만들어진 지층에는 이리듐iridium(Ir. 원소번호 77)이라는 원소가 유난히 많이 있다. 소행성이나 혜성에 이리듐이 상대적으로 많은 것으로 알려져 있기 때문에, 해당 지층에서 나오는 이리듐 원소는 소행성이나 혜성의 충돌로 지구 표면에 퍼진 결과로 보고 있다.

당시 소행성의 충돌로 만들어진 지름 150킬로미터의 충돌구(크레이터) 흔적이 멕시코 유카탄에 남아 있다. 최신 연구 결과에

그림 3-8 소행성 또는 혜성이 지구를 향해 돌진하는 모습을 상상으로 그린 그림.

의하면 이 충돌구의 해당 지층에서도 이리듐이 발견되어, 이 충돌구를 만든 소행성 충돌이 공룡을 멸종시켰을 가능성이 크다는 것을 뒷받침한다.[24] 과학자들은 공룡을 멸종시킨 소행성의 크기와 질량, 그리고 속도에 대한 연구도 했는데, 최신 연구 결과는 지름 17킬로미터의 암석 소행성이 초속 12킬로미터의 속도로 충돌했을 가능성을 제시하고 있다.[25]

무엇이 소행성을 이토록 빠른 속도로 지구로 날아들도록 만들었을까? 그 주요 원동력은 지구와 태양의 중력이다.

소행성이 지구와 부딪치는 속도의 원동력은 지구와 태양의 중력

지구 위에서 물건을 떨어뜨리면 중력에 끌려 점점 더 빠른 속도로 떨어진다. 지구 대기권 밖의 우주에 있는 물체도 마찬가지이다. 달만큼 떨어진 위치에 가만히 있는 물체가 지구의 중력에 끌려 지구에 떨어진다면 지구에 충돌하는 속도는 초속 11.1킬로미터에 이른다. 지구의 중력만 있고 공기저항은 없다고 가정했을 때의 속도이다. 우주선이 달에 가기 위한 최소 속도와 같다.

지구의 표면에서 지구의 중력을 완전히 벗어나려면 초속 11.2킬로미터의 속도를 내야 한다. 지구 중력 탈출속도 또는 제2우주속

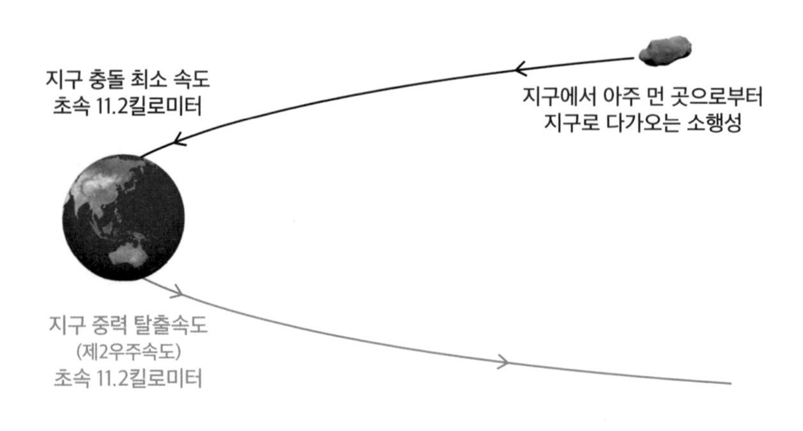

그림 3-9 지구의 중력만으로 끌리는 소행성의 충돌 속도. 지구의 중력만 있을 때 달 너머의 먼 곳에 보내려면 우주선의 초기속도는 지구 중력 탈출속도(또는 제2우주속도)인 초속 11.2킬로미터 이상이어야 한다. 거꾸로, 지구에서 아주 먼 곳으로부터 오는 소행성의 지구 충돌 속도도 초속 11.2킬로미터 이상이다.

도라고 불리는 값이다. 거꾸로, 지구에서 충분히 먼 곳에 있는 물체가 지구의 중력에 끌려와 지구에 충돌하는 속도도 지구 중력 탈출속도인 초속 11.2킬로미터이다. 달만큼 떨어진 거리에서 지구로 떨어진 물체의 속도와 거의 비슷하다. 소행성이 지구와 충돌한다고 해도 마찬가지이다. 달보다 충분히 먼 곳에 있는 소행성이 지구의 중력에 끌려 지구와 충돌하는 속도는 적어도 지구 중력 탈출속도인 초속 11.2킬로미터이고, 이 속도를 만드는 주요 원동력은 바로 지구의 중력이다.

소행성이 다른 행성에 부딪힌다면 충돌 속도는 달라진다. 행성의 중력이 다르기 때문이다. 중력 탈출속도가 초속 5.03킬로미터인 화성에 부딪히는 소행성의 속도는 초속 5.03킬로미터 이상이다. 반면, 중력 탈출속도가 초속 59.5킬로미터인 목성에 부딪히는 소행성의 속도는 적어도 초속 59.5킬로미터이다. 더 작은 천체에 부딪히면 소행성의 충돌 속도는 더 작아진다. 10킬로미터 크기의 암석 소행성 2개가 서로 부딪친다면 충돌 속도는 초속 6미터 정도까지 떨어진다. 지구에 충돌하는 소행성 속도의 1,900분의 1 수준이다. 지구 중력의 영향을 가늠해 볼 수 있는 부분이다. 여기까지는 태양 중력의 영향을 포함하지 않고 계산한 결과이다.

태양의 중력의 영향이 더해지면 충돌 속도는 더 커진다. 태양계 먼 외곽에 있던 소행성이 지구에 다가와 부딪친다고 가정하자. 처음에는 주로 태양의 중력으로 끌려오면서 속도가 커지고, 이후 지구에 가까워지면 지구의 중력으로 끌려오면서 속도가 더 커진다. 이 소행성이 지구와 충돌하는 속도는 초속 16.7킬로미터 또는 그 이상이다. 초속 16.7킬로미터는 지구 표면에서부터 지구 중력뿐만 아니라 태양 중력까지 완전히 벗어나기 위해 필요한 속도인 제3우주속도이다. 아주 먼 태양계 외곽에 위치하는 물체가 태양과 지구의 중력에 끌려와 지구에 부딪히는 속도의 하한선은 제3우주속도라는 것을 의미한다.

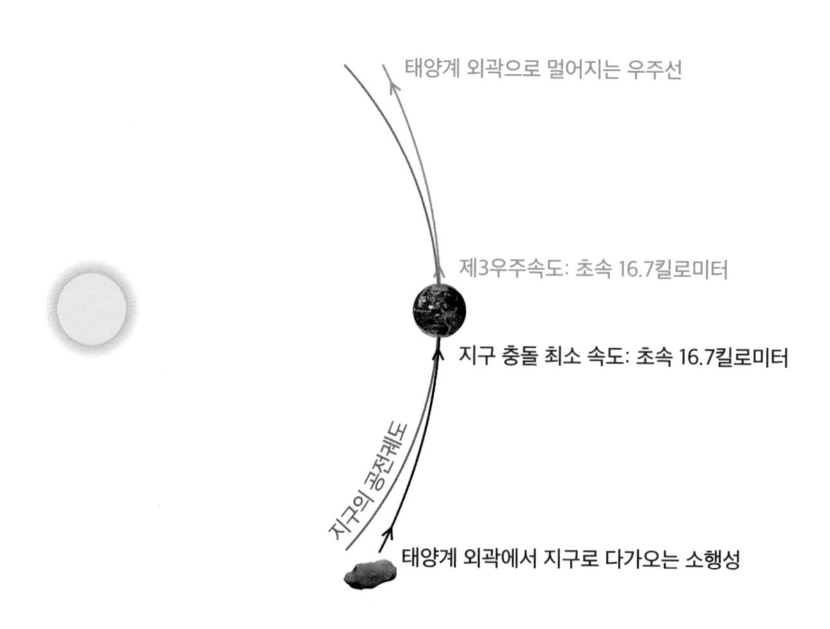

그림 3-10 태양의 중력과 지구의 중력으로 끌리는 소행성의 충돌 속도. 지구에서 태양계 외곽에 보내려면 우주선의 초기속도는 제3우주속도인 초속 16.7킬로미터 이상이어야 한다. 거꾸로, 태양계 외곽에서 지구에 다가오는 소행성의 지구 충돌 속도도 초속 16.7킬로미터 이상이다.

크기가 수 킬로미터도 안 되는 소행성이 지구의 공전궤도와 비슷하게 태양 주위를 돌고 있다고 하자. 이 소행성에서 출발해 태양계를 완전히 벗어나기 위한 속도는 초속 12.3킬로미터이다. 이런 크기의 소행성의 중력 탈출속도는 초속 10미터도 안 되기 때문에 탈출속도의 대부분이 태양의 중력을 벗어나기 위해 필요한 속도라고 보면 된다. 지구의 제3우주속도에 비해 속도가 일부 줄기는 했지만 여전히 빠른 속도이다. 만약에 태양계 외곽에서 날아오는 또 다른 소행성이 이 소행성과 부딪칠 때의 충돌 속도도 초속 12.3킬로미터 이상이다. 태양의 중력이 충돌 속도에 끼치는 영향이 상당히 큰 것을 알 수 있다.

공룡을 멸종시킨 소행성의 충돌 에너지는 얼마나 클까?

이제 공룡을 멸종시킨 소행성 충돌 에너지가 어느 정도인지 알아보자. 크기가 수십 킬로미터이거나 그보다 작은 소행성은 자체 중력이 충분하지 못하기 때문에, 동그란 공 모양이 아닌 울퉁불퉁한 모양을 하고 있다. 그래도 계산 편의상 소행성의 모양이 공 모양이라고 가정하자. 관련 연구 논문에서 언급한 지름 17킬로미터인 암석 소행성의 밀도가 지구 겉표면의 밀도와 비슷하다고 하면, 질량은 6조 8,000억 톤에 이른다. 만약에 얼음 소행성이라면 2조 7,000억 톤이 된다.

소행성이 충돌하기 전의 공전궤도가 지구의 공전궤도와 비슷했다면, 지구와 비슷한 속도로 태양 주위를 공전했을 것이다. 그러다가 충돌 전 지구와 가까워져 지구의 중력에 끌렸을 것이다. 이런 상황에서는 소행성이 주로 지구의 중력에 끌려 가속되기 때문에, 지구와 충돌하는 속도는 지구 중력 탈출속도인 초속 11.2킬로미터 또는 이보다 약간 더 빠른 속도였을 것이라고 추정할 수 있다.

만약에 지름 17킬로미터의 암석 소행성이 초속 11.2킬로미터로 지구에 충돌했다고 가정하고 충돌 당시 운동에너지를 계산하면, 그 크기는 나가사키에 투하되었던 핵폭탄 47억 개가 터지는 에너지와 맞먹는다. 만약에 같은 크기의 얼음 소행성이 똑같은 속도로 지구와 충돌했다면, 충돌 당시 운동에너지는 나가사키 핵폭탄 18억 개가 터지는 에너지와 맞먹는다.

태양의 중력까지 더해지면 파괴력은 더 커진다. 소행성이 태양계 먼 외곽에서 오면 지구와 충돌하는 속도는 적어도 지구의 제3 우주속도인 초속 16.7킬로미터이다. 지름 17킬로미터의 암석 소행성이 초속 16.7킬로미터의 속도로 충돌할 때의 운동에너지는 나가사키 핵폭탄 에너지의 105억 배에 이른다. 얼음 소행성이라면 나가사키 핵폭탄 에너지의 40억 배이다. 태양의 중력이 더해지면서 충돌할 때의 에너지가 2배 이상 커진 셈이다.

나가사키 핵폭탄 투하 당시엔 폭탄이 떨어진 곳에서 1.6킬로미터 이내의 모든 건물이 복구 불가능한 수준으로 파괴됐다고 한다.[26] 이 정도 파괴력이면, 나가사키 핵폭탄 6,000만 개로 지구 표면 전체를 복구 불가능한 수준으로 파괴할 수 있다. 이를 고려하면,

지름 17킬로미터의 소행성이 지구와 부딪칠 때의 운동에너지는 지구 표면 전체를 수십 번 또는 수백 번 파괴할 수 있을 만큼 큰 에너지이다.

소행성 아포피스가 지구와 부딪친다면?

2029년 4월 13일에 소행성 '아포피스Apophis'는 지구에 3만 2,000킬로미터 이내로 접근해 스쳐 지나간다고 한다.[27] 이 소행성은 태양에 가까울 때는 태양에서 1억 1,161만 킬로미터, 태양에서 가장 멀 때는 1억 6,444만 킬로미터 떨어진 타원 모양으로 공전한다. 지구에서 태양까지의 거리가 약 1억 5,000만 킬로미터인 것을 고려하면, 지구의 공전궤도와 상당히 비슷하다고 볼 수 있다. 지구와 부딪친다면 지구 중력 탈출속도인 초속 11.2킬로미터보다 조금 큰 정도이다.

NASA는 소행성 아포피스의 질량은 4,000만 톤 정도로 보았고, 지구와 충돌한다면 충돌 속도는 초속 12.6킬로미터로 추정한 적이 있다.[28] 태양 중력의 영향이 비교적 작은 경우이다. 이 소행성이 부딪칠 때의 운동에너지는 나가사키 핵폭탄 3만 5,000개가 터지는 에너지에 맞먹는다. 이 정도면 한반도보다 더 넓은 면적 안의 모든 건물을 완전히 파괴할 수 있는 에너지이다. 실제 충돌이 일어난다면 소행성의 일부가 대기권에서 타버리고, 충돌 후의 피해는 충돌 지점에 집중되며, 충돌 지점에서 멀어질수록 피해가 상대적

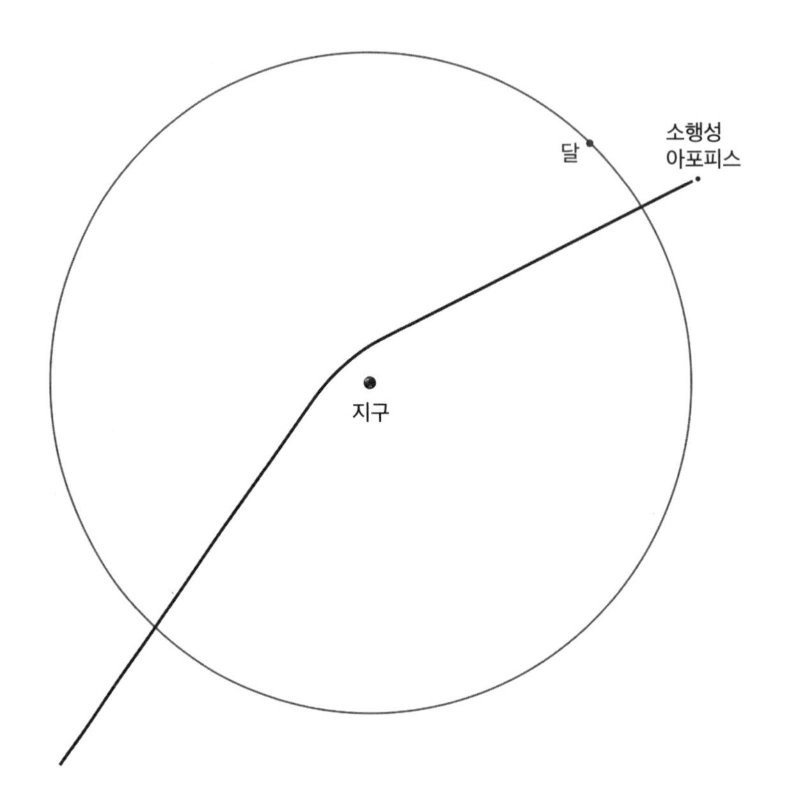

그림 3-11 2029년 소행성 아포피스가 지구를 스쳐 지나가는 예상 궤적. 2029년 4월 13일에 지구에서 불과 3만 2,000킬로미터 떨어진 곳을 지나간다.

으로 약해질 수 있다. 이를 감안하면 실제로 건물을 완전히 파괴하는 수준의 피해를 입는 면적은 한반도 면적보다 넓지 않을 수도 있다. 하지만 한반도와 비슷한 크기의 국가에 궤멸적인 피해를 입힐 수 있다는 점은 변함이 없다.

퀴즈

(1) 소행성이 지구와 부딪칠 때의 충돌 속도가 더 클까, 아니면 달과 부딪칠 때의 충돌 속도가 더 클까? 그리고 그 이유는 무엇일까?

(2) 1993년에 처음 발견된 슈메이커-레비 혜성comet Shoemaker-Levy 9은 이미 여러 개의 파편으로 갈라져 목성의 주위를 돌던 상태였다. 1994년 7월에 이 파편들이 목성에 순차적으로 부딪쳤고, 충돌 속도는 대략 초속 60킬로미터였다. 이 충돌 속도는 무엇을 의미할까?

(3) 화성의 공전궤도와 목성의 공전궤도 사이에 있는 소행성대에서 날아온 소행성과, 해왕성 너머의 카이퍼대에서 날아오는 소행성 중에서 어느 소행성이 지구와 더 큰 충돌 속도로 부딪칠까?

혜성이 지구와 부딪치면?

영화 〈돈 룩 업〉 속의 혜성 충돌을 과학적으로 따져보자.
카이퍼대와 오르트 구름에서 만들어진 혜성은 어떤 차이가 있는지 살펴보고,
혜성과 지구의 공전 방향이 충돌 속도에 어떤 영향을 끼치는지 알아본다.

2021년 말에 공개된 영화 〈돈 룩 업Don't Look Up〉은 혜성이 지구와 충돌하는 가상의 위기 상황을 그렸다. 과학자와 정치인 그리고 기업인이 이 상황을 어떻게 접근하는지, 그리고 이들 사이에서는 어떤 일들이 벌어지는지 등을 그럴듯하게 풀어나갔다. 흥미로운 영화의 줄거리뿐만 아니라, 혜성이 지구에 충돌할 때 벌어지는 상황을 과학적으로 분석하는 것도 관심거리이다. 특히 혜성이 얼마나 빠른 속도로 지구와 부딪치는지, 그 파괴력은 어느 정도인지는 과학에 관심 있는 사람들에게는 지나칠 수 없는 부분이다. 이를 따져

보려면 두 자동차가 부딪칠 때 서로 어떤 방향으로 달리는가에 따라 충돌 속도가 달라짐을 이해하는 것이 도움이 된다.

달리는 방향에 따라 변하는 자동차 충돌 속도

시속 100킬로미터로 고속도로를 달리는 자동차가 있고, 그 뒤에서 다른 자동차 한 대가 같은 방향으로 시속 120킬로미터로 달려와 부딪친다고 가정하자(그림3-12 위). 이른바 추돌 사고 상황이다. 그럼 이 두 자동차의 충돌 속도는 얼마일까? 뒤에서 오는 자동차의 속도에서 앞에서 달리는 자동차의 속도를 뺀 초속 20킬로미터가 충돌 속도이다. 사람 키 정도의 높이인 1.57미터의 높이에서 떨어졌을 때 바닥에 부딪히는 속도와 같다.

만약에 시속 100킬로미터로 달리는 자동차가 시속 120킬로미터로 역주행을 하는 차와 정면충돌하면 어떨까(그림3-12 가운데)? 이 경우 두 자동차의 충돌 속도는 두 자동차의 속도를 합친 시속 220킬로미터이다. 이 속도는 50층 빌딩의 옥상 높이인 190미터의 높이에서 떨어졌을 때 바닥에 부딪히는 속도와 같다. 190미터 높이에서 떨어지면 살아남을 수 없듯이, 이런 자동차 사고에서 탑승자가 살아남기 어렵다.

이번에는 사거리에서 남북 방향으로 시속 100킬로미터로 달리는 자동차가 동서 방향으로 시속 120킬로미터로 달리는 자동차와 부딪치는 경우를 보자(그림3-12 아래). 두 자동차가 부딪치는 속

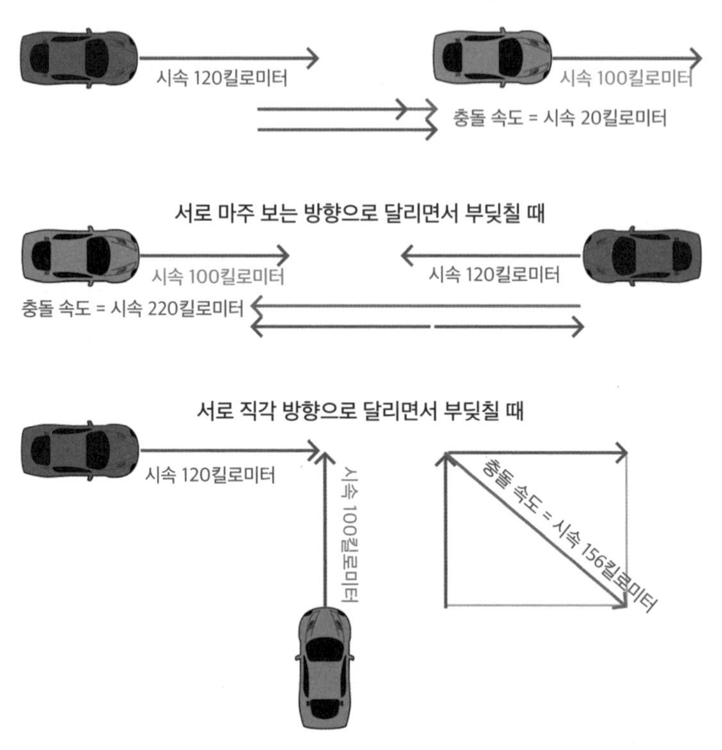

그림 3-12 자동차가 같은 속도로 달려도 부딪치는 방향에 따라 충돌 속도가 달라진다. 빨간색 화살표로 표시한 충돌 속도는 초록색 자동차 입장에서 체감하게 되는 충돌 속도이다. 위: 같은 방향으로 더 빠른 속도로 달리는 자동차가 뒤에 따라오면서 부딪치는 경우. 가운데: 반대 방향으로 서로 마주 보며 달려오면서 부딪치는 경우. 아래: 서로 직각 방향으로 달리다가 부딪치는 경우.

도를 알아내려면 너비가 100이고 높이가 120인 직사각형을 그리고 대각선의 길이를 재면 된다. 움직임이는 방향이 다를 때 상대속도를 계산하는 방법이다. 충돌 속도는 시속 156킬로미터이다. 25층

빌딩의 옥상 높이인 96미터 높이에서 떨어졌을 때 바닥에 부딪히는 속도이다. 역주행하는 자동차와 부딪치는 것보다 덜하지만 뒤에서 추돌하는 경우보다는 훨씬 큰 충돌 속도이다. 이 경우도 탑승자가 살아남는 것을 기대하기 어렵다.

움직이는 두 물체가 부딪칠 때의 충돌 속도는 두 물체의 상대속도이다. 이런 상대속도의 개념이 영화 〈돈 룩 업〉에서와 같이 혜성이 지구와 부딪칠 때의 충돌 속도를 계산하는 데에도 중요하다. 지구와 충돌하는 혜성은 지구와 같은 위치를 지나가야 하는데, 이때 지구와 혜성의 공전 속도 차이인 상대속도가 충돌 속도에서 상당 부분을 차지하기 때문이다. 여기에 혜성이 지구의 중력에 끌려 더 빨라지는 속도 증가분을 더하면 혜성이 지구와 부딪치는 속도를 계산할 수 있다.

혜성은 카이퍼대나 오르트 구름에서 날아온다

충돌 전 지구와 혜성의 공전 속도의 크기와 방향은, 혜성이 어디에서 만들어지고 어느 방향으로 날아와 부딪치는가에 달려 있다. 혜성이 만들어지는 곳은 크게 두 곳으로 알려져 있다. 한 곳은 태양에서 45억 킬로미터에서 75억 킬로미터 떨어져 있는 '카이퍼대Kuiper belt'이고,[29] 다른 한 곳은 태양에서 3,000억 킬로미터 이상 떨어져 있는 '오르트 구름Oort cloud'이다(그림3-13).[30]

카이퍼대는 해왕성 너머에 있는데, 암석이나 얼음으로 만들어진 작은 천체들이 모여 있는 곳이다. 가운데가 뚫린 원반 모양으로 퍼져 있다. 이들 대부분은 태양계 행성들의 공전궤도가 만드는 면에서 크게 벗어나지 않은 곳에 있다. 태양 중력의 영향 속에 있기 때문에 이들도 태양 주위를 돈다. 북극 방향에서 태양계를 바라보면, 이들 대부분은 태양계 행성과 마찬가지로 시계 반대 방향으로

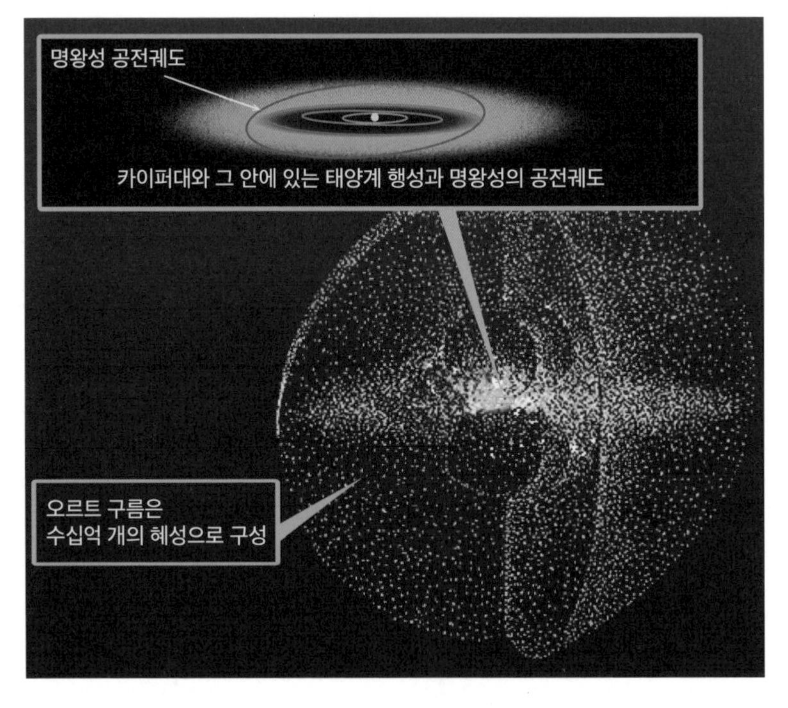

그림 3-13 카이퍼대와 오르트 구름. 카이퍼대는 가운데가 뚫린 원반 모양으로 분포된 작은 천체들 집단으로, 태양에서 약 45억 킬로미터에서 75억 킬로미터 떨어져 있다. 오르트 구름은 태양에서 3,000억 킬로미터 이상 떨어진 곳에 분포하고 있다고 보는, 수십억 개의 혜성 집단이다.

공전한다. 카이퍼대에서 만들어진 혜성의 공전궤도도 다른 행성이 공전하는 면에서 크게 벗어나지 않는다.

작은 얼음 천체들로 구성된 오르트 구름은 카이퍼대보다 훨씬 더 멀리 떨어져 있고, 바깥 부분은 둥근 공 모양으로 퍼져 있다고 보고 있다. 이들도 미미하게나마 태양 중력의 영향 속에 있기 때문에 상대적으로 느린 속도로 태양 주위를 공전한다. 하지만 공 모양처럼 퍼져 있다는 것은 이들이 태양 주위를 도는 방향이 정해져 있지 않다는 것을 의미한다. 따라서 오르트 구름에서 날아오는 혜성은 어디에서도 날아올 수 있고, 공전 방향도 태양계 행성의 공전 방향과 크게 다를 수 있다.

혜성이 지구와 부딪치는 속도는?

카이퍼대에서 만들어진 혜성이 지구와 부딪친다고 했을 때, 충돌 속도가 가장 작은 경우는 어떤 경우일까? 혜성이 태양과 가장 가까울 때의 위치가 지구의 공전궤도와 겹칠 때이다. 이런 혜성은 지구 뒤를 더 빠른 속도로 따라오다 지구와 부딪친다. 고속도로에서 뒤에서 더 빨리 달리는 차가 부딪치는 경우와 비교할 수 있다. 카이퍼대 중간 지점에서 오고 지구의 공전궤도와 같은 면을 같은 방향으로 도는 혜성이라면, 혜성이 지구 근처에 왔을 때 지구에서 본 혜성의 상대속도는 초속 11.8킬로미터이다. 지구의 중력이 끌어당겨서 빨라지는 속도가 더해지면, 지구와 부딪치는 충돌 속도는

제3우주속도(초속 16.7킬로미터)에 가까운 초속 16.3킬로미터가 된다(그림3-14의 첫 번째).[31]

공전궤도에서 태양에 가장 가까운 위치를 근일점이라고 한다.

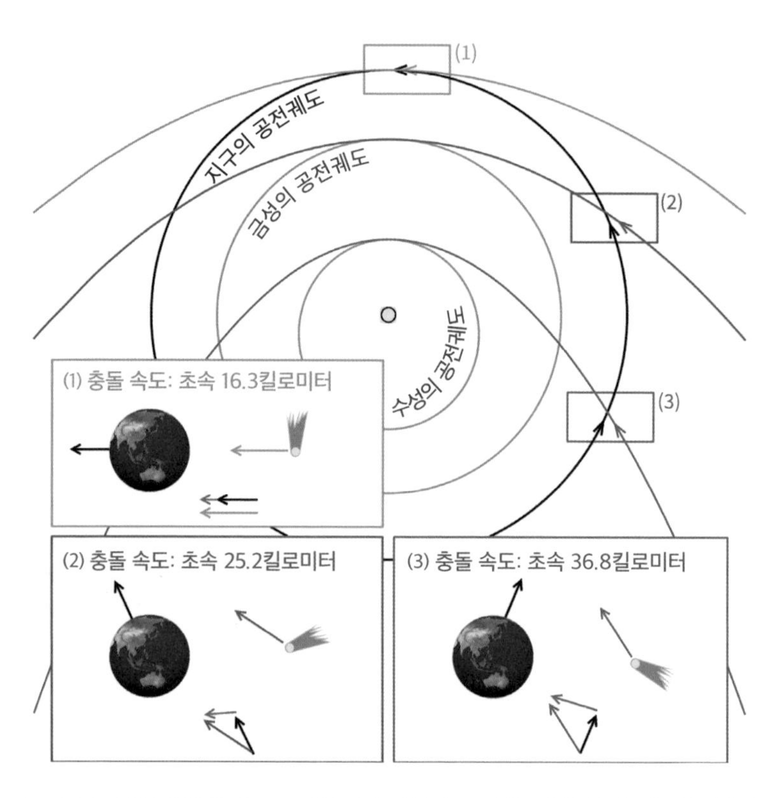

그림 3-14 카이퍼대에서 날아오는 혜성이 지구와 충돌이 가까워졌을 때, 지구에서 본 혜성의 상대속도(빨간색 화살표). 지구의 공전 속도와 혜성의 공전 속도 사이의 방향 차이가 클수록 상대속도도 크다. 혜성의 충돌 속도에는 지구의 중력이 혜성을 끌어당겨 커진 속도가 추가된다. (1) 혜성이 태양에 가장 가까운 거리가 지구-태양 사이의 거리인 경우. (2) 혜성이 태양에 가장 가까운 거리가 금성-태양 사이의 거리인 경우. (3) 혜성이 태양에 가장 가까운 거리가 수성-태양 사이의 거리인 경우.

혜성의 근일점이 지구의 공전궤도보다 안쪽에 위치하는 경우, 다시 말해 혜성이 지구의 공전궤도보다 태양에 더 가깝게 다가가는 공전궤도를 도는 경우에, 혜성이 지구와 부딪치는 충돌 속도가 더 크다. 혜성의 근일점이 태양에 더 가까울수록 지구의 공전궤도 위치에서 혜성의 속도가 더 큰 것에 더해, 지구가 공전하는 방향과 다른 각도로 지구에 다가와서 상대속도가 커지기 때문이다. 자동차가 뒤에서 다가오는 것보다 비스듬히 다가올 때 상대속도가 더 커지는 것과 같은 이치이다. 물론 이 경우에도 지구의 중력이 혜성을 끌어당기기 때문에, 최종 충돌 속도는 공전 속도의 상대속도보다 더 크다. 금성의 근일점만큼 태양에 가까이 가는 혜성이 지구와 부딪치면 충돌 속도는 초속 25.2킬로미터에 이르고(그림3-14의 두 번째), 수성의 근일점만큼 태양에 가까이 가는 혜성이 지구와 부딪치면 충돌 속도는 초속 36.8킬로미터에 이른다(그림3-14의 세 번째).

오르트 구름에서 만들어진 혜성이 지구와 부딪치는 경우를 보자. 오르트 구름은 태양에서 3,000억 킬로미터(2,000AU)이상 떨어져 있다. 이곳에서 날아온 혜성이 지구가 공전하는 원반면 위에서 같은 방향으로 공전하다가 지구 뒤를 따라오면서 부딪치면, 그 충돌 속도는 제3우주속도와 거의 같다. 그런데 혜성이 공전하는 면과 지구가 공전하는 면이 다르면 충돌 속도는 더 커진다.

혜성이 공전하는 면과 지구가 공전하는 면이 직각이라고 하자(그림3-15의 노란색 부분). 이 혜성이 태양에 가장 가까울 때 지구와 부딪친다면 충돌 속도는 초속 52.8킬로미터이다. 지구의 중력이 끌어당겨서 커진 속도까지 계산해 더한 충돌 속도이다. 사거리에서 두 자동차가 서로 직각으로 달리면서 부딪치는 경우와 비슷하다. 극단의 경우는 혜성과 지구가 정반대 방향으로 공전하다가 부딪치는 경우이다(그림3-15의 회색 부분). 혜성이 태양에 가장 가까울 때

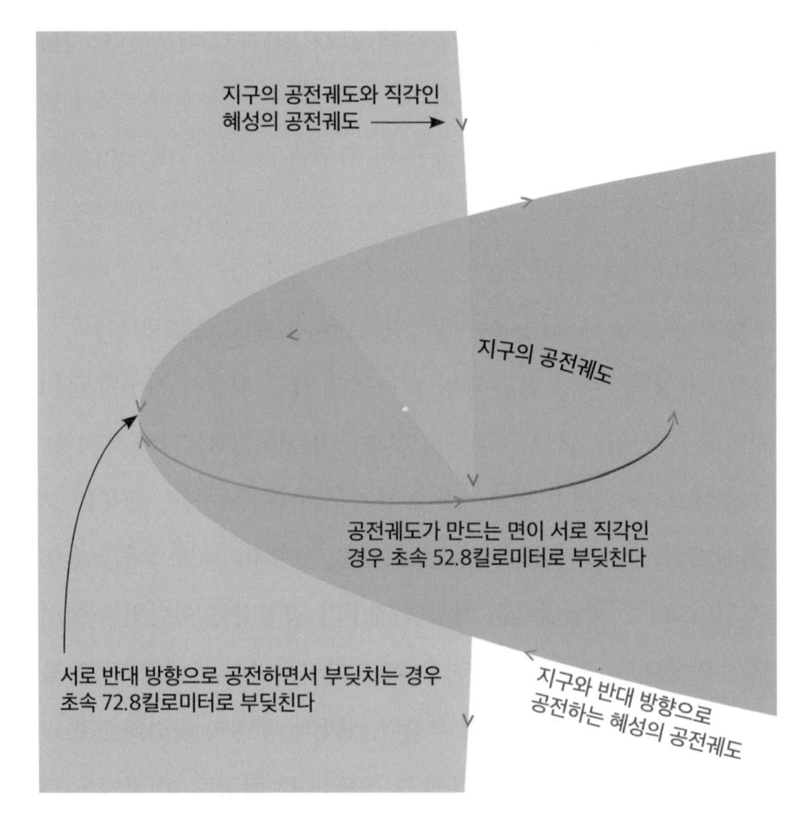

그림 3-15 3,000억 킬로미터 떨어진 오르트 구름에서 만들어진 혜성이 지구와 부딪치는 예. 같은 면에서 공전하지만 공전하는 방향이 정반대일 경우 지구와 충돌하는 속도는 초속 72.8킬로미터이다. 혜성이 공전하는 면이 지구가 공전하는 면과 직각인 경우 지구와 충돌하는 속도는 초속 52.8킬로미터이다.

지구와 부딪친다면 충돌 속도는 초속 72.8킬로미터이다.[32] 역주행하는 자동차와 부딪칠 때 충돌 속도가 가장 큰 것과 비슷하다.

혜성의 충돌 에너지는 얼마나 될까?

영화 〈돈 룩 업〉에서처럼 혜성의 너비가 5~10킬로미터라고 하자. 이만한 크기의 혜성은 둥근 모양이 아닌 울퉁불퉁한 모양이다. 실제 부피는 지름 6킬로미터인 공 모양이고, 질량밀도는 일반적인 혜성의 질량밀도와 비슷하다고 가정하자.[33] 그러면 혜성의 질량은 680억 톤에 이른다. 이만한 질량의 혜성이 카이퍼대에서 날아와 지구와 초속 16.3킬로미터로 부딪치면 충돌 에너지는 나가사키 핵폭탄의 폭발 에너지보다 1억 배 더 크다. 금성이나 수성을 향해 가는 중에 지구와 충돌하면 초속 25.2킬로미터와 초속 36.8킬로미터로 부딪치고, 충돌 에너지는 각각 나가사키 핵폭탄 폭발 에너지의 2억 5,000만 배와 5억 2,000만 배 수준이다.

오르트 구름에서 만들어진 혜성 중에서 지구가 공전하는 면과 직각으로 공전하면서 초속 52.8킬로미터로 지구와 부딪치는 경우, 충돌 에너지는 나가사키 핵폭탄이 폭발할 때 내는 에너지의 약 11억 배이다. 지구와 반대 방향으로 공전하면서 초속 72.8킬로미터로 지구와 부딪치는 경우, 충돌 에너지는 나가사키 핵폭탄 폭발 에너지의 20억 배 수준이다.

카이퍼대에서 만들어진 혜성이건 오르트 구름에서 만들어진 혜성이건, 지구와 충돌하면 지구 위의 많은 생물이 멸종할 만큼 지구 표면에 엄청난 피해를 입힌다. 특히 오르트 구름에서 만들어진 혜성은 아무 방향에서나 올 수 있기 때문에 카이퍼대에서 만들어진 혜성보다 충돌 속도가 더 클 수 있다. 지구 공전 방향과 반대 방향으로 날아오면서 부딪치는 최악의 경우라면, 같은 질량의 혜성이라도 파괴력이 최대 20배 더 커진다.

지구와 충돌 가능성이 있는 소행성이나 혜성을 발견하고 추적하는 것은, 이런 엄청난 규모의 파괴력을 지닌 천체 충돌에 미리 대비하기 위함이다. 그렇다고 너무 걱정할 필요는 없다. 지구 위 대부분의 생명체가 멸종할 만한 파괴력의 천체 충돌이 지구에 일어날 확률은 몇천만 년에 한 번 일어나는 수준으로 낮기 때문이다.

퀴즈

(1) 두 자동차가 초속 50킬로미터의 속도로 달리고 있다. 이 자동차가 서로 반대 방향으로 달리다가 정면으로 부딪쳤다. 각 자동차에서 보는 충돌 속도는 얼마일까?

(2) 카이퍼대에서 오는 혜성과 오르트 구름에서 오는 혜성 중 어느 혜성이 확률적으로 더 빠르게 부딪칠까?

(3) 부피가 같고 지구와 부딪치는 충돌 속도가 같으면 얼음 혜성이 더 파괴적일까, 암석 소행성이 더 파괴적일까?

소행성과 혜성 충돌로부터의 지구 방위

소행성이나 혜성의 충돌을 어떻게 막을 수 있을까?
지구로 돌진하는 궤도를 변경하는 방법이 있다.
DART 소행성 충돌 실험 결과로 그 가능성을 알아본다.

영화 〈아마겟돈Armageddon〉(1998)과 〈돈 룩 업〉(2021)에서는 지구에 엄청난 재앙을 가져올 수 있는 소행성이나 혜성의 충돌로부터 지구를 어떻게 구하는지에 대한 내용을 담고 있다. 〈아마겟돈〉에서는 지구를 향해 날아오는 소행성을 2개의 반쪽 소행성으로 조각내 서로 멀어지게 만든다. 그리고 그 사이로 지구가 통과하게 하는 방식으로 소행성과의 충돌을 피한다. 〈돈 룩 업〉에서는 처음에는 충돌하는 혜성의 궤도 수정을 계획했었지만, 최종적으로는 혜성을 여러 개로 조각내는 방식을 선택했다. 여러 개의 작은 조각이 대기권

그림 3-16 소행성 디모르포스와 충돌하기 전의 우주선 모습을 표현한 상상도.

에 진입하면 각각의 작은 조각 상당 부분이 공기저항의 결과로 타버리고, 타다 남은 일부만 지구 표면에 부딪힌다. 이를 통해 충돌 피해를 줄인다는 설정이다.

영화에서 직접 다루지는 않았지만 충돌이 예상되는 소행성이나 혜성의 궤도를 수정하는 방법도 있다. 궤도를 수정해 지구와 충돌하지 않고 빗나가게 하는 방법이다. 2022년에 실제로 우주선을 소행성과 충돌해 소행성의 궤도가 어떻게 변하는지를 연구한 실험이 있었다. 일명 DART Double Asteroid Redirection Test, 우리말로 '이중 소행성 궤도 변경 실험'이라고 할 수 있는 이 실험에서는 우주선을 디모르포스 Dimorphos 라는 소행성에 충돌시켜 소행성의 궤도가 어떻게 변하는지 관측했다.[34]

우주선을 소행성과 충돌시키는 DART 실험

소행성 디모르포스는 길쭉한 부분의 길이가 160미터 정도이고, 질량은 약 50억 킬로그램(500만 톤)인 소행성이다. 이보다 질량이 100배 정도 더 큰 소행성인 디디모스Didymos 주위를 돌고 있다. 2022년 9월 26일 이전까지 디모르포스는 디디모스와 1,190미터 떨어진 거리에서 거의 동그라미 모양으로 11시간 55분에 한 바퀴씩 돌고 있었다. DART 실험은 이 디모르포스에 우주선을 충돌시키는 실험이다. 2021년 11월 24일에 지구에서 발사된 우주선은 10개월 동안 항해한 후, 2022년 9월 26일에 디모르포스와 충돌했다. 충돌 당시 DART 우주선의 질량은 570킬로그램이었고 충돌 속도는 초속 6.1킬로미터였다.

DART 우주선이 디모르포스의 질량중심을 향해 날아가다 충돌해 디모르포스에 박히고, 어떤 물질도 디모르포스로부터 튕겨 나오지 않았다고 가정하자. 그러면 충돌 전후 디모르포스의 속도 변화는 초속 0.0007미터 정도이다. '운동량 보존법칙'을 이용해 쉽게 계산할 수 있는 문제이다. 우주선 충돌 전 디모르포스의 공전 속도인 초속 0.1742미터에서 0.4% 정도의 변화가 생기는 정도이다. 초속 0.0007미터의 속도 변화는 시속 100킬로미터로 달리는 자동차에 두 큰 숟가락도 안 되는 25그램의 물을 자동차 정면에 뿌렸을 때 자동차가 늦춰지는 속도에 해당한다. 질량 570킬로그램의 우주선이 초속 6.1킬로미터로 날아갈 때의 운동에너지로 계산한 우주선의 충돌 에너지는 1945년 히로시마 핵폭탄 폭발 에너지

그림 3-17 칠레의 SOAR(남방천체물리학연구) 천체망원경에 잡힌 디모르포스의 충돌 후 모습. 충돌과 함께 분출된 파편과 먼지들이 혜성의 꼬리처럼 길게 늘어서 있다. 분출된 파편과 먼지들이 날아가는 반작용으로 소행성의 속도가 변하는 일종의 로켓 추진 효과가 일어난다.

의 6,000분의 1, 나가사키 핵폭탄 폭발 에너지의 8,500분의 1 정도이다. 반면에, 초속 0.0007미터의 속도 변화로 계산한 소행성의 운동에너지는 우주선 충돌 에너지의 1,000만분의 1도 안 된다.

그런데 충돌 후 촬영된 디모르포스의 사진에는 소행성으로부터 나온 것으로 보이는 먼지 같은 물질들이 혜성의 꼬리처럼 디모르포스를 따라가는 장면이 잡혔다. 충돌 후 디모르포스를 구성하는 물질이 소행성 밖으로 튀어나온 것이다. 이런 경우 소행성에서 물질이 튀어나오는 움직임의 반작용으로 소행성 자체가 반대 방향으로 움직이는 현상이 나타난다. 로켓이 태운 연료를 분사하는 방향과 반대 방향으로 우주선이 추진하는 것과 비슷하다. 우주선의 충돌로 튀어나오는 파편이나 소행성 물질이 마치 로켓 추진 역할을 할 수 있기 때문에, 더 큰 소행성의 속도 변화를 기대할 수 있다.

디모르포스의 공전주기를 32분 단축시킨 DART 실험 결과

충돌 후 15일이 지난 10월 11일에 NASA는 디모르포스가 디디모스 주위를 한 바퀴 도는 데 걸리는 시간인 공전주기가 32분 줄었다는 결과를 발표했다.[35,36] 공전주기가 줄었다는 것은 공전궤도의 크기가 줄었다는 것을 의미한다. 공전주기의 제곱은 타원궤도의 '긴 반지름'의 세제곱에 비례한다는 '케플러의 행성운동 제3법칙'을 이용하면, 공전궤도의 크기가 얼마나 줄었는지 계산할 수 있다. 충돌 전에 1,190미터 떨어져 디디모스를 거의 동그라미 모양으로 돌고 있던 디모르포스가, 충돌 후에는 공전주기가 32분 줄면서 긴 반지름이 1,154미터로 약간 쪼그라든 타원 모양으로 공전한다는 것을 계산을 통해 알 수 있다(그림3-18).[37]

줄어든 공전궤도의 긴 반지름으로부터, 우주선 충돌이 디모르포스의 속도를 얼마나 변하게 했는지도 계산할 수 있다. 충돌 전 디모르포스의 공전 속도는 초속 0.1742미터로, 아직 걷지 못하는 아기가 기어가는 정도의 속도였다. NASA가 발표한 결과가 나오려면 충돌 직후의 디모르포스의 속도는 초속 0.1715미터가 되어야 한다. 충돌 직후 속도 변화가 순간적으로 일어났다고 가정하고 궤도역학으로 계산한 결과이다. 충돌 전과 비교하면 디모르포스의

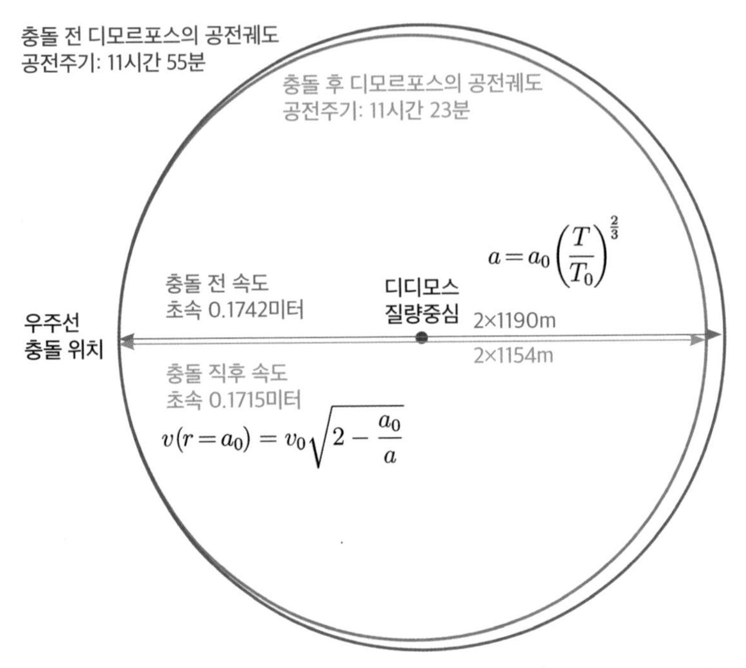

그림 3-18 NASA 발표 결과를 이용해 간단한 모델로 계산한 디모르포스의 공전궤도 변화. 충돌 전에 디모르포스는 디디모스 주위를 거의 동그라미 모양으로 11시간 55분에 한 바퀴씩 돌았고 공전 반지름은 1,190미터였다. 충돌 후에 11시간 23분에 한 바퀴씩 돌려면, 디모르포스는 긴 반지름이 1,154미터인 타원궤도를 돈다는 계산 결과가 나온다. DART 우주선 충돌 직후 디모르포스의 속도 변화는 순간적으로 일어났다고 가정했다. 충돌 전후 디모르포스의 속도 변화는 초속 0.0027미터이다.

속도가 초속 0.0027미터 줄었다는 것을 의미한다. NASA는 공전주기 관측결과에 ±2분의 오차가 있다고 밝혔다. 이 오차를 감안하면, 디모르포스가 줄어든 속도는 초속 0.0025미터에서 초속 0.0028미터 사이이다.

디모르포스가 충돌 후 구성 물질을 뿜어내지 않았다면 소행성의 속도는 초속 0.0007미터가 줄어들었겠지만, 실제 실험에서는 이보다 4배 정도 더 큰 초속 0.0027미터가 줄어들었다. 우주선 충돌로 뿜어져 나온 물질이 로켓처럼 소행성을 추진하는 효과가 상당히 컸다는 것을 의미하는 상당히 고무적인 실험 결과였다.

DART 실험과 같은 방법으로 지구를 지킬 수 있을까?

그러면 DART와 같은 우주선 충돌로 실제 지구와 충돌할 위험이 있는 소행성의 궤도를 변경해 지구와의 충돌을 피할 수 있을까?

디모르포스와 비슷한 질량의 소행성이 지구의 공전궤도와 비슷하게 태양 주위를 돌고 있고 이 소행성이 앞으로 지구와 충돌할 것이라고 가정해 보자. DART 실험과 같은 우주선 질량과 충돌 속도로 소행성과 충돌하면, 이 소행성의 속도는 초속 0.0027미터 정도 줄어든다. 지구와 비슷한 공전궤도를 돈다고 가정했으므로 이 소행성의 공전 속도는 초속 30킬로미터 정도일 것이고, 충돌로 인한 속도 변화는 공전 속도의 1,000만분의 1에 불과하다.

궤도역학을 이용해 계산하면 이 속도 변화는 공전궤도의 긴 반지름을 약 30킬로미터 줄어들게 만든다. 우주선 충돌 위치를 기준으로 공전궤도 반대쪽의 위치는 60킬로미터 정도 줄어든다는 것을 의미한다. 지구의 평균 반지름이 6,371킬로미터인 것을 감안하면, 최대 60킬로미터의 소행성 궤도 수정으로는 소행성 충돌을 피하기 어려워 보인다.

따져볼 부분이 더 있다. 소행성이 지구와 충돌하려면 소행성의 공전궤도가 지구의 공전궤도와 겹치는 위치가 있어야 하고, 지구와 소행성이 이 겹치는 위치를 동시에 지나가거나 거의 비슷한 시기에 지나가야 충돌한다. 만약에 소행성이 두 공전궤도가 겹치는 위치에 충분히 더 일찍 도달하거나 충분히 더 늦게 도달하면, 지구와의 충돌을 피할 수도 있다. 따라서 우주선 충돌로 소행성이 태양 주위를 한 바퀴 도는 데 걸리는 시간인 공전주기가 얼마나 변하는지도 따져봐야 한다.

DART 실험과 비슷한 방식으로 충돌하면, 지구와 비슷한 공전궤도를 도는 소행성의 긴 반지름은 앞에서 언급한 바와 같이 약 30킬로미터가 변한다. 이 경우에도 '케플러의 행성운동 제3법칙'을 이용해 공전궤도의 긴 반지름의 변화로 인한 소행성의 공전주기의 변화를 계산할 수 있다. 소행성의 공전궤도가 30킬로미터 변하면 공전주기는 9.5초 변한다.

디모르포스와 유사한 크기의 소행성이 지구와 충돌할 것을 미리 예측하고, 그 이전에 지구와 가까워졌을 때 DART 실험과 유사한 방식으로 우주선을 소행성에 충돌시킨다고 하자. 소행성이 공전궤도를 한 바퀴 더 돌고 지구와 다시 가까워지면, 우주선 충돌로 생긴 소행성의 공전주기 변화 9.5초로 인해 지구에 9.5초만큼 더 빨리 접근하거나 더 늦게 접근한다. 소행성의 공전궤도가 지구의 공전궤도와 비슷하다면 9.5초의 시간 변화는 30km/s×9.5s≃280킬로미터의 위치 변화를 만든다. 지구와의 충돌을 피하려면 지구 반지름이나 지름 이상의 위치 변화가 필요하므로 280킬로미터의 위치 변화는 충분하지 않다.

지구와 충돌하는 소행성으로부터 지구를 방위하려면, 소행성의 공전궤도를 수천 킬로미터 이상 수정할 수 있어야 좀 더 확실하게 지구와의 충돌을 피할 수 있다. 그러려면 디모르포스 크기의 소행성의 경우 DART 우주선의 충돌 에너지보다 훨씬 더 큰 충돌 에너지로 충돌해야 한다. 더 많은 우주선을 이왕이면 더 빠르게 부딪쳐야 한다. 차선책으로 우주선이 핵폭탄을 싣고 가 충돌과 동시에 핵폭탄을 터뜨리는 방법을 생각해 볼 수 있다. 핵폭탄의 폭발 에너지로 소행성의 구성 물질을 훨씬 더 많이 그리고 훨씬 더 빠른 속도로 소행성으로부터 뿜어져 나오게 만들면, 뿜어져 나오는 물질로 인한 추진 효과가 커져서 그만큼 소행성 궤도가 더 많이 변하는 것을 기대할 수 있기 때문이다.

퀴즈

(1) 같은 속도로 소행성에 충돌할 때 소행성의 궤도 변화를 크게 하려면 우주선 질량이 커야 할까, 작아야 할까?

(2) DART 실험과 유사한 실험을 했더니 소행성의 공전궤도가 더 커졌다. 소행성이 공전궤도를 한 바퀴 도는 데 걸리는 시간은 더 길어질까, 아니면 짧아질까?

(3) 우주선 충돌로 소행성의 궤도를 변경해 지구와의 충돌로부터 지구를 방위하려면, 지구에서 멀리 떨어져 있을 때 우주선을 충돌하는 것이 더 효율적일까, 아니면 지구에 가까워졌을 때 우주선을 충돌하는 것이 더 효율적일까?

4부

장기간 유인 우주탐사에 필요한 인공중력

시애틀 기차탈선사고는 어떻게 일어났나?

시속 126킬로미터로 달리던 시애틀 기차는 왜 탈선했을까?
곡선 구간에서 제한속도가 낮은 이유는 무엇일까?
원심력과 구심력에 대해 알아보자.

2017년 12월 18일, 미국 시애틀에서는 달리던 기차가 철길에서 벗어나는 탈선사고가 일어났다. 3명이 사망하고 수십 명이 부상을 당하는 대형 사고였다. 언론 보도에 의하면 "제한속도가 시속 30마일(시속 48킬로미터)인 구간을 시속 78마일(시속 126킬로미터)로 달리다가 탈선했다"라고 한다.[1] KTX와 같은 고속 기차가 시속 300킬로미터의 속도로 달리고, 일반 기차의 평균 주행속도도 시속 100킬로미터 이상의 고속인 것을 감안하면, 사고 당시 기차의 속도는 지나치게 높았던 것은 아니었다. 하지만 사고가 난 곳은 기차의 최고

그림 4-1 2017년 미국 워싱턴주 시애틀에서 일어난 기차탈선사고 현장 항공사진.

속도를 시속 50킬로미터보다 낮게 제한하는 곳이었다.

시속 126킬로미터로 달리던 열차는 왜 탈선했을까?

반듯하게 일직선으로 만들어진 고속도로에서는 제한속도가 대체로 시속 100킬로미터 이상이다. 도로 상태와 날씨가 좋으면 시속 100킬로미터로 달려도 웬만해서는 큰 문제가 없다. 물론 앞차와 충분한 거리를 유지해야 하는 것은 기본이다. 그런데 산을 넘어가는 꼬불꼬불한 길에서는 고속도로에서 달리듯이 빠르게 달릴 수 없다. 그랬다간 차가 미끄러지면서 휘어진 도로의 바깥 방향으로 밀려날 수 있다. 차가 옆으로 굴러 뒤집힐 수도 있다. 이 때문에 꼬불

꼬불한 도로에서는 제한속도가 훨씬 낮다.

지도에서 확인해 보면 시애틀 기차탈선사고 지점의 철길도 직선이 아닌 곡선 구간이다. 바로 이 점이 제한속도가 기차의 일반적인 평균속도보다 낮은 이유와 관련이 있다. 더 많이 휜 곳일수록 더 천천히 달려야 하는 것을 감안하면, 제한속도가 시속 50킬로미터에 못 미치는 사고 지점에서는 철길이 상당히 많이 휘어 있음을 짐작해 볼 수 있다. 그러면 탈선사고가 난 곳은 철길이 얼마만큼 휘어져 있었을까?

휘어진 정도를 표현하는 값의 하나로 '곡률반지름radius of curvature'이 있다. 휘어진 부분에 가장 잘 들어맞는 동그라미의 반지름이다. 시애틀 기차탈선사고가 일어난 곳을 지도로 보면, 그림4-2와 같이 가장 많이 굽은 곳이 반지름이 190미터인 동그라미와 잘 들어맞는다. 곡률반지름이 대략 190미터임을 알 수 있다. 기차가 이 구간을 지나갈 때는 부분적으로 반지름이 190미터인 동그라미 모양으로 움직이는 '원운동'을 한다고 볼 수 있다.

뉴턴의 운동 제1법칙인 '관성의 법칙'에 의하면, 아무런 힘이 없는 상황에서는 직선으로 움직이는 것이 자연스러운 움직임이다. 휘어진 궤적을 따라 움직인다는 것은 직선으로 움직이지 않고 방향을 바꾸며 움직인다는 것을 의미한다. 그러려면 움직이는 물체의 방향을 바꿔주는 힘이 있어야 한다. 동그라미 모양으로 움직이는 원운동에서 이런 힘을 '구심력'이라고 부른다. 일정한 크기의 속도로 원운동을 하는 경우에 구심력의 방향은 원의 중심을 향한다.

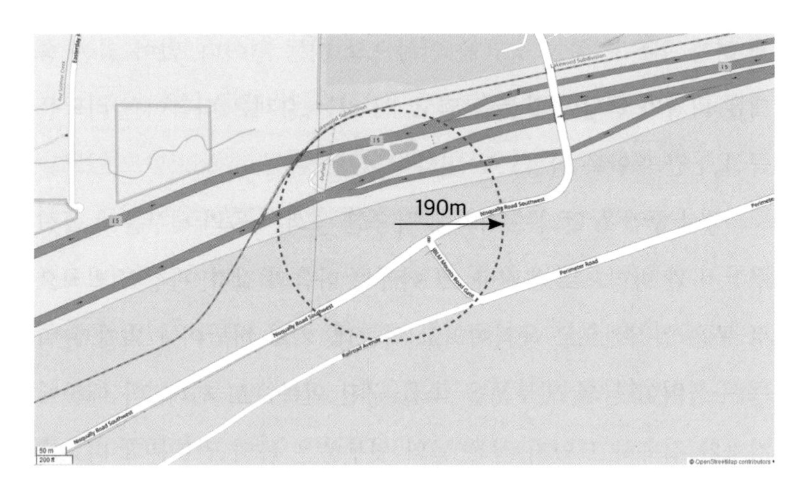

그림 4-2 2017년 12월 18일 미국 워싱턴주 시애틀에서 발생한 기차탈선사고 지점 주변의 지도. 가장 많이 휜 철길 부분과 잘 들어맞는 동그라미의 반지름은 약 190미터이다. 곡선이 휜 정도를 나타내는 곡률반지름은 곡선과 잘 들어맞는 동그라미의 반지름이다. 따라서 사고 지역 철길의 곡률반지름은 190미터이다.

휜 도로를 자동차가 일정한 크기의 속도로 주행할 때도 자동차는 부분적으로 원운동을 한다. 구심력이 필요한 경우이다. 도로 바닥이 자동차 바퀴를 안쪽으로 미는 힘, 다시 말해 도로 바닥과 자동차 바퀴가 맞닿은 경계면 사이의 마찰력이 구심력의 역할을 한다. 기차의 경우는 철길이 기차를 안쪽으로 미는 힘이 구심력이다.

기차가 곡선 구간을 달리면서 부분적으로 원운동을 하면, 기차 안에 타고 있는 승객도 기차와 함께 원운동을 한다. 관성의 법칙에 의하면 승객도 아무런 힘이 없으면 직선으로 움직여야 하는데 기차와 함께 원운동을 하는 승객은 그렇지 않다. 승객이 원운동을 하게 하는 힘은 기차가 승객을 안쪽으로 미는 힘이다. 앉아 있는 승객은 의자가 엉덩이 부분을 밀고, 서 있는 승객은 바닥이 발바닥을 곡선 구간의 안쪽 방향으로 민다.

곡선 구간을 달리는 기차에 탑승한 승객은 몸의 윗부분이 곡선 구간 바깥 방향으로 쏠린다. 그 이유는 다음과 같다. 관성의 법칙으로 몸은 일직선으로 움직이려고 하는데, 기차 바닥이나 의자가 미는 구심력이 몸의 밑부분을 곡선 구간 안쪽으로 민다. 이 때문에 기차와 접촉하고 있지 않은 몸의 윗부분은 몸의 밑부분과 비교해 상대적으로 곡선 구간의 바깥 방향으로 기운다. 승객은 이것을 마치 곡선 구간의 바깥 방향으로 향하는 힘이 몸의 윗부분을 민다고 느낀다. 동그라미 모양으로 움직이는 원운동을 하는 경우, 이렇게 원 모양의 바깥 방향으로 민다고 느끼는 힘이 바로 우리가 일상에서 느끼는 원심력이다.

원심력을 구심력의 반작용이라고 알고 있는 사람들이 일부 있다. 하지만 이는 정확하지 않은 정보이다. 뉴턴의 운동 제3법칙인 '작용-반작용의 법칙'은, 'A라는 물체가 B라는 물체에 힘을 주면(작용), B 물체도 크기는 같지만 방향이 반대인 힘을 A 물체에 준다(반작용)'는 법칙이다. 원운동을 하는 기차 안에서 기차의 의자나 바닥이 승객의 엉덩이나 발바닥을 안쪽으로 미는 힘인 구심력이 '작용'이라면, 승객의 엉덩이나 발바닥이 기차의 의자나 바닥을 바깥 방향으로 미는 힘이 '반작용'이다. 이 반작용은 원운동을 하는 기차 안에서 승객이 느끼는 원심력과는 다르다.

인공중력이라고 느끼는 원심력의 정체

하지만 이 원심력은 실제 존재하는 힘이 아니다. 직선으로 움직이려는 관성과 몸의 일부분을 기차가 안쪽으로 미는 구심력이 복합적으로 작용해, 마치 바깥 방향으로 미는 힘이 있다고 느낄 뿐이다. 이러한 원심력을 중력과 구분하기 어려워 '인공중력'으로 보

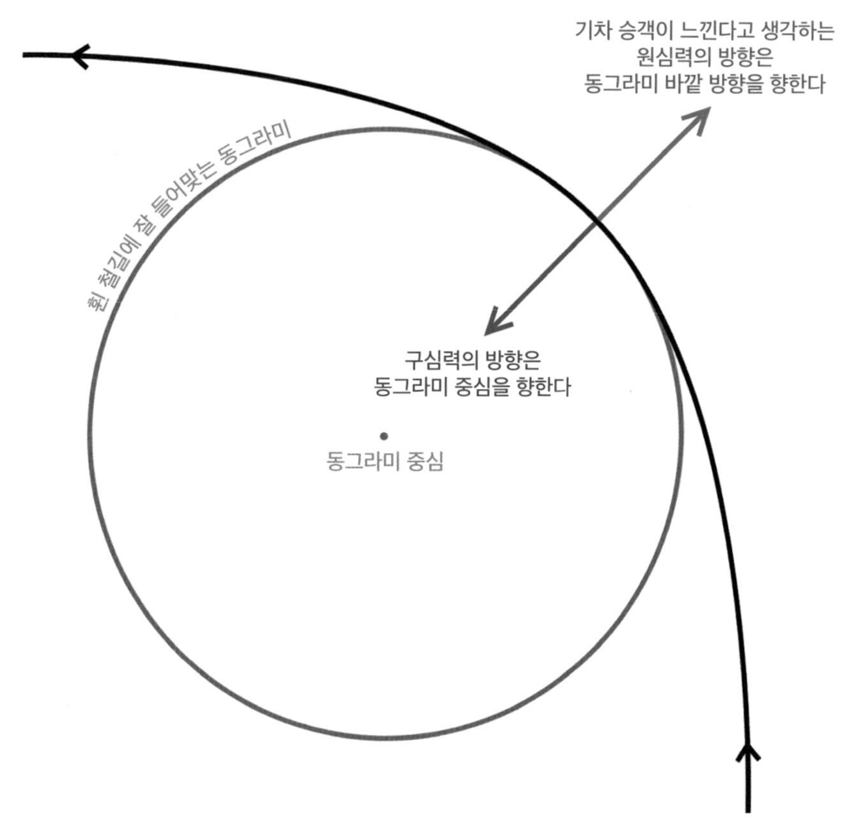

그림 4-3 일정한 크기의 속도로 휜 철길을 달리는 기차에 필요한 구심력. 구심력의 방향은 구심력을 재는 위치에서 휜 철길과 잘 들어맞는 동그라미의 중심을 향한다.

기도 한다. 우리가 중력이라고 느끼는 힘이 중력이 아니라 중력에 대항해 우리를 떠받치는 힘이듯이, 원심력 또는 인공중력이라고 느끼는 힘은 사실은 구심력이 안쪽 방향으로 미는 힘이다.

물체가 원운동을 하는 데 필요한 구심력의 크기를 어떻게 계산할까? 일정한 속도로 원운동을 하는 경우에는 원의 반지름, 물체의 속도, 그리고 물체의 질량을 다음 수식에 넣어서 구심력을 계산할 수 있다. 원의 바깥 방향으로 작용한다고 느끼는 힘인 원심력의 크기도 구심력의 크기와 같다. 방향만 반대일 뿐이다.

$$\text{구심력 또는 원심력 크기} = \frac{\text{질량} \times \text{속도} \times \text{속도}}{\text{반지름}} = \frac{\text{질량} \times \text{속도}^2}{\text{반지름}}$$

질량이 클수록 구심력 또는 원심력도 커진다. 구심력이나 원심력의 크기를 지표면의 중력 대비 상대적인 크기로 나타내면, 질량에 관계없이 '지표면 중력의 몇 배'라는 식으로 표현할 수 있다.

자동차 또는 기차의 속도는 보통 시속 몇 킬로미터인지로 표시한다. 곡률반지름을 미터로 표시하는 경우라면, 지표면 중력 크기 대비 구심력 또는 원심력의 크기는 다음과 같이 변형된 수식으로 계산할 수 있다.

$$\text{구심력 또는 원심력 크기(지표면 중력 크기 대비)} = \frac{\text{속도(km/h)}^2}{127 \times \text{곡률반지름(m)}}$$

곡률반지름이 190미터인 철길을 제한속도인 시속 48킬로

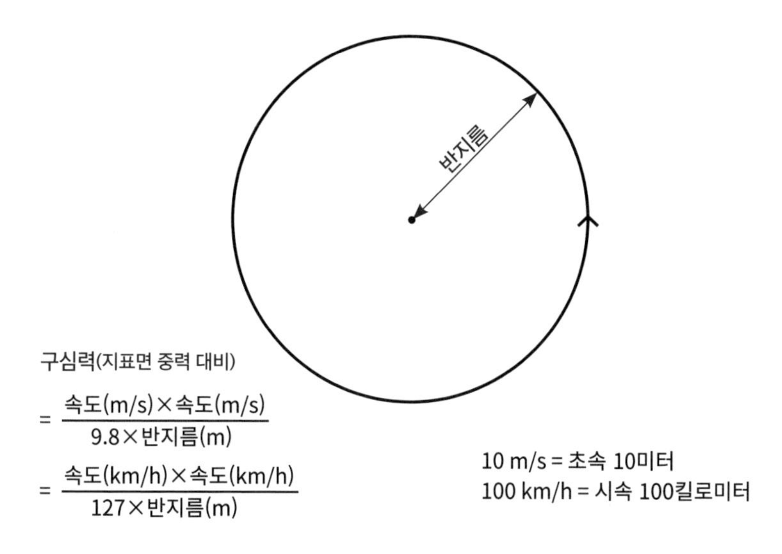

그림 4-4 지표면 중력 대비 구심력의 크기를 계산하는 방법. 일정한 크기의 속도로 움직이는 원운동의 경우 구심력은 원의 중심을 향한다.

미터로 달리면 구심력 또는 원심력의 크기는 지표면 중력의 0.095(9.5%)배이고, 시애틀 기차탈선사고 당시 기차가 달렸던 시속 126킬로미터로 달리면 지표면 중력의 0.66(66%)배라는 계산 결과가 나온다. 제한속도로 천천히 사고 지점을 달리면 기차 안에 있는 승객은 지표면 중력의 9.5%인 비교적 약한 크기의 원심력을 느끼는 반면, 사고 당시의 속도인 시속 126킬로미터로 사고 지점을 달리면 승객은 곡선 구간의 바깥 방향으로 지표면 중력의 66%에 이르는 원심력을 느낀다.

기차가 곡선 구간을 지나갈 때 필요한 구심력은 철길이 기차의 바퀴를 곡선 구간 안쪽으로 미는 힘이다. 시애틀 기차탈선사고는 철길이 기차 바퀴를 미는 힘이 필요한 구심력에 비해 충분하지 못해서 일어났을 가능성이 있다. 철길이 기차 바퀴를 안쪽으로 미는 구심력이 충분해도, 기차의 윗부분은 안쪽으로 미는 힘을 직접 받지 않아 바깥으로 밀린다. 직선 구간을 달리는 버스 안 승객의 몸 윗부분이 바깥 방향으로 밀리는 것과 비슷하다. 사고 기차도 곡선 구간의 볼록한 바깥 방향으로 기차 윗부분이 밀려서 기울다가 넘어졌을 가능성도 있다.

하이퍼루프 터널을 되도록 직선으로 건설해야 하는 이유

미래의 운송 및 이동 수단인 하이퍼루프는 속도가 시속 1,000킬로미터가 넘는다. 1초에 278미터 이상을 움직이는 속도이다. 이렇게 빠르게 움직이면 약간만 구부러진 구간에서도 큰 원심력을 느낀다. 시속 1,000킬로미터로 움직이면 구부러진 구간의 곡률반지름이 7,874미터일 때 원심력이 지표면의 중력 크기와 같아진다. 278미터 길이의 터널이 왼쪽이나 오른쪽으로 서서히 4.9미터 구부러진 경우가 이에 해당한다.

한국처럼 산이 많은 지형에서 산 주위를 돌아 건설하려면 그만큼 곡선 구간이 많아진다. 그러면 큰 원심력이 생기기 때문에 노약자들이 타기 어려울 수 있다. 산을 뚫어서 하이퍼루프를 건설하면 원심력을 줄일 수 있지만, 그만큼 건설 비용이 훨씬 많이 든다.

퀴즈

(1) 고속도로를 건설하려고 하는데 계획한 고속도로 중간에 산이 가로막혀 있다. 제한속도를 줄이지 않는 고속도로를 만들려면, 산 주위를 돌아가는 고속도로를 만들어야 할까, 아니면 터널을 뚫어 직선으로 달리는 고속도로를 만들어야 할까?

(2) 비가 와서 도로가 젖은 날, 곡선 구간의 도로를 달리려면 속도를 평상시보다 더 줄여야 한다. 그 이유는 무엇일까?

(3) 시속 1,000킬로미터 이상의 속도로 달리는 미래의 운송 및 이동 수단인 하이퍼루프를 건설하려고 한다. 산이 많은 지역에 건설하는 것이 유리할까, 아니면 산이 없는 지역에 건설하는 것이 유리할까?

스포츠에서의 인공중력

쇼트트랙 경기의 곡선 구간에서 선수들은
몸을 기울여 달리고 잘 미끄러지기도 한다.
원심력으로 인한 인공중력 때문이다.
스포츠 경기에서 접하는 인공중력과,
이로 인한 문제를 줄이는 방법에 대해 알아보자.

쇼트트랙 경기에서의 구심력과 원심력

겨울올림픽 경기 종목의 하나인 쇼트트랙은 구심력과 원심력이 중요한 경기이다. 먼저 쇼트트랙 경기장이 어떤 규격으로 만들어졌는지를 보자.[2] 양쪽 곡선 구간은 반지름이 8미터인 원을 반으로 자른 모양이다. 직선 구간 길이는 28.85미터이다. 선수들이 곡선 주로에서 0.5미터 떨어진 경로를 달린다고 하면, 한 바퀴 도는 거리는 111.1미터이다. 최단 거리로 스케이트를 탄다면 곡선 구간에서는 반지름이 8.5미터인 동그라미 모양으로 움직이는 원운동을

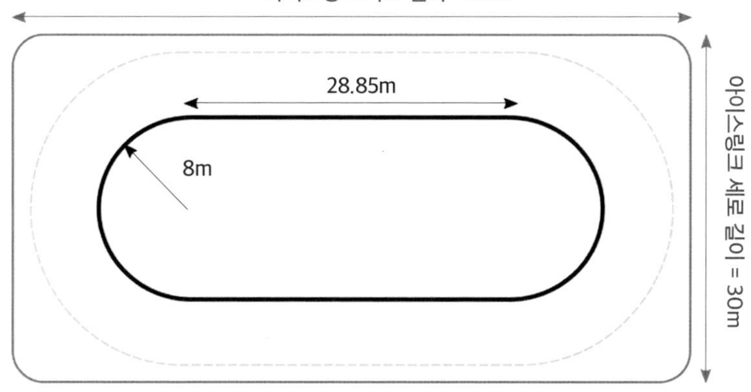

그림 4-5 경계선(검은선)에서 0.5미터 떨어져서 달린다고 했을 때, 쇼트트랙 경기장 트랙의 한 바퀴 길이는 111.1미터이다. 트랙의 직선 구간 길이는 총 28.87미터×2=57.7미터이고, 트랙 양쪽에 있는 곡선 구간 각각은 선수들의 스케이팅 경로를 기준으로 반지름이 8.5미터(곡률반지름이 8.5미터)인 원의 반쪽 모양으로, 총 2π8.5=53.4미터이다. 초록색 점선 경로와 같은 좀 더 완만하게 도는 경로로 스케이트를 타면 곡률반지름이 커진다. 같은 속도로 달리면 곡선 경로에서의 구심력과 원심력은 더 작아지고, 같은 구심력(또는 원심력)을 유지하면 더 큰 속도를 낼 수 있다.

하는 셈이다.

쇼트트랙 500미터와 1,000미터 경기에서 세계 정상급 선수들의 기록은 40초와 1분 20초(80초) 근처이다. 쇼트트랙의 정확한 경로로 스케이트를 탄다면 달린 거리를 시간으로 나눈 평균속도는 초속 12.5미터 정도이다. 하지만 실제 경기에서 선수들은 트랙의 경로를 정확히 따라가지 않고 좀 더 완만하고 큰 곡선을 따라 스케이트를 탄다. 그만큼 더 긴 거리를 달리므로, 평균속도는 초속 12.5

미터보다는 크다고 볼 수 있다. 여기에 더해 쇼트트랙 경기 특성상 결승선에 가까워졌을 때 더 빨리 달리기 때문에, 경기 후반부만 따로 계산하면 속도가 더 크다. 반면, 곡선 구간에서는 선수들이 가속을 하지 않고 달린다. 이 때문에 곡선 구간의 속도는 직선 구간의 속도보다 더 작다. 이런 점들을 고려하면 올림픽 결승과 같은 경기에서 최상급 선수가 전력 질주하는 경우, 경기 막판에 곡선 구간에서의 속도를 초속 12.5미터로 잡는 것은 무리 없어 보인다.

폭이 30미터인 쇼트트랙 링크 전체를 활용하면 곡선 구간의 곡률반지름이 최대 15미터까지 늘어난다. 그러려면 경기장 가장자리를 돌아야 하는데, 실제 경기에서는 그 정도까지 경기장을 크게 돌지는 않는다. 따라서 실제 경기에서 선수들이 도는 곡선 구간의 곡률반지름은 8.5미터와 최대 15미터 사이이다. 이를 근거로 선수들이 스케이트를 타는 실제 곡선 구간의 곡률반지름을 중간값 근처인 12미터라고 가정해 보자.

초속 몇 미터로 달리는지로 속도를 나타내고, 곡률반지름을 미터로 나타내면, 지표면 중력 크기 대비 구심력 또는 원심력 크기는 다음의 수식으로 계산할 수 있다.

$$\text{구심력 또는 원심력 크기(지표면 중력 크기 대비)} = \frac{\text{속도(m/h)}^2}{9.8 \times \text{곡률반지름(m)}}$$

곡률반지름 12미터인 곡선 구간을 초속 12.5미터의 속도로 달릴 때 필요한 구심력 또는 원심력의 크기를 계산하면 그 값은 지표면 중력의 1.33배가 된다. 이때 구심력은 얼음이 스케이트 날을 곡선 구간 안쪽으로 미는 힘이다. 달리는 선수는 이 구심력을 느끼면서, 구심력과 크기는 같지만 방향은 반대인 원심력을 느낀다고 생각한다. 방향은 수평 방향으로 곡선 구간 바깥쪽을 향하고, 크기는 중력의 1.33배인 인공중력이 추가로 생기는 것이다.

쇼트트랙 곡선을 돌 때 몸을 기울이는 이유는?

우리가 서 있을 때 중력의 방향과 같은 방향인 수직으로 서 있으면 웬만해서 넘어지지 않는다. 쇼트트랙의 곡선 구간에서도 마찬가지이다. 원심력으로 인한 인공중력과 실제 중력이 합쳐진 힘이 향하는 방향에 맞추어 몸이 나란히 있어야 넘어지지 않는다.

'합쳐진 힘의 방향'은 어떻게 알 수 있을까? 크기와 방향을 모두 고려하는 '벡터 더하기' 방법으로, 합쳐진 힘의 방향뿐만 아니라 크기도 알 수 있다. 세로의 길이가 중력의 크기이고 가로의 길이가 원심력의 크기인 직사각형을 그렸을 때, 직사각형에서 대각선 방향이 합쳐진 힘의 방향이다. 그리고 대각선의 길이가 그 크기가 된다.

원심력이 중력의 1.33배인 경우에는 세로의 길이가 1이고 가로의 길이가 1.33인 직사각형을 그리면 된다. 이 직사각형의 대각선 방향이 중력과 원심력이 합쳐진 힘의 방향으로, 수직 방향보다 53도 더 기울어진 방향이다.[3] 선수 몸이 이 방향과 나란히 있으면 몸이 더 기울거나 덜 기울지 않는다. 실제 경기 장면을 보면 곡선 구

그림 4-6 곡선 구간에서 스케이트를 타는 실제 선수들의 모습. 몸은 45도 각도보다 더 기울어졌다. 45도로 기울어져 달릴 때의 원심력과 중력은 같은 크기이다. 반면, 45도보다 바닥으로 더 기울면 원심력이 중력보다 더 큰 경우이고, 45도보다 덜 기울면 중력이 원심력보다 큰 경우이다.

간에서 선수들이 몸을 상당히 기울인 채로 달리는 것을 볼 수 있다. 원심력이 실제 중력의 1.33배일 때, 원심력과 실제 중력이 만드는 직사각형의 대각선 길이는 1.66이다. 선수가 느끼는 중력은 지표면 중력보다 1.66배 더 크다는 것을 의미한다.

곡선 구간에서 스케이트를 타는 선수는 중력과 원심력이 합쳐진 힘을 중력으로 느끼고, 그 방향은 수직이 아닌 기울어진 방향이다. 이 때문에 선수들은 넘어지지 않기 위해 곡선 구간에서 몸을 기울어서 달린다. 하지만 수평인 얼음 바닥은 중력과 원심력이 합

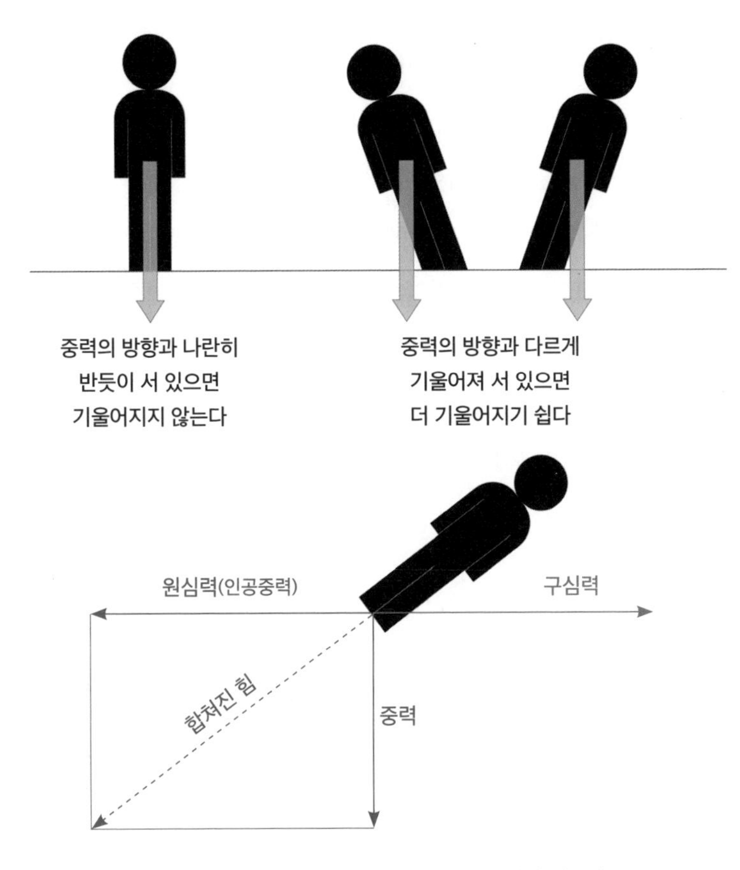

그림 4-7 중력의 방향(위) 또는 중력과 원심력이 합쳐진 힘의 방향(아래)과 몸이 나란히 있을 때 몸이 더 기울지 않는다. 아래 그림에서 직사각형의 세로의 길이가 중력의 크기이고 가로의 길이가 원심력의 크기이면, 대각선의 길이는 중력과 원심력이 합쳐진 힘의 크기이다. 합쳐진 힘의 방향은 대각선 방향이다. 몸이 이 방향과 나란히 있어야 더 기울어지거나 덜 기울어지지 않는다.

쳐진 힘의 방향과 직각이 아니므로, 곡선 구간을 달리는 선수들에게 수평인 얼음 바닥은 기울어진 바닥이나 마찬가지이다. 그것도 얼음으로 만들어진 미끄러운 바닥이다. 가만히 서 있는 사람이 기울어진 얼음 바닥에서 더 잘 미끄러지는 것처럼, 곡선 구간을 도는 선수들은 수평인 얼음 바닥에서 미끄러지기 쉽다.

곡선 구간을 달릴 때 바닥에서 덜 미끄러지려면, 중력과 원심력이 합쳐진 힘의 방향과 직각이 되도록 경기장 바닥이 기울어져 있으면 된다. 그러나 쇼트트랙 경기장에서는 곡선 구간의 바닥도 직선 구간의 바닥과 마찬가지로 수평으로 만들어져 있다. 이런 바닥 위의 곡선 구간에서 미끄러지지 않고 빠른 속도로 달리는 것은 쉽지 않다.

횡경사가 있는 벨로드롬과 썰매 경기장

곡선 구간에서 미끄러지지 않도록 아예 바닥 구조를 달리 만든 경기장이 있다. 자전거 경주를 하는 벨로드롬velodrome이 그런 경우이다. 벨로드롬 트랙은 곡선 구간에서 안쪽은 낮고 바깥쪽은 높게 만들어져 있다. 자전거를 타고 달리는 선수 입장에서는 좌우로 기울어진 구조로, '옆으로 경사져 있다'는 의미로 '횡경사banking'라고도 부른다. 올림픽 경기 때 사용하는 벨로드롬의 경우 곡선 구간의 횡경사 각도는 최대 45도에 이른다.

앞에서 설명했듯이, 바닥이 중력의 방향과 직각으로 만들어져

그림 4-8 위: 벨로드롬 내부 전경. 전 구간에서 경기장 바닥이 경사져 있음을 볼 수 있다. 특히 곡선 구간에서의 횡경사 각도가 큼을 알 수 있다. 아래: 벨로드롬에서의 자전거 경기 장면. 선수들이 곡선 구간의 횡경사에서 기울어진 상태로 자전거를 달리고 있다. 중력과 원심력을 합친 힘의 방향은 달리는 자전거가 기울어진 방향과 같다.

있으면[4] 그 바닥 위에 서 있는 사람도 바닥과 몸이 직각을 이루어 쉽게 미끄러지지 않는다.[5] 벨로드롬의 곡선 구간을 달리는 선수는 중력과 원심력이 합쳐진 힘의 방향으로 자전거와 몸을 기울이면서 달린다. 그래야 자전거와 몸이 더 기울거나 덜 기울지 않기 때문이다. 이때 적절한 각도의 횡경사로 만든 바닥은 자전거와 몸의 방향과 직각에 가까워지고, 선수가 느끼는 중력과 원심력이 합쳐진 힘과도 직각에 가까워진다.[6] 마치 거의 수평인 바닥에 서 있는 것과 같은 상황이 되면서 쉽게 미끄러지지 않는다.

그런데 문제는 원심력 또는 구심력의 크기가 자전거의 속도에 따라 변한다는 점이다. 하지만 선수들이 달리는 속도의 평균 크기로 계산한 원심력에 맞춰 경기장 바닥을 만들면, 일부 편차는 있겠지만 자전거와 선수는 횡경사인 경기장 바닥과 거의 직각에 가까워지기 때문에 쉽게 미끄러지지 않는다. 약간 기울어진 바닥에 서 있어도 바닥의 마찰력 때문에 미끄러지지 않는 것과 마찬가지이다.

2017년에 탈선사고가 일어난 시애틀 철길의 곡선 구간도 벨로드롬의 곡선 구간만큼은 아니더라도 충분한 횡경사 구조로 만들어졌으면 어땠을까 하는 생각도 해봄직하다. 그랬다면 철길 바닥이 중력과 원심력을 합친 힘의 방향과 좀 더 직각에 가까워지고, 그만큼 기차가 기울어져서 생기는 탈선 가능성은 줄어들 수 있기 때문이다.

매우 빠른 속도로 썰매를 타는 루지luge라는 경기가 있다. 겨울

그림 4-9 겨울 스포츠인 루지 경기장의 곡선 구간에서 썰매를 타고 있는 선수의 모습. 횡경사가 수직에 가까워 마치 얼음벽을 타고 가는 듯이 보인다. 원심력으로 인한 인공중력이 지표면의 지구 중력보다 훨씬 큰 경우에 이런 상황이 만들어진다. 이때 선수의 썰매가 지나가는 얼음 바닥은 원심력과 지구 중력이 합쳐진 힘과 거의 직각이다.

올림픽 경기 종목 중에서 속도가 가장 빠른 경기로 알려져 있다. 최고 속도는 시속 150킬로미터에 이르고,[7] 곡선 구간에서는 원심력이 지구 중력에 비해 최대 5배 크다고 한다. 이런 엄청난 원심력에도 불구하고 썰매를 타는 루지 선수들이 트랙에서 벗어나지 않는 이유는 트랙이 벨로드롬처럼 일종의 횡경사 구조로 만들어져 있기 때문이다.

원심력이 지구 중력의 5배이면, 중력과 원심력이 합쳐진 힘의 방향은 거의 수평에 가깝기 때문에 횡경사는 수직에 가까워야 한다. 실제 루지 경기가 열리는 경기장의 곡선 구간을 보면, 얼음 바닥이 90도(수직)보다 작은 각도에서 90도보다 큰 각도를 아우르게 반 원통형에 가까운 모양으로 얼음 트랙이 만들어져 있다. 곡선 구간에서 천천히 달리면 약간만 기울어져서 달릴 수 있고, 빠르게 달리면 수직에 가깝게 기울어져 달릴 수도 있는 구조이다.

하지만 2010년에 밴쿠버 올림픽을 앞둔 훈련 경기 중에 곡선 구간을 지나자마자 선수가 썰매에서 튕겨져 나와 기둥에 부딪히면서 사망하는 사고가 있었다. 선수가 튕겨 나가기 직전 마지막 곡선 코스에서 썰매가 달리는 속도는 초속 39.81미터, 즉 시속 143킬로미터에 육박했다.[8] 이 속도와 곡선 코스의 곡률반지름 33미터로 계산한 구심력 또는 원심력의 크기는 지표면 중력 대비 4.9배에 이른다. 중력과 원심력이 합쳐진 힘을 벡터 더하기로 계산하면 그 크기가 지표면 중력 대비 5배에 이른다.

퀴즈

(1) 쇼트트랙 경기에서 곡선 구간을 돌 때, 다리 부분과 머리 부분 중에 어느 곳이 더 큰 중력을 느낄까?

(2) 벨로드롬 경기장을 자전거보다 더 빨리 달리는 모터사이클 경주를 위한 경기장으로 개조하려고 한다. 곡선 구간의 횡경사 각도를 더 크게 해야 할까, 아니면 더 작게 해야 할까?

우주에서 인공중력을 만드는 방법

무중력상태로 장기간 우주여행을 하는 것은 건강에 좋지 않다.
이 문제를 해결하려면 우주선 안에 인공중력을 만들어야 한다.
각종 SF 영화에 나오는 인공중력을 비교해 보자.

스페이스엑스의 창업주 일론 머스크는 2026년까지 사람을 화성에 보낸다는 계획을 언급한 적이 있다.[9] 지구에서 화성까지의 거리는 가장 가까울 때도 약 5,500만 킬로미터이다. 지금까지 유인 탐사를 한 유일한 지구 밖 천체인 달보다 140배 이상 멀리 떨어져 있다. 실제로 우주선을 타고 화성에 가는 경우는 이보다 더 긴 거리를 날아가야 한다.

미국의 최신 화성 탐사차 '퍼시비어런스Persevereance'를 보낸 우주선이 지구에서 발사 후 화성까지 가는 데 204일이 걸렸다. 편도로 수개월이 걸리는 화성 유인 탐사를 하려면 탑승한 사람이 우주에서 생활하는 데 필요한 음식과 물품도 상당히 많다. 이를 모두 싣고 200일 안에 화성까지 가는 것은 쉽지 않다. 지구 공전궤도와 화성 공전궤도에 걸친 지구-화성 전이궤도로 가면 240일 정도 걸린다. 우주선은 이 기간의 대부분을 추진력 없이 관성으로 날아가고 그동안 우주선 안은 무중력상태이기 때문에, 우주인은 긴 기간 동안 무중력상태에서 생활해야 한다. 지표면 중력에 맞춰 진화한 인류에겐 이러한 장기간의 무중력 생활은 건강에 좋지 않은 영향을 준다.

장기간 유인 우주탐사에는 인공중력이 필요하다

만약에 먼 미래에 이보다 훨씬 더 먼 태양계 천체나 태양계를 벗어난 천체를 향한 유인 탐사를 한다면 수년 또는 그 이상이 걸릴 수도 있다. 이런 경우에는 인공중력으로 지구와 비슷한 중력 환경을 만드는 것이 탑승 우주인의 건강을 위해서는 필수적이다. 우주선에 인공중력을 만드는 방법은 사람이 달에 가기도 전인 1968년에 개봉한 영화 〈2001: 스페이스 오디세이2001: A Space Odyssey〉에 이미 구체적으로 나온다. 회전해서 인공중력을 만드는 방법이다. 최근까지도 우주여행에 관련된 영화에는 단골로 등장한다. 구심력이 회전 중심을 향해 미는 힘을 회전축 바깥 방향으로 향하는 인공중력(원심력)이라 생각하고 느낀다는 것이 기본 원리이다.

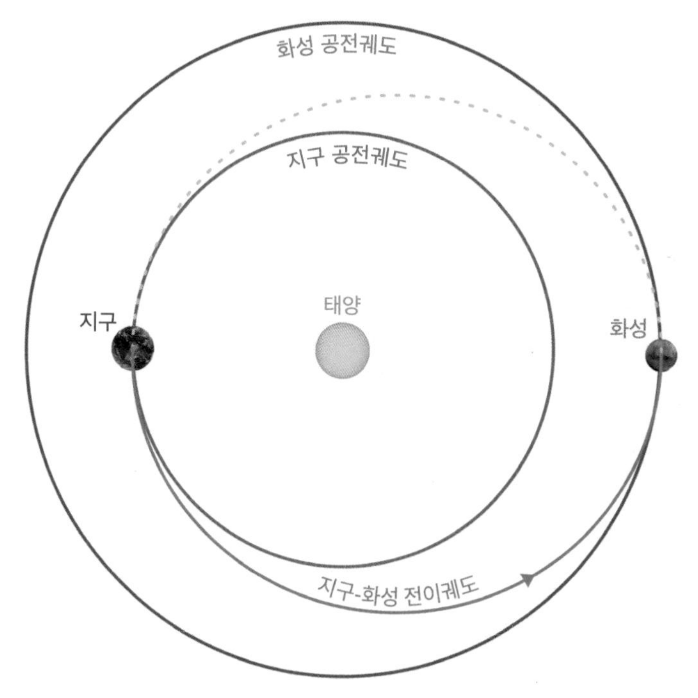

그림 4-10 지구 공전궤도와 화성 공전궤도에 걸친 지구-화성 전이궤도로 화성에 가는 우주선의 궤적. 이 전이궤도로 화성까지 가는 데 걸리는 시간은 약 240일이다.

우주선 안에 만드는 인공중력의 크기는 회전하는 시설이 얼마나 큰지, 그리고 얼마나 빨리 회전하는지에 달려 있다. 반대로 원하는 인공중력의 크기와 시설의 크기가 정해지면, 시설을 얼마나 빨리 회전해야 하는지도 계산할 수 있다. 지구 표면의 중력과 같은 크기의 인공중력을 만들기 위해 얼마나 빨리 회전해야 하는지는 그림4-11 속의 수식으로 계산할 수 있다. 반지름이 클수록 한 바퀴

지표면 중력 크기의 인공중력을 만들기 위한
우주정거장 또는 우주선의 회전속도

한 바퀴 도는 데 걸리는 시간 (초) = $2\pi\sqrt{\dfrac{\text{반지름(m)}}{9.8}}$

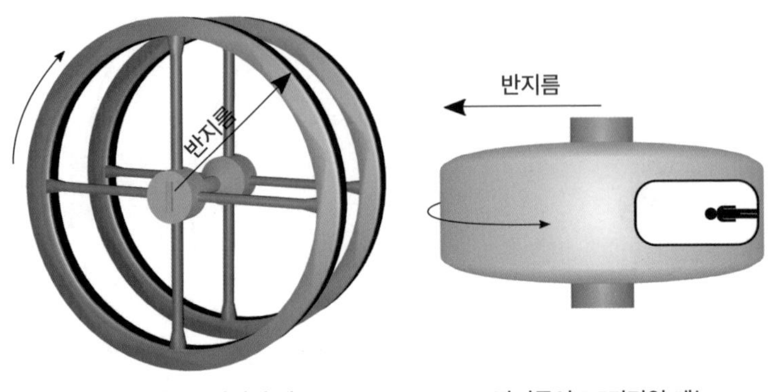

반지름이 150미터일 때는
24.6초에 한 바퀴를 돌아야 한다

반지름이 5.5미터일 때는
4.7초에 한 바퀴를 돌아야 한다

그림 4-11 영화 〈2001: 스페이스 오디세이〉의 전반부에 나오는 우주정거장과 후반부에 나오는 우주선 안의 지표면 중력 크기의 인공중력을 만들기 위한 우주선 회전속도. 반지름이 150미터인 우주정거장의 경우 24.6초에 한 바퀴를 돌아야 하고, 반지름이 5.5미터인 우주선 거주 시설의 경우 4.7초에 한 바퀴씩 돌아야 한다.

도는 데 걸리는 시간은 더 길어야 한다.

잘 알려진 영화에서 등장하는 설정을 보자. 〈2001: 스페이스 오디세이〉에는 지구 주위를 도는 우주정거장에도 인공중력을 만들고, 먼 우주로 떠나는 우주선에도 인공중력을 만든다. 이 영화 전반부에 나오는 우주정거장의 반지름은 150미터 정도로 상당히 큰 편이다.[10] 이만한 규모의 우주정거장에 지표면 중력 크기의 인공중력을 만들려면 우주정거장이 24.6초에 한 바퀴씩 돌아야 한다. 영화 후반부에 나오는 우주선에서는 반지름이 5.5미터 정도인 우주인 거주 시설이 회전한다. 이 규모의 거주 시설에 지표면 중력 크기의 인공중력을 만들려면 4.7초에 한 바퀴씩 돌아야 한다.

회전하는 우주선 안에서 뛰면 인공중력 크기가 변한다

영화을 보면 회전으로 인공중력을 만드는 우주선 거주 시설 안에서 우주인이 뛰면서 운동하는 장면이 나온다. 이 경우 어느 방향으로 뛰는가에 따라 우주인이 느끼는 인공중력이 달라지는 재미있는 현상이 일어난다. 우주인이 거주시설이 회전하는 방향과 같은 방향으로 뛴다고 하자. 그러면 우주인은 거주 시설보다 더 빨리 한 바퀴를 돈다. 그만큼 구심력(또는 원심력)이 커지면서 인공중력도 커진다. 반대로 우주인이 거주 시설이 회전하는 방향과 반대로 뛴다고 하자. 그러면 우주인은 거주 시설보다 더 느리게 한 바퀴를 돈다. 그만큼 구심력이 작아지면서 인공중력도 작아진다.

좀 더 구체적으로 계산해 보자. 반지름이 5.5미터라고 가정하면 지표면 중력 크기의 인공중력을 만드는 거주 시설은 4.7초에 한 바퀴씩 돈다. 원통 모양의 거주 시설 둘레의 길이는 34.6미터이다. 34.6미터를 4.7초에 움직이는 셈이어서 원통 둘레는 초속 7.36미터의 속도로 회전한다. 우주인이 초속 2미터로 뛴다고 하자. 만약에 우주인이 거주 시설이 회전하는 방향으로 뛰면 거주 시설이 움직

$$\text{속도와 반지름으로 계산하는 인공중력 크기 (지표면 중력 크기 대비)} = \frac{\text{속도(m/s)} \times \text{속도(m/s)}}{9.8 \times \text{반지름(m)}}$$

우주인이 뛰는 속도 = 초속 2미터 = 2m/s
거주 시설이 회전하는 속도 = 초속 7.36미터 = 7.36m/s
거주 시설 반지름 = 5.5m

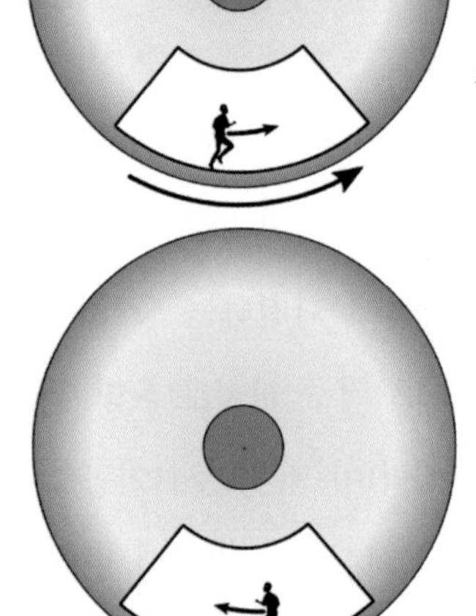

우주인이 회전하는 방향으로 뛸 때
우주인이 회전하는 속도 = 7.36 + 2 = 9.36m/s
인공중력 크기 = 지표면 중력 크기의 1.63배

우주인이 회전하는 반대 방향으로 뛸 때
우주인이 회전하는 속도 = 7.36 - 2 = 5.36m/s
인공중력 크기 = 지표면 중력 크기의 0.53배

그림 4-12 회전하는 우주선 거주 시설에서 뛰는 방향에 따라 달라지는 인공중력의 크기. 거주 시설이 회전하는 방향으로 뛰면 인공중력은 더 커지고, 거주 시설이 회전하는 방향과 반대로 뛰면 인공중력은 더 작아진다.

이는 속도가 더해지면서 우주인은 초속 9.36미터로 회전하는 상황이 된다. 이 경우 우주인이 느끼는 인공중력의 크기를 그림4-12에서 볼 수 있는 수식으로 계산하면, 지표면 중력보다 1.63배 크다는 결과가 나온다. 우주인은 가만히 서 있을 때보다 63% 더 큰 중력을 느낀다.

반대로 거주 시설이 회전하는 방향과 반대로 뛰면 우주인은 거주 시설이 움직이는 속도에서 우주인이 뛰는 속도 2미터가 줄어든다. 결국 우주인은 초속 5.36미터로 회전하는 상황이 된다. 이 경우에 우주인이 느끼는 인공중력의 크기를 계산하면, 지표면 중력의 53%에 불과하다는 결과가 나온다. 우주인은 가만히 서 있을 때보다 47% 더 작은 중력을 느낀다. 운동 효과를 크게 하려면 거주 시설이 회전하는 방향으로 뛰고, 반대로 몸 상태가 안 좋아서 평소보다 가볍게 운동해야 하는 상황이라면 거주 시설이 회전하는 반대 방향으로 뛰면 된다.

다른 영화에 나오는 설정도 보자. 영화 〈마션Martian〉(2015)에는 지구와 화성을 오가는 헤르메스Hermes라는 우주선이 나온다. 이온 추진체로 가속하면서 행성 사이를 이동하는 헤르메스 우주선은 아주 천천히 가속하기 때문에 특별한 장치가 없으면 우주선 안에서는 거의 무중력상태이다. 이 영화에서도 우주인들은 회전으로 인공중력을 만드는 거주 시설에서 생활한다. 헤르메스 우주선에서 회전하는 거주 공간의 반지름은 15미터 정도이다. 이 경우에는 7.77초에 한 바퀴를 돌아야 지구 표면의 중력과 같은 크기의 인공중력이 만들어진다. 거주시설이 도는 속도는 초속 12.1미터이다.

이곳에서 회전하는 방향으로 초속 2미터로 뛰면, 거주 시설이 회전하는 속도에 초속 2미터가 더해지면서 뛰는 사람의 회전속도가 초속 14.1미터가 된다. 이 경우 뛰는 사람이 느끼는 인공중력의 크기는 지표면 중력의 1.35배가 된다. 가만히 서 있을 때보다 35% 더 큰 중력이다. 만약에 회전하는 방향과 반대로 초속 2미터로 뛰면, 뛰는 사람은 초속 10.1미터로 회전하는 상황이 되면서 인공중력의 크기는 지표면 중력의 0.69배가 된다. 가만히 서 있을 때보다 31% 더 작은 중력이다.

같은 남자 배우가 주연으로 나오는 또 다른 영화 〈엘리시움 Elysium〉(2013)에서는 지름이 60킬로미터에 이르는 거대한 우주 인공 구조물이 나온다.[11] 우주정거장이라고 하기엔 너무 크고 우주도시라고 표현하는 것이 더 적절한 규모이다. 이곳도 회전을 해서 인공중력을 만든다. 이 경우 지구 표면의 중력과 같은 크기의 인공중력을 만들려면, 우주도시는 348초(=5분 48초)에 한 바퀴를 돌아야 하고, 회전속도는 초속 542미터 또는 시속 1,952킬로미터에 이른다. 음속보다 더 빠른 속도이다. 이 속도에 사람이 뛰거나 자동차로 달리는 속도를 더하거나 빼도 회전하는 속도의 변화는 크지 않기 때문에, 인공중력의 크기도 별로 변하지 않는다. 〈마션〉의 헤르메스 우주선에 비해, 지구 표면의 중력 환경과 훨씬 더 유사한 인공중력 환경이 만들어진다고 볼 수 있다.

일상생활 속의 인공중력

회전으로 만드는 인공중력은 이미 우리 실생활에 유용하게 사용하고 있다. 대표적인 예가 세탁기이다. 사람이 손으로 물을 머금은 빨래를 짤 때는 빨랫감 양쪽을 다른 방향으로 돌려 비트는 방식, 다시 말해 마치 꽈배기 모양처럼 비틀어 짜는 방식으로 물을 짜낸다. 세탁기는 세탁물을 비트는 대신, 세탁물이 들어 있는 세탁통 전체를 돌린다. 우주정거장이나 우주선이 회전하면 인공중력이 생기듯이, 원통 모양의 세탁통도 회전하면 원통의 안쪽 면에 인공중력이 생긴다. 세탁기는 이 인공중력을 이용해 세탁물이 머금은 물을 제거한다.

세탁통은 세탁통 안쪽에서 함께 도는 빨래를 구심력으로 민다. 이때 같이 도는 빨래에는 원심력으로 인한 강한 인공중력이 만들어진다. 인공중력의 방향은 세탁통 바깥으로 향한다. 빨래는 세탁통 벽에 걸려 있고, 젖은 빨래 속에 있는 물은 인공중력 방향인 세탁통 바깥 방향으로 흘러 내려가 세탁통에 있는 구멍으로 빠져나간다. 젖은 빨래를 빨랫줄에 걸어놓으면, 물이 중력 때문에 아래로 흘러내리는 것과 비슷한 이치이다. 회전하는 세탁통 속에 만들어지는 인공중력의 크기는 지구의 중력보다 훨씬 크기 때문에 그만큼 빨래 속에 있는 물이 더 잘 흘러나온다. 여기에 더해 큰 인공중력 때문에 빨래 자체 무게가 누르는 힘도 커지면서, 빨래가 머금고 있던 물을 눌러 짜는 효과도 더해진다.

세탁기가 탈수할 때 만들어지는 인공중력의 크기는 어느 정도일까? 세탁통이 얼마나 빨리 회전하는지를 알아야 한다. 원통 모양의 세탁통은 원 모양인 양쪽 면의 중심을 연결하는 축을 기준으로

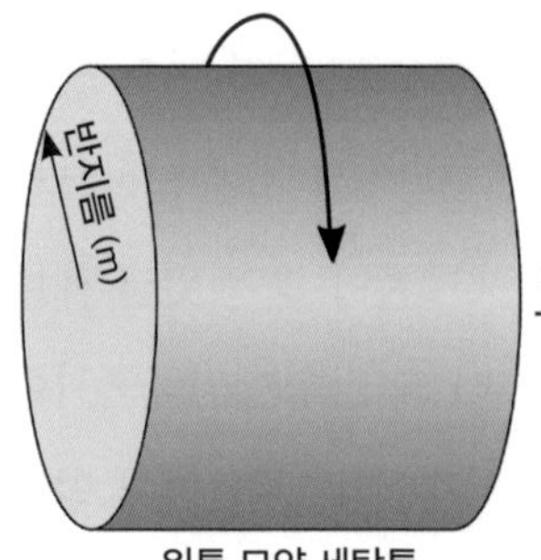

인공중력 크기 (지표면 중력 크기 대비)

$$\frac{\text{반지름(m)} \times \text{1분당 회전수(rpm)} \times \text{1분당 회전수(rpm)}}{894}$$

그림 4-13 세탁기가 탈수를 위한 회전을 할 때 세탁통 안쪽 면에 생기는 인공중력을 계산하는 방법. 인공중력의 크기는 지표면 중력 크기와 비교한 상대적인 값으로 계산한다.

회전한다. 세탁기의 경우 얼마나 빨리 회전하는지는 보통 rpm으로 나타내는데, rpm은 1분에 몇 번 회전하는지를 의미한다. 1분에 한 바퀴를 돌면 1rpm, 1분에 100바퀴를 돌면 100rpm인 식이다.

그다음으로 알아야 할 수치는 세탁통의 반지름이다. 1분에 세탁통이 돌아가는 회전수(rpm)와 세탁통의 반지름(m)을 알면, 그림 4-13에서 볼 수 있는 수식을 사용해 지표면 중력 대비 세탁통 바로 안쪽에 생기는 인공중력의 크기를 계산할 수 있다.

요즘 세탁기는 탈수할 때 세탁통이 1분에 1,000번 이상 회전한다. 1,000rpm 이상이라는 이야기이다. 만약에 세탁통의 분당 회전수가 1,000rpm이고 세탁통의 반지름이 0.25미터(=25센티미터)라면, 세탁통 바로 안쪽의 인공중력 크기는 지표면 중력의 280배에 이른다.

퀴즈

(1) 회전으로 인공중력을 만드는 우주정거장에서 사다리를 타고 회전 중심을 향해 올라가면 인공중력의 크기는 커질까, 작아질까?

(2) 회전으로 인공중력을 만드는 우주정거장에서 조깅을 하려고 한다. 운동 효과를 크게 하려면 어느 방향으로 뛰어야 할까?

(3) 지름이 20센티미터인 쳇바퀴 안에서 햄스터가 뛰고 있다. 햄스터가 뛰는 동안 쳇바퀴는 1초에 5바퀴씩 돈다. 쳇바퀴가 도는 동안 햄스터는 쳇바퀴 맨 아래에서 뛴다. 이때 햄스터가 느끼는 중력의 크기는 지구 중력의 몇 배일까?

인공중력에서 저글링을 하면?

회전으로 만드는 인공중력 안에서 공을 던지면 공은 휘면서 날아간다.
이 때문에 저글링하는 것이 쉽지 않다.
코리올리 효과라고 부르는 이 현상은 지구에서도 나타난다.

지구에서는 중력이 아래 방향으로 향하기 때문에 물체는 아래로 떨어진다. 위로 던지면 처음에는 위로 날아가지만, 위로 날아가는 속도가 점점 줄어들다가 다시 아래로 떨어진다. 정확하게 수직으로 던져 올리면 원래 던진 위치로 다시 돌아온다. 손으로 공을 수직으로 던져 올려도, 테니스 라켓으로 공을 수직으로 튕겨 올려도, 발이나 무릎으로 축구공을 수직으로 차올려도 마찬가지이다.

직선 도로를 일정한 속도로 달리는 버스 안에서 공을 수직으로 던져 올려도 똑같은 현상이 나타난다. 버스가 천천히 달리거나 빨

그림 4-14 공을 정확하게 수직으로 던져 올리는 경우, 공은 위아래로만 움직이면서 공을 던졌던 손 위로 다시 떨어진다. 땅에 서서 던지든, 직선 도로를 일정한 속도로 달리는 버스 안에서 던지든, 공을 수직으로 던져 올리면 공은 손 위로 다시 떨어진다.

리 달려도 버스 속도만 일정하면 상관없다. 정확하게 수직으로 던져 올리면, 공은 원래 던졌던 손 위로 다시 돌아온다. 시속 100킬로미터의 고속버스도, 시속 300킬로미터의 KTX도, 시속 900킬로미터의 비행기도 직선 방향으로 일정한 속도로 움직이면, 그 안에서 수직으로 던진 공은 던진 손 위로 다시 떨어진다.

그런데 회전으로 만든 인공중력에서는 공을 정확하게 수직으로 던져도 공이 던진 자리로 돌아오지 않는 특별한 상황이 만들어진다.

인공중력에서 공을 위로 던져 올리거나 떨어뜨리면?

원통 모양 또는 도넛 모양의 우주선이 회전하면 우주선 안에는 인공중력이 만들어진다. 이때 우주인이 우주선 안의 공간에 떠 있으면 인공중력을 경험하지 못한다. 벽과 같은 우주선의 내부 구조와 접촉한 상태로 우주선과 함께 회전해야 인공중력을 경험한다. 이때 우주인은 회전 중심에서 바깥쪽으로 멀어지는 방향으로 끌어당기는 인공중력을 느낀다고 생각한다. 이 인공중력을 원심력이라고도 부른다. 하지만 우주인이 느끼는 힘은 우주선의 내부 구조가 우주인을 회전 중심 방향으로 미는 구심력이다.

실제로 사람이 탑승한 우주선이나 사람이 거주하는 우주정거장에 이런 인공중력을 구현한 사례는 없지만, 앞에서 언급한 영화 〈2021: 스페이스 오디세이〉를 비롯한 여러 SF 영화에는 단골로 등장하는 인공중력 방식이다. 지표면의 중력과 같은 크기의 인공중력을 만드는 데 필요한 회전주기와 회전속도는 우주선의 회전반지름에 따라 다르다. 그 값은 표4-1에서 확인할 수 있다.

지표면의 중력과 같은 크기의 인공중력을 만드는 회전반지름 10미터의 우주선이 있다고 하자. 이 우주선의 인공중력에서 수직으로 올라가는 방향은 회전 중심을 향한 방향이다. 회전축에도 직각인 방향이다. 지구에서 공을 수직으로 1미터 높이로 올리는 속도가 초속 4.43미터인데, 우주선 안에서 이 속도로 공을 수직으로 던져 올리면 다시 돌아오는 공은 손 위로 떨어지지 않고 1.1미터 벗어난다.[12] 정확하게 수직으로 던짐에도 불구하고 공에 특별한 힘이 작용하는 것처럼 공이 날아가는 방향이 휜다.

한편 우주선 밖에서 무중력상태로 우주유영을 하는 우주인이

표 4-1 지표면에서의 중력과 같은 크기의 중력을 만드는 데 필요한 회전 주기(한 바퀴 도는 데 걸리는 시간)와 움직이는 속도.

회전 중심에서 거주 시설까지의 거리	회전 주기	거주 시설이 움직이는 속도
10미터	6.35초	초속 9.90미터
100미터	20.1초	초속 31.3미터
1킬로미터	63.5초	초속 99.0미터
10킬로미터	201초	초속 313미터
30킬로미터	348초	초속 542미터

보면, 우주선 안의 우주인은 우주선 벽에 달라붙어 우주선과 같이 회전하는 것으로 보인다. 세탁기가 탈수할 때 빨래들이 세탁통 벽에 달라붙어 같이 회전하는 것과 비슷하다. 우주선 안에서 던져 올린 공을 우주선 밖에서 우주유영하는 우주인이 보면, 공은 아무 힘도 받지 않기 때문에 뉴턴의 운동 제1법칙에 의해 일정한 속도를 유지하며 직선 방향으로 날아간다. 공이 날아가는 속도는 우주인이 공을 던진 속도에, 공을 던진 순간 우주인이 우주선과 함께 회전하는 속도를 벡터 더하기 방식으로 더한 속도이다. 이 때문에 우주선 안의 우주인이 공을 회전 중심을 향해 던져도, 우주선 밖에서 보면 공은 회전 중심을 향해 날아가지 않고 다른 방향으로

날아간다. 공의 속도도 우주인이 우주선과 같이 회전하면서 움직이는 속도보다 더 크다.[13]

우주선 밖에서 보면 공은 가장 짧은 거리가 나오는 직선으로 움직이고, 우주선 안의 우주인은 우주선이 회전하는 것과 같이 동그란 호arc 모양으로 움직인다(그림4-15의 왼쪽 위). 우주인은 공보다 더 느린 크기의 속도로 더 긴 경로를 우회하듯 움직이기 때문에, 우주인은 공으로부터 점점 더 뒤처져서 공을 따라잡지 못한다. 공의 상대적인 위치를 보는 우주인에게는 공이 처음에는 수직으로 올라가는 것처럼 보이다가 움직이는 방향이 점점 휘면서 손에서 벗어나 떨어진다(그림4-15의 오른쪽 위).

우주선의 회전반지름이 커지면 공이 벗어나는 거리는 줄어든다. 공을 똑같이 초속 4.43미터로 수직으로 던지면, 회전반지름이 100미터인 인공중력에서는 38센티미터, 회전반지름이 1킬로미터인 인공중력에서는 12센티미터 정도 벗어난 곳에 공이 떨어진다. 회전반지름이 클수록 공이 휘는 정도가 줄어들면서 지구에서 공이 수직으로 올라갔다 내려오는 궤적과 점점 비슷해진다.

회전으로 만들어지는 인공중력 안에서는 공을 가만히 떨어뜨리는 경우에도 공이 수직으로 떨어지지 않고 휘면서 떨어진다. 그림4-15의 아래 그림은 우주정거장 안의 3미터 높이에서 공을 떨어뜨렸을 때의 결과이다. 공은 시계 방향으로 휘면서 떨어진다. 3미터 아래 바닥에 닿는 위치는 수직인 지점에서 2.2미터 벗어난 지점이다. 우주선 회전반지름이 100미터이면 수직 위치에서 51센티미

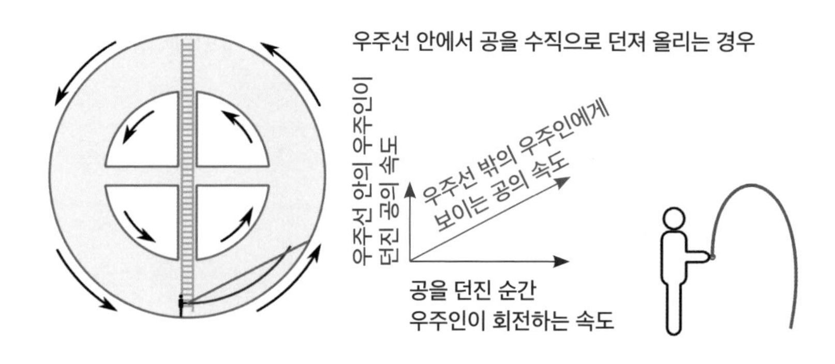

우주선 밖에서 우주유영하는 우주인에게 보이는
공의 궤적과 우주선 안 우주인의 움직임

우주선 안의 우주인에게 보이는
수직으로 던진 공의 궤적

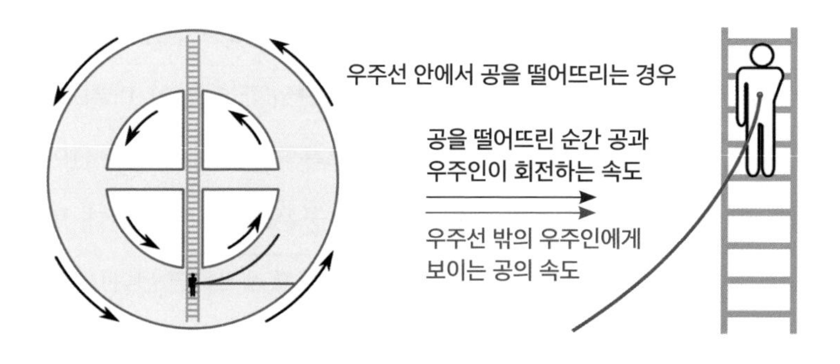

그림 4-15 인공중력에서 수직으로 던져 올린 공과 아래로 떨어뜨린 공의 움직임. 왼쪽 위와 아래: 우주선 밖 무중력상태에서 우주유영을 하는 우주인에게 보이는 공의 움직임(빨간색)과 우주선 안 우주인의 움직임(갈색). 날아가는 공에는 어떤 힘도 작용하지 않기 때문에 일정한 속도로 직선 모양으로 날아가고, 우주선 안의 우주인은 탈수할 때 세탁기 속의 빨래처럼 우주선의 내부 구조에 달라붙어 우주선과 같이 회전하는 것으로 보인다. 오른쪽 위와 아래: 회전하는 우주선 안의 우주인에게 보이는 공의 궤적. 공을 수직으로 던져도 공이 휘면서 날아가 공을 던진 손 위로 떨어지지 않고 벗어나 떨어진다(위). 아래로 떨어뜨리면 수직으로 떨어지지 않고 휘면서 떨어진다(아래).

터 벗어난 지점에 떨어지고, 회전반지름이 1킬로미터에 이르면 16센티미터 벗어난 지점에 떨어진다.

코리올리 효과가 생기는 이유는?

회전하는 우주선 안에서 던진 공에 특별한 힘이 작용하는 것처럼 보이는 현상을 '코리올리 효과'라고 부른다. 프랑스의 과학자 가스파르-귀스타브 코리올리Gaspard-Gustave Coriolis의 이름을 딴 코리올리 효과는 회전하는 환경에서 물체가 움직일 때 나타나는 현상이다. 인공중력을 만드는 우주선이 시계 반대 방향으로 회전하면(그림4-15의 왼쪽), 우주선 안의 우주인에게는 날아가는 공이 마치 시계 방향으로 도는 듯이 휜다(그림4-15의 오른쪽). 반대로 우주선이 시계 방향으로 회전하면, 공중에 날아가는 공은 마치 시계 반대 방향으로 도는 듯이 휜다(그림4-15를 뒤에서 본다고 생각하면 된다).

공이 던진 자리로 다시 돌아오게 하려면 어떻게 던져야 할까? 코리올리 효과를 고려해서, 공이 휘는 방향과 반대 방향으로 각도를 잘 맞춰 던져야 한다. 던진 순간에는 공이 기운 방향으로 치우쳐 날아가지만, 이후 공이 휘면서 다시 돌아온다. 그림4-16은 우주선이 시계 반대 방향으로 회전한다고 가정했을 때 공이 휘는 반대 방향으로 적절히 기울여 던진 경우인데, 공은 시계 방향으로 도는 듯이 휘어 되돌아온다.

같은 크기의 인공중력을 만드는 경우, 우주선의 회전반지름이

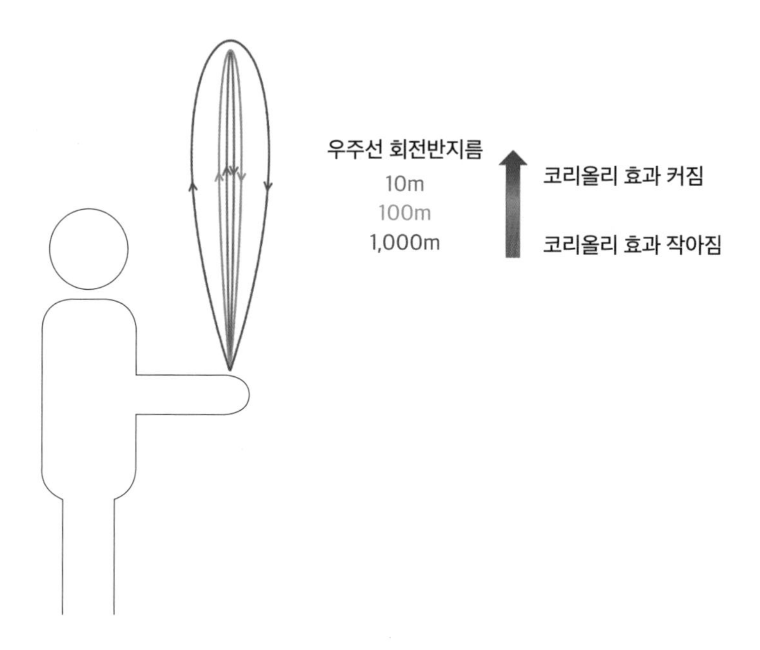

그림 4-16 지표면의 중력과 같은 크기의 인공중력에서 던져 올린 공이 제자리로 돌아오는 궤적. 인공중력 우주선이 시계 반대 방향으로 회전하는 경우, 코리올리 효과로 시계 방향으로 휘는 곡선 궤적을 그리며 돌아온다. 우주선의 회전반지름이 클수록 코리올리 효과가 작아져 공의 움직임은 수직 움직임과 비슷해진다.

커지면 코리올리 효과가 작아진다. 우주선 회전반지름이 각각 10미터, 100미터, 1,000미터(1킬로미터)이고 같은 속도(초속 4.43미터)로 던질 때 제자리로 되돌아오는 공의 궤적을 그림4-16에서 볼 수 있다. 우주선의 회전반지름이 커질수록 공의 궤적이 점점 수직으로 움직이는 모양과 비슷해진다. 회전반지름이 10미터일 때는 18.4도로 기울여 던져야 던진 위치로 돌아오는데, 이 경우 좌우 양쪽으로 12.7센티미터씩 우회한다. 회전반지름이 100미터일 때는 5.44도로 기울여 던져서 좌우 양쪽으로 3.66센티미터씩 우회하고, 회전 반지름이 1킬로미터에 이를 때는 1.71도로 기울여 던져서 좌우로 1.15센티미터씩 우회하고 제자리로 돌아온다.

어느 쪽으로 기울여 던져야 하는지는 어디를 바라보고 공을 던지는지에 따라 다르다. 회전하는 방향을 바라보며 던지는 경우에는 몸 쪽으로 다가오게 기울여 던져야 하고, 회전하는 방향을 등지고 던지는 경우에는 몸에서 멀어지게 기울여 던져야 공이 제자리로 돌아온다. 회전축 방향을 보며 던지는 경우는, 회전축 어느 방향을 보며 던지는지에 따라 던진 공이 왼쪽으로 휘는지 아니면 오른쪽으로 휘는지가 결정된다.

만약에 회전반지름이 작은 우주선의 인공중력에서 저글링을 하면 어떨까? 코리올리 효과로 인해 공이 지구에서와는 다르게 움직이기 때문에 처음에는 저글링에 실패할 확률이 높다. 공이 원하는 위치에 떨어질 수 있도록 공을 필요한 방향으로 적절히 기울여 던지는 연습을 할 필요가 있다. 코리올리 효과를 몸으로 익혀야 하기 때문이다. 이것이 전부가 아니다. 우주선의 회전 방향을 기준으로 어떤 방향을 보고 던지는지에 따라 날아가는 공이 휘는 방향도 달라지기 때문에, 방향을 선택해서 연습해야 한다. 모든 방향에서 저글링을 제대로 할 수 있으려면 연습할 분량도 그만큼 많아진다. 그리고 우주선이 회전하는 방향도 정확하게 알아야 한다.

인공중력에서 줄넘기할 때도 코리올리 효과를 고려해야 한다. 지구에서는 수직으로 뛰면 제자리로 돌아오지만, 인공중력에서 수직으로 뛰면 제자리로 돌아오지 않고 코리올리 효과로 조금씩 움직인다. 뛸 때마다 움직이는 방향과 반대 방향으로 살짝 기울여 뛰어야 제자리를 유지하면서 줄넘기를 할 수 있다.

영화 〈엘리시움〉에는 회전반지름이 30킬로미터에 이르는 거대한 우주 거주 시설이 나온다. 회전반지름이 이 정도로 크면 손으로 가볍게 던지는 수준에서는 코리올리 효과가 몸으로 느끼기 어려울 정도로 미미하다. 따라서 '엘리시움'에서는 저글링을 지구에서 하듯이 해도 실패하지 않는다. 하지만 축구, 야구, 골프와 같이 공이 상당히 멀리 그리고 높이 날아가는 경우에는 코리올리 효과를 무시할 수 없다. 공기저항이 없다고 가정하고 계산하면, 축구의 골킥처럼 지구에서 50미터 날아가는 공은 엘리시움에서 방향에 따라 최대 4미터가량의 거리 차이가 날 수 있고, 야구의 홈런처럼 지구에서 120미터를 날아가는 공은 방향에 따라 최대 14미터, 골프 드라이버 샷처럼 지구에서 300미터를 날아가는 공은 방향에 따라 최대 57미터의 거리 차이가 날 수 있다.

지구에서도 코리올리 효과가 나타난다

엄밀하게 따지면 지구 위에서 수직으로 던져 올리는 공에도 미세하나마 코리올리 효과가 있다. 지구가 자전하기 때문이다. 손으로 던지는 정도로는 날아갈 때 휘는 정도가 너무 작아 느끼지 못할 뿐이다. 지구에서 코리올리 효과는 수백 킬로미터 또는 그 이상의

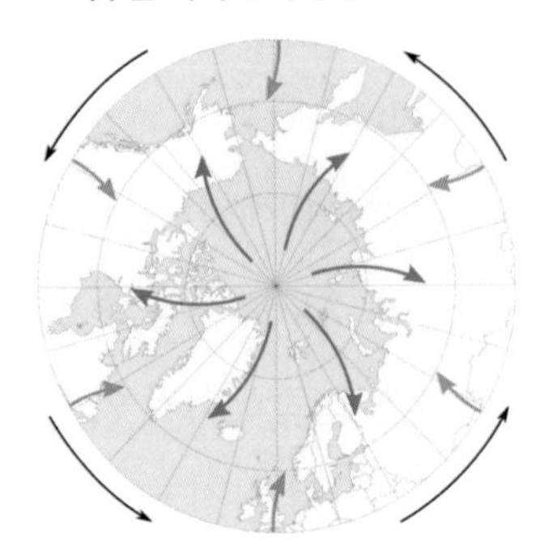

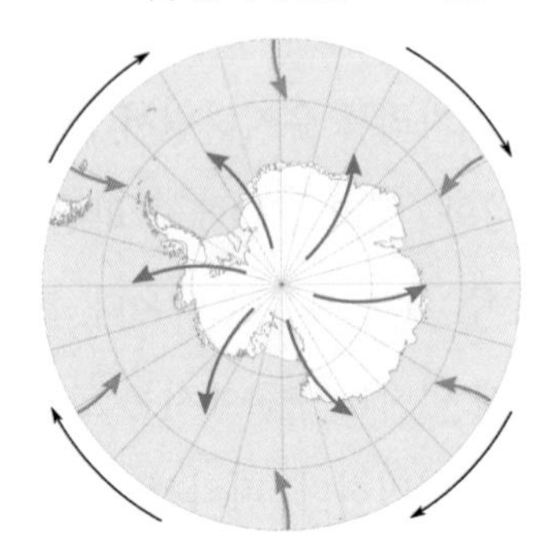

그림 4-17 지구 자전으로 인한 코리올리 효과가 바람이 부는 방향에 주는 영향. 왼쪽: 북극 상공에서 보면 지구는 시계 반대 방향으로 회전한다. 북반구에서 부는 바람은 코리올리 효과로 시계 방향으로 휜다. 오른쪽: 남극 상공에서 보면 지구는 시계 방향으로 회전한다. 남반구에서 부는 바람은 코리올리 효과로 시계 반대 방향으로 휜다.

긴 거리에 걸친 대기의 흐름에서 주로 나타난다.

북극 상공에서 보면 지구는 시계 반대 방향으로 회전한다. 이로 인해 지구 북반부에서의 움직임에는 시계 방향으로 휘는 코리올리 효과가 나타난다. 북반구에서 수백 킬로미터 이상의 거리에 걸쳐 부는 바람도 시계 방향으로 휜다. 반대로 남극 상공에서 보면 지구는 시계 방향으로 회전하고, 남반구에서 부는 바람은 시계 반대 방향으로 휜다. 남극과 북극에 가까운 고위도 지역에서 부는 극동풍, 적도에 가까운 저위도 지역에서 부는 무역풍, 그 사이의 중위도 지역에서 부는 편서풍의 방향은 코리올리 효과의 영향을 받는다.

퀴즈

(1) 회전으로 인공중력을 만드는 우주정거장에서 공을 수직으로 정확하게 위로 던졌더니 위로 올라가던 공이 휘면서 왼쪽으로 떨어졌다. 우주정거장은 시계 방향으로 돌고 있을까, 시계 반대 방향으로 돌고 있을까?

(2) 회전으로 인공중력을 만드는 우주정거장의 회전반지름이 커지면 코리올리 효과가 커질까, 아니면 작아질까?

평평함과 수평의 차이

수평이 평평함을 의미하지는 않는다.
지구 위에서는 수평이 볼록하지만,
회전으로 만드는 인공중력에서는 수평이 오목하다.
중력 또는 인공중력이 어떻게 만들어지는가에 따라
수평이 어떻게 달라지는지 알아보자.

어느 쪽으로도 기울어지지 않은 상태를 '수평'이라고 한다. 수평인 곳에 뭔가를 가만히 올려놓으면 미끄러지거나 굴러가지 않는다. 제대로 설치한 당구대 위가 그렇다. 수평으로 맞춘 당구대 표면은 어느 방향으로도 기울어져 있지 않다. 이런 당구대 위에 가만히 올려놓은 당구공은 일부러 굴리거나 큐대로 치지 않는 이상 저절로 굴러가지 않는다.

'어느 쪽으로도 기울어져 있지 않다'는 의미의 수평은 중력과 밀접한 관련이 있다. 수평인 표면은 중력의 방향과 직각이다. 표면 방향으로 작용하는 중력이 없기 때문에 저절로 한쪽으로 굴러가거나 미끄러지지 않는다. 당구대 위에 바늘을 올려놓는다면 어느 방향으로 놓여 있어도 바늘의 방향은 중력의 방향과 직각이다.

'수평'이 '평평하다'는 것을 의미할까?

수평인 당구대 표면은 적어도 눈에 보이기에는 평평하다. 하지만 '수평'이라는 것이 항상 '평평하다'는 것을 의미하지는 않는다. 조그만 연못에 있는 잔잔한 물의 표면은 평평하게 보일 수 있다. 하지만 바다와 같이 매우 넓은 곳에서는 물이 아무리 잔잔하더라도 더 이상 평평하다고 말하기 곤란하다. 지구 자체가 공 모양이기 때문이다. 지구가 끌어당기는 중력의 크기는 지구 표면 어디에서도 거의 같지만, 중력의 방향은 지구의 어느 곳에 있느냐에 따라 다르다. 예를 들어, 지구상에서 대한민국 서울의 정반대에 위치한 남미의 대서양 바다에서는 중력의 방향이 서울에서와는 완전히 반대이다.

평균 지름이 1만 2,742킬로미터인 지구에서는, 한쪽 방향으로 111킬로미터 갈 때마다 중력의 방향이 1도씩 변한다. 111킬로미터의 90배인 1만 킬로미터 떨어지면 중력의 방향은 90도 꺾인다. 180배인 2만 킬로미터 떨어진 곳은 지구 중심을 가로질러 있는 지구 정반대 지점이어서 중력의 방향은 완전히 반대 방향이다.

같은 대한민국 땅에서도 중력의 방향이 적지 않게 변한다. 서

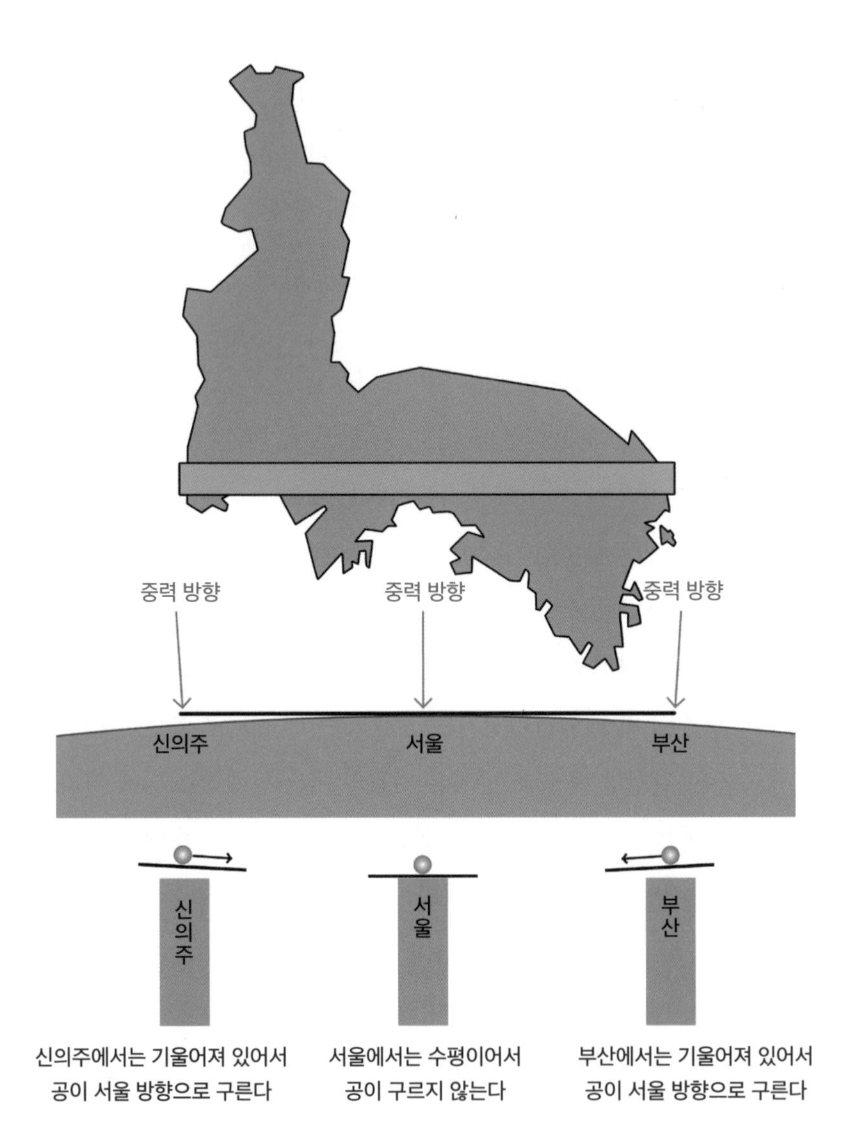

그림 4-18 한반도를 가로지르는 가상의 완벽한 평면을 만들어 평면의 서울 부분을 수평으로 맞춘 경우. 부산에서 이 평면은 수평에서 2.92도 기운다. 서울 쪽 평면은 수평이어서 가만히 놓은 공은 어디로도 굴러가지 않는다. 하지만 부산 쪽 평면은 서울을 향해 기울어서 공이 서울 방향으로 굴러간다.

울과 부산 사이의 직선 거리는 약 325킬로미터이다. 이 정도 거리에서 중력 방향은 2.92도만큼 변한다. 그림4-18처럼 한반도를 가로지르는 아주 긴 그리고 완벽하게 평평한 평면을 만들었다고 가정해 보자. 그 평면의 가운데를 서울에 놓고 한쪽 끝은 부산을 향하게 한 다음, 수평계를 사용해서 평면의 서울 부분을 수평으로 맞춘다고 하자. 그러면 그 평면의 부산 쪽 끝부분도 수평일까?

부산에 있는 평면의 한쪽 끝은 수평과 비교해 2.92도만큼 기운다. 부산에서의 중력 방향이 서울에서와는 2.92도만큼 차이가 있기 때문이다. 기운 방향은 서울을 향한다. 만약에 부산 쪽의 평면 위에 공을 올려놓으면 공은 기울어진 평면을 따라 서울 방향으로 저절로 굴러간다. 반면, 서울 쪽의 평면은 수평으로 맞춰져 있으니 공을 올려놔도 저절로 굴러가지 않는다. 수평으로 맞춘 서울 쪽 평면이 서울의 땅바닥에 놓여 있다면 부산에서 이 평면은 8,300미터 더 높은 곳에 위치한다.

울릉도에서 독도까지의 거리는 87.4킬로미터이다. 울릉도 해수면에서 수평으로 맞춘 완벽한 평면이 독도까지 이르면, 그 평면은 독도 해수면 600미터 상공에 위치한다. 독도의 가장 높은 곳이 해발 168.5미터이기 때문에, 울릉도 해변에서는 독도가 바다 수평선에 가려 직접 볼 수 없다. 하지만 최고 높이가 984미터인 울릉도 성인봉의 중간 높이로만 올라가도 독도를 직접 볼 수 있다. 반면, 일본의 섬들 중에 독도에서 제일 가까운 섬인 오키섬까지의 거리는 158킬로미터이다. 오키섬에서 독도를 직접 보려면 해수면에서

1,800미터 높이까지 올라가야 한다. 오키섬의 최고 높이는 600미터 정도이기 때문에 땅에 발을 딛고는 독도를 직접 볼 수 없다.

수평인 면이 완벽하게 평평하려면?

완벽하게 평평하면서 수평이기도 한 표면은 어떤 걸까? 평평한 표면 위의 어디에서나 수평이라는 것은 중력의 방향이 어디에서도 표면에 직각인 아래 방향으로 향해야 한다. 이런 것이 가능한 경우의 하나가 일정한 두께의 무한히 평평한 표면이다. 우주 어디에도 이런 곳은 존재하지 않지만, 상상으로는 생각해 볼 수 있다. 이런 천체 구조 위에서 지구 위의 중력과 같은 크기의 중력이 만들어지려면 그 두께가 얼마나 되어야 할까? 부피당 질량, 다시 말해 질량밀도가 지구의 평균 질량밀도와 같다고 가정하면, 두께가 4,240킬로미터여야 한다.

이런 상상의 평평한 천체 위에서의 중력은 지구 위에서와는 다른 특징이 있다. 높이와 관계없이 중력의 크기가 줄어들지 않고 일정하다. 아무리 높이 올라가도 중력을 벗어날 수 없다. 이런 곳에서는 인공위성도 불가능하다. 추진력 없이 상공에 있을 수 있는 궤도 자체가 존재하지 않기 때문이다. 대기가 존재한다면 양력을 이용한 비행기로 하늘을 나는 것은 가능하다.

인공적으로 만드는 중력까지 고려하면, 완전히 평평한 수평을 만드는 방법이 또 있다. 다른 중력의 영향을 받지 않는 우주공간에

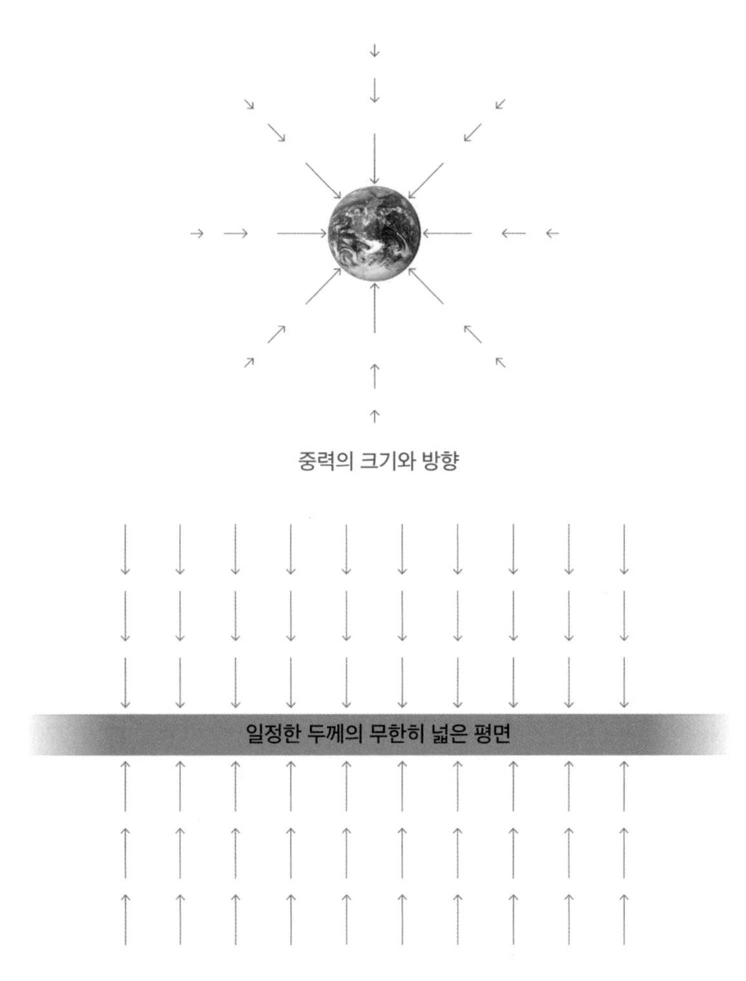

그림 4-19 위: 지구에서는 수평인 표면이 공 모양으로 볼록한 모양이다. 중력의 방향은 지구 중심을 향하는 방향이고, 중력의 크기는 지구에서 멀어질수록 작아진다. 아래: 일정한 두께의 무한히 넓은 평면에서 중력의 방향은 어디에서도 평면에 수직인 방향이고, 중력의 크기는 평면에서 멀어져도 변하지 않는다.

서 우주선을 한 방향으로 가속하면, 우주선 안에는 관성력으로 불리는 인공중력이 만들어진다. 이 경우 인공중력의 방향은 우주선이 가속하는 방향과 반대 방향이고, 그 크기는 우주선 어디에서도 같다. 완전히 평평한 책상을 우주선 안에 설치하고 한 위치를 수평으로 맞추면, 책상 위의 다른 어느 위치에서도 수평을 유지한다. 수평이 완전히 평평해지는 것이다. 다만 그 크기는 우주선 크기를 넘어서지 못하는 것이 문제이다.

인공중력으로 만드는 오목한 수평

지표면의 모든 위치에서 수평인 면을 모아 연결하면 지구와 같은 공 모양이 된다. 수평인 표면이 볼록하다는 이야기이다. 수평이 오목한 경우도 있을까? 회전해서 만드는 인공중력에서는 한쪽 방향으로 오목한 모양의 수평이 가능하다.

만약에 우주에서 회전하는 원통 또는 도넛 모양의 구조물이 있고 그 안에 물을 일부 채우면, 그림4-20에서처럼 물은 구조물 안의 바깥 부분을 동그랗게 채운다. 물 표면이 만드는 모양은 회전하는 방향으로 오목한 모양이다. 다시 말해 수평이 오목한 모양이다. 하지만 회전축 방향으로는 물 표면 또는 수평이 일직선이어서 완전한 오목은 아니고 부분적으로 오목이라고 볼 수 있다.[14]

아주 평평한 책상을 회전하는 우주정거장에 설치했다고 하자. 이 책상의 중심을 수평으로 맞춰놓으면, 수평으로 맞춘 부분은 인

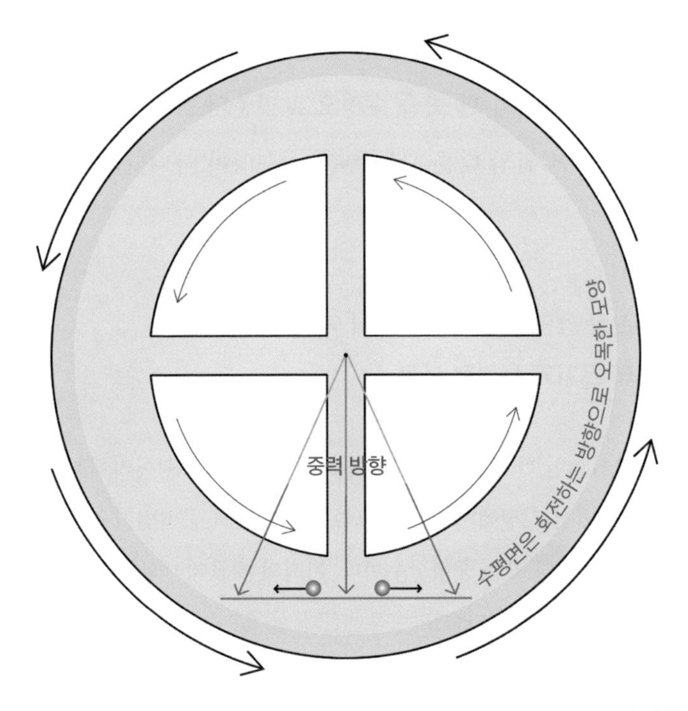

그림 4-20 회전하는 우주정거장 또는 우주선 안에서의 인공중력. 인공중력은 바깥 방향으로 향한다. 안에 채워진 물의 수평면은 회전하는 방향으로 오목하다. 이곳에서 평평한 책상을 설치하고 책상 중심을 수평으로 맞추면, 중심에서 우주선이 회전하는 방향으로 약간만 벗어나도 책상은 수평이 아니다. 그곳에 공을 놓으면 공은 우주선이 회전하는 방향으로 굴러간다. 우주선이 회전하는 방향과 반대 방향으로 책상 중심에서 약간 벗어난 곳에 공을 놓으면 공은 회전하는 방향과 반대로 굴러간다.

공중력의 방향과 직각이다. 하지만 책상 중심에서 회전하는 방향이나 반대 방향으로 떨어진 책상 가장자리에서는, 인공중력 방향이 책상 표면과 직각이 아니기 때문에 수평이 아닌 기운 상태이다. 만약에 아주 잘 굴러가는 공을 책상 중심에서 우주정거장이 회전하는 방향이나 반대 방향으로 약간만 벗어난 곳에 놓으면 공은 책상 가장자리 부분으로 굴러간다. 회전해서 만들어지는 인공중력에서는, 완벽한 평면의 한 곳을 수평으로 맞춘다고 해도 회전축 방향을 제외한 평면 위의 다른 모든 부분이 수평이 아니다.

무한한 평면 모양의 천체에서 거리와 상관없이 중력 크기가 똑같은 이유

질량이 m인 한 조그만 덩어리가 있다고 하자. 이 덩어리에서 거리 r만큼 떨어진 지점에서의 중력가속도를 뉴턴의 중력법칙을 적용해 계산할 수 있다. G는 중력상수이다. 거리의 제곱에 반비례하기 때문에 멀어질수록 중력가속도는 작아진다.

무한히 넓은 평면 위에서 중력가속도 g를 가우스의 법칙을 이용해 계산하면 $3\pi G\rho d$로, 표면에서의 높이와 관계없이 일정하다. 여기에서 π는 원주율, ρ는 무한 평면의 질량밀도, d는 무한 평면의 두께이다. 좀 더 직관적으로 설명해 보자. 중력은 질량으로부터의 거리의 제곱에 반비례한다. 예를 들어 조그만 질량 덩어리에서 2배 더 멀리 떨어져 있으면 중력은 4분의 1로 준다. 하지만 무한 평면 위에서의 중력가속도를 계산할 때는 다음 그림처럼 거리가 2배 떨어지면 중력 계산에 사용하는 똑같은 모양의 질량은 4배가 되기 때문에 최종 중력의 크기는 변하지 않는다.

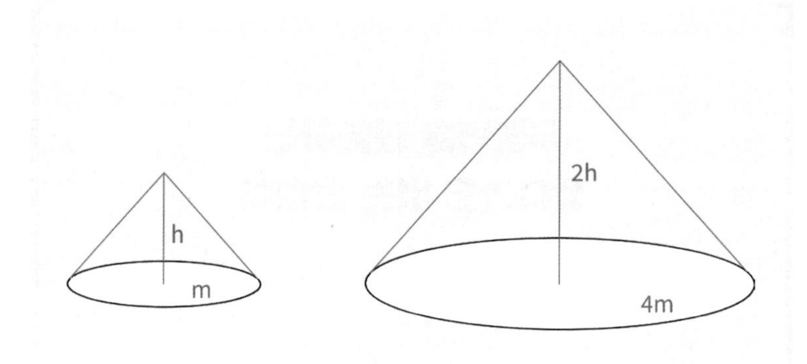

퀴즈

(1) 지구에서 수평면이 평평하지 않은 이유는 무엇일까?

(2) 회전으로 인공중력을 만드는 우주정거장 안에서 당구대 표면을 어떻게 만들어야 할까?

무중력을 설명하는 있다가도 없는 관성력

무중력상태를 설명할 때 도입하는 관성력.
어디에서 보는가에 따라 관성력 없이도 무중력상태를 설명할 수 있다.
때로는 있기도 하고 없기도 한 관성력은 '허구의 힘'으로 불린다.

400킬로미터 상공에 있는 우주정거장 ISS는 추진력을 사용하지 않고도 지구 주위를 돈다. 이런 ISS의 내부는 중력이 전혀 없는 것 같은 무중력상태이다.[15] ISS 안에 떠 있는 물체는 벽이나 다른 물체와 부딪치기 전까지는 허공에 가만히 있든지, 아니면 일정한 속도를 유지하면서 일직선으로 움직인다. 물론 물체가 회전하기도 하지만, 물체의 질량중심은 일직선으로 움직인다.

뉴턴의 운동 제1법칙인 관성의 법칙은, '외부의 힘이 없으면 정지해 있는 물체는 정지해 있고, 움직이는 물체는 일정한 속도를 유지하면서 직선 방향으로 계속 움직인다'라고 말한다. 이 법칙을 적용하면, ISS 안에서 떠다니는 물체에는 외부의 힘이 전혀 작용하지 않는 것처럼 보인다. 그런데 뉴턴의 중력법칙에 의하면 지구의 중력은 400킬로미터 상공에서도 사라지지 않는다. 중력은 있는데 무중력상태인 상황이다.

원심력으로 설명하는 ISS 안의 무중력상태

지구의 중력은 ISS뿐 아니라 ISS 안의 모든 물체를 지구 중심을 향해 끌어당긴다. 계산을 해보면 400킬로미터 상공에서 끌어당기는 중력의 크기는 지구 해수면에서의 중력보다 11.5% 정도 작을 뿐이다. 지구의 중력이 있는데도 ISS 안에 있는 사람에게는 아무 힘도 작용하지 않는 것처럼 보이는 것을 설명하려면, 지구의 중력을 상쇄하는 또 다른 힘이 있어야 한다. 이 대목에서 원심력이 등장해 상황을 깔끔하게 정리하는 듯 보인다. 한 문장으로 설명하면 다음과 같다.

"원심력이 중력을 상쇄해 ISS 안의 물체에는 어떤 힘도 작용하지 않는다(무중력상태이다)."

이 설명을 좀 더 자세하게 풀면 다음과 같다.

(1) 지구의 중력은 ISS와 그 안의 물체를 지구 중심 방향으로 끌어당긴다.

(2) ISS와 그 안의 물체는 지구 주위를 동그라미 모양으로 도는 원운동을

ISS 안에서 우주인이 보는 물체의 움직임

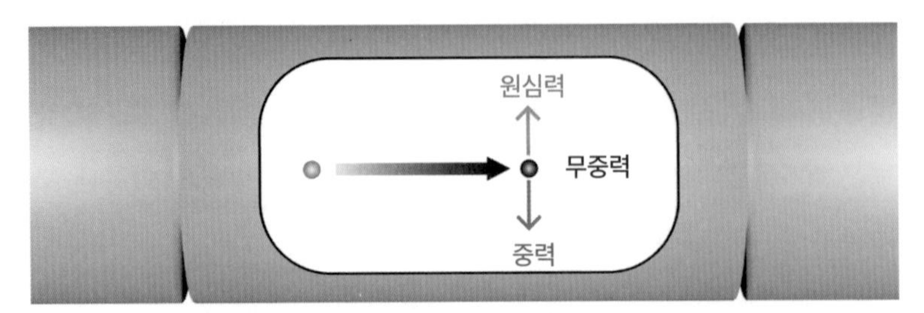

원심력이 중력을 상쇄해 무중력상태가 된다는 설명

그림 4-21 ISS 안에서 우주인이 보는 물체의 움직임은 무중력상태에서의 움직임이다. 무중력을 설명하는 방법의 하나로, '지구 주위를 동그라미 모양으로 도는 원운동의 원심력이 지구의 중력을 상쇄한다'라는 설명이 있다.

한다. 원운동 때문에 생긴 원심력이 ISS와 그 안의 물체를 지구 중심에서 멀어지는 방향(또는 원운동의 바깥쪽 방향)으로 민다.

(3) ISS 안에서는 중력과 원심력의 크기가 같기 때문에, 지구 중심으로 끌어당기는 중력을, 지구 중심에서 멀어지는 방향으로 미는 원심력이 상쇄한다. 결국 물체에 작용하는 힘이 없어져서, 물체가 아래로 떨어지거나 위로 밀리지 않고 둥둥 떠다니는 상태인 무중력상태가 된다.

하지만 지구 위에 있는 사람에게 보이는 상황은 다르다. 지구 위 400킬로미터 상공을 대략 초속 7.7킬로미터로 돌고 있는 ISS는 지구의 중력이 잡아당겨 1초에 약 4.3미터씩 떨어진다. ISS 아래의 지구의 표면도 비슷하게 구부러지기 때문에, ISS는 지표면에서 거

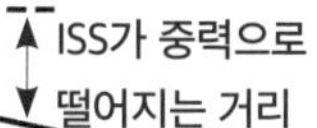

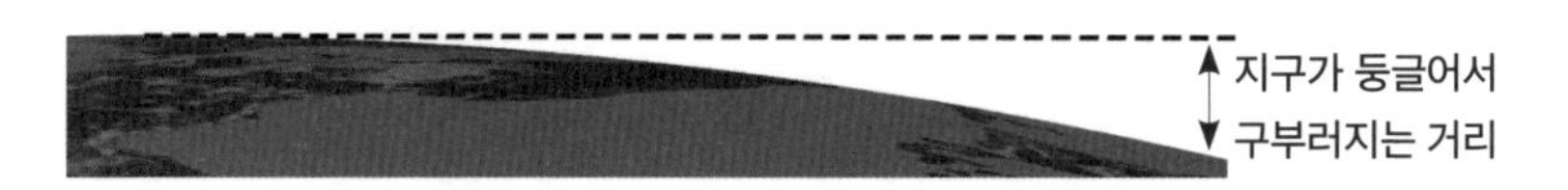

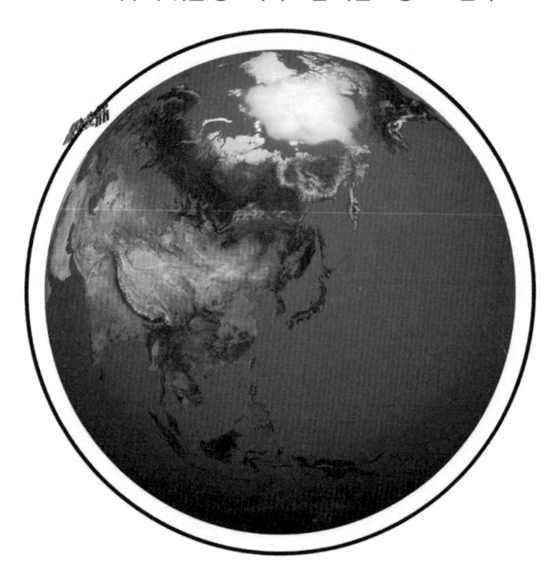

그림 4-22 지표면과 거의 같은 높이를 유지하며 지구 주위를 도는 국제우주정거장. ISS가 수평으로 움직이는 동안 수직으로(지구 중심 방향으로) 떨어지는 거리는, 지구가 둥글기 때문에 지표면이 구부러지는 거리와 같다. 결국 ISS는 지표면과 거의 같은 높이를 유지하며 지구 주위를 돈다.

의 같은 높이를 유지하면서 지구 주위를 돈다. 중력이 잡아당기는 대로 떨어지는 자유낙하를 하는 것이다. ISS의 경우는 빠른 수평 방향의 움직임과 지구의 중력으로 인한 수직 방향의 움직임, 그리고 지구가 둥글다는 점이 복합적으로 작용해 동그라미 모양의 궤적으로 자유낙하를 하는 경우이다.

ISS 안에 있는 물체도 ISS와 함께 지구 주위를 돈다. 지구 위에 있는 사람에게 보이는 ISS 내부 물체의 움직임도 ISS의 움직임을 설명하는 것과 같은 방법으로 설명할 수 있다. 둥근 지구 위의 상공에서 지구의 중력으로 자유낙하한다는 사실만으로 ISS와 ISS 안에 있는 물체 모두 설명할 수 있는 것이다. 이런 설명에는 중력 이외에 다른 어떤 힘도 등장하지 않는다. 원심력이 전혀 필요하지 않다.

정리하면, ISS 안에 있는 우주인은 '중력과 원심력이 균형을 이루어 물체에 아무 힘도 작용하지 않는다'고 보며, 지구 위에 있는 사람은 '중력만 작용하고 있다'고 본다. 결국 '원심력'은 보는 사람에 따라 있어야 하는 힘이기도 하고, 없어도 되는 힘이기도 하다.

탄도 우주비행의 무중력상태는 어떻게 설명할까?

준궤도 비행이라고도 불리는 탄도 우주비행의 경우도 비슷하다. 공기저항이 거의 없는 우주공간까지 빠르게 올라가는 우주선이 로켓 추진력을 끄면, 우주선은 위로 올라갔다가 내려오면서 자유낙하하는 '탄도 우주비행'을 한다. 탄도 우주비행을 하는 우주선 안에서도 무중력상태를 경험할 수 있다. 우주선이 우주로 날아갈 때 비스듬한 각도로 날아가면 우주선은 포물선에 가까운 모양의 궤적으로 움직인다. 하지만 수직 방향으로만 날아가면 위로 올라갔다가 내려오기만 하는 단순한 궤적으로 움직인다.

우주선이 탄도 우주비행을 하는 경우에도 지구의 중력은 우주선과 우주선 안에 있는 모든 것을 끌어당긴다. 하지만 우주선에 탑승한 우주인이 보기에는 우주선 안에서 떠다니는 물체에는 아무런 힘도 작용하지 않는 것처럼 보인다. 이 상황을 설명할 때에도 중력을 상쇄할 다른 힘을 도입해야 한다. 만약에 탄도비행이 위로 올라갔다가 아래로만 내려오는 수직 탄도비행이면 원운동과는 무관하기 때문에, 추가로 도입하는 힘을 원심력이라고 부르기엔 문제가 있다. 좀 더 넓은 의미의 이름을 그 힘에 붙여줘야 한다. 바로 관성력이다.

반면, 지구 위에 서 있는 사람이 보기에는 추진력 없이 움직이는 우주선과 우주선 안 물체의 움직임은 관성력 없이 중력에 의한 자유낙하만으로 설명할 수 있다. 구체적으로 수직 탄도비행의 경우, '추진력을 끈 직후부터 수직 방향으로 올라가는 우주선과 우주선 내부 물체의 속도는 중력이 아래로 잡아당기는 힘에 의해 점점 속도가 준다. 우주선이 최고점에 이르렀을 때 속도의 방향이 바뀌고, 중력에 의해 아래로 내려가는 속도는 점점 커진다'라고 설명한다. 다른 어떤 추가적인 힘이 없이 중력만 있으면 설명할 수 있다.

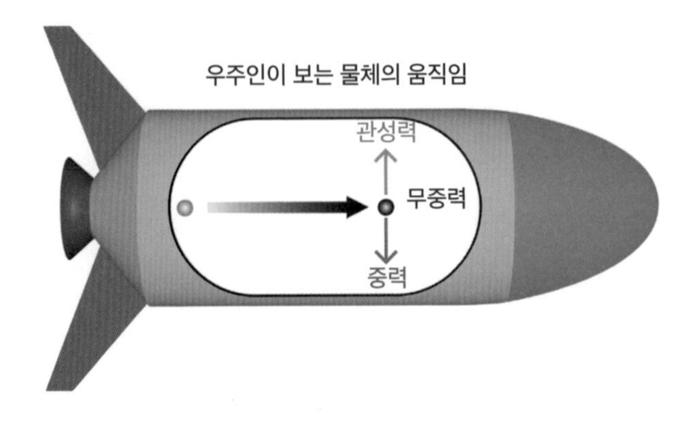

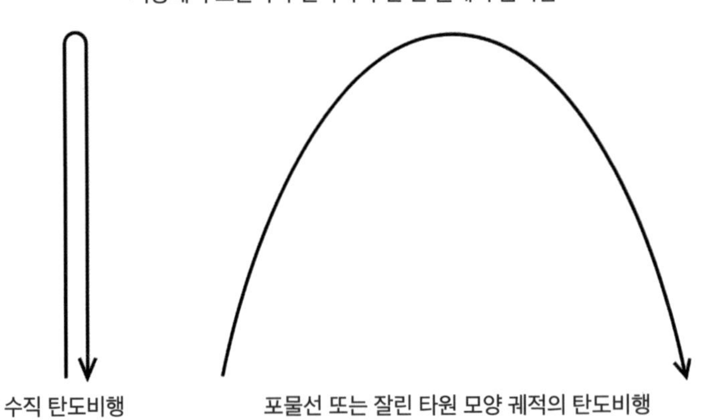

그림 4-23 수직 탄도비행과 포물선 또는 잘린 타원 모양 궤적의 탄도비행. 위: 우주선 안에서 우주인은 관성력이 지구의 중력을 상쇄해 무중력상태가 된다고 설명한다. 아래: 수직으로 속도를 높이다가 추진력을 끄면, 위로 올라갔다가 아래로 떨어지는 수직 탄도비행을 한다(아래 왼쪽). 우주선이 기울어진 각도로 속도를 높이다가 추진력을 끄면, 우주선의 궤적은 포물선에 가까운 모양을 그리는 이른바 포물선 탄도비행을 한다. 둥근 지구와 높이에 따라 중력이 변하는 것을 감안하면 타원의 끄트머리 모양이라고 표현하는 것이 좀 더 정확하다.

관성력으로 설명하거나 중력만으로 설명하는 무중력상태

원심력과 같은 관성력은 어디에서 보는가에 따라, 있기도 하고 없기도 하다. 이 관성력을 이해하려면 속도와 가속도를 좀 더 잘 이해할 필요가 있다.

속도는 속도의 크기(또는 속력)와 방향을 모두 아우른다. 크기와 방향 중 하나만 변해도 속도는 변한다고 본다. 이렇게 물체의 속도가 변하는 경우, 우리는 그 물체가 '가속한다'고 말한다. 그리고 속도가 변하는 정도를 '가속도'라고 부른다. 가속도도 크기와 방향을 모두 가지고 있는 값인 벡터이다.

물체가 가속할 때 저절로 가속하는 경우는 없다. 외부의 힘이 있어야 가속할 수 있다. 이를 뉴턴의 운동 제2법칙인 '가속도의 법칙'이라고 한다. 이때 힘의 방향은 가속하는 방향과 같다. 수식으로 나타내면 다음과 같다.

$$F = ma$$

여기에서 F는 힘을 뜻하는 영어 단어 force의 첫 글자이고, m은 질량을 뜻하는 mass의 첫 글자, a는 가속도를 뜻하는 acceleration의 첫 글자이다. 힘의 방향은 가속도의 방향과 같고, 힘의 크기는 질량과 가속도의 크기를 곱한 값이다. 물리 문제를 풀 때 가장 많이 쓰는 중요한 수식의 하나이다. 가속하면 가속하는 방향으로 힘이 있어야 한다.

지구 주위를 동그라미 모양으로 도는 원운동을 하는 ISS는 속도의 크기는 변하지 않지만 움직이는 방향이 바뀌면서 가속하는 경우이다. 이 경우 가속도의 방향은 원의 중심을 향한다. 다시 말해 원의 중심으로 끌어당기는 힘이 있어야 하고, 이 힘을 구심력이라고 한다. ISS의 경우 구심력은 지구의 중력이다.

탄도비행 우주선도 마찬가지로 가속한다. 위로 올라가던 우주선이 추진체를 끄면 위로 올라가는 속도가 점점 줄다가 방향을 바꿔 아래로 내려가는 속도가 점점 커진다. 위로 향하는 속도가 줄어드는 경우와 아래 방향의 속도가 늘어나는 경우 모두 가속도는 아래 방향을 향한다. 이때 우주선을 가속하는 힘은 지구의 중력이다

ISS 또는 탄도비행 우주선과 거기에 탑승한 우주인, 그리고 우주선 안의 모든 물체에 지구의 중력이 작용한다. 탑승한 우주인의 입장에서 보면 우주선 안의 물체는 정지해 있거나 일직선으로 일정한 속도를 유지하면서 움직이기 때문에, 마치 아무런 힘도 작용하지 않는 것으로 보인다. 중력이 작용하고 있음을 아는데도 말이다. 이를 설명하려면 추가로 힘을 도입해 중력을 상쇄해야 한다.

이처럼 가속하는 사람에게 보이는 물체의 움직임을 설명할 때 추가로 도입하는 힘이 관성력이다. 우리가 쉽게 접하는 예로, 버스가 출발할 때 버스 안에 있는 사람에게 일어나는 일을 들 수 있다. 출발하는 버스 안에 있는 사람들이 마치 어떤 힘에 의해 뒤로 밀리는 것처럼 보인다. 이 힘이 바로 관성력이다. ISS 안의 무중력을 설명하기 위해 추가로 도입하는 원심력도 관성력의 하나이다. 탄도

비행 우주선 안의 무중력을 설명할 때 도입하는 힘도 관성력이다. 탄도 우주비행 우주선에 타고 있는 사람이 관성력을 추가로 도입해 우주선 안의 무중력상태를 설명하면 다음과 같이 된다.

"관성력이 중력을 상쇄해 우주선 안에서는 어떤 힘도 작용하지 않는다(무중력상태이다)."

반면, 지구에 있는 사람과 같이 정지해 있거나 일정한 크기의 속도로 직선으로 움직이는 사람, 다시 말해 가속하지 않는 사람은 자유낙하하는 물체의 움직임을 설명할 때에는 중력만으로 일관되게 설명할 수 있다.[16] 이 사람의 설명에는 관성력이 필요하지 않다. 관성력은 이렇게 가속하는 사람의 입장에서 볼 때만 나타나기 때문에, 실체가 없다는 의미로 '허구의 힘fictitious force'이라고 부르기도 한다.

지금까지 설명한 내용을 정리해 보면 다음과 같다.

(1) 자유낙하하는 우주선 안에 있는 사람이 보면, 우주선 안에 있는 물체는 아무런 힘도 받지 않는 무중력상태에 있다. 따라서 중력을 상쇄하는 관성력을 도입해야 설명할 수 있다.

(2) 지구에 있는 사람이 보면, 궤도비행을 하는 ISS나 탄도비행을 하는 우주선, 그리고 그 내부의 물체들은 중력에 의해 자유낙하하는 것만으로 설명할 수 있다. 따라서 관성력이 필요 없다.

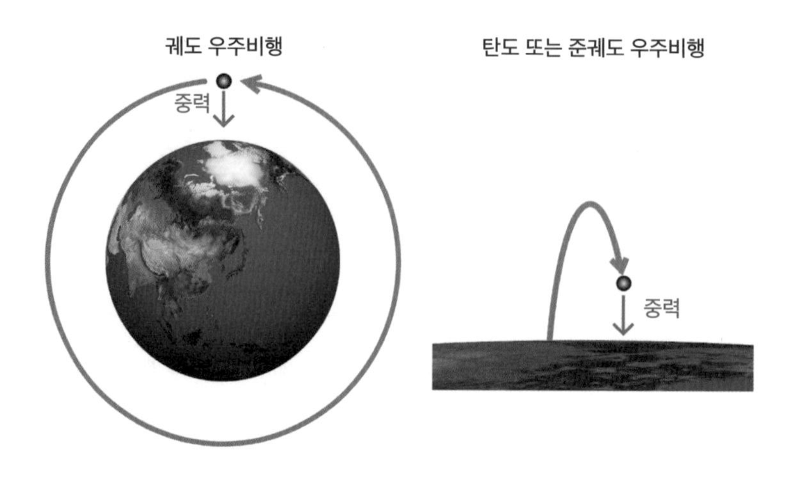

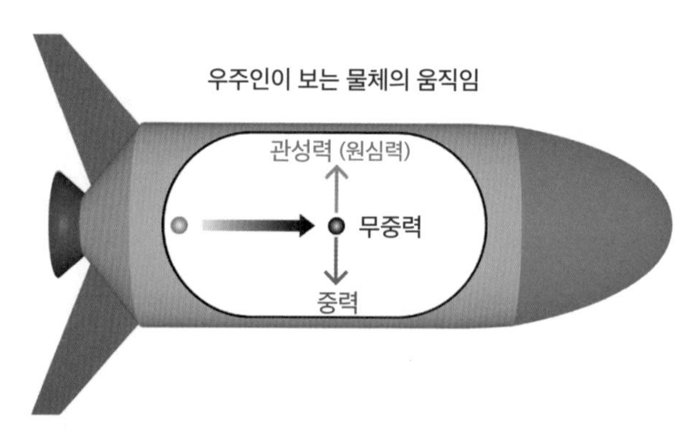

그림 4-24 보는 사람에 따라 필요하기도 하고 필요 없기도 한 힘인 관성력. 지구에 있는 사람이 보면, ISS와 ISS 안에 있는 물체가 동그라미 모양으로 지구 주위를 도는 원운동은 지구의 중력이 끌어당기는 힘만으로 설명할 수 있다(위의 왼쪽). 추진력을 끄고 수직 탄도비행을 하는 경우도 지구에서 보면, 중력이 끌어당기는 힘만으로도 위로 올라갔다가 내려오는 궤적을 설명할 수 있다(위의 오른쪽). 하지만 자유낙하로 무중력 환경이 만들어진 우주선 안에 있는 사람이 우주선 안에서 일직선으로 속도의 변화 없이 움직이는 물체를 설명하려면 중력을 상쇄하는 관성력(원심력도 포함)이 있어야 한다(아래).

관성력은 고급 물리학에서 사용하는 개념

고등학교 과정과 대학 교양 과정에서 배우는 물리에서는 앞의 (2)의 방법으로 물체의 움직임을 설명한다. 원운동과 관련된 문제를 설명하고 계산할 때도 관성력의 하나인 원심력은 사용하지 않는다. 오히려 원심력을 사용해 계산하면 계산 결과는 십중팔구 틀리고 만다. 어려서부터 원심력에 대한 이야기는 많이 듣지만, 정작 물리를 이용해 설명하고 문제를 풀 때는 원심력을 사용하지 않는 것이다. 그러다가 더 높은 수준의 대학교 물리학 수업에서 (1)의 방법으로 설명하는 방법을 배운다. 어렸을 때부터 아무렇지 않게 설명하고 이해한 방법이 사실은 더 높은 수준의 물리학인 셈이다.

두 설명 방법의 차이는 보는 사람의 입장의 차이에서 온다. (1)의 방법은 보는 사람이 속도가 변하는 가속운동을 하는 경우의 설명이고, (2)의 방법은 보는 사람이 정지해 있거나 일정한 크기의 속도로 직선운동을 하는 경우의 설명이다.[17] 이처럼 관성력을 도입해야 할지 아닐지를 결정하는 데에는, 보는 사람이 어떤 움직임을 하고 있는가가 중요하다. 하지만 일상에서는 보는 사람의 움직임과 상관없이 관성력을 도입해 설명하는 경우가 많아 유의할 필요가 있다.

퀴즈

(1) 지구 주위를 도는 ISS 안은 무중력상태이다. 그곳에는 지구의 중력이 전혀 없을까?

(2) 제로-G와 같은 비행기를 이용한 무중력 체험에서는 달 표면 중력과 비슷한 저중력 체험도 할 수 있다. 지표면 중력의 6분의 1밖에 안 되는 저중력을 체험하는 사람이 저중력 상태를 설명할 때 지표면 중력 대비 관성력의 크기는 어느 정도일까? 비행기가 날아가는 높이에서 중력의 크기는 지표면 중력의 크기와 같다고 하자.

인공중력의 정체, 그리고 관성력으로 보는 중력

회전이나 가속으로 만드는 인공중력.

인공중력의 정체는 관성력이다.

일반상대성이론에서는 중력도 관성력으로 본다.

관성력으로 만드는 인공중력

우주선이 로켓엔진의 추진력으로 지구 표면에서 우주를 향해 날아가는 경우를 보자. 지구의 중력이 끌어당기는 방향과 반대로 가속하는 경우이다. 우주선에 탑승한 우주인은 지구 위에서 느끼는 것보다 더 큰 중력을 느낀다. 지구의 중력에 대항해 우주선이 우주인을 떠받치는 힘이 기본적으로 있고, 우주선이 로켓 추진으로 우주인을 위로 가속하는 힘이 더해진다. 우주인은 이 두 힘을 한꺼번에 느끼면서 더 큰 중력을 느낀다고 생각한다. 우주선 안에서 들고 있다가 떨어뜨린 물건도 지상에서 떨어뜨린 물건보다 더 빠르게 가속하면서 떨어진다. 지구의 중력이 끌어당겨 가속하는 것에 더해, 우주선이 가속하는 만큼 그 반대 방향으로 더 빨리 가속하기 때문이다.

비록 우주인은 지상에서보다 더 큰 중력을 느끼지만, 우주인 본인은 우주선 바닥 위에 정지해 있으므로 우주인의 입장에서는 위로도 아래로도 가속하지 않는다. 우주선 바닥 위에 놓인 물건이나 우주선 벽이나 천장에 매달려 있는 물체도 탑승한 우주인이 보면 원래 위치에 그대로 있으므로 가속하지 않는다. 가속하지 않는다는 말은 위로 미는 힘과 아래로 당기는 힘이 균형을 이루면서 서로 상쇄한다는 것을 의미한다. '지구 중력에 대항해 위로 미는 힘'은 아래로 끌어당기는 중력과 균형을 이루면서 서로 상쇄한다. '우주선이 가속하면서 위로 미는 힘'과 균형을 이뤄 서로 상쇄하는 힘이 추가로 있어야 한다.

이 경우에도 관성력을 도입해 우주선이 가속하면서 위로 미는 힘을 상쇄한다. 우주선은 우주선 안의 우주인과 물건을 위로 가속하면서 밀기 때문에, 이 힘을 상쇄하는 관성력은 아래 방향으로 향한다. 우주인이 느낀다고 생각하는 중력에서 지구의 중력을 빼고 남는 부분이 바로 추가된 관성력에 해당한다. 우주인은 사실 중력과 관성력을 느끼는 것이 아니라, 중력에 대항해 바닥이 위로 미는 힘과 바닥이 가속하면서 미는 힘을 느낀다.

우주선 가속도

지구 가까운 곳에서 우주선이 가속할 때

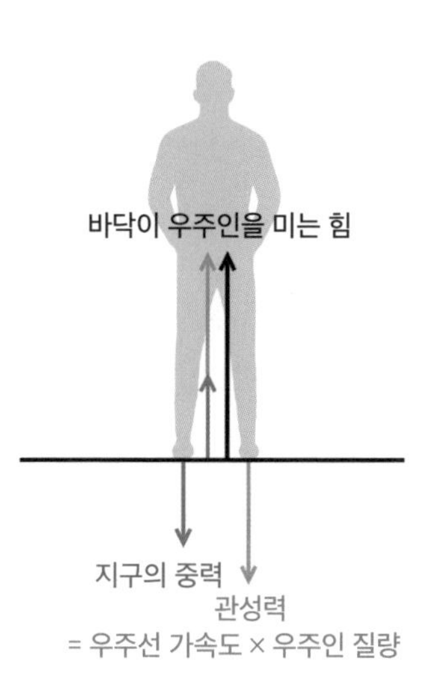

우주인은 우주선 바닥이 미는 힘을
중력이라고 생각하고 느낀다

우주선 바닥이 미는 힘의 크기는
지구의 중력과 관성력을 더한 힘의 크기와 같다

그림 4-25 지구 가까운 곳에서 가속하는 우주선에서 우주인이 느끼는 중력. 우주인이 볼 때 우주인 본인은 우주선 안에서 정지해 있으므로 가속하지 않으므로 외부의 힘이 상쇄되어 없어지는 것처럼 보인다. 지구의 중력은 이에 대항해 바닥이 위로 미는 힘으로 상쇄된다. 가속하는 우주선 바닥이 미는 힘을 상쇄할 관성력이 추가로 필요하다. 관성력의 크기는 우주선 바닥이 위로 미는 힘의 크기와 같고 방향은 반대이다. 우주인은 지구의 중력과 함께 이 관성력도 중력으로 느낀다고 생각하지만, 실제 우주인이 느끼는 힘은 중력에 대항해 바닥이 위로 미는 힘과 우주선이 가속하면서 바닥이 미는 힘이다.

중력이 없는 곳에서의 관성력

이번에는 중력이 없는 곳에서 우주선이 로켓 추진으로 가속하는 경우를 생각해 보자. 지금은 불가능하지만, 태양에서 수 광년 떨어진 아주 먼 우주 한복판에서 우주선을 가속하는 것을 예로 들 수 있다. 이 경우를 우주선 바깥에서 보면, 우주선이 가속함에 따라 우주선 바닥도 우주인을 포함한 우주선 안의 모든 것을 밀면서 가속한다. 우주선에 타고 있는 우주인도 우주선 바닥이 미는 힘이 우주인을 포함한 우주선 안의 모든 것을 밀고 있다는 사실을 알고 있다. 하지만 우주인이 보기에 우주인 본인과 각종 물품은 우주선 바닥이나 선반 위에 가만히 있기 때문에, 로켓 추진으로 우주선 바닥이 미는 힘을 상쇄할 힘, 다시 말해 우주선 바닥이 미는 힘과 크기는 같지만 방향은 반대인 관성력이 있어야 우주선 안에서 가만히 있는 것을 설명할 수 있다.

우주인은 바닥이 미는 힘을 느끼는 것을 마치 관성력을 느낀다고 생각하고, 힘의 방향은 바닥 아래를 향한다고 생각한다. 만약 이 관성력의 크기가 지구 표면의 중력의 크기와 같으면, 우주인이 우주선 안에서 경험하는 관성력과 지구 위에서 경험하는 중력을 구분할 수 없다. 인공중력이 만들어지는 것이다.

다시 자유낙하하는 상황으로 돌아오자. ISS 안이나 탄도비행 우주선 안에 있는 우주인이 보기에는 우주선 안의 물체들이 중력이 없는 것처럼 움직인다. 이를 설명하려면 어떤 크기의 중력이 작용하는지 알고 있어야 하고 이 중력을 상쇄할 관성력을 도입해야

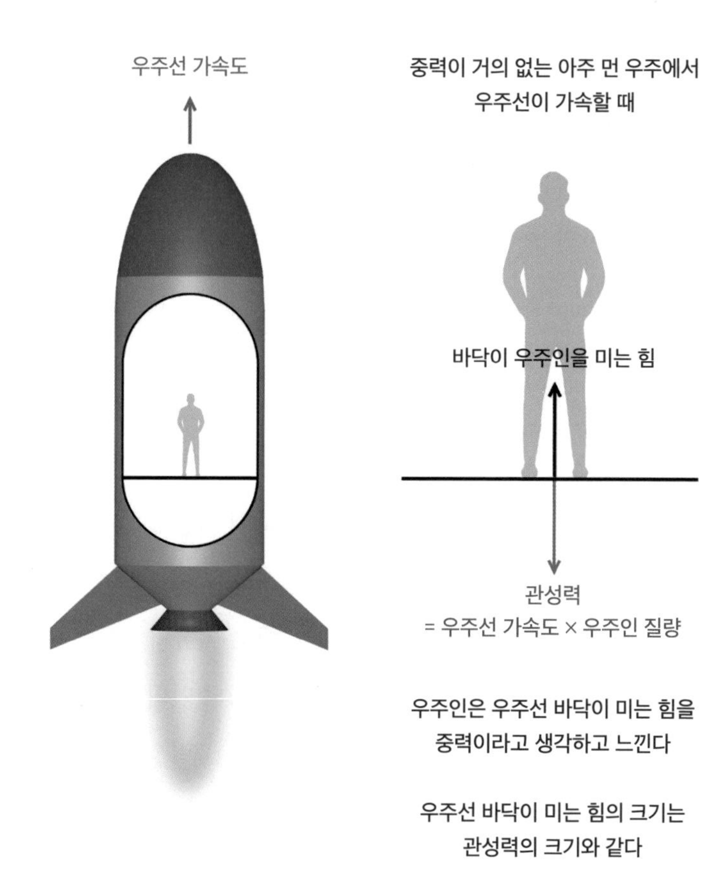

그림 4-26 중력이 없는 곳에서 가속하는 우주선에서 우주인이 느끼는 중력. 우주인이 볼 때 우주인 본인은 우주선 안에 정지해 있고 가속하지 않으므로, 우주선 바닥이 위로 미는 힘을 상쇄할 관성력이 필요하다. 관성력의 크기는 우주선 바닥이 위로 미는 힘의 크기와 같고 방향은 반대이다. 우주인은 이 관성력을 중력이라고 생각하고 느끼지만, 실제 우주인이 느끼는 것은 우주선이 가속하면서 바닥이 위로 미는 힘이다.

한다. ISS 안에서는 지표면 중력의 88.5%, 더 낮은 곳을 비행하는 탄도비행 우주선에는 이보다 좀 더 큰 중력이 작용한다. 지구와 달 사이의 대략 9:1 되는 지점에 우주선이 추진력을 끄고 들어가면, 지구의 중력과 달의 중력이 크기는 같고 방향은 반대가 되면서 서로 상쇄되고, 훨씬 먼 곳에 있는 다른 천체들에 의한 중력만 작용한다. 이 경우에는 훨씬 작은 크기의 관성력을 도입하면 된다.

중력을 알아야 파악할 수 있는 자유낙하할 때의 관성력

이렇게 우주선이 어디에 있느냐에 따라 작용하는 중력의 크기가 다르지만, 추진력을 끄고 중력이 당기는 대로 자유낙하하면 우주선 내부가 무중력상태인 것은 마찬가지이다. 우주인의 입장에서 무중력상태에 있는 물체의 움직임을 설명할 때는 중력을 상쇄하는 관성력을 도입해야 하는데, 관성력의 크기는 우주선에 작용하는 중력의 크기에 따라 달라질 수밖에 없다. 지구와 달 사이의 우주선보다는 ISS가, ISS보다는 더 낮은 고도에서 탄도비행을 하는 우주선이 더 큰 관성력이 필요하다.

한발 더 나아가, 우주선이 어느 지점까지 가는지 전혀 알 수 없고, 우주선 밖을 볼 수도 없고 느낄 수도 없는 상황을 가정해 보자. 예를 들면 우주선이 목표 지점까지 가는 동안 탑승한 우주인은 잠을 자서 우주선이 어디까지 갔는지 알 수 없는 경우를 생각해 볼 수 있다. 목표 지점에 도착한 다음 우주선의 추진력을 끄면 우주선은 자유낙하하고, 우주선 내부는 무중력상태가 된다. 여전히 우주선 바깥을 볼 수 없는 상황이라면, 우주인은 무중력상태가 궤도 우주비행을 하기 때문인지, 탄도 우주비행을 하기 때문인지, 아니면 우주 한복판에서 다른 천체들의 중력에 이끌려 자유낙하하기 때문인지 알 수 없다.[18]

어디에서 어떻게 자유낙하하는지를 알 수 없다는 말은, 곧 자유낙하를 하게 만드는 중력의 크기와 방향을 알 수 없다는 의미이다. 우주인의 입장에서 무중력을 설명할 때 도입해야 하는 관성력의 크기와 방향이 이미 알고 있는 중력에 의해 결정되기 때문에, 결국 관성력을 정할 수가 없는 상황이 된다. 어차피 중력이 얼마만큼 작용하는지 모르는 상황이라면, 차라리 중력이 없다고 가정하는 것이 더 자연스러울 수 있다. 그러면 어떤 크기와 방향인지도 모르는 관성력을 도입하지 않고도, 뉴턴의 운동 제1법칙인 관성의 법칙만으로 우주선 안에 있는 물체의 움직임을 설명할 수 있다.

반면, 우주선 밖에 정지해 있는 사람이 보기에는, 추진력를 사용하지 않는 우주선과 우주선 안의 물체는 우주선이 어디에 있느냐에 따라 다르게 움직인다. 주위 천체들의 위치가, 우주선에 작용하는 중력의 크기와 방향을 결정하기 때문이다. 경우에 따라 동그라미 모양, 포물선 모양, 위로 올라가다 내려오는 모양 등 다양한 모양의 궤적으로 움직일 수 있다. 주위의 다른 천체들을 볼 수 없고 움직이는 우주선만 아주 멀리서 볼 수 있는 상황이라고 하더라도, 우주선의 속도 변화를 통해 외부에서 중력이 어떻게 작용하는

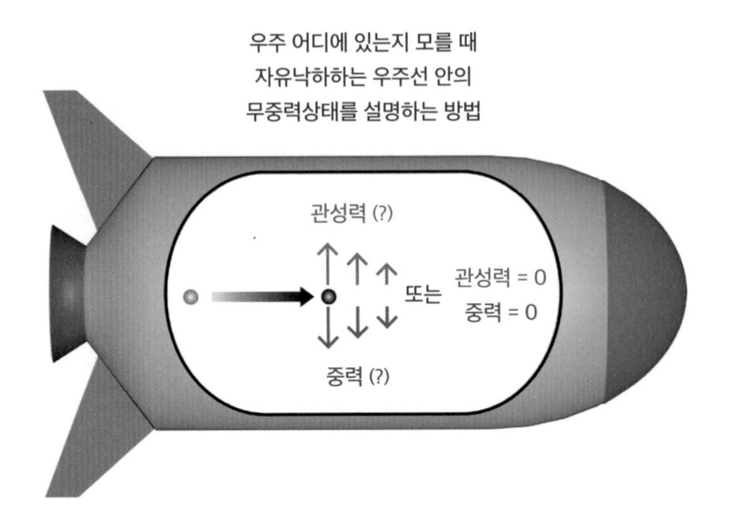

그림 4-27 우주선이 어디에 있는지 모르는 상태에서 자유낙하할 때, 물체의 움직임을 설명하는 데 필요한 힘. 중력의 크기와 방향을 모두 알 수 없는 상황이지만, 그림에서는 단순하게 하기 위해 수직 방향의 힘으로만 제한해 표시했다.

지를 계산할 수 있다.

이제 우주선이 어디에 있는지 모를 때, 보는 입장에 따라 달라지는 설명을 비교 및 정리해 보자.

(1) 자유낙하하는 우주선 안의 우주인이 보기에는, 우주선 안의 물체의 움직임을 설명할 때 아무런 힘도 없이 뉴턴의 운동 제1법칙인 관성의 법칙만으로 설명할 수 있다.

(2) 우주선 밖에서 정지해 있거나 일정한 속도로 움직이는 사람이 보기에는, 우주선과 우주선 안의 물체의 움직임은 중력을 이용한 뉴턴의 운동

제2법칙인 가속도의 법칙($F=ma$)으로 설명해야 한다.

이제는 보는 사람에 따라 중력이 필요하기도 하고 필요 없기도 한 상황이 되었다. 도입 여부가 보는 사람의 입장에 달려 있는 관성력과 비교되는 부분이다.

일반상대성이론은 중력을 관성력으로 본다

1915년에 아인슈타인은 물리학 역사에 한 획을 긋는 '일반상대성이론'을 발표한다.[19] 공간과 시간을 아우르는 4차원 '시공간'의 특별한 기하학을 이용하는 이 이론에서는 이전의 물리학과 다른 관점에서 중력을 본다. 고전물리학에서는 천체가 있으면 천체의 질량으로 인해 중력이 만들어지고 공간은 주위의 천체와 무관하게 변함없이 그대로 유지된다고 본다. 반면, 일반상대성이론에서는 천체가 있으면 천체의 질량에 의해 4차원 시공간이 휜다고 본다.

자유낙하하는 경우를 보자. 고전물리학의 틀에서 보면 자유낙하하는 물체는 주위 천체의 중력에 이끌려 포물선이나 원 모양 등의 궤적으로 속도가 변하면서 움직인다. 반면, 일반상대성이론의 기하학의 틀에서 보면 이 물체는 4차원 시공간에서 최단 거리를 의미하는 측지선geodesic을 따라 움직인다. 관성의 법칙에서 외부의 힘이 없을 때 속도가 변하지 않는 직선운동을 하듯이, 자유낙하하는 물체는 휜 4차원 시공간에서 외부의 힘 없이 반듯한 직선으로 움직인다고 보면 된다.

한편 우리가 일반적으로 생각하는 공간에서, 주위에 천체가 있는데도 자유낙하하지 않고 정지해 있거나 일정한 속도로 직선운동을 하는 우주선을 생각해 보자. 고전물리학에서는 천체의 중력에 대항하는 힘이 있어야 이런 움직임이 가능하다. 우주선의 추진력이 이에 해당한다. 그리고 우주선을 타고 있는 사람은 추진력으로 미는 힘을 느끼는 것을 중력을 느낀다고 생각한다.

반면, 일반상대성이론의 기하학의 틀에서 이 우주선의 움직임은 휜 4차원 시공간의 측지선에서 벗어난 움직임이다. 천체의 질량으로 휜 시공간에서 반듯하게 움직이지 않고 가속한다고 보면 된다. 가속하는 힘은 우주선의 추진력이다. 우주선 안에 있는 우주인 입장에서 본인을 포함한 우주선 안의 물체가 바닥에 가만히 있는 것을 설명하려면 가속하는 추진력으로 우주선의 바닥이 미는 힘을 상쇄하는 관성력을 도입해야 한다. 우주인의 몸은 우주선의 바닥이 미는 힘을 느끼면서 머리는 관성력을 느낀다고 생각한다. 이 관성력이 고전물리학에서의 중력에 해당한다. 중력을 일반상대성이론에서는 관성력으로 보는 부분이다.

지구 위에 가만히 있는 것도 일반상대성이론에서는 휜 4차원 시공간의 측지선에서 벗어나 가속하는 움직임이다. 가속하게 만드는 힘은 지구 표면이 미는 힘이다. 지구 위에 서 있는 사람은 지구 표면이 미는 힘을 느끼는 것임에도 불구하고, 힘의 크기는 같고 방향은 반대인 관성력을 느낀다고 생각한다. 이 관성력이 고전물리학에서의 중력이다.

퀴즈

(1) 원심력을 포함한 관성력을 '허구의 힘'이라고 부르는 이유는 무엇일까?

(2) 우주공간에서 중력을 느끼려면 어떻게 해야 할까?

5부

외계천체 찾기

첫 외계행성 관측과 도플러 효과

외계행성을 발견한 관측도 노벨 물리학상을 받았다.
이 관측에 이용한 도플러 효과에 대해 알아보자.
초음파 의료영상과 레이다에도 도플러 효과를 이용한다.

2019년 노벨 물리학상의 절반은 외계행성을 관측한 공로로 미셸 마요르Michel Mayor와 디디에 켈로Didier Queloz에게 돌아갔다. 우리 태양계 밖에 있는 별 주위를 도는 외계행성을 최초로 관측한 결과였다. 이 외계행성은 '51 페가수스 b51 Pegasi b'로, 가을에 볼 수 있는 별자리인 페가수스자리에 위치한 '51 페가수스'라는 별 주위를 돌고 있는 행성이다. 관측에는 '도플러 효과Doppler effect'라는 과학 현상을 이용했다. 도플러 효과는 도대체 무엇이고, 노벨 물리학상을 안긴 관측에 어떤 도움을 줬을까?

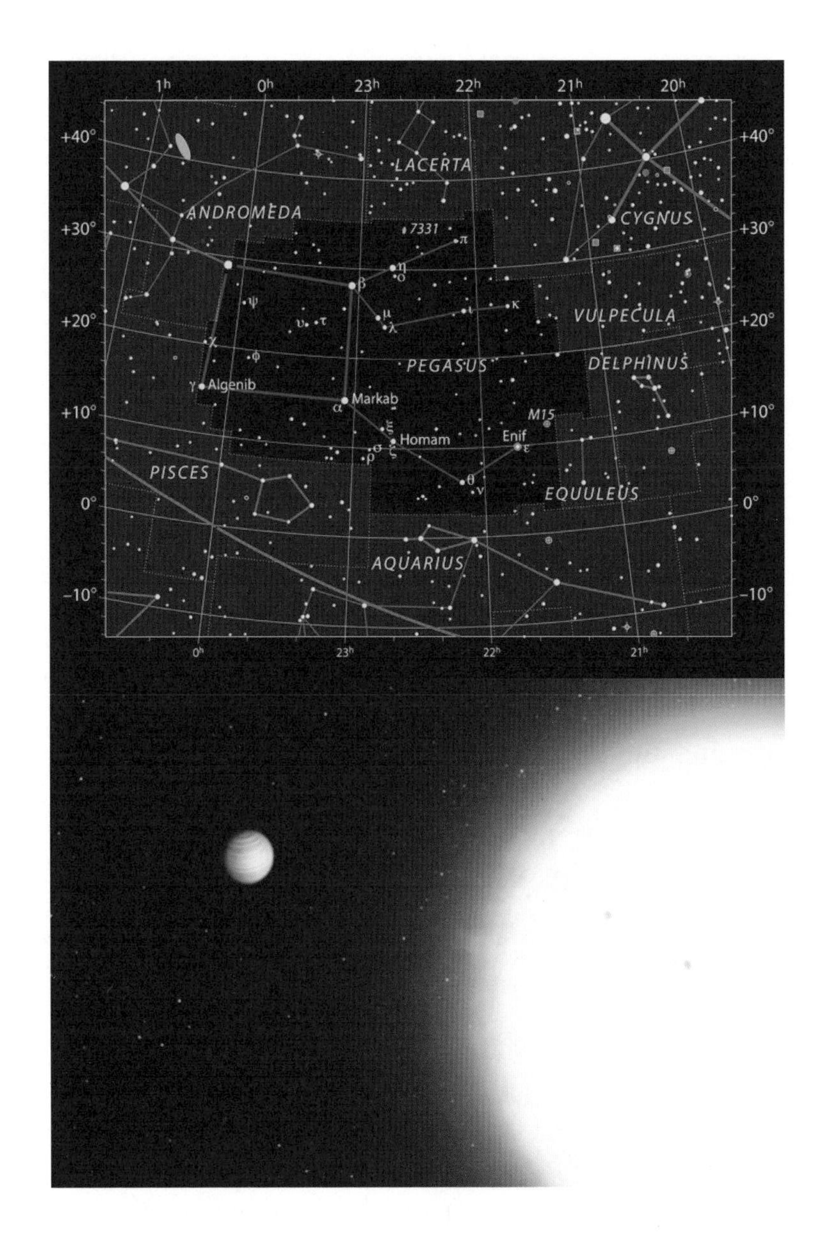

그림 5-1 페가수스자리에 위치한 별 51 페가수스와 그 주위를 돌고 있는 행성 51 페가수스 b를 표현한 그림.

소리로 듣는 도플러 효과

'포뮬러 원Formula 1'이라는 자동차 경주가 있다. 이 경주에서 달리는 자동차의 속도는 시속 300킬로미터를 넘나든다. 엔진 소리가 상당히 커서 관객의 청각도 자극하는 스포츠로 알려져 있다. 포뮬러 원 자동차가 앞으로 지나갈 때 엔진 소리가 어떻게 들리는지 확인해 보자. 유튜브 웹사이트에 가서 'formula one sound'로 검색해서 나오는 동영상들 중 직선주로를 달리는 경주차를 가까이에서 찍은 경우를 골라, 엔진 소리가 어떻게 변하는지를 자세히 들어보면 재미있는 현상을 확인할 수 있다.

먼저 엔진 소리의 크기에 주목해 들어보자. 차가 얼마나 멀리 떨어져 있는가에 따라 경주차 엔진 소리의 크기가 다르게 들린다. 경주차가 멀리 있으면 엔진 소리는 작게 들리고 가까이 있으면 크게 들린다. 이번에는 엔진 소리의 톤, 다시 말해 음높이를 주목해 들어보자. 경주차가 다가오면 엔진 소리의 음높이가 높은 반면, 멀어지면 음높이가 상당히 낮다. 속도 변화가 거의 없는 긴 직선주로 중간 부근에서는 경주차 엔진의 회전수 변화가 적기 때문에, 엔진 소리의 음높이도 비슷해야 한다. 하지만 귀에 들리는 경주차의 엔진 소리는 다가올 때와 멀어질 때의 음높이가 상당히 다르다.

그림 5-2 유튜브 'formula one sound' 검색 링크 QR 코드. https://www.youtube.com/results?search_query=formula+one+sound

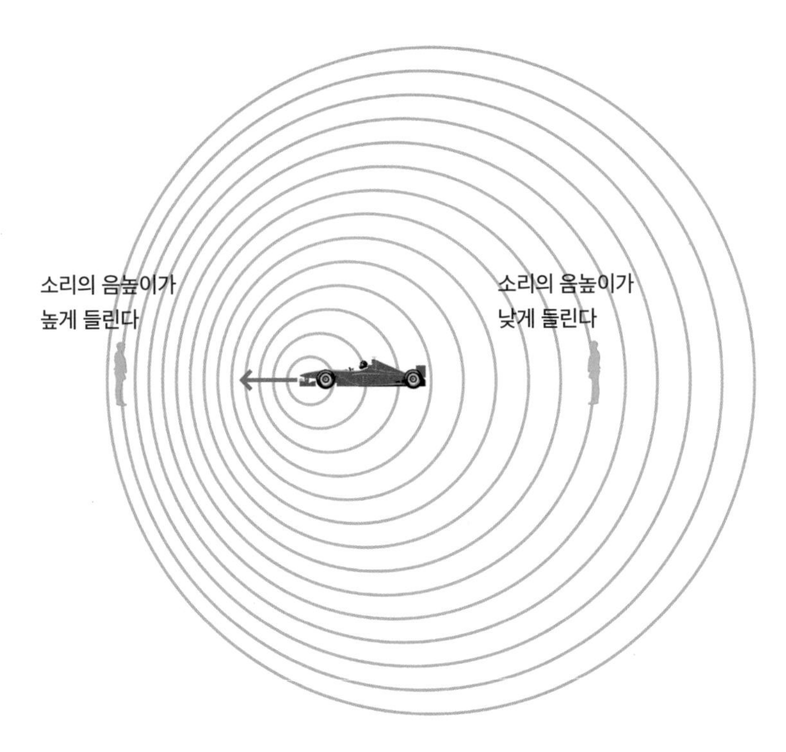

그림 5-3 다가오는 경주용 자동차의 엔진 소리는 진동수가 커져 음높이가 높게 들리고, 멀어지는 엔진 소리는 진동수가 작아져 음높이가 낮게 들린다.

소리는 물결 모양의 파동으로 퍼져 나가고, 이 파동의 진동수, 다시 말해 1초에 얼마나 자주 떨리는지가 음높이를 결정한다. 음높이가 변한다는 것은 소리의 진동수가 변한다는 것을 의미한다. 진동수가 크면 음높이는 높고, 진동수가 작으면 음높이는 낮다. 음악에서 한 옥타브 높은 소리의 진동수는 2배 크고, 한 옥타브 낮은 소리의 진동수는 2배 작다. 물결의 기본 모양 사이의 거리인 파장은 진동수에 반비례하기 때문에, 소리의 파장이 짧아지면 음높이가 높아지고 소리의 파장이 길어지면 음높이는 낮아진다.

소리에서 나타나는 도플러 효과는 소리를 내는 물체와 듣는 사람이 상대적으로 어떻게 움직이는지에 따라 들리는 소리의 음높이, 다시 말해 진동수가 변하는 현상이다. 다가오는 물체가 내는 소리는 진동수가 원래 소리의 진동수보다 더 커져서 높은 음높이의 소리로 들리고, 멀어지는 물체가 내는 소리는 진동수가 원래 소리의 진동수보다 더 작아져서 낮은 음높이의 소리로 들린다. 소리를 내는 물체는 움직이지 않고 듣는 사람이 움직여도 비슷한 현상이 나타난다. 듣는 사람이 다가가면 큰 진동수의 높은 음높이의 소리로 들리고, 듣는 사람이 멀어지면 작은 진동수의 낮은 음높이의 소리로 들린다. 우리가 쉽게 접할 수 있는 앰뷸런스나 소방차의 사이렌 소리에서도 이 도플러 효과를 확인할 수 있다.

소리처럼 파동인 빛에서도 도플러 효과가 나타난다. 다가오는 물체에서 나오는 빛의 진동수는 커지고, 멀어지는 물체에서 나오는 빛의 진동수는 작아진다. 여기에서 중요한 점은 소리의 진동수 변화는 음높이의 변화로 나타나는 반면, 사람이 볼 수 있는 빛인 가시광선의 진동수 변화는 색깔의 변화로 나타난다는 사실이다.

가시광선에서 푸른색 빛은 상대적으로 큰 진동수 또는 짧은 파장의 빛이고, 붉은색 빛은 작은 진동수 또는 긴 파장의 빛이다. 만약에 빛을 내는 물체가 다가오면 빛의 진동수가 커져 빛 색깔은 좀 더 푸르게 변하고, 빛을 내는 물체가 멀어지면 빛의 진동수가 작아져 빛 색깔은 좀 더 붉게 변한다. 빛의 진동수가 커져서 좀 더 푸르게 변하는 경우는, 푸른색을 의미하는 '청색'이라는 단어와 한쪽으로 옮겨 간다는 의미의 '편이'라는 단어를 써서 '청색편이blue shift'라고 부른다. 반대로 빛의 진동수가 작아져서 좀 더 붉게 변하는 경우는, 붉은색을 의미하는 '적색'이라는 단어를 써서 '적색편이red shift'라고 부른다.

우리 눈에 보이는 빛뿐만 아니라 다른 종류의 빛 그리고 소리에서도 청색편이와 적색편이라는 용어를 쓰기도 한다. 일반적으로 청색편이가 일어난다고 하면 진동수가 커지는 상황이고, 적색편이가 일어난다고 하면 진동수가 작아지는 상황이다.

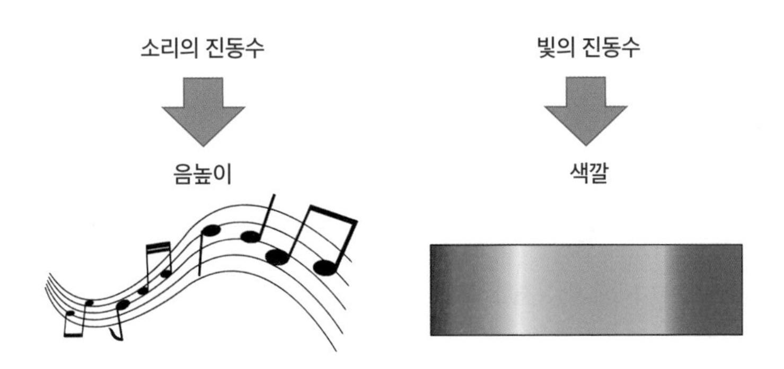

그림 5-4 소리의 진동수 차이는 음높이의 차이로 나타나고, 빛의 진동수 차이는 색깔의 차이로 나타난다.

어떻게 도플러 효과로 외계행성의 존재를 알아냈을까?

다시 2019년 노벨 물리학상의 외계행성 관측으로 돌아와 보자. 1995년 마요르 교수와 당시 그의 제자였던 켈로 교수는 페가수스자리에 위치한 '51 페가수스'라는 별의 별빛을 관측했다. 별빛을 여러 진동수의 빛으로 분리하는 스펙트럼에서 청색편이와 적색편이가 나타남을 확인했다. 별빛 스펙트럼에서 청색편이가 일어나면 그 별이 지구를 향해 다가온다는 것을 의미하고, 적색편이가 일어나면 지구에서부터 멀어진다는 것을 의미한다. 얼마나 더 청색편이가 일어나는지, 또는 얼마나 더 적색편이가 일어나는지로 별이 다가오고 멀어지는 속도를 계산할 수 있다.

관측한 도플러 효과를 이용해 계산한 결과, 51 페가수스는 초속 50미터 정도의 속도로 다가오고 멀어지는 것을 반복했다. 다가왔다 멀어짐을 반복하는 시간을 측정해서 별이 구체적으로 어떻게 움직이는지도 알 수 있었고, 이러한 별의 움직임으로부터 51 페가수스 별 주위를 공전하는 행성이 존재한다는 사실을 밝혔다. 태양계 밖에 있는 별 주위를 도는 행성을 확인한 최초의 관측이었다.

51 페가수스는 우리 태양보다 약간 더 크고 무거운 별이다. 지름은 약 172만 킬로미터이고 질량은 태양의 약 1.11배다. 이 별을 돌고 있는 51 페가수스 b의 지름은 우리 태양계의 목성보다는 크지만, 질량은 반 정도이다.[1] 51 페가수스의 지름과 질량과 비교하면 지름은 약 6분의 1, 질량은 약 2,530분의 1이다. 이 행성은 별에서 평균 788만 킬로미터 떨어진 곳에서 4.23일에 한 바퀴씩 돈다.[2]

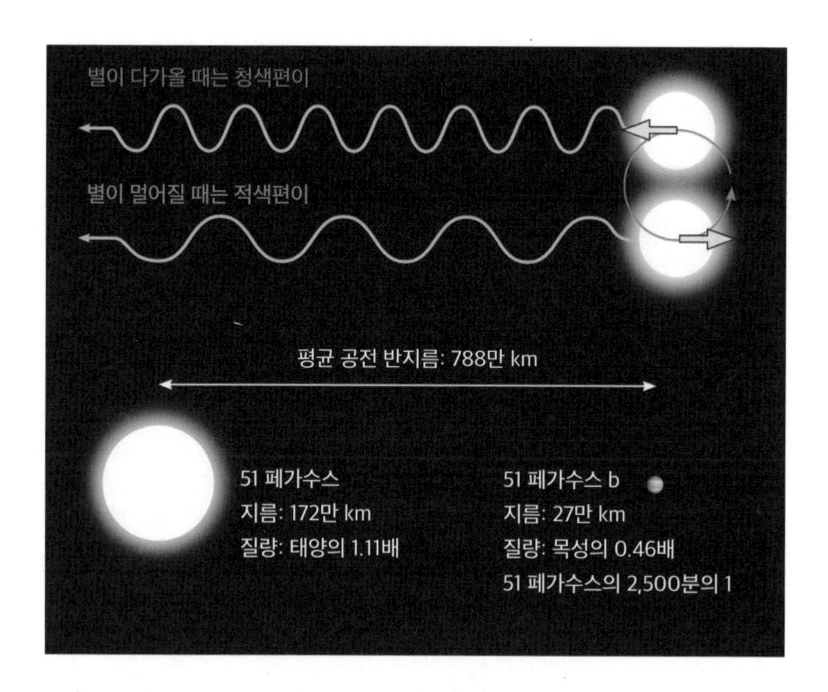

그림 5-5 위: 별이 지구를 향해 다가올 때는 빛의 진동수가 커지는 청색편이가, 멀어질 때는 빛의 진동수가 작아지는 적색편이가 나타난다. 이로부터 별이 다가오고 멀어지는 속도를 잴 수 있다. 아래: 지름이 약 172만 킬로미터인 51 페가수스 별과, 지름이 약 27만 킬로미터인 51 페가수스 b 행성의 모습을 그린 그림. 51 페가수스 b의 평균 공전 반지름은 약 788만 킬로미터로, 별 표면에서 별 지름의 약 4배 떨어진 거리에서 공전하고 있다. 우리 태양과 수성 사이의 평균 거리의 7분의 1도 안 되는 거리이다.

공전 속도를 계산하면 초속 136킬로미터로, 지구 공전 속도의 4.5배가 넘는다. 한편 51 페가수스와 51 페가수스 b의 질량중심은 별 중심에서 약 3,000킬로미터 떨어진 곳에 있고, 이 질량중심을 별이 행성의 공전주기와 같은 4.23일에 한 바퀴씩 돈다. 별이 움직이는 속도로 따지면 초속 50미터보다 약간 더 빠른 정도이다. 멀리서 본다면 별이 4.23일을 주기로 살짝 떨리는 정도이다.

마요르와 켈로는 별빛에서 나타나는 청색편이와 적색편이를 측정해 51 페가수스 별이 4.23일을 주기로 지구와 가까워지고 멀어짐을 반복한다는 사실을 알아냈고, 이 사실로부터 이 별 주위를 51 페가수스 b라고 이름 붙여진 행성이 돌고 있음을 밝힌 것이다.

암흑물질과 암흑에너지에 관련된 관측

빛의 도플러 효과는 암흑물질과 관련된 천문 관측에서도 이용한다. 은하는 은하 중심을 축으로 회전한다. 지구에서 보는 각도만 잘 맞으면, 은하 중심을 도는 별이 지구를 향해 다가올 때는 별빛에 도플러 효과의 청색편이가 나타나고, 지구로부터 멀어질 때는 적색편이가 나타난다. 청색편이와 적색편이의 정도를 측정하면 별이 은하 중심을 도는 속도를 계산할 수 있다. 관측할 수 있는 은하 내부의 물질의 질량으로 물리학 이론을 적용해 계산하면, 은하 중심에서 멀어질수록 별이 은하 중심 주위로 도는 속도가 충분히 작아져야 한다. 그런데 실제 측정 결과는 그 속도가 별로 줄어들지 않았다.[3] 아직까지는 관측할 수 없는 미지의 물질인 '암흑물질'의 존재를 가정해야 하는 관측 결과이다.

우주가 팽창하는 사실을 확인한 관측에서도 빛의 적색편이를 측정했다. 백색왜성이 가까운 별의 질량 일부를 흡수하면서 커지다가 폭발하는 Ia형 초신성은 폭발할 때의 밝기가 일정한 것으로

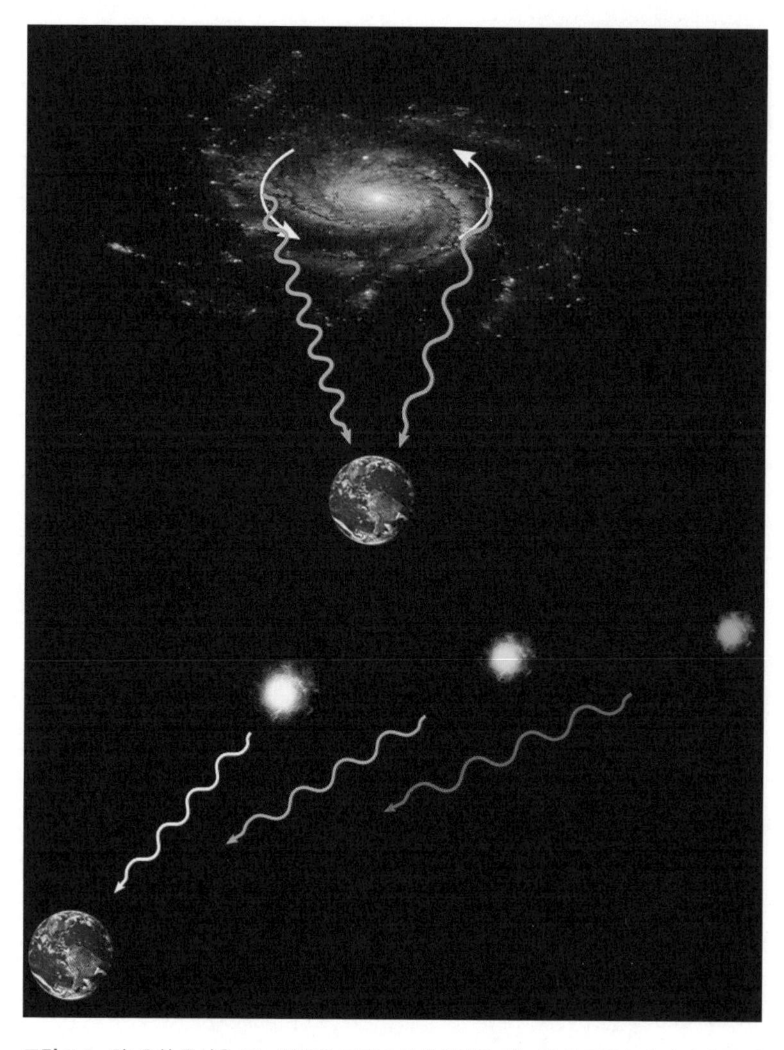

그림 5-6 위: 은하 중심을 도는 별들이 지구를 향해 다가올 때는 빛의 진동수가 커져서 좀 더 푸르게 변하는 청색편이를 측정하고, 멀어질 때는 진동수가 작아져서 좀 더 붉게 변하는 적색편이를 측정해, 은하 중심을 축으로 별이 회전하는 속도를 계산할 수 있다. 아래: Ia형 초신성이 지구에서 떨어진 거리는 지구에서 보이는 초신성의 밝기로 계산하고, 초신성이 멀어지는 정도 또는 우주가 팽창하는 정도는 초신성 빛의 적색편이를 측정해 알 수 있다. 이로부터 우주가 점점 더 가속하면서 팽창한다는 사실을 발견했다.

알려져 있다. 이러한 Ia형 초신성이 폭발할 때 지구에서 보이는 밝기를 측정하면 지구에서 초신성까지의 거리를 알 수 있다. 여기에 더해 초신성 폭발 때 원래 빛보다 더 붉게 보이는 적색편이를 측정하면, 초신성이 거리에 따라 지구에서 멀어지는 정도를 계산할 수 있다. 그 결과는 놀랍게도 우주가 가속하면서 팽창한다는 사실이었다.[4] 실체가 무엇인지는 아직 모르는 암흑에너지의 존재를 가정해야 설명이 가능한 현상이다. '가속 우주팽창' 연구의 적색편이는 우주가 만들어진 이후 공간이 팽창해서 생기는 '우주론적 적색편이'로 본다. 가속 팽창하는 우주를 관측한 공로로 3명의 천문학자 펄머터Saul Perlmutter, 슈미트Brian Schmidt, 리스Adam Riess는 2011년에 노벨 물리학상을 받았다.

초음파의 도플러 효과를 이용하는 의료영상과 박쥐

도플러 효과는 의료영상에서도 이용한다. 심장판막은 심장 안에서 피가 한쪽으로 흐르게 하고 반대로 흐르는 것을 막는 역할을 한다. 심장판막이 역할을 제대로 하지 못하면, 피가 원래 흘러야 하는 방향이 아닌 다른 방향으로 흐르는 역류 현상이 일어나거나 일부 피가 새어 나오는 경우가 있다. 그러면 심장이 펌프질하는 피의 양이 줄어들게 되고, 이를 만회하기 위해 심장은 더 많이 펌프질을 한다. 심해지면 심장에 무리가 가서 심장이 안 좋아지는 상황이 만들어질 수 있다.

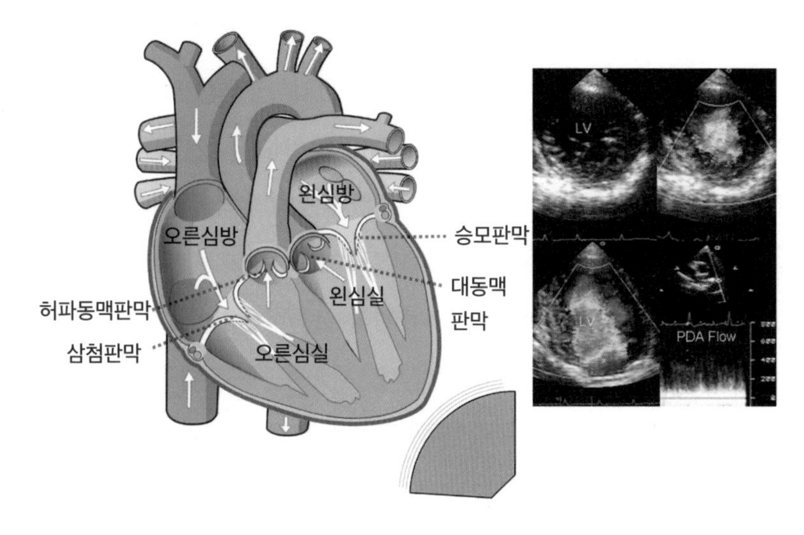

그림 5-7 왼쪽: 심장의 구조와 피의 흐름(화살표 방향). 오른쪽: 도플러 초음파 검사기로 피의 흐름을 색깔로 나타낸 심장 영상.

심장을 비롯한 인체 내부의 장기는 반사되어 돌아오는 초음파로 영상을 만드는 이른바 초음파 영상으로 볼 수 있다. 심장 안에서 심장판막 등의 문제로 피가 역류하거나 새는 것을 구체적으로 확인하려면 피의 흐름을 영상으로 볼 수 있어야 하는데, 이 부분에서 도플러 효과를 이용한다. 움직이는 피에 반사된 초음파에서 나타나는 도플러 효과를 측정하는 방법으로 심장 내부에서 흐르는 피의 속도와 방향을 계산하고 이를 영상으로 만든다.

초음파를 만들어 반사되어 돌아오는 것을 감지해 어둠 속에서도 어떤 물체가 있는지를 알아내는 박쥐들이 있다. 초음파 의료영상이 인체 내부에 무엇이 있는지를 알아내는 원리와 같다. 그런데 박쥐가 날아가면서 만든 초음파를, 날아가는 방향에 있는 위치에서 가만히 있는 다른 박쥐가 들으면 원래 진동수보다 더 큰 진동수의 초음파로 들린다. 초음파를 만드는 박쥐가 움직이기 때문에 나타나는 도플러 효과의 결과이다. 이렇게 진동수가 커진 초음파가 물체에 반사되어 다시 박쥐한테 날아오면, 박쥐는 이보다도 더 큰 진동수의 초음파를 감지한다. 초음파를 감지하는 박쥐가, 반사되어 되돌아오는 소리를 향해 움직이므로 도플러 효과가 다시 한번 더 나타나기 때문이다. 도플러 효과가 이중으로 나타면서 진동수가 더 많이 커지는 상황이다.

일부 박쥐는 특정 진동수 영역의 초음파 감지에 최적화되어 있다고 한다. 박쥐가 움직이지 않고 초음파를 만들면, 주위의 지형지물에서 반사된 초음파의 진동수도 원래의 초음파의 진동수와 같다. 가만히 있는 박쥐는 이 초음파를 그대로 감지하므로, 박쥐는 감지하기에 최적인 진동수의 초음파를 만들면 된다. 그런데 박쥐가 날아갈 때는 최적으로 감지할 수 있는 진동수보다 작은 진동수의 초음파를 만들며 날아간다. 그래야 이중의 도플러 효과로 더 커진 초음파의 진동수가 최적으로 감지할 수 있는 진동수가 되기 때문이다.[5] 경험이나 본능으로 도플러 효과를 알고 실제 상황에서 이용하는 것이다.

그 외에도 도플러 효과는 속도를 재는 곳에 두루두루 쓰인다. 야구에서 투수가 던지는 공의 속도를 재고, 경찰이 도로에서 자동차의 속도를 재는 레이다 건RADAR gun, 항공기 운항을 관리 통제하

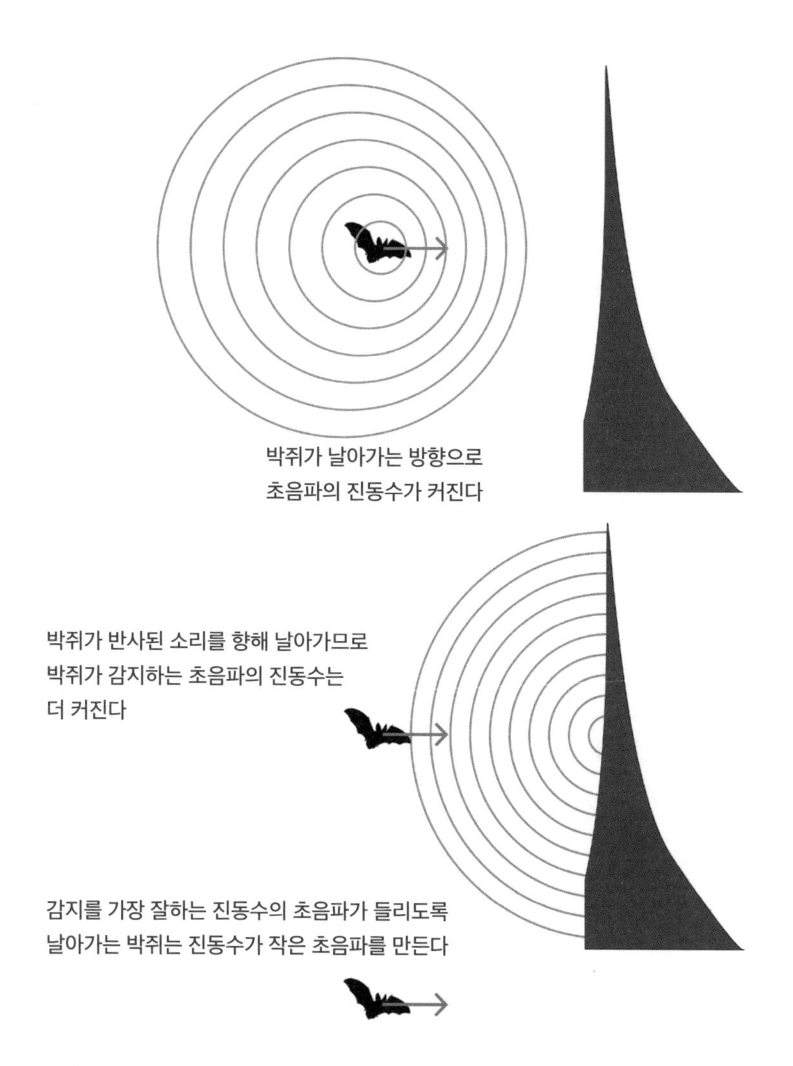

그림 5-8 위: 도플러 효과로 박쥐가 날아가는 방향으로 초음파의 진동수가 커진다. 가운데: 이렇게 커진 진동수의 초음파가 반사되고, 초음파를 반사하는 물체를 향해 날아가는 박쥐는 반사된 초음파의 진동수보다 더 큰 진동수의 초음파를 감지한다. 도플러 효과로 진동수가 이중으로 커지는 것이다. 날아가는 박쥐는 최적으로 감지할 수 있는 초음파의 진동수보다 더 낮은 진동수의 초음파를 만드는데, 이는 도플러 효과로 커지는 진동수를 최적으로 감지할 수 있는 진동수에 맞추기 위함이다.

는 관제탑의 레이다RADAR: RAdio Detection And Ranging, 일기예보를 위해 바람이나 구름의 속도를 재는 기상관측 레이다도 도플러 효과를 이용한다. 전파의 한 종류인 마이크로파를 사용하는 레이다와 달리, 가시광선이나 적외선 레이저를 사용하는 라이다LIDAR, LIght Detection And Ranging도 움직이는 물체의 속도를 잴 때는 도플러 효과를 이용한다.

퀴즈

(1) 높은 음의 파장이 더 길까, 낮은 음의 파장이 더 길까?

(2) 다가오는 앰뷸런스의 사이렌 소리와 멀어지는 사이렌 소리 중 어느 사이렌 소리의 음높이가 더 높을까?

(3) 박쥐가 벽을 향해 초음파를 내며 날아가고 있다. 날아가는 박쥐는 벽에 부딪혀 돌아오는 초음파를 듣는다. 한편 같은 벽에는 다른 박쥐 한 마리가 매달려서 날아가는 박쥐가 내는 초음파와 똑같은 진동수의 초음파를 내고 있다. 벽을 향해 날아가는 박쥐가 듣기에 반사되어 되돌아오는 초음파의 진동수가 더 클까, 아니면 벽에 매달려 있는 박쥐가 내는 초음파의 진동수가 더 클까?

그림자의 과학
: 외계행성 관측과 엑스선 영상

별빛을 가려 밝기가 줄어드는 것을 관측해서 찾는 외계행성.

엑스선 사진은 빛을 가리는 그림자로 만든다.

2차원 엑스선 사진의 한계를 넘는 전산단층촬영의 원리는 무엇일까?

빛과 그림자, 그리고 달이 태양을 가리는 일식

빛이 있으면 그림자가 있다는 말이 있다. 그러려면 조금이라도 빛을 가로막는 뭔가가 있어야 한다. 그리고 빛을 가려 어두워진 부분이 드리울 뭔가도 있어야 한다. 어두워진 부분이 드리워야 비로소 그림자가 만들어지기 때문이다. 하늘이 맑은 대낮에 땅 위에 서 있는 사람의 그림자가 생기는 경우를 보자. 해가 빛을 만들어 비추고, 그 빛의 일부를 사람이 가로막고, 가려진 어두운 부분이 땅 위에 드리우면, 빛이 가려지지 않은 밝은 부분과 비춰진 부분이 구분

그림 5-9 2017년 8월 21일 개기일식이 일어났을 때 지구에 드리운 달 그림자를 찍은 위성사진. 그림자 가운데의 가장 진한 부분에서 달이 해를 완전히 가리는 개기일식을 관측할 수 있다. 이 중심 지역의 지름은 100킬로미터 정도에 불과하다. 그림자가 연한 지역에서는 부분일식을 관측할 수 있다.

되면서 그림자를 만든다.

구름이 해를 가릴 때도 그림자가 만들어진다. 대낮에 구름의 그림자가 드리운 곳은 햇빛이 직접 비치는 곳보다 덜 환하다. 그림자가 만드는 어둠 속으로 들어가기 때문이다. 그래도 밤처럼 어둡지는 않다. 구름이 햇빛을 완전히 다 가리지 못하기 때문이다. 대기 속의 공기 분자에 햇빛이 흩어지면서 만들어지는 파란 하늘이 비추는 빛도 충분한 조명효과를 낸다.[6] 햇빛이 바로 들어오지 않는 창문 근처가 밝은 것도 같은 이유 때문이다.

맑은 날씨의 대낮인데도 햇빛을 거의 다 가려 밤처럼 어두워질 때가 있다. 개기일식이 일어나는 경우이다. 해, 달, 지구가 정확하게 일직선으로 나란히 놓이면, 그림5-9의 인공위성 사진에서 볼 수 있듯이, 달이 햇빛을 가려 지구 위에 커다란 그림자가 만들어진다. 그림자는 중심 부분에서 가장 진한데, 바로 이 지역에서 개기일식을 관측할 수 있다. 그림자가 상대적으로 옅은 지역에서는 달이 해의 일부만 가리는 부분일식을 관측할 수 있다. 부분일식이 일어나는 곳은 개기일식이 일어나는 곳에 비하면 덜 어둡다.

개기일식과 금환일식, 그리고 부분일식

태양의 지름은 139만 킬로미터로, 달의 지름 3,474킬로미터보다 약 400배 크다. 해가 지구에서 떨어진 거리는 달이 지구에서 떨어진 거리보다 400배가량 크다. 멀리 떨어져 있을수록 그에 비례해 더 작게 보이는 원리로 인해, 지구에서 본 해와 달의 크기는 거의 비슷하다. 달이 지구에 가까워 달의 보이는 크기가 해의 보이는 크기보다 크고, 태양과 달의 중심과 지구에서 보는 사람의 위치가 거의 일직선 위에 있으면 개기일식을 관측할 수 있다. 만약에 달이 지구에서 더 멀리 떨어져 있어서 달의 보이는 크기가 태양의 보이는 크기보다 작으면, 달이 태양을 다 가리지 못한다. 이때는 달 주위로 태양이 금으로 만든 반지처럼 보이는 금환일식이 일어난다. 태양과 달의 중심, 그리고 보는 사람 위치가 일직선에서 충분히 벗어나 달이 태양을 다 가리지 못하면, 태양의 일부가 보이는 부분일식이 일어난다.

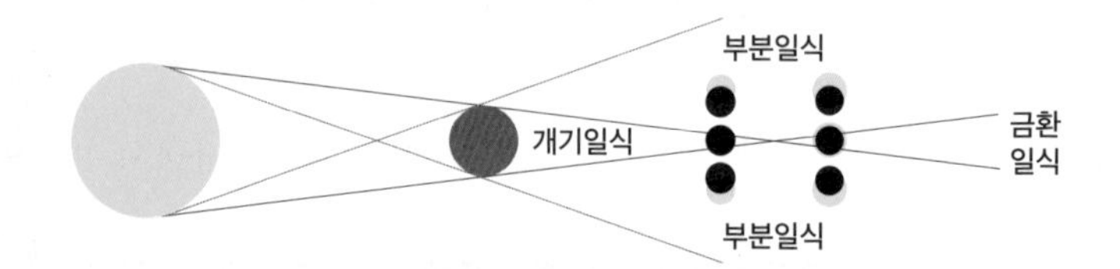

달이 지구에 가까울 때는 달이 태양에 비해 상대적으로 크게 보여 달이 태양을 완전히 가리는 개기일식이 일어난다. 달이 지구에서 멀 때는 달이 상대적으로 작게 보여, 달과 태양의 중심이 일치해도 달이 태양를 다 못 가려 태양이 금반지처럼 보이는 금환일식이 일어난다. 태양과 달, 그리고 지구에서 보는 사람의 위치가 일직선에서 벗어나 달이 태양의 일부만 가리면 부분일식이 일어난다(그림에서는 이해를 돕기 위해 태양과 달의 상대적인 크기를 과장했다).

별빛의 밝기 변화를 측정해서 외계행성을 찾는 방법

일식과 같이 한 천체가 별을 가려 별빛의 밝기가 줄어드는 현상을 이용하면, 멀리 있는 별 주위를 도는 외계행성의 존재도 확인할 수 있다. 지구에서 볼 때 별빛은 아무것도 가리지 않을 때 가장 밝다. 지구가 태양을 공전하듯이 만약에 어떤 별 주위를 행성이 공전하면, 지구에서 볼 때 돌고 있는 행성이 별을 가리는 상황이 있을 수 있다.[7] 이른바 '가린다' 또는 '가림'을 의미하는 '식eclipse'이라고 불리는 현상이다. 달이 태양을 가리는 현상인 일식에 들어간 '식'도 같은 의미를 지니는 글자이다.

그림5-10에서 보는 바와 같이, 행성이 별을 가리기 시작하면 별빛의 밝기는 가린 만큼 줄어든다. 공전하는 행성이 별 앞을 지나가는 동안 별빛이 줄어든 상태는 계속 유지된다. 행성이 별 앞을 벗어나면 다시 원래의 가장 밝은 별빛으로 돌아온다. 이러한 별빛의 변화를 측정하고 이 현상이 반복되는 주기를 측정해, 별 주위를 도는 외계행성의 존재와 그 공전주기를 알아낼 수 있다.

대표적인 외계행성 관측 사례로 한꺼번에 7개의 외계행성이 돌고 있음을 확인한 붉은 난쟁이별을 의미하는 적색왜성red dwarf인 트라피스트-1TRAPPIST-1이 있다.[8] 행성의 지름은 일반적으로 별의 지름보다 많이 작기 때문에 수 광년 또는 그 이상 떨어진 지구에서 볼 때는 별빛의 아주 일부만 가린다. 그림자로 따진다면 별빛을 가리는 행성의 그림자는 매우 옅은 그림자라고 할 수 있다.

만약에 외계행성이 그 둘레를 도는 위성을 동반하고 있다면, 이 위성도 별빛을 가릴 수 있다. 행성과 위성, 그리고 별이 어떻게 위치하는가에 따라, 행성만 별빛을 가리기도 하고, 행성과 위성이 모두 별빛을 가리기도 하고, 때로는 위성만 별빛을 가리기도 한다. 이 때문에 위성이 없는 행성과 비교하면 시간에 따라 별빛이 변하는 패턴이 달라진다. 이 차이를 따지면 외계행성에 위성이 돌고 있

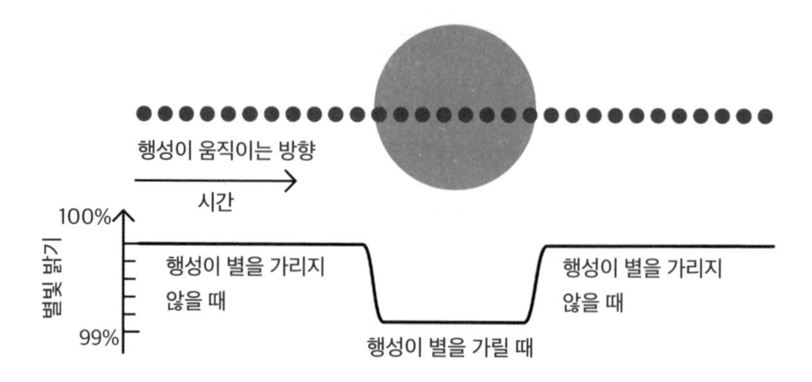

그림 5-10 외계행성이 별을 가리며 지나갈 때, 지구에서 측정하는 별빛 밝기의 변화. 별 가운데를 지나갈 때는 행성이 별빛을 가리기 때문에, 그래프의 가운데 부분처럼 지구에서 탐지되는 별빛 밝기가 줄어든다. 행성의 크기가 클수록 별빛을 더 많이 가려, 별빛 밝기는 더 많이 줄어든다.

는지를 확인할 수 있다.

2018년 온라인 과학 저널인《사이언스 어드밴시스Science Advances》에는 지구에서 약 7,000~8,000광년 떨어진 곳에 있는 케플러-1625Kepler-1625 별의 둘레를 도는 목성만 한 크기의 행성 케플러-1625b가 해왕성 크기의 달을 동반하고 있을 가능성을 연구한 결과가 보고됐다.[9] 확실한 결론을 얻기 위해서는 후속 연구가 필요하지만, 이 연구도 행성과 위성이 별빛을 가리는 현상을 기반으로 한 관측 결과였다.

최초로 외계행성 존재를 확인한 방법은 노벨상을 받은 도플러 효과를 이용한 방법이었지만, 이후에는 주로 행성이 별을 가려 별빛의 밝기가 줄어드는 것을 탐지하는 방법으로 외계행성을 찾고

있다. 2023년 초를 기준으로 5,000개 이상의 외계행성을 찾은 것으로 알려졌다.[10]

빛에 따라 달라지는 그림자

행성이나 위성과 같이 아주 커다란 물체는 빛이 뚫고 지나가기에 너무 크다. 하지만 크기가 작은 물체의 경우라면, 어떤 물질로 만들어졌는지에 따라, 빛이 전혀 통과하지 못할 수도 있고 빛의 일부만 통과할 수도 있다. 불투명한 돌멩이나 세라믹은 빛을 완전히 가리지만, 유리는 빛을 거의 가리지 못한다. 그림5-11을 보면 알 수 있듯이, 세라믹으로 만든 잔에 빛을 비추면 그림자가 진하지만, 유리로 만든 잔에 빛을 비추면 연한 그림자가 만들어진다. 안경에 쓰이는 평범한 렌즈는 빛을 대부분 통과하지만, 선글라스 렌즈는 빛의 일부를 가린다.

빛이 통과하는 정도가 같은 물질이라고 하더라도 두께에 따라 빛을 가리는 정도가 달라진다. 어두운 곳에서 얇은 복사지 종이 한 장을 들고 종이 뒤에서 불빛을 비춰보면, 일부이긴 하지만 빛이 통과하는 것을 볼 수 있다. 유사한 예로 부처님 오신 날의 연등 행사에서 볼 수 있는 등은 보통 종이로 둘러싸여 있지만, 빛의 일부가 그 종이를 뚫고 나와 빛을 발한다. 하지만 종이 수백 장 두께의 책으로 둘러싸여 있다면 빛이 책을 뚫고 나오기를 기대하는 것은 무리이다. 혹시라도 빛이 보인다면 아마 틈새에서 새어 나오는 빛일

그림 5-11 불투명한 재질의 잔(왼쪽)과 투명한 유리잔(오른쪽)이 만드는 그림자. 빛은 그림 위쪽에서 아래쪽으로 비추고 있다. 불투명한 잔은 빛을 완전히 가리기 때문에 그림자도 진하다. 투명한 잔은 빛을 다 가리지 못해 그림자가 연하다.

것이다.

물안경을 쓰고 물이 깨끗하고 깊이가 얕은 바닷물에 들어가 보면, 빛이 물속에도 들어와 적어도 가까운 곳을 볼 수 있는 경우가 대부분이다. 하지만 깊이 1,000미터 이상의 심해에는 햇빛이 다다르지 않는다고 한다. 이 말은 1,000미터 두께의 바닷물은 햇빛을 거의 다 차단한다는 것을 의미한다. 같은 물질이라도 깊이 또는 두

께에 따라 빛이 통과하는 정도가 달라진다는 이야기이다.

우리가 빛이 어떤 물질을 잘 통과한다고 말할 때는, 사람 눈으로 볼 수 있는 빛인 가시광선이 그 물질을 뚫고 나갈 때를 말한다. 물이나 유리와 같이, 우리 눈에 투명해 보이는 물질이 이에 해당한다.[11] 하지만 우리 눈에 투명하게 보인다고 해서 모든 빛이 그 물체를 잘 통과하는 것은 아니다. 우리 눈에 보이지 않는 다른 빛도 잘 통과한다는 보장은 없다. 비타민D를 만드는 데 쓰이는 자외선B는 사람의 눈으로는 볼 수 없는 빛이다. 그런데 자외선B는 유리를 잘 통과하지 못한다. 우리 눈에 완전히 투명해 보이는 유리가 자외선B에는 거의 불투명하다는 의미이다.

엑스선의 과학

엑스선X-ray은 사람의 눈에 보이지 않는 빛의 한 종류이다. 1895년 독일의 물리학자 뢴트겐Wilhelm Röntgen은 전자를 금속판에 강하게 때리면 사람의 눈에 보이지 않는 빛이 나온다는 사실을 발견했다. 수학에서 모르는 값을 x(엑스)라고 쓰는 것처럼, 뢴트겐은 정체를 몰랐던 이 빛에 임시로 엑스선이라는 이름을 붙였다. 이 이름이 굳어져서, 정체를 알게 된 지금도 우리는 이 빛을 엑스선이라고 부른다.

엑스선을 몸 한쪽에 비췄을 때 몸을 뚫고 나와 반대쪽에 있는 필름이나 섬출기에 찍힌 사진이 '엑스선 사진'이다. 엑스선은 사람의 몸을 어느 정도 통과한다는 이야기이다. 엑스선은 몸 안의 조직에 따라 통과하는 정도가 다르다. 살은 상대적으로 잘 통과하지만, 뼈는 엑스선이 통과하는 정도가 살에 못 미친다. 이런 경우에 살은 엑스선을 덜 가려 반대편에 비춰지는 그림자가 옅고, 뼈는 엑스선을 더 많이 가려 그림자가 상대적으로 더 진하다. 엑스선 사진은 바로 이렇게 진하기가 다른 그림자를 찍은 사진이다. 참고로 의료 현장에서 보는 엑스선 영상은, 엑스선이 전부 통과해 비춰지는 곳은 검고, 몸을 지나 엑스선의 일부만 비춰지는 곳은 더 하얀 네거티브 영상이다.

뢴트겐이 아내의 손뼈가 보이는 최초의 엑스선 사진을 찍은 이후 벌써 120년 넘게 흘렀지만, 지금도 엑스선 사진은 의료 현장에서 인체 내부를 들여다보는 방법으로 널리 쓰인다. 만약에 엑스선 사진과 같이 인체 내부를 볼 수 있는 의료영상 기술이 없었더라면, 수술이나 해부를 하듯이 몸을 열어야만 인체 내부를 볼 수 있었을 것이다. 뢴트겐은 엑스선을 발견한 공로로 1901년에 초대 노벨 물리학상을 받았다.

사람 눈으로 볼 수 있는 빛과 유리의 경우를 비교해 보자. 투명한 유리, 좀 더 불투명한 유리, 그리고 많이 불투명한 유리 등 유리의 종류에 따라 빛이 뚫고 나가는 정도가 다르다. 마찬가지로 빛을 비춰 바닥에 만들어지는 그림자도 유리가 얼마만큼 빛을 잘 통과시키냐에 따라 그림자의 진하기가 다르다. 엑스선이 우리가 볼 수 있는 빛이라면, 살은 약간만 불투명한 유리로, 뼈는 많이 불투명한 유리로 볼 수 있다.

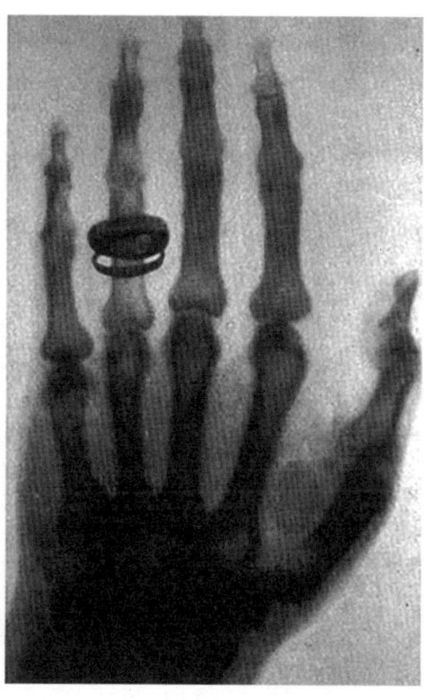

그림 5-12 뢴트겐이 엑스선을 발견한 해인 1895년에 찍은 엑스선 사진. 왼쪽은 뢴트겐의 아내의 손을 찍은 엑스선 사진으로, 최초의 엑스선 사진이다. 오른쪽은 뢴트겐의 친구의 손을 찍은 엑스선 사진으로, 손가락뼈를 좀 더 자세히 볼 수 있을 만큼 화질이 좋다.

엑스선 사진에는 뼈가 아닌 장기, 예를 들면 위, 신장과 같은 다른 장기들도 보인다. 장기를 구성하는 조직의 차이에 따라 엑스선이 통과하는 정도가 조금씩 다르고, 엑스선이 뚫고 지나가는 위치에 따라 조직의 두께도 다르기 때문이다. 유리로 비유하자면, 빛이 통과하는 정도가 약간 달라서 그림자의 진하기가 달라지는 경우가 있고, 빛이 통과하는 정도가 같은 유리라고 하더라도 여러 장 겹치면 그만큼 빛이 덜 통과해 그림자도 진해지는 경우가 있는 것과 비교할 수 있다.

엑스선은 파장이 10나노미터nm(1나노미터는 10억분의 1미터)보다는 짧고 0.01나노미터보다는 긴 전자기파이다. 사람 눈으로 볼 수 있는 전자기파인 가시광선 중에서 파장이 가장 짧은 빛인 보라색 빛의 파장이 400나노미터 정도이니, 엑스선의 파장은 이보다 40배 이상 짧다. 반면, 진동수(또는 주파수)는 가시광선보다 40배 이상 크다. 파장이 짧을수록(또는 진동수가 클수록) 전자기파의 최소 에너지인 광자에너지는 커진다. 엑스선의 광자에너지는 사람의 눈으로 볼 수 있는 가시광선의 광자에너지보다 최소 40배 이상 크다.

엑스선을 생명체에 쬐면 DNA의 분자구조를 변하게 해 돌연변이가 일어날 수 있을 정도로 광자에너지가 크다. 이 때문에 엑스선을 지나치게 많이 쬐면 나중에 암cancer이 생길 가능성을 배제할 수 없다. 암 환자 1,000명 중 6명에서 18명 정도는 엑스선 검사로 인해 암이 발생했을 수 있다는 연구 결과도 있다.[12] 하지만 엑스선을 사용하는 의료영상이 나머지 98% 이상의 암 환자에게 주는 혜택은 이런 위험성을 상쇄하고도 남는다.

엑스선은 의료영상뿐만 아니라 다른 분야에도 많이 쓰인다. 엑스선을 인체가 아닌 사물에 비춰 엑스선 사진을 찍으면, 분해하거나 부수지 않고도 물체 내부의 구조를 검사할 수 있다. '비파괴 검사NDT: Non-destructive Testing'라고 부르는 기술이다. 공항 보안 검색대에서 가방을 열지 않고도 내부를 들여다볼 수 있는 검사 기계가 그런 경우이다.

엑스선 광전자 분광

물질이 어떤 원소로 만들어졌는지를 알아낼 때는 상대적으로 큰 엑스선의 광자에너지가 중요한 역할을 한다. 빛을 쬐면 물질에서 전자가 튀어나오는 것을 광전자photoelectron 효과라고 부른다. 엑스선을 쬐여도 광전자 효과가 나타나는데, 큰 광자에너지 덕에 원자 깊숙한 곳의 원자핵 가까운 곳에 있는 전자를 튀어나오게 할 수 있다.

원자 깊숙한 곳에 있는 전자의 에너지는 원소마다 다르다. 엑스선의 광자에너지를 알고 있으면, 엑스선을 쬐여 튀어나온 전자의 운동에너지를 측정해서 전자가 원자 깊숙한 곳에 있을 때의 에너지를 계산할 수 있다. 이 에너지로부터 전자가 속해 있던 원자가 어떤 원소의 원자인지 알 수 있다. 원자 깊숙한 곳에 있는 전자의 에너지는 사람으로 따지면 그 사람이 누구인지를 알 수 있는 지문인 셈이다.

이렇게 엑스선을 쬐여 튀어나오는 전자의 운동에너지를 측정해서 물질 속에 어떤 원소들이 있는지를 알아내는 방법을 '엑스선 광전자 분광XPS: X-ray Photoelectron Spectroscopy'이라고 부른다.

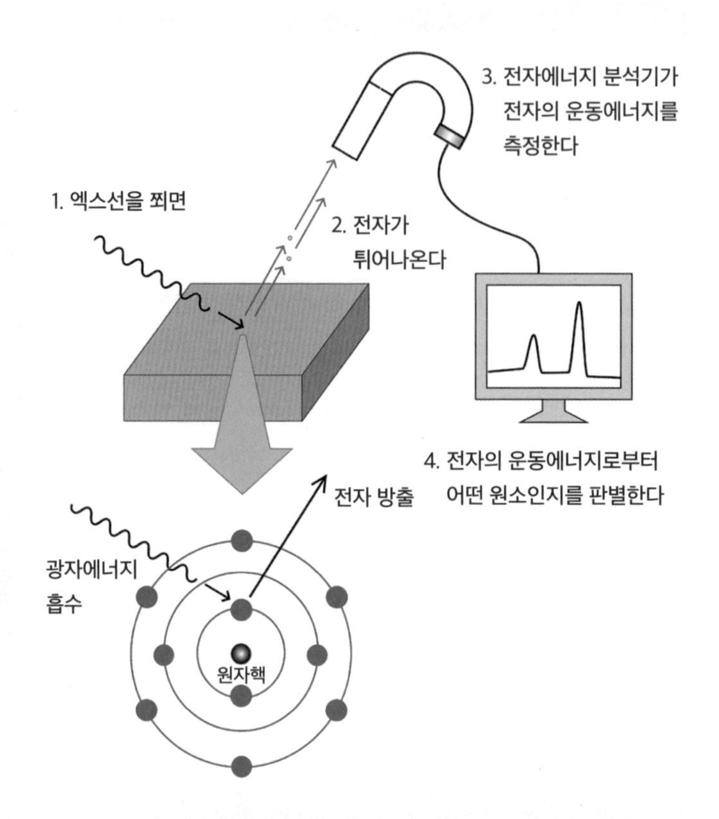

엑스선 광전자 분광의 기본 작동 원리. 엑스선을 물질 표면에 쬐면 물질 속에 있던 전자가 튀어나온다. 엑스선의 광자에너지를 알고 있고 튀어나온 전자의 운동에너지를 측정하면, 전자가 원자 속에 있었을 때의 에너지를 계산할 수 있다. 이렇게 측정한 전자의 에너지로부터 전자가 어떤 원소에 있었는지를 알아낸다.

에너지 분산형 엑스선 분광

강한 에너지의 전자나 엑스선을 물질에 쬐면 원자 깊은 곳에 있는 전자가 원자에서 떨어져 튀어나온다. 그러면 원래 전자가 있던 자리에 빈자리가 생긴다. 이 빈자리를 같은 원자 안의 더 높은 에너지 상태에 있는 전자가 이동해 채운다. 이때 전자가 이동하면서 낮아진 에너지만큼의 광자에너지를 지닌 빛을 방출한다. 방출되는 광자에너지가 엑스선 영역일 경우 에너지의 크기는 원소마다 다르기 때문에, 광자에너지로부터 어떤 원소에서 나오는 엑스선인지를 알 수 있다.

이러한 방법으로 물질을 구성하는 원소를 알아내는 분광법을 '에너지 분산형 엑스선 분광EDS: Energy dispersive X-ray spectroscopy'이라고 부른다. 높은 에너지의 전자빔을 사용하는 전자현미경에 EDS 장비를 같이 설치해 사용하는 경우가 많다.

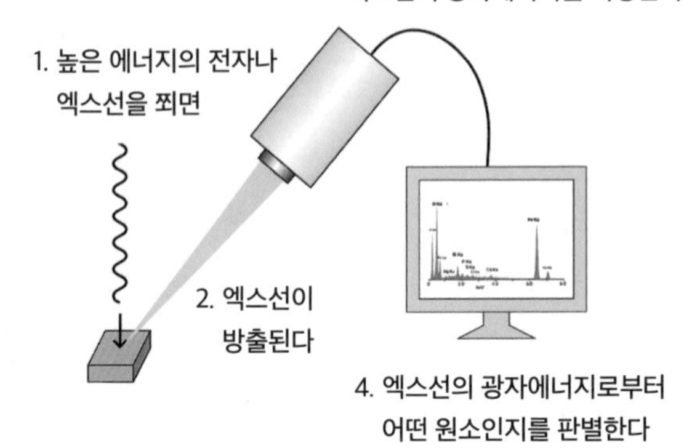

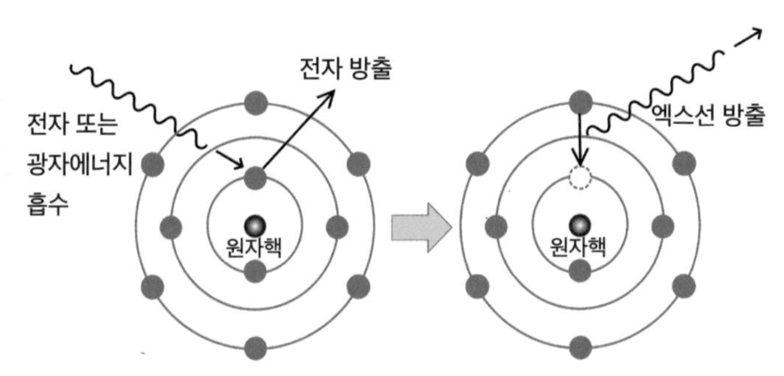

에너지 분산형 엑스선 분광의 기본 작동 원리. 높은 에너지의 전자나 엑스선을 물질 표면에 쬐면 물질 속에 있던 전자가 튀어나오면서 빈자리를 만든다. 더 높은 에너지의 전자가 이 빈자리를 채우고, 전자가 잃은 에너지만큼의 광자에너지를 지닌 엑스선을 방출한다. 방출한 엑스선의 광자에너지를 측정해 어떤 원소 속의 전자가 엑스선을 방출한 것인지를 알아낸다.

2차원 엑스선 사진의 한계를 극복한 전산단층촬영

엑스선 사진은 평면에 비친 엑스선 그림자를 찍은 사진이다. 평면은 가로와 세로를 나타내는 2개의 숫자로 위치를 표현할 수 있는 2차원 공간이다. 엑스선 사진에 어떤 물체가 찍혔다면, 사진 위에서 물체의 2차원 위치를 알 수 있다. 하지만 그 물체가 엑스선을 비춘 방향으로 몸속 어느 정도 깊이에 있는지는 엑스선 사진 하나만으로는 알 수 없다. 3차원의 나머지 한 차원의 위치는 알 수 없는 것이다.

비슷한 예로 그림자놀이를 들 수 있다. 손은 3차원의 공간 속에서 그 형태를 지닌다. 손이 만드는 그림자는 2차원 평면에 드리운 2차원 영상이다. 그림5-13에서 2차원 영상인 그림자만 보면 동물 인형 모양으로 보인다. 이 상황을 미리 알고 있는 사람이 아니라면 이 그림자가 손으로 만든 그림자라는 것을 알기가 쉽지 않을 수 있다. 물론 그림자놀이를 제대로 아는 사람이라면 이 그림자가 손으로 만든 그림자라는 것을 쉽게 알 수도 있다.

그림자놀이 전문가가 그림자를 만들어서, 다른 사람이 보면 손으로 만든 그림자인지 아니면 동물 인형으로 만든 그림자인지 구분하기 어렵다고 하자. 이런 경우에 그림자만으로 그것을 구분하는 방법은 의외로 간단하다. 다른 방향에서 빛을 비춰 그림자를 만들면 된다. 만약에 손으로 만들었다면 다른 그림자에서 손 모양이 보일 것이고, 동물 인형으로 만들었다면 여전히 동물 인형 그림자가 나타날 것이다. 그래도 헷갈린다면, 또 다른 방향에서 빛을 비춰

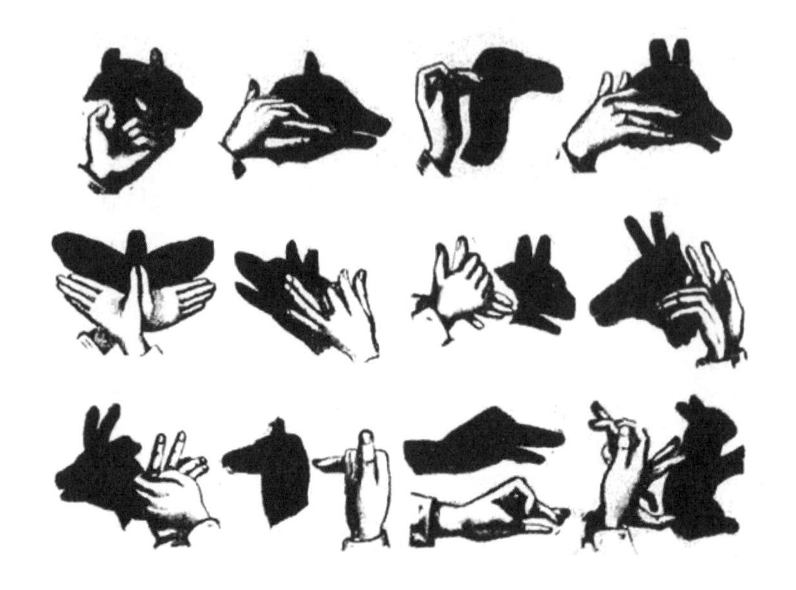

그림 5-13 손으로 만드는 동물 인형 그림자. 그림자는 동물(또는 동물 인형)로 보이지만, 실제는 사람 손의 그림자이다. 3차원으로 볼 때는 사람의 손인지를 알 수 있지만, 2차원 영상인 그림자만 보고서는 손의 그림자인지 동물의 그림자인지 알기 어렵다.

그림자를 하나 더 만들면 된다.

엑스선을 비춰 만들어진 그림자를 찍은 2차원 사진인 엑스선 사진도 마찬가지이다. 물론, 이미 해부학을 잘 알아 인체 장기의 구체적인 모양과 위치에 해박한 사람은 엑스선 사진 하나만으로 장기의 위치와 모양을 알 수 있다. 하지만 예상치 못한 조직이 찍혔거나 정상인과 다른 모양의 조직이 있다면, 한 장의 엑스선 사진만으로 그 조직의 구체적인 모양과 위치를 정확히 아는 것은 쉽지 않다.

이 경우도 여러 방향에서 엑스선을 비춰 엑스선 사진을 찍는다면 좀 더 자세하게 조직의 모양이나 위치를 파악할 수 있다. 한 장의 엑스선 사진에서는 3차원에서 2차원으로 변환되는 과정에서 모양과 위치에 대한 정보 일부가 사라지지만, 다른 방향의 엑스선 사진을 추가할 때마다 사라진 정보를 조금씩 더 복구할 수 있기 때문이다. 이러한 원리를 이용해 여러 장의 디지털 엑스선 사진을 찍은 다음 컴퓨터로 계산해 인체 내부의 3차원 영상을 합성하는 영상 장비가 '전산단층촬영CT scan: computed tomography scan' 장치이다.

그림5-14는 엑스선 검출기가 360도 모든 각도에 설치되어 있고, 엑스선 방출기가 돌아가면서 엑스선을 방출하는 전산단층촬영 장치이다. 넓게 엑스선을 비춰 2차원 사진을 찍는 엑스선 사진과는 달리, 좁게 엑스선을 쬐여 1차원에 가까운 엑스선 사진을 찍는 것을 반복한다. 이렇게 해서 얻은 데이터로 인체의 좁은 단면 사진을 만든다. 여러 장의 1차원 엑스선 사진으로 인체 내부의 2차원 단면 사진을 합성하는 것이다. 이 과정을 단면 위치를 조금씩 이동하면서 반복해 여러 장의 단면 사진을 만들고, 이로부터 인체 내부의 3차원 영상을 만든다. 기술이 발전하면서 엑스선 방출기도 360도 모든 각도에 설치되고, 여러 겹의 엑스선 검출기가 설치되는 등 '컴퓨터단층촬영' 장비도 진화하고 있다.[13]

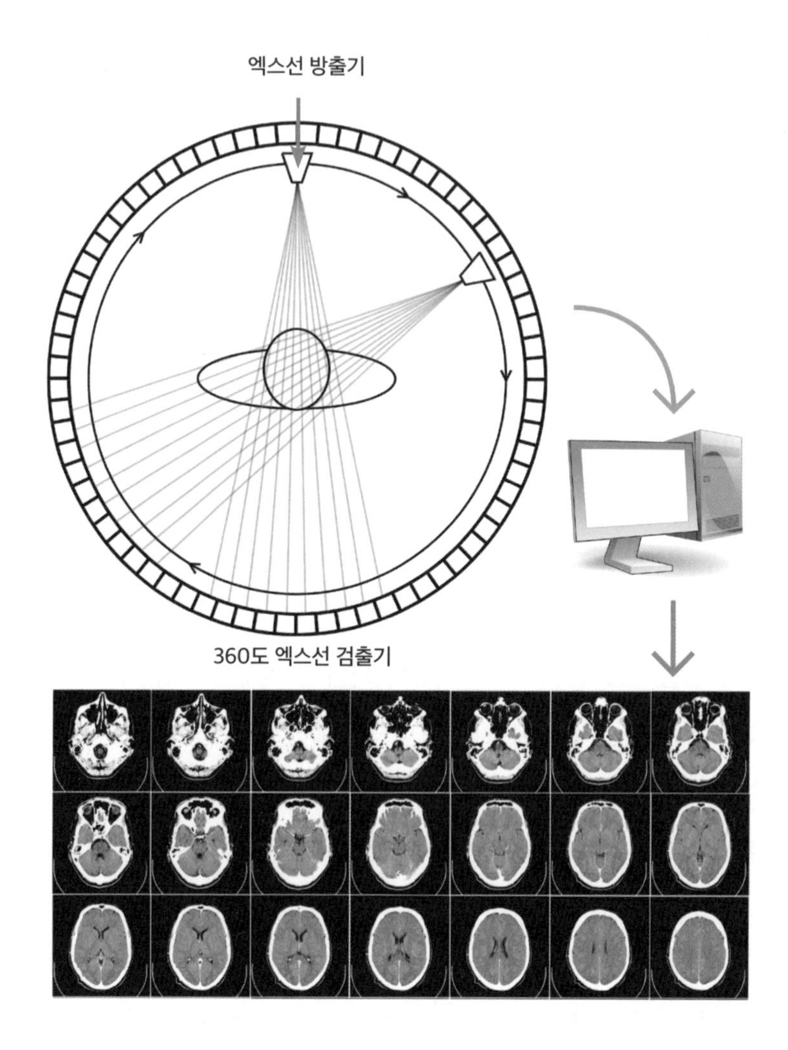

그림 5-14 전산단층촬영 엑스선 검출기는 360도로 둘러서 설치되어 있고, 엑스선 방출기는 돌아가면서 중간에 있는 사람을 향해 엑스선을 비춘다. 엑스선 방출기가 엑스선을 어디에서 비춰도 반대편에서 엑스선 검출기로 엑스선을 검출할 수 있는 구조이다. 여러 방향에서 검출한 엑스선 데이터로부터 컴퓨터는 인체 내부의 단면(가로지르는 면) 사진을 합성한다. 연속된 여러 단면 사진을 겹치면 인체 내부의 3차원 사진이 만들어진다.

퀴즈

(1) 태양, 금성, 지구가 일직선 위에 위치하는 상황이 벌어졌다고 하자. 지구에서 보면 금성이 태양을 가린다. 이때 금성이 태양을 가리는 것은 개기일식, 금환일식, 부분일식 중 어느 것에 해당할까?

(2) 지구에서 수십 광년 떨어진 별 주위를 지구만 한 크기의 행성과 목성만 한 크기의 행성 2개가 돌고 있다. 어느 행성이 별빛을 가릴 때 별빛의 밝기가 더 많이 줄어들까?

(3) 지구에서 수십 광년 떨어진 곳에 지구만 한 크기의 행성이 주위를 돌고 있는 별이 있다. 그런데 케플러 우주망원경을 포함한 어떤 천체망원경으로도 별빛의 밝기가 줄어드는 것을 관측할 수 없었다. 그 이유는 무엇일까?

신기루의 과학
: 블랙홀을 가까이에서 보면?

빛이 날아가는 속도가 달라지는 경계면에서는 빛이 꺾인다.
신기루는 빛이 꺾이거나 휘는 환경에서 생긴다.
우주에서 신기루 현상이 나타나는 이유도 알아보자.

가끔 바다 위의 공중에 배가 떠 있는 모습이 목격되어 화제가 되곤 한다. 하지만 날아다니는 배가 아닌 이상 배가 실제로 바다 위의 공중에 떠 있을 수는 없다. 이와 같이, 보이기는 하지만 보이는 위치에 실체가 없는 현상을 '신기루'라고 부른다. 더운 날 고속도로를 운전할 때 멀리 보이는 도로에 마치 물이 깔려 있어 주변 풍경이 비치는 것처럼 보이는 경우가 있다. 이것도 일종의 신기루이다. 왜 이런 현상이 일어날까? 물질이 변하거나 물질의 상태가 변하는 곳에서는 빛이 꺾이거나 휘기 때문이다.

그림 5-15 왼쪽: 배가 바다 위의 하늘에 떠 있는 듯한 모습. 오른쪽: 더운 날 도로에 물이 깔려 있는 듯한 모습.

물질의 경계면에서는 빛이 날아가는 방향이 꺾인다

아무것도 없는 진공에서 빛은 초속 30만 킬로미터로 가장 빨리 날아간다. 공기 중에서 빛이 날아가는 속도는 이보다 아주 약간 느리다. 물속에서는 25% 더 느려져, 빛은 초속 22만 5,000킬로미터로 날아가고, 유리 속에서는 33% 정도 더 느려져 초속 20만 킬로미터로 날아간다. 빛의 속도가 다른 두 물질이 만나는 경계면에서는 빛이 꺾인다. 예를 들면 물과 공기의 경계면인 물 표면이나, 유리와 공기의 경계면인 유리 표면에서 빛이 꺾인다. 빛이 꺾이는 현상을 확인하는 쉽고 간단한 실험이 있다.

똑같은 컵 2개를 준비하고 각각의 컵에 동전을 넣는다. 한 컵은 그대로 두고, 다른 한 컵에는 물을 가득 채운다. 위에서 내려다보면 두 컵 모두 컵 속의 동전이 보인다(그림5-16의 위). 보는 위치를 컵 위에서 컵 옆으로 조금씩 바꾸면, 물이 없는 컵부터 컵 테두리가 동전을 가리기 시작한다. 그러다 물이 없는 컵의 동전은 컵 테두리에 완전히 가려 안 보이고, 물이 들어 있는 컵의 동전은 보이는 각도를 찾을 수 있다(그림5-16의 가운데).

그림5-16의 가운데 사진을 보면, 물이 없는 왼쪽 컵 속에 있는 동전은 보이지 않는다. 빛이 컵 바닥의 동전에서 눈까지 공기만을 지나가기 때문에 빛이 꺾이거나 휘지 않는 경우이다. 이 상황에서는 빛이 동전에서 눈까지 일직선으로 가야 동전이 보이는데 그 사이를 컵 테두리가 막고 있기 때문에 보이지 않는 것이다. 반면, 물이 들어 있는 오른쪽 컵의 경우는 같은 각도로 봐도 동전이 보인다. 동전에서 눈까지 오는 빛의 경로를 보면, 물속에서는 좀 더 위 방향으로 빛이 지나가다 물 표면에서 빛이 꺾여 눈으로 향한다(그림5-16의 아래 오른쪽의 파란색 실선). 동전으로부터의 빛이 테두리를 피해 우회하면서 눈에 닿아 동전이 보이는 것이다. 물이 없으면 안 보여야 하는데 보이는 것이어서, 마치 동전이 물속 중간에 떠 있는 것처럼 보인다. 하지만 실제 동전은 컵 바닥에 있으므로 동전이 보이는 위치에는 동전이 없다. 있으면 안 될 곳에 있는 것처럼 보이는 것이다. 그림5-16의 가운데 오른쪽을 보면, 물속의 동전과 컵 바닥이 마치 컵 중간에 있는 것처럼 보인다.

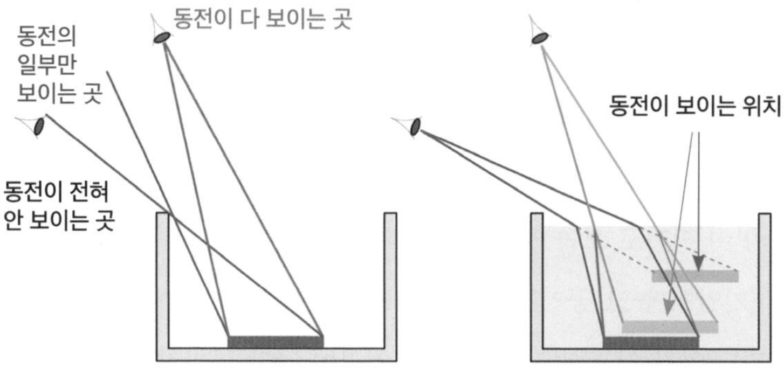

그림 5-16 위: 왼쪽 컵에는 물이 없이 동전을 넣고, 오른쪽 컵에는 물을 채우고 동전을 넣었다. 가운데: 적당한 각도로 옆에서 보면, 물이 없는 컵의 동전은 보이지 않고, 물이 들어 있는 컵에 있는 동전은 보인다. 물이 없는 컵은 컵 테두리가 가려 동전이 보이지 않지만, 물이 들어 있는 컵에서는 물 표면에서 빛이 꺾여 컵 테두리를 우회해서 눈에 도달하기 때문이다. 왼쪽의 물 없는 컵과 비교하면 동전이 마치 컵 중간에 있는 듯이 보인다. 아래: 물 없는 컵과 물이 들어 있는 컵을 볼 때의 빛의 경로를 표시한 그림. 파란색 실선은 빛의 진행 방향을 표시하고, 빨간 점선은 뇌가 인식하는 동전의 위치를 가리킨다.

신기루는 어떻게 만들어질까?

배가 바다 위 공중에 떠 있는 것처럼 보이는 것도, 물속의 동전이 떠 보이는 것과 비슷한 현상이다. 시선의 방향을 기준으로 빛이 느리게 날아가는 물질이 아래에 있고, 빛이 상대적으로 빠르게 날아가는 물질이 위에 있어야 배가 공중에 떠 있는 것처럼 보인다. 물이 들어 있는 컵 속의 동전을 보는 것과 다른 점은 공기로만 빛의 속도가 다른 층이 있어야 한다는 점이다. 배가 물속에 잠겨 있지 않고 떠 있기 때문이다. 다시 말해, 빛이 느리게 날아가는 공기층이 아래에 깔리고, 그 위에 빛이 빠르게 날아가는 공기층이 있어야 한다.

물 표면에서는 물질이 물에서 공기로 급격히 변하기 때문에, 빛의 방향이 물 표면에서 급격히 변하면서 꺾인다. 하지만 두 공기층이 만나는 영역에서는 공기의 밀도가 급격히 변하지 않고 상대적으로 서서히 변한다. 이로 인해 빛의 방향도 서서히 변하기 때문에 빛이 휜다고 보는 것이 적절하다.

기압이 높고 공기가 차가우면 공기의 밀도가 높아지면서 빛의 속도도 약간 더 느려진다. 반대로 기압이 낮고 공기가 따뜻하면 공기의 밀도가 낮아지면서 빛의 속도는 약간 더 빨라져 진공에서의 빛의 속도와 더 가까워진다. 따라서 차가운 공기가 기압이 높은 아래에 깔리고 더운 공기가 기압이 낮은 위에 있으면, 아래에서는 빛이 느리게 날아가고 위에서는 빛이 상대적으로 빠르게 날아간다. 여기에서 위와 아래의 기준은 시선의 방향이다. 이런 상황은 물이 들어 있는 컵과 유사한 상황이어서, 멀리 있는 배는 실제 위치보다 더 높은 곳에 있는 것처럼 보인다. 이렇게 실제보다 위에 있는 것처럼 보이는 현상을 '위 신기루superior mirage'라고 부른다. 하지만 위 신기루 현상이 나타나는 기상 조건은 흔하지 않다.

반대로 충분히 뜨거운 공기가 아래에 깔리면 빛이 휘는 방향이 반대가 될 수 있다. 더 아래에 있는 것처럼 보일 수 있다. 이런 상황은 의외로 쉽게 접할 수 있다. 무더운 날 도로를 자동차로 달릴 때 도로의 먼 부분에 물이 깔린 것처럼 보이는 것이 그 경우이다. 도로의 열기가 도로 위의 공기를 데워 뜨거운 공기층이 도로 바로 위에 만들어질 때 일어나는 현상이다. 충분히 뜨거운 공기가 아래에 깔려 있고 상대적으로 차가운 공기가 위에 있는 이 상황에서는, 도로 위의 풍경이 실제 위치보다 아래인 도로에 보인다. 마치 도로 위에 물이 있고 도로 위의 풍경이 그 위에 비치는 것처럼 보인다. 이렇게 실제보다 아래에 보이는 현상을 '아래 신기루inferior mirage'라고 부른다.

프리즘을 이용하면 앞에서 설명한 두 종류의 신기루를 동시에 흉내 낼 수 있다. 종이 위에 조그만 글자를 하나 쓰고, 글자가 프리즘 한 면의 가운데에 오도록 프리즘을 종이 위에 올려놓는다. 그리고 프리즘의 다른 두 면이 만드는 꼭지를 향해 내려다본다. 그러면 프리즘 밑에 있는 글자는 하나임에도 불구하고, 프리즘의 2개의 면 각각에 하나씩 2개의 글자가 보인다. 프리즘 윗면에 보이는 글자는 그림의 실제 위치보다 위에 있는 것처럼 보이고, 프리즘 아랫면에

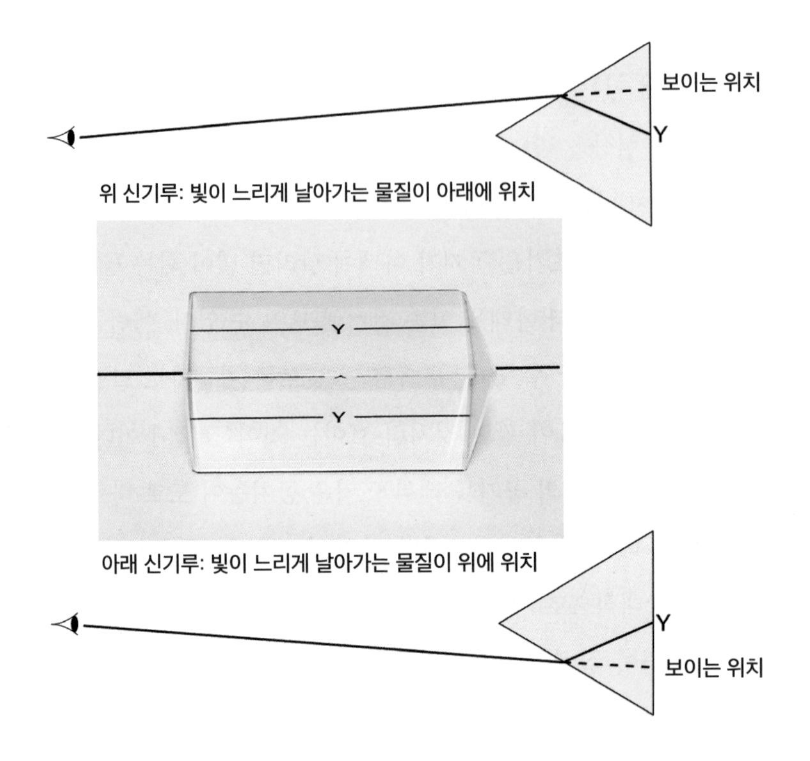

그림 5-17 프리즘으로 위 신기루와 아래 신기루를 동시에 흉내 내기. 프리즘 한 면의 가운데가 글자 Y 위에 정확하게 위치하도록 프리즘을 올려놓고 프리즘의 나머지 두 면을 위에서 내려다본다. 하나였던 글자가 프리즘 각 면에 하나씩 나타나며, 원래 있어야 할 위치가 아닌 위치에 있는 것처럼 보인다. 빛의 속도가 느린 유리가 아래에 위치하는 프리즘의 한 면에서는, 물체가 실제보다 더 위에 보이는 위 신기루 현상이 만들어진다. 빛의 속도가 느린 유리가 위에 위치하는 프리즘의 다른 면에서는, 물체가 실제보다 더 아래에 보이는 아래 신기루 현상이 만들어진다. 빛은 공기와 유리의 경계면인 프리즘 표면에서 꺾인다. 이 그림에서 실선은 빛의 진행 방향을 표시하고, 점선은 뇌가 인식하는 글자의 보이는 위치를 가리킨다.

보이는 글자는 그림의 실제 위치보다 아래에 있는 것처럼 보인다. 각각 위 신기루와 아래 신기루를 흉내 낸 것이다.

그림5-17에서 볼 수 있듯이, 글자가 위에 보일 때는 빛의 속도가 느려지는 프리즘의 유리가 시선의 방향을 기준으로 공기의 아래에 위치한다. 이 경우에 글자에서 눈까지 오는 빛의 경로는 처음에는 약간 위로 가다가 프리즘 유리 표면에서 눈이 보는 시선 방향으로 꺾이는 것을 볼 수 있다. 위 신기루가 만들어질 때의 전형적인 빛의 경로 모양이다. 글자가 아래에 보일 때는 프리즘의 유리가 공기의 위에 위치한다. 이 경우에는 빛이 약간 아래로 향하다가 시선 방향으로 꺾인다. 아래 신기루가 만들어질 때의 전형적인 빛의 경로 모양이다.

우주에서 나타나는 신기루

진공에서도 빛이 날아가는 방향이 변하는 상황이 있다. 중력이 있을 때가 그렇다. 아인슈타인의 일반상대성이론에 의하면 중력이 없는 곳에서는 빛이 일직선으로 날아가지만, 중력이 있으면 중력이 끌어당기는 방향으로 빛이 휜다. 공기와 물, 또는 공기와 유리 경계면에서는 빛이 날아가는 속도가 변하기 때문에 빛이 꺾이지만, 중력의 영향을 받을 때는 시공간이 휘기 때문에 빛이 휜다는 것이 다른 점이다.

중력으로 빛이 휘는 것을 처음으로 관측했던 때는 1919년 5월 29일 개기일식 때였다. 개기일식 순간에 달에 가린 태양 근처의 별을 관측해서 태양의 중력이 빛을 휘게 한다는 사실을 확인했다. 관측자 중 한 사람의 이름을 따서 이 관측을 '에딩턴 실험'이라고 부른다.

이후 천문 관측 기술이 발전하면서, 중력에 의해 빛이 휘기 때문에 나타나는 특별한 천문 현상들이 관측됐다. 그중 하나가 그림 5-18의 왼쪽 위에서 볼 수 있는 '아인슈타인 고리Einstein ring'이다. 실제로는 이런 모양의 천체가 이런 규모로 존재하지 않는다. 중간에 다른 천체가 있고 그 천체의 중력으로 인해 빛이 휘면서 나타나는 현상이다. 실제와는 다른 위치에서 다른 모양으로 보이는 일종의 신기루이다. 중력이 마치 렌즈 역할을 한다고 해서 중력렌즈라고도 부른다. 유리로 만든 공을 이용하면 아인슈타인 고리를 중력이 없이도 흉내 낼 수 있다. 그림의 왼쪽 아래에서처럼, 유리공을 검은 점 위에 적당히 떨어뜨려 놓고 보면 동그란 고리 모양이 추가로 만들어지는 것을 볼 수 있다. 고리 모양은 점으로부터 시작된 빛이 유리공을 통과하는 동안 빛의 방향이 꺾이면서 모양이 변해서 생긴 이미지이다.

그림의 오른쪽 위와 같이 마치 별 4개가 위아래와 양옆으로 보이는 경우도 있다. 하지만 이 4개의 별은 하나의 퀘이사quasar에서 나오는 빛이다. 퀘이사는 아주 먼 거리에 있는 엄청나게 큰 블랙홀로, 주변 물질을 빨아들이면서 강한 빛을 내보내는 천체이다. 퀘이사와 지구 사이에 있는 제3의 천체가 끌어당기는 중력으로 인해 퀘이사 빛이 휘면서 하나의 퀘이사 빛이 4개의 다른 빛처럼 보인다. 십자가 모양처럼 보여서 '아인슈타인 십자가Einstein cross'로도 불

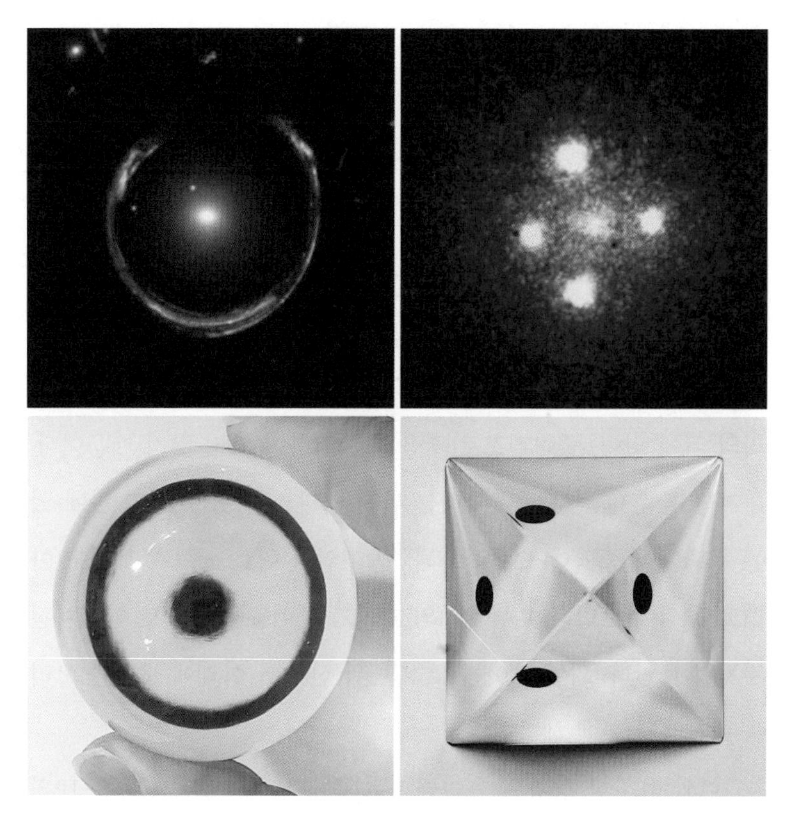

그림 5-18 중력렌즈를 포착한 천문 사진과, 이를 유리공과 유리 피라미드로 흉내 낸 사진. 왼쪽 위: 중간에 있는 은하가 중력렌즈로 작용해 뒤에 있는 은하가 고리처럼 보인다. '아인슈타인 고리'라고 부른다. 왼쪽 아래: 유리공을 점 위에 조금 떨어뜨려 놓고 본 사진. 한 점이 또 다른 고리 모양의 이미지를 만든다. 오른쪽 위: 하나의 퀘이사가 중력렌즈의 영향으로 4개의 퀘이사로 보인다. 십자가 모양이어서 '아인슈타인 십자가'라고 부른다. 오른쪽 아래: 유리 피라미드를 점 하나 위에 놓고 보면 피라미드에 있는 4개의 면 각각에 점 하나씩 모두 4개의 점이 보인다.

린다. 아인슈타인 십자가도 유리로 만든 피라미드로 흉내 낼 수 있다. 유리 피라미드를 점 위에 올려놓고 보면 그림의 오른쪽 아래처럼 점 하나가 4개의 점으로 보인다.

영화 〈인터스텔라Interstellar〉(2014)에서는 블랙홀을 가까이에서 볼 때의 모습이 나온다. 블랙홀 주위로 빛나는 고리는 원래 토성의 고리와 비슷한 모양이지만, 가운데 블랙홀이 중력렌즈로 작용해 그림5-19의 위처럼 보인다는 설정이다. 실제로 관측한 영상은 아니고, 여러 과학 원리를 기반으로 만든 가상의 영상이다. 블랙홀 앞부분의 고리는 원래의 모양 거의 그대로 보인다. 블랙홀이 앞 고리의 뒤에 있어, 중력렌즈로 작용하는 영향이 크지 않기 때문이다. 하지만 블랙홀 뒷부분의 고리는 완전히 다르게 보인다. 그 앞에 있는 블랙홀이 중력렌즈로 작용해, 뒷 고리가 위로도 꺾여 보이고 아래로도 꺾여 보인다. 마치 2개의 고리가 블랙홀 위아래로 만들어진 것처럼 보인다. 위에 보이는 고리는 위 신기루, 아래에 보이는 고리는 아래 신기루에 해당한다.

이와 유사한 상황도 유리공으로 흉내 낼 수 있다. 그림5-19의 아래 사진은 일직선 위에 유리공을 적당한 거리로 떨어뜨려 놓고 보는 장면이다. 직선의 위로 굽은 반원 하나와 아래로 굽은 반원 하나, 이렇게 2개의 반원이 추가로 보인다. 블랙홀 가상 영상에서 뒷부분의 고리가 위와 아래의 반원으로 보이는 것과 상당히 유사하다. 유리공은 가운데로도 빛이 통과하기 때문에 가운데에도 직선 모양이 보이지만, 블랙홀 중심에서는 빛을 다 흡수하기 때문에 아무것도 보이지 않는다는 것이 다른 점이다.

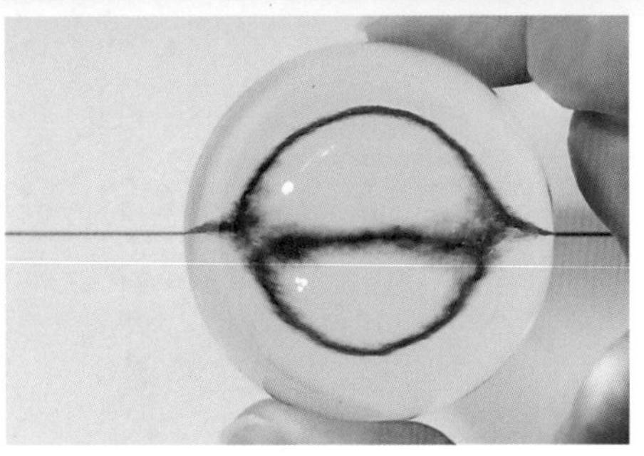

그림 5-19 위: 가까이에서 보는 블랙홀의 가상 영상. 원래 토성의 고리 모양과 비슷한 블랙홀의 고리 모양이 다른 모습으로 보인다. 블랙홀 앞부분의 고리는 거의 그대로 보이지만, 블랙홀 뒷부분의 고리는 위와 아래 양쪽으로 꺾여 2개의 반원 모양으로 보인다. 아래: 직선 위에 유리공을 약간 떨어뜨려 놓고 보는 사진. 직선 하나가 위아래 2개의 반원 모양 고리로 보인다. 유리공은 가운데로도 빛이 통과하기 때문에 가운데에도 직선 모양이 같이 보이지만, 블랙홀은 가운데의 블랙홀이 빛을 다 빨아들이기 때문에 아래 사진에서와 같은 가운데 직선은 보이지 않는다.

퀴즈

(1) 물속에서는 빛이 초속 22만 5,000킬로미터로 날아가고, 유리 속에서는 빛이 초속 20만 킬로미터로 날아간다. 빛은 물 표면에서 더 많이 꺾일까, 아니면 유리 표면에서 더 많이 꺾일까?

(2) 암흑물질이 많을수록 중력도 더 크다. 암흑물질이 많은 은하를 지나오는 빛이 더 많이 꺾일까, 아니면 암흑물질이 적은 은하를 지나오는 빛이 더 많이 꺾일까?

거리는 어떻게 측정할까?

소리 또는 빛의 메아리로 거리를 재는 방법을 알아보자.
빛의 간섭현상의 이용하면 미세한 거리변화를 잴 수 있다.
중력파는 빛의 간섭현상을 이용해 관측한다.

2016년 2월 11일, 세계 과학계를 들썩이게 한 굵직한 과학 소식이 있었다. 이론적으로 알려진 지 거의 100년 만에 중력파를 실험적으로 관측했다는 소식이었다.[14] 실제 관측은 2015년 9월 14일에 있었고, 약 5개월간의 분석과 검증을 거쳐 물리학 최고 저널의 하나인 미국 물리학회의 《피지컬 리뷰 레터스Physical Review Letters》에 논문으로 발표되었다. 13억 광년 떨어진 지점에서 벌어진, 두 블랙홀의 충돌에서 유발된 '시공간의 출렁임'인 중력파가 지구에 도달한 것을 관측한 현대 과학기술의 쾌거였다.

중력파가 지나가는 곳에서는 공간이 방향에 따라 다르게 줄어들거나 늘어나는 변형이 일어난다. 중력파가 지구를 통과해 지나갈 때도 마찬가지이다. 물 위에서 물이 높아지고 낮아지는 물결이 반복되면서 퍼져 나가듯이, 중력파가 지구를 지나갈 때도 공간의 변형은 물결처럼 반복되면서 지나간다. 이 때문에, 중력파가 지나가는 방향으로 공간이 줄어들고 늘어나는 것이 반복된다. 한 지점에서 방향이 다른 두 지점까지 거리를 측정해 비교하면, 중력파가 지나갈 때는 한쪽 거리가 상대적으로 더 짧아졌다가 길어지는 상황이다. 이처럼 거리가 상대적으로 변하는 것을 측정해 중력파를 관측한다.

중력파로 인한 거리의 변화는 아주 미세하기 때문에 이를 관측하는 것이 매우 어렵다. 여러 방법으로 오랜 기간 동안 중력파 관측을 시도해 왔지만 의미 있는 중력파 관측에 성공하지 못했다. 그러다가 2015년에 미국 북서부 워싱턴주의 핸퍼드Hanford와 동남부 루이지애나주의 리빙스턴Livingston에 설치된 '레이저 간섭계 중력파 관측소', 일명 '라이고LIGO: Laser Interferometer Gravitational-Wave Observatory'에서 처음으로 관측되었다.[15] 이후에도 다른 여러 중력파가 관측되어 논문이 발표되었고, 2017년에는 기존의 두 라이고 중력파 관측소와 함께, 이탈리아에 위치한 '비르고Virgo' 중력파 관측소도 같이 중력파를 관측하기 시작하였다.[16]

라이고와 비르고의 기본적인 중력파 측정 원리를 요약하면, '반사되어 날아오는 빛의 메아리로 아주 미세한 거리 변화를 측정한 것'이라고 말할 수 있다. 이와 관련해 우리가 쉽게 접하는 거리 측정 방법에서 시작해, 라이고의 중력파 관측 원리까지 한번 훑어보자.

소리의 메아리

산에 올라 '야호' 하고 소리치면, 얼마 뒤에 같은 소리가 되돌아온다. 이렇게 다시 들려오는 소리를 '메아리'라 부른다. 소리는 먼 곳에 즉시 전달되지 않는다. 소리가 전달되는 속도가 있어서 먼 곳까지 도달하는 데 시간이 걸린다. 공기 중에서 소리의 속도는 대략 초속 340미터 정도이다. 1초 동안에는 340미터를, 10초 동안에는 3,400미터를 날아간다. 산에서 지른 '야호' 소리도 마찬가지로 이 속도로 날아가다가 다른 산이나 계곡에 부딪히면 반사되어 되돌아오는 일이 벌어진다. 이렇게 해서 다시 듣는 소리가 메아리이다.

소리를 지른 후 4초 만에 그 소리의 메아리를 들었다고 하자. 좀 더 정확하게 말해, '야호'라고 소리쳤을 때는 '야'를 소리치기 시작하는 시간과 되돌아오는 소리에서 '야'가 들리기 시작하는 시간의 차이가 4초라고 하자. 소리는 4초 동안 날아갔으니 소리 속도를 감안하면, 그 소리는 1초에 날아가는 거리의 4배인 1,360미터를 날았을 것이다.[17] 그런데 소리가 날아갔다가 반사되어 돌아오는 왕복을 했으니, 소리를 지른 곳과 반사된 곳 사이의 거리는 1,360미터

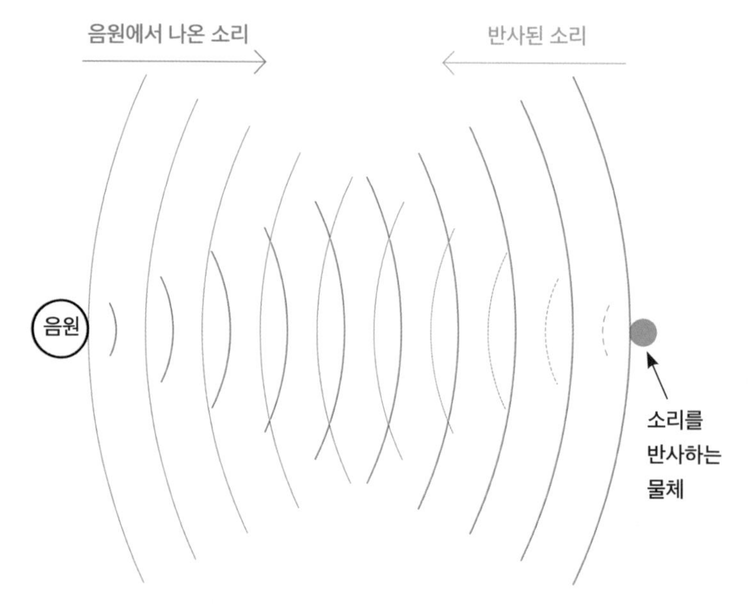

그림 5-20 메아리는 반사되어 다시 돌아오는 소리이다. 소리의 속도로 인해 소리가 날아갔다가 반사되어 다시 돌아오려면 시간이 걸린다. 이 때문에 소리를 지른 사람은 시간 차이를 두고 지른 소리를 다시 듣는다.

의 절반인 680미터가 된다. 이런 식으로 메아리가 들리는 시간 차를 이용해 소리가 반사된 곳까지의 거리를 계산할 수 있다.

먼 곳에서 반사되는 소리일수록 더 긴 시간 차이를 두고 다시 들린다. 때때로 한 번 지른 야호 소리에 여러 번의 메아리가 들리기도 한다. 소리가 반사되는 곳이 여러 곳인 경우에 그렇다. 먼저 들리는 메아리는 가까운 곳에서 반사된 소리이고, 나중에 들린 소리는 먼 곳에서 반사된 소리이다. 각각의 메아리가 들리는 시간 차이를 재면, 한 번의 야호 소리로 여러 곳의 거리를 알 수도 있다.

자연에서는 어두운 밤에 주로 활동하는 박쥐가, 반사되어 되돌아오는 소리를 듣는 방법으로 자기 앞쪽에 있는 물체의 거리와 위치를 파악한다. 인간은 들을 수 없는 초음파를 사용한다. 이를 흉내 낸 것이 '초음파 거리 탐지기'이다. 초음파를 쏘고 되받은 시간 차이를 측정하고, 여기에 초음파의 속도를 곱해 거리를 계산한다. 아두이노Arduino와 같은 마이크로 컨트롤러나 라즈베리 파이Raspberry Pi와 같은 소형 컴퓨터를 이용해 뭔가를 만드는 취미를 가진 사람들이 많이 사용하는 초음파 거리 탐지기는, 저렴한 제품은 1,000~2,000원에 불과해 구매하는 데 부담이 없고, 간단한 프로그래밍으로 근처 물체와의 거리를 쉽게 측정할 수 있다.

물속에서도 같은 원리를 이용해 떨어진 물체의 거리를 잰다. 물속에서의 소리의 속도는 대략 초속 1,500미터인 것이 다른 점이다. 공기 중에서 680미터 떨어진 곳에서 반사되는 소리는 4초 후에 들리지만, 물속에서는 0.9초 만에 들린다. 자연에서는 돌고래가 초음파로 물속에 있는 물체의 위치를 파악하고, 인간은 군함이나 어선에서 소나sonar라는 장치를 통해 같은 원리로 물속 물체의 위치를 파악한다.

소리가 반사되는 곳까지의 거리를 정확히 알 수 있으면, 거꾸로 메아리의 시간 차이를 사용해 소리의 속도를 잴 수도 있다. 온도와 압력이 다른 공기에서 소리의 속도가 변하는 것을 잴 수 있고, 다른 물질에서 소리의 속도가 어떻게 다른지도 잴 수 있다.

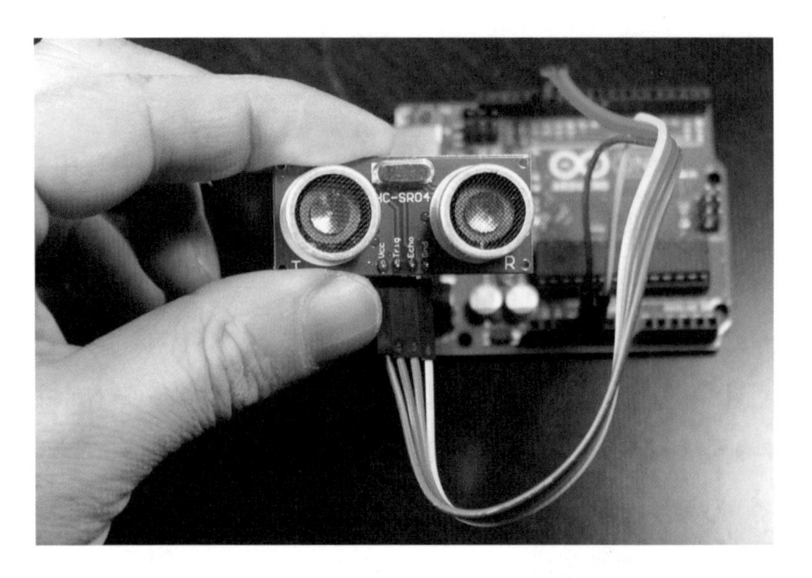

그림 5-21 초음파 거리 탐지기. 아두이노나 라즈베리 파이에 연결해 간단한 프로그래밍으로 탐지기 앞에 있는 물체와의 거리를 잴 수 있다. 초음파가 반사되어 다시 돌아오는 데 걸리는 시간으로부터 거리를 계산한다.

비행기의 위치 측정

비행기가 50킬로미터 떨어진 곳에서 공항을 향해 평균 시속 500킬로미터로 날아오고 있다고 하자. 그리고 이 비행기의 위치를 소리의 메아리로 측정하면, 비행기에 부딪혀 반사된 소리가 50킬로미터를 날아오는 데 걸리는 시간은 2분 30초가량이다. 이 시간 동안 비행기는 20킬로미터가량을 더 날아간다. 다시 말해, 비행기의 위치 측정을 확인하는 데 2분 30초가 늦어지고, 그사이 비행기는 20킬로미터 더 가까이 날아와 30킬로미터 지점에 위치한다는 이야기이다.

항공기가 이착륙하는 공항에서는 수십 킬로미터 또는 그 이상 떨어진 곳에서 다가오거나 멀어져 가는 항공기의 위치를 파악한다. 항공기 간의 충돌과 같은 위험한 상황이 일어나는 것을 방지하기 위해서이다. 만약 소리로 비행기의 위치를 측정하면, 소리의 속도 때문에 지연되는 시간 동안 비행기의 위치가 많이 변해 여러 항공기가 근처에 있을 때 심각한 상황이 초래될 수 있다.

공항의 관제센터에서는 소리보다 훨씬 빠른 전파를 사용하는 레이다를 이용해 시간 지연이 거의 없이 정확하게 비행기의 위치와 움직임을 측정한다. 빛의 속도와 같은 전파의 속도로 계산하면, 50킬로미터 떨어진 비행기에 부딪혀 돌아오는 전파는 50/300,000=1/6,000초 만에 관제센터에 돌아온다. 이 시간 동안 시속 500킬로미터로 날아오는 비행기는 2센티미터가량 움직인다. 사실상 거의 실시간으로 비행기의 움직임을 관측하는 셈이다.

공항에 있는 레이다.

빛의 메아리

소리의 메아리와 마찬가지로 반사되어 되돌아오는 빛으로도 거리를 측정할 수 있다. 빛의 속도를 알고 있으면 빛이 반사되어 다시 돌아오는 시간을 재서 거리를 측정할 수 있고, 반대로 거리를 알고 있으면 빛의 속도를 잴 수도 있다. 빛을 사용할 뿐, 소리의 메아리와 비교할 수 있어 '빛의 메아리'라고 볼 수 있다.[18] 빛은 1초에 30만 킬로미터의 거리(지구 둘레의 7바퀴 반 거리)를 날아가기 때문에, 되돌아오는 데 걸리는 시간은 소리와는 비교하기 힘들 정도로 아주 짧다. 예를 들어 1.5킬로미터 떨어진 곳까지 날아갔다가 반사되는 빛은 불과 10만분의 1초 만에 되돌아온다. 짧은 시간 차이를 잴 수 있는 정밀한 계측 기술이 필요하다.

반사되어 돌아오는 빛을 이용해 거리(또는 위치)가 미세하게 변화하는 것을 재는 한 예로 레이저를 이용한 도청 장치가 있다. 건물 안에서 나는 소리에 의해 유리창은 미세하게 떨린다. 유리창의 위치가 미세하게 변하는 것이다. 우리가 말을 할 때 목 부분에 손을 대면 목이 떨리는 것을 촉각으로 느낄 수 있다. 소리가 목의 떨림으로 전달되기 때문이다. 건물 내부 소리의 떨림도 마찬가지로 유리창의 떨림으로 전달된다. 이때 유리창에 레이저를 쏘면, 유리창에 반사되어 되돌아오는 빛의 위치도 유리창의 떨림 때문에 변한다. 반사되어 돌아오는 빛의 위치 변화를 측정해 유리창이 어떻게 떨리는지를 알아내고, 이로부터 소리를 합성하면 건물 내부의 소리를 재현해 들을 수 있다. 빛의 메아리로 소리를 듣는 셈이다.

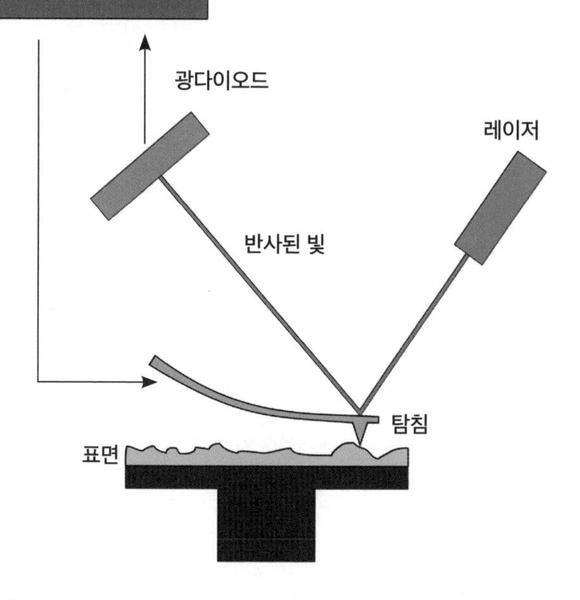

그림 5-22 원자힘현미경을 이용해 이미지를 얻는 원리.

레이저 도청 장치에 쓰이는 방법은 표면을 원자 크기로 볼 수 있는 현미경의 일종인 '원자힘현미경AFM: atomic force microscopy'에도 쓰인다. 이른바 '탐침'이라고 불리는 아주 가는 바늘이 달려 있는 기구를 표면에 아주 가까이 대면, 바늘 끝 원자와 표면 원자 사이의 힘에 의해 탐침이 '휘거나' '떨리는' 정도가 달라진다. 이런 탐침 위에 레이저 빛을 쏴 반사되어 돌아오면, 탐침의 위치 변화가 레이저 빛의 위치 변화로 증폭되어 나타난다. 이를 측정해 표면의 높낮이 변화를 알 수 있다. 여러 위치에서 높낮이를 측정한 결과를 모아 영상으로 재구성한 것이 원자힘현미경 영상이다. 원자 하나 하나가 표면에 어떤 구조로 배열되어 있는지를 볼 수 있을 만큼 크게 확대해서 볼 수 있는 현미경이다.

자율주행차에 사용하는 레이다와 라이다

취미로 만드는 조그만 자동차 로봇에는 전방의 장애물을 탐지하기 위해 그림5-21의 사진과 같은 초음파 탐지기를 주로 사용한다. 하지만 실제 주행하는 자동차가 전방의 다른 자동차나 장애물 또는 보행자를 탐지하는 데에 초음파 탐지기를 사용하면, 상대적으로 느린 소리의 속도 때문에 위험한 상황이 발생할 수 있다. 자동차 15미터 전방에서 갑자기 사람이 튀어나왔다고 가정해 보자. 자동차에서 나온 초음파가 이 사람에 반사되어 다시 차에 돌아오는 데 걸리는 시간은 거의 0.1초이다. 고속으로 달리는 자동차라면 0.1초 사이에 움직이는 거리는 무시할 수 없는 수준이다.

요즘 개발에 박차를 가하고 있는 자율주행자동차에는 카메라가 설치되어 있을 뿐만 아니라, 주위에 있는 물체의 위치와 거리를 측정하는 '레이다'나 '라이다'를 설치하기도 한다. 라이다의 탐지 원리는 레이다와 같지만, 전파 대신 빛을 사용하는 것이 다른 점이다. 초음파에 비해 훨씬 빠르고 정확한 측정이 가능하다.

차 지붕에 라이다를 설치한 구글 자율주행 시험 자동차(2012년 사진).

빛의 간섭현상으로 미세한 거리 변화를 어떻게 탐지할까?

빛은 전자기장이 떨려서 만들어지는 물결 모양의 파동이다. 진공에서는 항상 초속 30만 킬로미터의 일정한 속도로 날아간다. 같은 종류의 두 빛이 합쳐질 때 전기장의 물결 모양 높낮이가 똑같은 상태로 동시에 들어오면, 합쳐진 빛의 물결 모양이 더 커진다(보강 또는 증폭, 그림5-23의 위). 하지만 그 한쪽 빛이 더 늦게 또는 더 빨리 들어와 물결 모양이 정반대인 상태로 합쳐지면, 빛의 물결 모양이 없어진다(상쇄, 그림5-23의 아래). 한쪽 빛이 늦거나 빠르게 들어오는 정도에 따라 합쳐진 빛의 물결 모양이 중간 정도에 해당하는

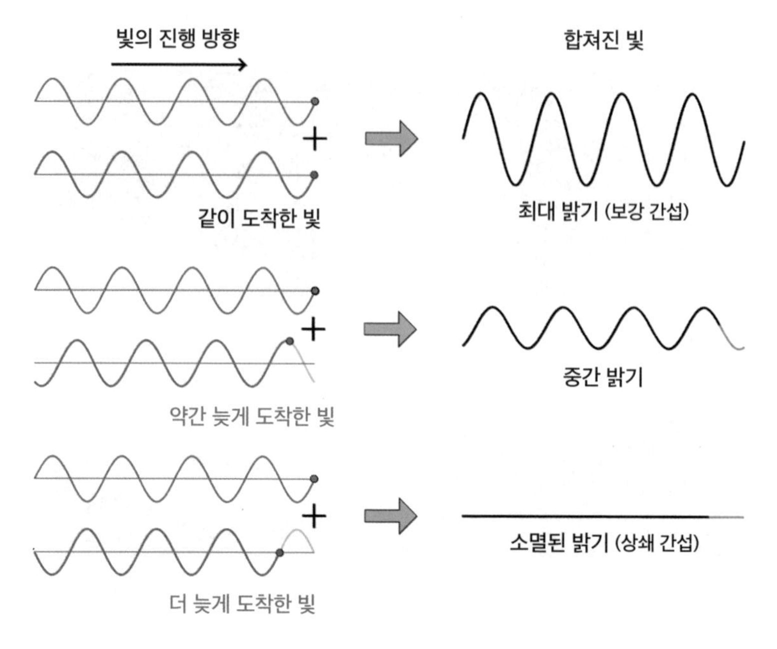

그림 5-23 빛의 간섭현상. 서로 딱 맞게 들어와 합쳐진 빛은 더 밝은 빛을 만들고, 두 빛이 시간 차이를 가지고 들어와 합쳐지면 빛이 점점 어두워진다.

물결 모양이 만들어지기도 한다(그림5-23의 가운데). 이렇게 합쳐진 빛의 물결 모양의 크기가 변하는 것을 '간섭현상'이라고 한다. 간섭현상을 이용하면 두 빛의 상대적인 차이를 감지할 수 있다. 각각의 빛이 상대 빛을 관측한다고 보면 되겠다. 이렇게 빛의 간섭현상을 측정할 수 있는 장치를 '간섭계'라고 하고, 광원으로 레이저를 사용하면 '레이저 간섭계'가 된다.

빛이 날아가는 2개의 경로가 있다고 하자. 같은 빛이 2개로 갈라져 두 경로로 날아갔다가 다시 합쳐지면 간섭현상이 일어난다.

만약에 한쪽 빛이 날아가는 거리가 늘어났다고 가정해 보자. 그 경로에서는 빛이 그만큼 더 오래 날아가, 최종적으로 다른 빛과 합쳐질 때 더 늦게 도착한다. 이 차이로 인해 간섭현상의 결과가 다르게 나타난다. 거리는 그대로인데 한쪽 경로에서 빛의 속도가 느려졌을 경우에도(예를 들면 공기밀도가 변해서) 같은 거리를 더 천천히 날아가, 다른 빛과 합쳐질 때 더 늦게 도착한다. 이때도 마찬가지로 간섭현상의 결과가 다르게 나타난다. 이렇게 빛이 날아간 거리나 빛의 속도가 변해 간섭현상의 결과가 달라지는 것을 거꾸로 이용하면, 간섭현상의 변화를 측정해 빛이 날아간 거리나 빛의 속도가 얼마만큼 변하는지를 알아낼 수 있다.

19세기 말에 마이컬슨과 몰리가 '빛의 속도가 방향과 관계없이 변하지 않음(또는 빛의 매질이 없음)'을 보인 실험 장치가 빛의 간섭현상을 이용한 대표적인 실험 장치이다. 이들의 간섭현상 관측은 다음과 같은 단계를 거친다(그림5-24).

(1) 빛을 두 갈래로 나눠, 한 줄기의 빛은 그대로 날아가게 하고, 다른 한 줄기의 빛은 직각으로 반사시켜 다른 경로로 날아가게 한다.
(2) 일정한 거리를 날아가 두 빛은 반사되어서 빛이 갈라졌던 위치로 되돌아오게 한다.
(3) 반사되어 돌아오는 빛 한 줄기를 직각으로 반사시켜 다른 빛 줄기와 합친다.
(4) 합친 빛이 일으키는 간섭현상을 측정한다.

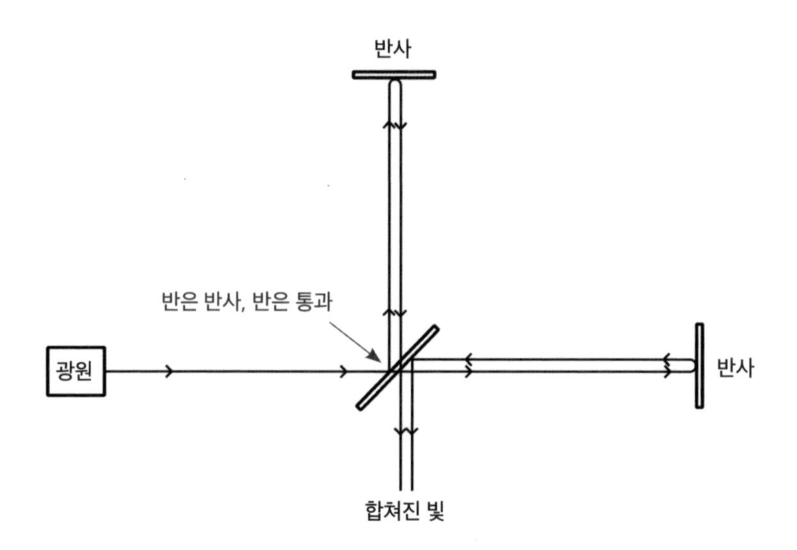

그림 5-24 마이컬슨 간섭계에 기반한 관측 장비 기본 도식. 광원에서 나온 빛은 두 빛으로 갈라져 직각 방향의 서로 다른 경로로 날아간다. 각각의 빛은 반사되어 다시 돌아와 합쳐져 빛의 간섭현상이 일어난다.

이와 같은 단계를 거쳐 빛의 간섭현상을 측정하는 간섭계를 '마이컬슨 간섭계'라고 부른다. 마이컬슨과 몰리는 이 측정 장치를 이용한 실험을 통해 빛의 속도가 방향에 관계없이 일정하다는 결론에 도달했고, 빛이 전파되려면 있어야 한다고 생각했던 '에테르aether'가 존재하지 않는다는 사실을 밝혔다. 이때가 특수상대성이론이 나오기 전인 19세기 후반이었다. 마이컬슨은 이 업적으로 1907년에 노벨 물리학상을 수상했다.

중력파는 빛의 간섭현상으로 관측했다

중력파 신호를 검출한 라이고의 기본 구조는 마이컬슨 간섭계에 기반을 두고 있다. 마이컬슨 간섭계는 빛의 속도 변화를 측정하는 것이 주된 목적인 반면에, 라이고의 경우에는 거리 변화를 측정하는 것이 주된 목적이다. 앞에서 설명했듯이 빛의 속도 변화나 거리의 변화 모두 두 빛이 합쳐질 때 도달하는 시간 차이를 초래한다. 그리고 최종적으로는 간섭현상의 차이로 나타난다.

그런데 문제는 중력파로 인한 거리 변화가 너무나도 미미하다는 점이다. 이런 문제를 극복하기 위해, 라이고에서는 ㄱ자 모양 검출 장치의 한쪽 길이를 4킬로미터나 되는 거대한 규모로 만들었다. 그리고 강력한 레이저와 초정밀 빛 간섭 측정 장치, 아주 미세한 흔들림도 방지하는 기술과 같은 최첨단 과학기술이 동원됐다. 그중에서 주목할 만한 부분은, 빛이 날아가는 경로를 수백 배 늘려주는 '패브리-페로 관Fabry Perot cavities'이 추가된 점이다.

편도 거리 4킬로미터를 단순히 한 번만 왕복한 빛의 간섭현상에서 변화를 관측하기에는 중력파로 인한 거리 변화 효과가 너무나도 미미하다. 라이고에서는 각각의 빛이 4킬로미터 길이의 패브리-페로 관에 설치된 거울에 수백 번 반사되는 과정을 거친 다음에 합쳐지도록 했다. 이는 중력파로 인해 라이고의 크기에서 나타나는 아주 미세한 거리 변화를 수백 배로 증폭하는 효과를 만들어낸다. 캘리포니아공과대학교의 2016년 자료에 의하면,[19] 라이고는 각각의 빛이 280번 반사되게 만들어 무려 1,120킬로미터 크기에

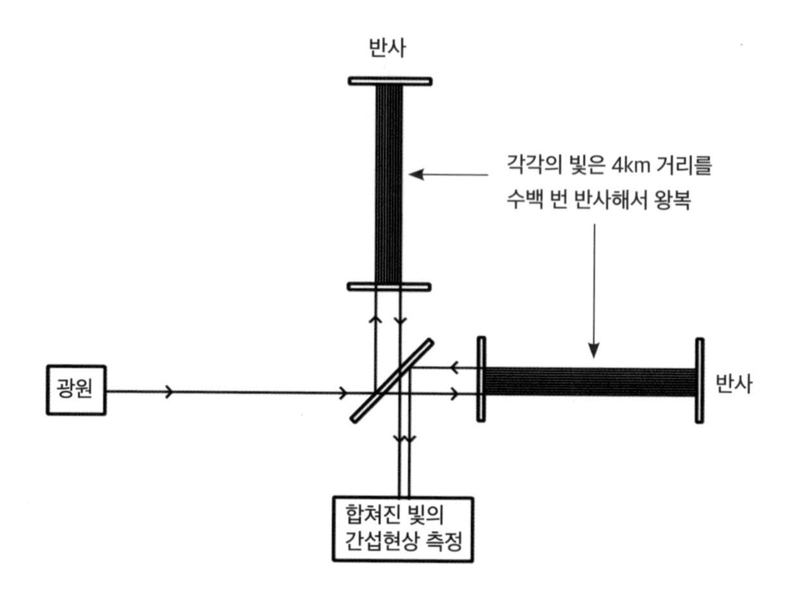

그림 5-25 라이고 관측 장비 기본 도식. 각각의 빛은 4킬로미터에 이르는 거리를 수백 번 반사해서 왕복해 1,000킬로미터가 넘는 크기의 마이컬슨 간섭계를 사용하는 효과를 냈다.

이르는 마이컬슨 간섭계를 사용한 것과 같은 효과를 얻었다. 우리가 100미터를 달리기로 되어 있는데 그 거리가 10센티미터 더 늘어났다고 가정해 보자. 한 번 달리면 10센티미터를 더 달리는 것에 불과하지만, 이를 280번 반복해 달리면 무려 28미터를 더 달리는 셈이다. 라이고에서 빛이 수백 번 반사되어 날아가면서 아주 미세한 거리 차이가 증폭되는 효과도 이와 비슷하다.

라이고 관측소는 미국 워싱턴주와 루이지애나주 두 곳에 건설되었다. 2015년 9월에 블랙홀 충돌로 생긴 중력파가 지구를 지나갔고, 두 라이고 관측소는 이 중력파로 인한 미세한 거리 변화를 잴 수 있었다. 인류 최초의 중력파 관측이었다. 이후 수개월간의 분석과 검증을 거쳐 2016년 2월 11일에 논문을 통해 공식적인 중력파 관측 결과 발표를 하게 된다.

여기에서 재미있는 상상을 해볼 수 있다. 만약 마이컬슨과 몰리가 라이고 장비로 실험을 했고 때마침 충분히 큰 중력파도 지구에 도달했다고 가정하면, 상대성이론을 모르는 상태에서 그들은 실험 결과를 가지고 다음과 같이 말했을 수도 있다.

"짧은 시간 동안 미세하게나마 방향에 따라 빛의 속도가 변하는 것을 관측했다."

중력파로 인한 시공간의 출렁임을 생각하지 않는다면 빛의 속도가 변한다고 볼 수도 있기 때문이다.

퀴즈

(1) 번개가 번쩍한 것을 보고 5초 후에 천둥소리가 들렸다. 번개가 친 곳과 천둥소리를 들은 곳 사이의 거리는 얼마일까? 소리의 속도는 초속 340미터라고 하자.

(2) 2023년 2월 기준으로, 보이저 1호는 태양에서 약 259억 킬로미터 떨어져 있다. 지구에서 보낸 전파 신호를 보이저 1호가 받으면, 받았다는 신호를 곧바로 다시 지구로 전파에 실어 보낸다고 하자. 지구에서 전파 신호를 보낸 지 얼마 만에 보이저 1호로부터 회신 전파 신호를 받을까? 전파는 광속으로 날아가고, 광속은 초속 30만 킬로미터라고 하자.

첫 중력파 관측 논문 따라잡기

첫 중력파 관측 논문이 알리려고 한 것은 무엇일까?
논문 속의 그림과 표로 중력파 관측 결과를 이해해 보자.
중력파 관측에 사용한 신호 처리 알고리듬도 살펴보자.

과학기술 논문에는 글과 함께 그림 또는 표가 실린다. 연구 방법, 과정, 결과를 그림과 표에 함축적으로 설명하고 정리한다. 그래서 그림과 표만 잘 이해해도 논문의 중요한 부분을 이해하는 셈이 된다. 2016년 2월에 발표된 첫 중력파 관측 논문도 그림과 표에 연구의 중요한 내용을 담고 있어 이를 이해하는 것이 중요하다.

물론 논문의 그림과 표를 이해하는 것은 쉽지 않다. 연구를 하지 않는 사람에게는 더욱 그렇다. 연구를 하는 사람들조차 자신이 연구하는 분야가 아닌 다른 분야의 논문을 보는 것은 흔한 일이 아니다. 하지만 역사적인 첫 중력파 관측 논문은 그냥 지나치기 아쉽다. 그래서 논문에서 가장 중요한 그림을, 물리학에 관심 있는 일반 독자들도 조금이나마 이해할 수 있도록 설명해 보고자 한다. 논문 내용을 깊이 다루지 않지만, 전문가가 아닌 독자가 논문 속의 그림을 이해하려는 시도 자체도 의미가 있다.

첫 중력파 관측 논문은 미국 물리학회의 학술잡지 《피지컬 리뷰 레터스》에 실렸다. 물리학자라면 한 번쯤은 논문을 내보고 싶어 하는 물리학 분야의 최고 학술잡지 중 하나이다. 원래 이 저널의 논문은 유료 구독자만 볼 수 있으나, 첫 중력파 관측 논문의 경우는 누구나 무료로 자유롭게 볼 수 있도록 공개열람open access 형식으로 인터넷에 공개했다. 워낙 역사적인 연구 결과일 뿐 아니라 비과학인들의 관심도 큰 연구이기 때문에 특별히 내린 조치로 보인다. 관심 있는 사람은 웹사이트 링크를 통해 논문을 PDF 파일로 내려받아 볼 수 있다.

그림5-26에서와 같이, 논문을 보면 그림 밑에 'FIG. 1', 'FIG. 2'와 같은 말과 함께 그림에 대한 설명을 하고 있다. FIG.는 figure를 줄인 말로 '그림'을 의미한다. '표'는 TABLE이라고 쓰여 있다. 논문에 나오는 그림과 표는 모두 중요하지만, 그중에는 좀 더 중요한 그림과 표가 있기 마련이다. 이번 논문에서는 FIG. 1, 즉 그림1이 그런 그림에 해당한다. 뉴스로 전해 들은 중력파 관측 결과가 이 그림에 많이 정리되어 있다. 그래서 이 글에서도 논문의 그림1을 중심으로, 가능하면 기초적인 개념과 함께 설명하려고 한다.[20]

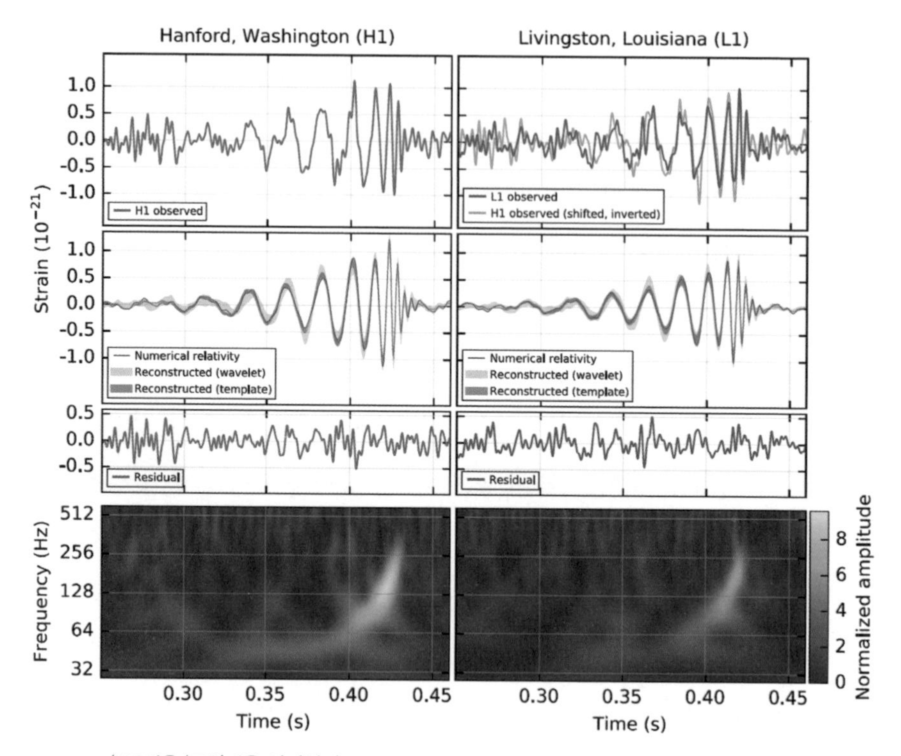

'FIG.1'은 '그림 1'을 의미한다

FIG. 1. The gravitational-wave event GW150914 observed by the LIGO Hanford (H1, left column panels) and Livingston (L1, right column panels) detectors. Times are shown relative to September 14, 2015 at 09:50:45 UTC. For visualization, all time series are filtered with a 35–350 Hz bandpass filter to suppress large fluctuations outside the detectors' most sensitive frequency band, and band-reject filters to remove the strong instrumental spectral lines seen in the Fig. 3 spectra. *Top row, left:* H1 strain. *Top row, right:* L1 strain. GW150914 arrived first at L1 and $6.9^{+0.5}_{-0.4}$ ms later at H1; for a visual comparison, the H1 data are also shown, shifted in time by this amount and inverted (to account for the detectors' relative orientations). *Second row:* Gravitational-wave strain projected onto each detector in the 35–350 Hz band. Solid lines show a numerical relativity waveform for a system with parameters consistent with those recovered from GW150914 [37,38] confirmed to 99.9% by an independent calculation based on [15]. Shaded areas show 90% credible regions for two independent waveform reconstructions. One (dark gray) models the signal using binary black hole template waveforms [39]. The other (light gray) does not use an astrophysical model, but instead calculates the strain signal as a linear combination of sine-Gaussian wavelets [40,41]. These reconstructions have a 94% overlap, as shown in [39]. *Third row:* Residuals after subtracting the

그림 5-26 첫 중력파 관측 논문의 그림1. 위아래로 4개의 행에 비슷한 유형의 그래프가 1쌍씩, 총 8개가 있다. 그림 맨 아래에는 그림을 설명하는 글이 있다.

약 3,000킬로미터 떨어진 두 곳에서 관측된 첫 중력파

논문 내용은 '시공간의 출렁임인 중력파로 인해 거리가 상대적으로 늘었다 줄었다 하는 떨림을 측정했다'라고 요약할 수 있다. 이 내용이 논문 그림1에 담겨 있다.

논문 그림1의 맨 위에는 라이고가 설치되어 있는 두 곳의 위치가 적혀 있다(그림5-27). 왼쪽 열에 있는 그래프들은 미국 북서부 워싱턴주의 핸퍼드에 있는 관측소에서 관측한 결과이고, 오른쪽 열에 있는 그래프들은 동남부 루이지애나주의 리빙스턴에 있는 관측소에서 관측한 결과이다. 두 관측소의 위치와 설치 방향은 논문 그림3의 왼쪽 위에 있는 미국 지도에 표시되어 있다. 두 관측소 모두 ㄱ자 모양을 하고 있다.

먼저 논문 그림1 맨 위의 행에 있는 좌우 2개의 그래프를 보자(그림5-27). 왼쪽 그래프의 빨간색 곡선과 오른쪽 그래프의 파란색 곡선의 모양이 상당히 비슷하다. 이 두 곡선을 비교하기 위해 오른쪽 그래프에서는 두 곡선을 겹쳐 그렸다. 옅은 붉은색의 곡선이 왼쪽 그래프에서 온 곡선이다. 먼저 왼쪽 그래프의 빨간색 곡선을 위아래로 뒤집은 다음에 왼쪽으로 조금 더 옮긴 후, 이 곡선을 그대로 오른쪽 그래프의 파란색 곡선 밑에 그린 것이다.

왼쪽 그래프와 오른쪽 그래프가 상당히 비슷하다는 말은, 두 곳에서 사실상 같은 현상을 관측했음을 의미한다. 관측 결과를 훨씬 더 신뢰할 수 있게 만드는 부분이다. 한쪽 그래프만 설명해도 같은 설명으로 다른 쪽 그래프도 같이 이해할 수 있으므로, 이 글

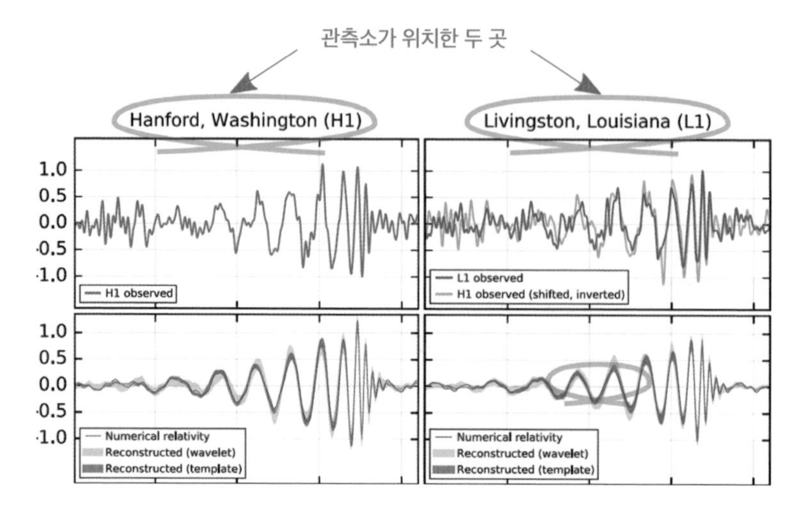

그림 5-27 첫 중력파 관측 논문의 그림1의 일부. 제일 윗부분은 라이고 관측소가 위치한 두 곳을 알려준다. 두 관측소 사이는 약 3,000킬로미터 떨어져 있다.

에서는 왼쪽 그래프 위주로 설명하겠다.

논문 그림1의 그래프는 무엇을 기록한 것일까? 이 질문에 답하기 위해 가장 먼저 해야 할 일은 그래프의 가로 방향과 세로 방향이 각각 무엇을 의미하는지를 파악하는 일이다.

그림1 그래프의 가로 방향은 시간의 흐름을 나타낸다

가로 방향이 무엇인지는 그래프의 맨 아래 중간에 가로로 쓰여 있다. 논문의 그림을 보면 왼쪽 그래프 맨 아래 중간과 오른쪽 그래프 맨 아래 중간에 각각 'Time(s)'라고 쓰여 있다. 그래프의 가로

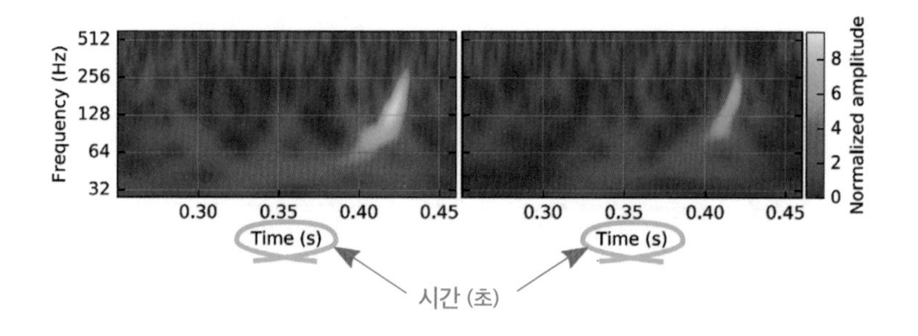

그림 5-28 그래프의 가로 방향이 나타내는 것은 시간이다. 시간의 단위는 '초'이다.

방향의 Time은 우리말 해석 그대로 '시간'을 의미한다. 논문 그림의 왼쪽과 오른쪽에 각각 4개의 그래프가 있고, 4개의 그래프 모두 가로 방향은 시간을 나타낸다. 보통은 오른쪽 방향이 시간이 흐르는 방향이다.

Time 옆의 괄호 안에는 's'라는 시간 단위가 쓰여 있다. 영어로 '초'를 의미하는 second의 첫 자를 따서 s를 썼다. 논문의 그림 설명에 의하면, 2015년 9월 14일 협정세계시Universal Time Coordinated, UTC(국제사회가 사용하는 과학적 시간의 표준) 09시 50분 45초를 기준으로 얼마만큼 시간이 더 흘렀는지를 나타낸다.

그림5-29는 가로 방향이 시간인 그래프를 어떻게 그리는지를 알려준다. 위아래로 움직이는 위치 변화를 그대로 그리는 단순한 예를 들었다. 시간이 흐르면 그래프에서 가로 위치는 점점 오른쪽으로 움직인다. 그래프에 그리려고 하는 움직임은 세로 방향으로 올라가기도 하고 내려가기도 한다. 이것을 감안해 다음 그림과 같

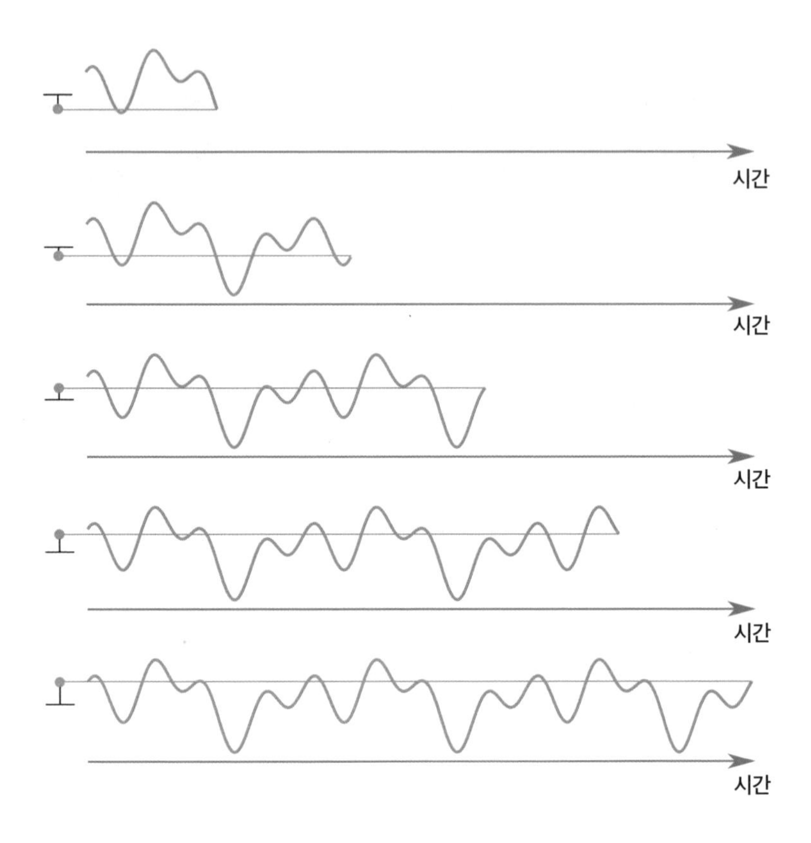

그림 5-29 시간의 흐름에 따라 오른쪽으로 옮겨 가며 위치의 변화를 세로에 그리는 그래프.

이 시간을 따라 오른쪽으로 옮겨 가며 세로 방향으로 위치의 변화를 그리면, 가로 방향이 시간인 그래프가 완성된다. 논문 그림1의 위에 있는 3쌍의 그래프는 이와 같은 방법으로 그린다.

그래프의 세로 방향이 무엇을 의미하는지는 왼쪽 끝에 세로 방향으로 써놓았다. 논문 그림1의 위에 있는 3쌍의 그래프는 세로 방향이 'Strain', 즉 '변형률'을 나타낸다. 그리고 맨 아래의 1쌍의 그래프는 세로 방향이 'Frequency', 즉 '진동수(또는 주파수)'를 나타낸다. 가로 방향에 비해 쉽지 않은 단어이다.

변형률은 길이 변화를 나타낸다

먼저 변형률이라는 단어가 뭔지 살펴보자. 그러려면 먼저 라이고의 작동 과정을 간단하게라도 이해하고 넘어가야 할 필요가 있다.

라이고에서는 빛이 2개로 나뉘어 서로 직각인 2개의 관으로 향하고, 각각의 관을 여러 번 왕복한 후에 빛이 나뉜 곳으로 다시 돌아와 합쳐진다. 합쳐진 빛으로 간섭현상을 측정해서 2개의 관의 길이 사이에 변화가 있는지, 변화가 있으면 시간에 따라 어떻게 변하는지를 측정한다.

시공간의 출렁임인 중력파가 지나가면 방향에 따라 길이가 다르게 변한다. 아주 미세하긴 하지만 한쪽 방향의 길이가 상대적으로 더 늘어나거나 줄어드는 변화가 생기는 것이다. 이 길이 변화를 라이고의 길이로 나눈 값이 변형률이다. '라이고의 길이 대비 길이 변화의 비율'이다. 0보다 큰 양수일 때 어떤 한쪽 방향이 상대적으로 길어진 것이라면, 0보다 작은 음수일 때는 반대로 더 짧아진 것이다.

'변형률=길이 변화'라고 보면 그래프를 이해하기가 한결 쉬워

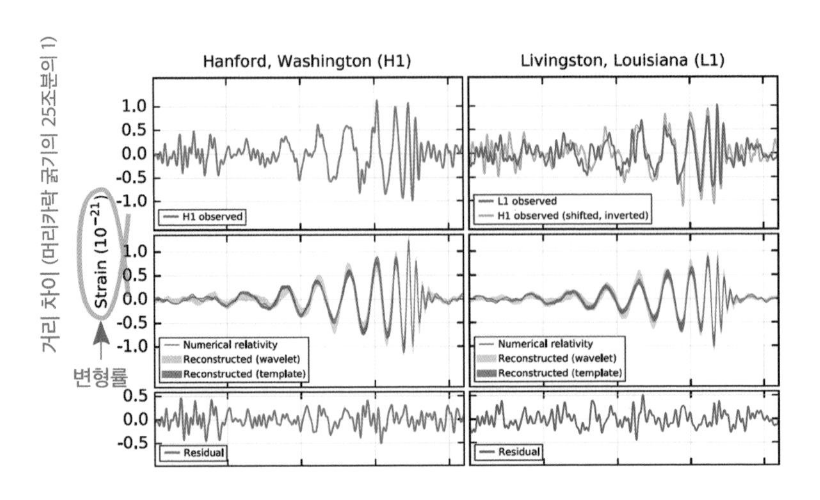

그림 5-30 세로 방향의 변형률은 라이고에서 측정한 두 방향의 상대적인 길이 변화로 볼 수 있다.

진다. 그래프는 세로로 -1에서 1까지 범위에서 움직인다. 변형률의 단위(10^{-21})와 라이고의 길이인 4킬로미터를 고려하면 그래프에서 세로 방향에 있는 숫자 1은 4×10^{-18}미터에 해당한다. 원자 크기의 1억분의 1 또는 머리카락 굵기의 25조분의 1에 해당하는 길이이다.

논문 그림1의 맨 위 그래프에서, 그래프는 대략 -1에서 1 사이, 다시 말해 2만큼 변한다. 이 변화는 실제 원자 크기의 5,000만분의 1, 즉 머리카락 굵기의 25조분의 2만큼까지 길이 변화에 해당한다. 이렇게 엄청나게 미세한 길이의 변화를 잰 것으로부터, 라이고의 측정 위력을 확인할 수 있다.

다시 논문 그림1의 오른쪽 그래프에서 두 곳의 측정 결과를 비교한 부분을 보자. 왼쪽의 빨간 곡선을 위아래로 뒤집은 다음 왼쪽으로 살짝 옮겼다고 설명했는데, 왼쪽으로 옮겼다는 점이 중요한 부분이다. 핸퍼드 라이고의 관측 결과가 나중에 관측됐기 때문에, 더 먼저 관측된 리빙스턴 라이고의 관측 결과의 시간으로 맞추기 위해 핸퍼드 라이고의 결과를 앞으로 당겼다고 보면 된다.

시간을 당긴 정도는 0.0069초이다. 1,000분의 1초를 의미하는 밀리초ms(m은 1,000분의 1을 의미한다)를 쓰면 6.9밀리초이다. 두 관측소에서 6.9밀리초의 시간 차이를 두고 관측된 것이다. 중력파가 빛의 속도인 초속 30만 킬로미터로 두 관측소 사이를 날아가는 데 걸리는 시간인 6.9밀리초가 두 관측 결과의 시간 차이로 나타났다. 논문 그림1의 설명에서 이 시간 차이를 확인할 수 있다.

실제 길이 변화 대신 변형률을 사용하는 이유

실제 길이 변화를 기록하면 좀 더 직관적으로 이해할 수 있다는 장점이 있겠지만, 그렇게 하면 같은 중력파로 발생한 길이 변화도 관측소 크기에 따라 달라지는 단점이 있다. 더 긴 관측소일수록 중력파로 인한 길이 변화가 더 커지기 때문이다.

예를 들어 관측 방법은 같지만 크기가 현재 라이고의 2배인 8킬로미터 크기의 관측소가 있다고 가정해 보자. 이 관측소에서 중력파에 의한 길이 변화를 측정하면, 4킬로미터 크기의 현재 라이고에서 이뤄진 측정 결과보다 2배나 큰 결과가 나온다. 크기가 다른 두 관측소의 결과를 함께 그래프에 그린다면 한쪽 결과를 2배 더 크게 그려야 한다. 이 때문에 두 결과를 비교하는 것이 원활하지 않을 수 있다. 측정 대상 전체의 길이로 나눈 값인 변형률을 사용하면 이런 문제가 없어진다.

논문 그림1의 두 번째 행에 있는 2개의 그래프 모두 더 매끈한 곡선이 그려져 있다. 컴퓨터로 중력파에 의한 거리 차이 변화를 시뮬레이션한 결과이다. 시뮬레이션은 이론이나 모델을 이용해 실제 일어나는 현상을 컴퓨터로 계산해 흉내 내는 것이다. 컴퓨터로 하는 가상 실험으로 볼 수 있다.

시뮬레이션 결과가 맨 위의 실험 측정 그래프에 근접한 모양을 하고 있다는 것은 라이고의 측정 결과를 이론과 모델로 설명할 수 있다는 것을 의미한다. 이는 곧 무엇 때문에 중력파가 생겼는지를 알 수 있음을 의미하기도 한다. 처음으로 관측된 중력파는 약 13억 광년 떨어진 곳의 두 블랙홀이 충돌하면서 생긴 결과임이 밝혀졌다. 세 번째 행에 위치한 그래프는 첫 번째 행의 그래프에 그린 측정 결과 데이터에서 두 번째 행의 그래프에 그린 시뮬레이션 데이터를 뺀 결과이다.

논문 그림1의 첫 번째와 두 번째 행에 위치한 그래프는 일종의 떨림 또는 진동의 모양을 하고 있다. 이런 떨림 모양은 얼마나 빨리 떨리는지를 나타내는 '진동수frequency'와 얼마나 크게 떨리는지를 나타내는 '진폭amplitude'으로 이해하는 것이 도움이 된다.

진동수는 일정 시간에 반복되는 횟수

진동수는 정해진 시간에 같은 모양이 얼마나 많이 반복되느냐를 의미한다. 보통 1초에 몇 번 반복되는지를 나타내는 단위로는 Hz(헤르츠)를 쓴다. 1초에 똑같은 모양이 10번 반복되면 진동수가 10헤르츠, 100번 반복되면 100헤르츠이다.

떨림이 만들어 내는 대표적인 현상은 소리이다. 소리의 높낮이인 음높이가 진동수에 따라 달라진다. 진동수가 작은 소리는 저음이고 진동수가 큰 소리는 고음이다. '도레미파솔라시도' 각 음은 진동수의 또 다른 표현이라고 볼 수 있다. 한 옥타브, 예를 들면 어떤 도 음과 인접한 다른 도 음은 진동수에서 서로 2배의 차이가 난다.

얼마만큼 크게 위아래로 움직이느냐도 중요하다. 이를 진폭이라고 하는데, 소리에서는 진폭이 클수록 소리의 크기, 즉 음량이 커진다. 콘서트의 스피커에서 나오는 큰 음악 소리는 사람이 직접 내는 소리보다 더 크다. 그만큼 스피커에서 나오는 떨림의 진폭이 크다는 이야기이다.

떨리는 모양 중에서 가장 기본적인 모양인 사인파sine wave를 보자. 삼각함수의 사인함수 모양을 하는 가장 단순하고 부드러운 떨림 모양이다. 그림5-31의 왼쪽에는 여러 사인파 모양을 가로는 시간, 세로는 위치인 '시간-위치 그래프'로 그렸다. 정해진 시간에 얼마나 많이 반복되는지를 나타내는 진동수와, 위아래 움직임의 크기인 진폭에 따라 여러 사인파 모양이 가능하다. 그림의 오른쪽에는 같은 사인파를 가로는 진동수, 세로는 진폭인 '진동수-진폭 그

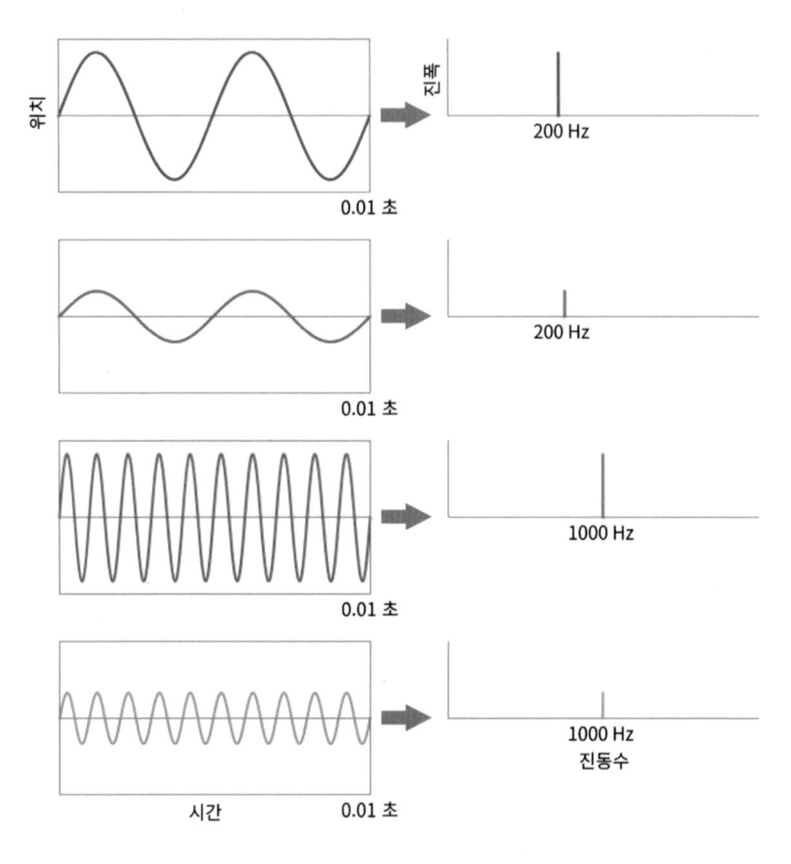

그림 5-31 진동수와 진폭이 다른 사인파들. 왼쪽은 시간-위치 그래프, 오른쪽은 진동수-진폭 그래프로 나타냈다.

래프'로 그렸다. 막대 하나로 사인파 모양을 표현할 수 있음을 알 수 있다.

푸리에 변환: 모든 모양은 사인파로 분해할 수 있다

우리가 일상생활에서 접하는 떨림의 모양은 사인파처럼 단순한 경우가 별로 없다. 사각 모양, 톱니 모양, 삼각 모양 등 무한히 많은 모양이 가능하다. 소리의 경우에는 떨림의 모양이 다르면 음색이 달라진다. 같은 음의 악기 소리가 악기마다 다른 것은 음색이 다르기 때문이고, 이는 소리가 떨리는 모양이 다르기 때문이다.

재미있는 것은, 어떤 떨림 모양도 여러 개의 사인파를 합쳐서 만들 수 있다는 사실이다. 그림5-32에서는 사각 모양의 떨림을 예로 들었다. 일정한 규칙으로 진동수와 진폭이 달라지는 사인파를 합치면, 더해지는 사인파가 많을수록 점점 더 사각 모양에 가까워진다.

시간-위치 그래프만으로는 어떤 사인파가 모여 사각 모양이 떨림 모양이 됐는지 알 수 없다. 하지만 진동수-진폭 그래프로는 이것을 알 수 있다. 그림5-32에는 각각의 시간-위치 그래프 밑에 진동수-진폭 그래프도 함께 그렸다. 사각 모양으로 변해가는 떨림의 진동수-진폭 그래프를 보면 막대 개수가 점점 늘어나는 것을 볼 수 있다. 각각의 막대의 가로 위치와 높이는 사각 모양의 떨림을 만드는 데 사용된 사인파의 진동수와 진폭이다.

이렇게 시간-위치의 그래프에 그려진 떨림 모양을 진동수-진폭 그래프로 만드는 수학적 방법을 '푸리에 변환Fourier transform'이라고 부른다. 다시 말해 푸리에 변환은 시간의 흐름에 따라 변하는 데이터를 진동수와 진폭이 다른 사인파들로 분해하는 계산 방법이

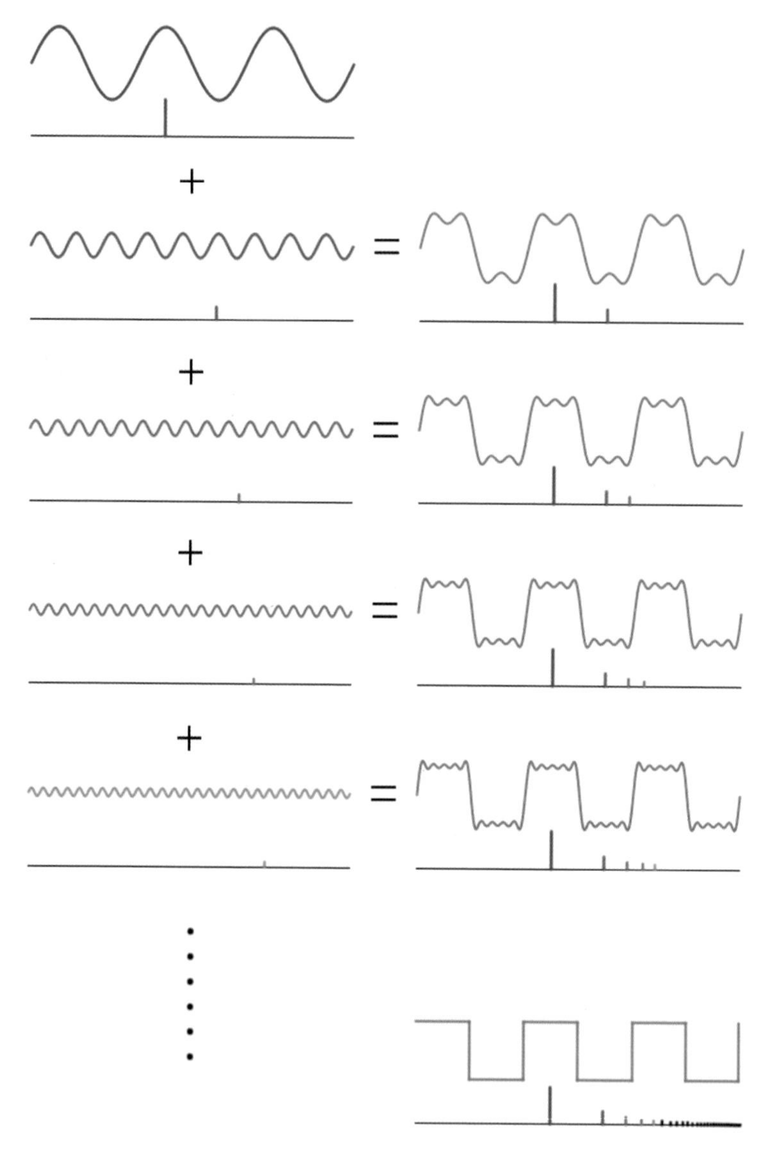

그림 5-32 여러 개의 사인파(사인함수 모양의 떨림)를 합쳐 사각 모양의 떨림을 만드는 과정. 더 많은 사인파를 합칠수록 점점 더 사각 모양에 가까워진다. 거꾸로 사각 모양 떨림을 여러 개의 사인파로 분해할 수 있다. 사인파로 분해하는 수학적 방법이 푸리에 변환이다.

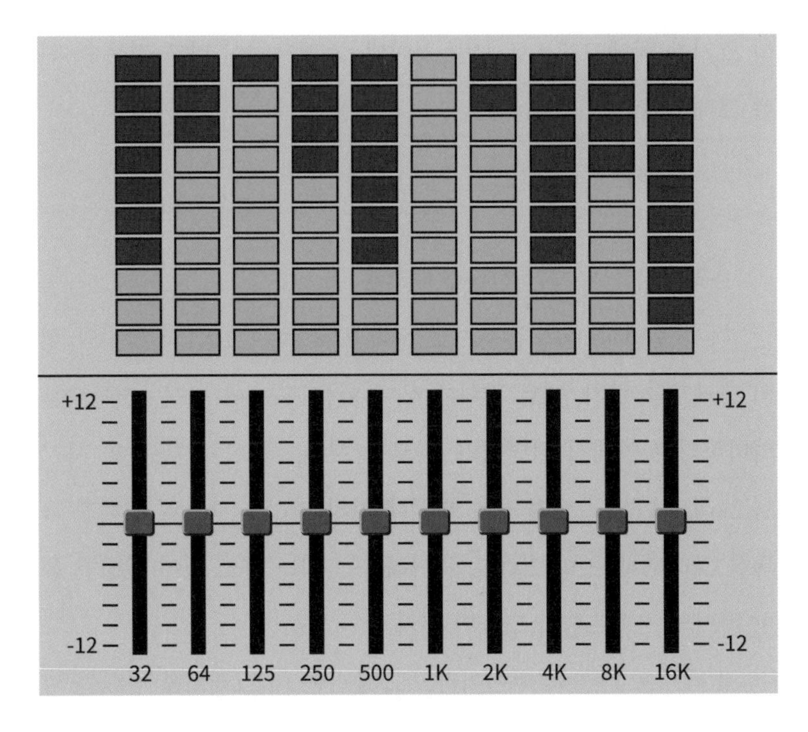

그림 5-33 음향 기기나 음악 재생 소프트웨어에서 볼 수 있는 스펙트럼과 그래픽 이퀄라이저. 스펙트럼은 각 음높이(진동수) 구역의 소리 크기(진폭)를 나타낸다. 그래픽 이퀄라이저는 저음과 고음을 여러 단계로 나눠 각각의 음높이(진동수)의 소리 크기(진폭)를 조절한다.

다. 반대로 진동수-진폭 그래프로부터 시간-위치 그래프를 만드는 수학적 방법을 '역푸리에 변환inverse Fourier transform'이라고 한다.[21]

일부 음향 기기나 음악 재생 소프트웨어에는 이른바 '스펙트럼'을 볼 수 있는 기능이 있다. 그래픽 이퀄라이저graphic equalizer(줄여서 이퀄라이저 또는 EQ라고 부름) 기능 위에 이 스펙트럼을 표시하기도 하는데, 맨 아래에 표시된 진동수에 해당하는 음높이 주변의 소리 크기를 막대그래프로 그린 것이다. 스펙트럼이 바로 진동수-진폭 그래프이다.

스펙트로그램: 시간-진동수 그래프

다시 중력파 관측 논문으로 돌아와서 논문 그림1의 마지막 행의 그래프를 보자. 세로 방향에 쓰여 있는 'Frequency'는 진동수를 의미한다고 앞에서 설명했다. 가로는 시간, 세로는 진동수인 사각형 그래프 안에 가로와 세로 위치에 따라 변하는 색으로 칠해진 독특한 그래프이다. 이 그래프를 이해하는 데는 바로 전에 설명한 음향 기기의 스펙트럼이 도움이 된다.

스펙트로그램spectrogram이라고도 불리는 이 그래프를 만드는 과정을 간략하게 설명하면 다음과 같다(그림5-35).

(1) 정해진 시간 주위의 데이터에 푸리에 변환을 적용해 스펙트럼을 만든다.
(2) 스펙트럼을 여러 색깔로 표현한 막대기 모양으로 변환한다. 밝은 노란색 부분은 큰 진폭을, 어두운 파란색 부분은 작은 진폭을 나타낸다.
(3) 90도 돌려 세로로 세워 (1)에서 정한 시간에 옮겨놓는다.
(4) (1)에서 (3)의 과정을 가로 방향의 모든 시간에 반복하면 스펙트로그램이 완성된다.

이렇게 만든 그래프를 보면 진동수와 진폭이 시간이 흐름에 따

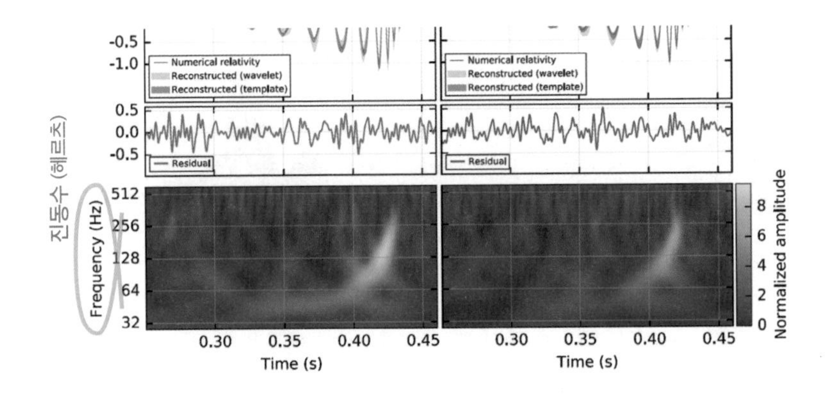

그림 5-34 논문 그림1의 마지막 행 왼쪽의 Frequency는 시간당 몇 번 반복되는지를 헤르츠 단위로 나타낸 진동수를 의미한다.

라 어떻게 변하는지를 한 번에 알 수 있다. 주위에 비해 밝은 부분의 위치를 보면, 어느 시간(가로)에, 어느 진동수(세로)에서 진폭이 가장 큰지 알 수 있다. 논문 그림1의 마지막 행에 있는 스펙트로그램 그래프에서 워싱턴주 라이고의 관측 결과(왼쪽)를 보면 0.33초 부근에서 진동수가 대략 50헤르츠인 떨림이 0.4초까지 유지된다. 이후 0.43초까지 진동수가 300헤르츠 근처까지 커진다. 진폭은 시간에서는 0.42초 근처까지, 진동수에서는 150헤르츠 근처까지 커지다가 이후에는 급격히 줄어든다. 오른쪽 스펙트로그램 그래프에서도 비슷한 패턴을 볼 수 있다.

이렇게 떨림의 진동수와 진폭이 시간에 따라 어떻게 변하는지 한 번에 볼 수 있는 스펙트로그램은 음향이나 음성을 분석하는 소프트웨어에서 많이 사용된다.

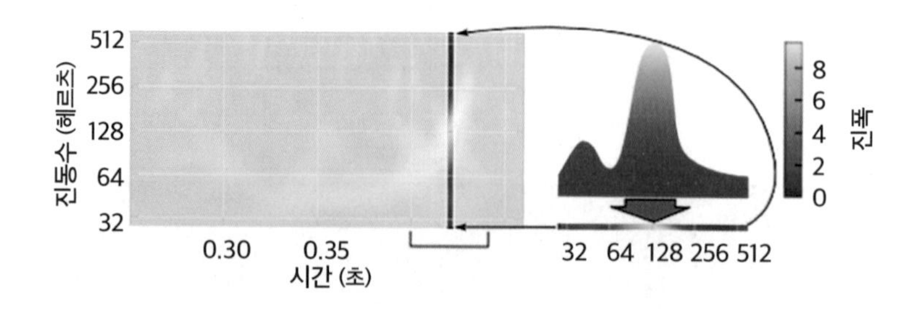

그림 5-35 일부 시간 구간에서 푸리에 변환을 적용해 스펙트럼을 만든 다음, 여러 색깔로 진폭을 표시하는 막대기 형태의 스펙트럼으로 변환해 세로로 세운 모습. 이 과정을 모든 시간 구간에서 반복하면 스펙트로그램이 만들어진다.

잡음과 다른 진동이 섞인 미가공 데이터

라이고 연구팀은 논문을 발표하면서 데이터를 웹페이지에 공개해 내려받을 수 있게 해놓았다.[22] 이 데이터를 처리하는 데 사용한 신호처리signal processing 알고리듬에 대한 설명도 실었다.[23] 논문 그림1의 설명에도 나와 있듯이, 그래프에서 보여주는 데이터는 컴퓨터로 처리된 데이터이다.

이미 최첨단 기술을 동원해 측정 기기에서 발생하는 떨림과 잡음noise을 최소화한 뒤에 관측한 결과를 신호처리 알고리듬으로 처리하지 않고 그대로 기록한 데이터가 '미가공 데이터'이다. 이 데이터에는 논문에서 보여준 길이의 변화보다 1,000배가량 큰 변동이 데이터 전역에 퍼져 있다. 이 때문에 중력파에 의한 길이의 변화는 이런 변동에 묻혀 있어 미가공 데이터로 만든 그래프에서는 찾기가 거의 불가능하다. 1,000배 크다는 변동조차 원자 크기의 5만분의 1 또는 머리카락 굵기의 250억분의 2에 불과한 미세한 변화이기 때문이다.

미가공 데이터에서 중력파에 의한 떨림을 본다는 것은 마치 달리는 말의 등에 붙어 있는 진드기의 움직임을 보는 것과 같다. 말의 움직임에 관심 있는 사람도 있을 수 있고, 진드기의 움직임에 관심 있는 사람들도 있다. 말의 움직임에 관심 있는 사람은 말의 움직임을 관찰하는 데 별문제가 없지만, 진드기의 움직임에 관심 있는 사람은 아무리 시력이 좋아도 눈앞에서 달리는 말 위의 진드기 움직임을 볼 수 없다. 말의 움직임이 진드기의 움직임에 비해 너무 커서 말의 움직임만 보이기 때문이다. 말이 달리지 않고 가만히 있게 해야지만 말의 등에 붙은 진드기의 움직임을 가까이서 볼 수 있다.

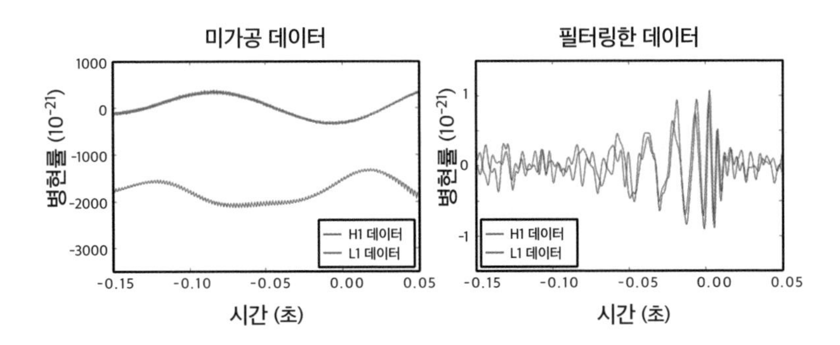

그림 5-36 미가공 데이터와 신호처리를 한 데이터 비교(데이터 및 신호처리 자료 출처: 라이고 웹페이지). 왼쪽 그래프의 세로 방향이 오른쪽 그래프의 세로 방향보다 약 2,000배 더 크다. 오른쪽 그래프에서 볼 수 있는 중력파에 의한 떨림은, 왼쪽 그래프에서는 훨씬 큰 변동에 묻혀서 보이지 않는다.

중력파 관측 데이터도 마찬가지이다. 관측 데이터에 나오는 커다란 변동에 관심 있는 연구자도 있지만, 많은 연구자들은 중력파로 인한 아주 미세한 변동에 관심이 있다. 이를 미가공 데이터에서 바로 볼 수는 없고, 커다란 변동을 제거해야만 중력파에 의한 미세한 떨림을 볼 수 있다.

미가공 데이터에는 관측 기기 자체에서 나오는 잡음도 있다. 예를 들어 마이크로 소리를 녹음할 때 마이크 자체에서 나오는 잡음도 녹음된다. 만약에 아주 작은 소리를 녹음하면 이 잡음이 녹음된 소리와 함께 들려 녹음된 소리의 음질이 떨어진다. 중력파 관측 기기에서 오는 잡음도 이와 비슷하다. 이러한 잡음 때문에 중력파에 의한 미세한 떨림을 잡아내는 것이 어렵다.

음향 기기의 이퀄라이저와 비슷한 원리의 데이터 처리

중력파 연구진은 몇 가지 신호처리 알고리듬을 적용해 중력파에 의한 떨림 이외의 다른 변동과 잡음을 제거했다. 논문의 그림 설명에 따르면 '밴드패스 필터bandpass filter'와 '밴드리젝트 필터bandreject filter'를 사용했다고 나온다.

첫 중력파 관측 결과에 사용한 밴드패스 필터는 '중력파에 의한 떨림'이 속해 있는 35~350헤르츠 진동수 구역의 떨림만 남기고, 그 밖의 진동수를 지닌 변동을 제거하는 데 사용했다. 밴드리젝트 필터는 관측 장비에서 나오는 특정 진동수의 잡음을 제거하는 데 사용했다. 논문 그림3의 그래프에서 툭툭 튀어나온 부분들이 보이는데, 주로 관측 장비에서 나오는 잡음의 진동수가 위치하는 부분이다. 두 필터는 모두 진동수 영역에서 데이터를 처리한다. 기본 원리는 음향 기기에 있는 이퀄라이저의 원리와 별로 다를 바가 없다.

밴드패스 필터는 일정 범위의 진동수에 해당하는 떨림만 통과시키는 필터이다. 특정 범위의 떨림은 이퀄라이저 슬라이더를 위에 놓아 그대로 유지하고, 그 밖의 진동수에 해당하는 떨림은 슬라이더를 끝까지 내려 제거하는 것과 같다. 소리의 경우, 사람 목소리의 진동수 영역만 남기고 다 줄이는 것이 이에 해당한다. 물론 이 경우에 다른 소리가 사람 목소리 진동수 영역에 있으면 그 소리도 그대로 남는다.

밴드리젝트 필터는 일정 범위의 진동수에 해당하는 떨림만 제거하는 필터이다. 대부분의 슬라이더는 위에 놓아 그대로 유지하고 특정 진동수의 떨림은 슬라이더를 내려 제거하는 것과 같다. 소리의 경우, 마이크로 녹음할 때 마이크 자체에서 나오는 잡음을 줄이는 것이 이에 해당한다.

이 외에도 다른 분야에서 자주 쓰이는 신호처리 필터로, 낮은 진동수의 움직임만 남기고 나머지는 모두 제거하는 '로패스 필터lowpass filter'와, 높은 진동수의 움직임만 남기고 나머지는 모두 제거하는 '하이패스 필터highpass filter'가 있다. 그림5-37에는 밴드패스 필터와 밴드리젝트 필터와 더불어, 이들 필터의 기본 작동 원리를 이

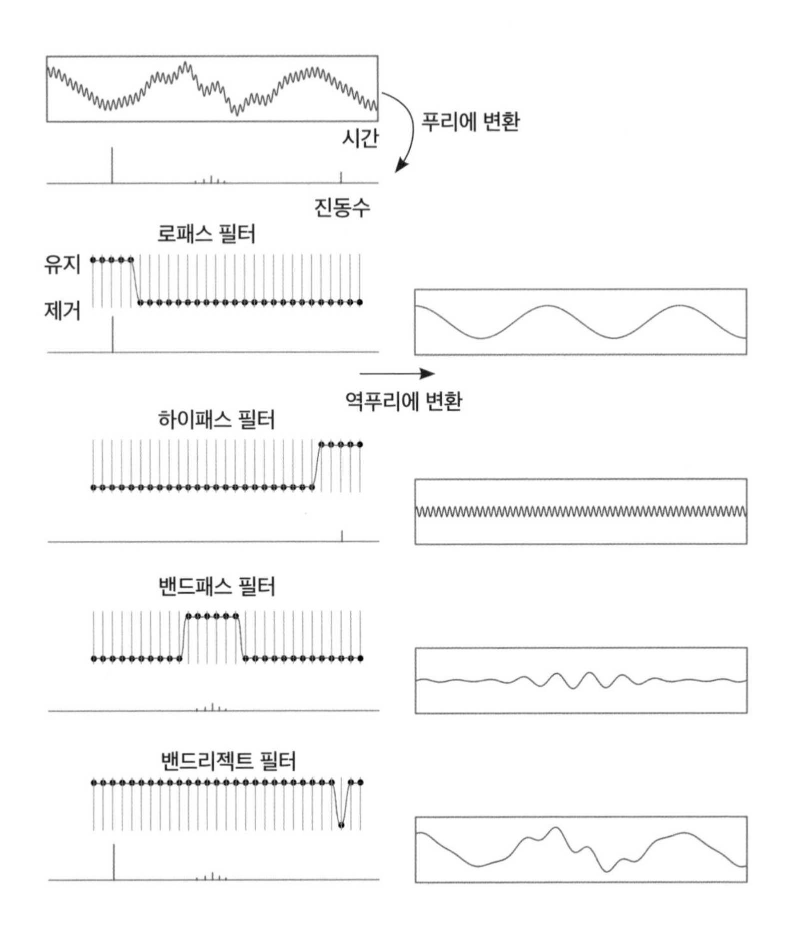

그림 5-37 진동수에 기반한 신호처리의 기본 필터. 로패스 필터는 낮은 진동수만 통과시켜 천천히 변하는 움직임만 남기고 나머지는 모두 제거한다. 하이패스 필터는 높은 진동수만 통과시켜 빨리 변하는 움직임만 남기고 나머지는 제거한다. 밴드패스 필터는 일정 영역의 진동수의 움직임만 남기고, 그 밖의 낮은 진동수와 높은 진동수의 움직임은 제거한다. 밴드리젝트 필터는 특정 영역 진동수의 움직임만 제거한다

퀄라이저 그림으로 나타냈다.

논문 그림2에도 시뮬레이션 결과 그래프가 나온다. 논문 그림1의 두 번째 행의 그래프에 그린 시뮬레이션 결과와 비교하면 모양의 일부가 다르다. 관측 데이터처럼 신호처리를 적용했는지 안 했는지의 차이 때문이다. 논문 그림1은 관측 데이터처럼 신호처리를 적용한 시뮬레이션 데이터이고, 논문 그림2는 신호처리를 하지 않은 시뮬레이션 데이터이다. 신호처리 알고리듬을 시뮬레이션 결과에도 적용해 실험과 이론의 결과를 비교할 때 좀 더 높은 정확성을 기했다고 보면 된다.

마지막으로 논문에 나와 있는 TABLE I(표1)을 보자(그림5-38). 첫 중력파 관측 데이터를 분석하고 계산해 얻은 결론을 요약해 놓은 표이다. 관측된 중력파는 2개의 블랙홀이 합쳐져 하나의 블랙홀이 되면서 방출한 중력파를 측정했다. 표1의 줄 사이에 적어놓은 데이터 중에서 처음 세 줄의 데이터가 중요한 부분이다. 가장 위의 두 줄은 합쳐지기 전 두 블랙홀의 질량이다. 하나는 질량이 태양 질량의 36배이고, 다른 하나는 태양 질량의 29배이다. 세 번째 줄은 합쳐진 후의 블랙홀 질량으로, 태양 질량의 62배이다. 합쳐지기 전 두 블랙홀 질량보다 태양 질량의 3배만큼이 부족하다. 이 사라진 태양 질량 3배만큼의 질량이 사라지면서 중력파의 에너지로 방출된 것이다.

표 1

TABLE I. Source parameters for GW150914. We report median values with 90% credible intervals that include statistical errors, and systematic errors from averaging the results of different waveform models. Masses are given in the source frame; to convert to the detector frame multiply by $(1+z)$ [90]. The source redshift assumes standard cosmology [91].

Primary black hole mass	$36^{+5}_{-4} M_\odot$
Secondary black hole mass	$29^{+4}_{-4} M_\odot$
Final black hole mass	$62^{+4}_{-4} M_\odot$
Final black hole spin	$0.67^{+0.05}_{-0.07}$
Luminosity distance	410^{+160}_{-180} Mpc
Source redshift z	$0.09^{+0.03}_{-0.04}$

그림 5-38 논문의 표1은 첫 중력파 관측 데이터를 분석하고 계산해 얻은 결론을 요약해 놓았다. 2개의 블랙홀(하나는 태양 질량의 36배, 다른 하나는 태양 질량의 29배인 블랙홀)이 하나의 블랙홀(태양 질량의 62배)로 합쳐지면서 나온 중력파가 관측된 결과이다. 합쳐지기 전의 두 블랙홀 질량의 합은 태양 질량의 65배이고, 합쳐진 후의 블랙홀 질량은 태양 질량의 62배이다. 두 블랙홀이 합쳐지면서 태양 질량의 3배만큼의 질량이 사라졌다. 이 사라진 질량이 중력파의 에너지로 방출되었다.

데이터와 신호처리 알고리듬도 공개한 중력파 관측 팀

중력파 관측 데이터를 처리하는 데 사용한 알고리듬이 자세히 설명되어 있는 라이고의 웹페이지는 데이터 분석data analysis이나 신호처리에 관심이 있는 사람들은 한 번쯤 읽어볼 만하다. 대학교의 신호처리 강의에도 사용할 수 있을 만한 내용이다. 첫 중력파 관측 결과는 여러 최첨단 기술이 동원되어 나온 과학계의 역사적인 성과이기도 하지만, 이렇게 자세한 신호처리 방법을 공개하고 상세하게 설명함으로써 데이터 분석과 신호처리 분야의 교육에도 큰 기여를 하고 있다.

지금까지 논문의 그림1을 위주로 첫 중력파 관측 논문을 살펴보았다. 깊게 파고들지는 않았지만, 그래프로 무엇을 보여주고, 그래프를 만들기 전에 관측 데이터를 어떻게 처리했는지에 대해서도 살펴봤다. 이와 관련해 그래프를 어떻게 그리는지, 그리고 데이터 처리와 관련해 푸리에 변환과 신호처리는 어떠한 것인지에 대한 기초적인 개념도 알아봤다. 첫 중력파 관측에 관심 있는 독자들의 호기심이 어느 정도 풀렸기를 기대해 본다.

역사적인 첫 중력파 관측 논문은 엄청나게 많은 비용, 시간, 그리고 노력을 투자해 수행한 연구의 결과이다. 논문에 더해, 관측 데이터 및 데이터 처리 방법까지 웹페이지에 자세히 공개한 것은 역사적인 관측을 더욱 빛나게 했다.

퀴즈

(1) 중력파는 빛의 속도로 지나간다. 핸퍼드에 위치한 라이고와 리빙스턴에 위치한 라이고 사이의 직선 거리는 3,000킬로미터이다. 중력파가 지나가는 방향이 리빙스턴에서 핸퍼드를 향한다고 했을 때, 중력파는 두 관측소에서 얼마만큼의 시간 차를 두고 관측될까?

(2) 처음으로 관측한 중력파는 블랙홀 2개가 합쳐져서 만들어졌다. 그중 한 블랙홀의 질량은 태양 질량의 36배이고, 다른 블랙홀의 질량은 태양 질량의 29배였다. 두 블랙홀이 합쳐져 만들어진 블랙홀의 최종 질량은 62배이다. 블랙홀이 합쳐지기 전과 합쳐진 후의 질량 차이는 얼마이고, 차이가 나는 질량은 어떻게 되었을까?

(3) 소리를 녹음하는 중에 미세한 지진이 일어나 저음으로 건물이 진동하는 소리가 잡음으로 들어갔다. 이 잡음을 제거하려면 하이패스 필터를 써야 할까, 아니면 로패스 필터를 써야 할까? 그 이유는 무엇일까?

(4) 원격으로 로봇 수술을 하는 의사의 손떨림을 제거하는 데 하이패스 필터와 로패스 필터 중 하나를 써야 한다고 할 때 어떤 필터를 써야 할까? 그 이유는 무엇일까?

6부 특수상대성이론으로 풀어보는 외계행성 유인 탐사

우주선의 속도가 광속에 가까우면 생기는 일

얼마나 먼 곳까지 우주여행을 할 수 있을까?
이론적으로는 수백 광년 떨어진 곳에 가는 우주여행도 가능하다.
외계행성을 향한 우주여행을 특수상대성이론으로 풀어보자.

SF 또는 판타지 영화 중에는 아주 먼 거리의 우주로 여행하는 설정이 나오는 영화들이 있다. 2023년 2월 기준으로 전 세계 흥행 역대 1위인 〈아바타Avatar〉(2009)와 4위인 〈아바타: 물의 길Avarta: The Way Of Water〉(2022), 그리고 5위인 〈스타워즈: 깨어난 포스Star Wars: The Force Awakens〉(2015)도 그런 영화이다.[1] 하지만 현실에서는 특별하게 선택된 일부 사람들만 우주에 나갈 수 있고, 일반인들이 우주에 갈 수 있는 기회는 사실상 없다. 그나마 인간이 직접 가본 가장 먼 우주는 달이다. 대부분은 지구 수백 킬로미터 상공의 인공위성처럼 지구 주위를 공전하는 정도이다. 사람이 타지 않는 무인 우주탐사를 포함해도 태양계 외곽 너머까지 가는 것이 고작이다. 이런 현실 때문에 태양계를 벗어난 아주 먼 곳의 우주에 마음대로 갔다 오는 이야기는 아무래도 호기심을 끌게 마련이다.

먼 우주를 넘나드는 영화를 보다 보면 그런 설정이 과학적으로 말이 되는지가 궁금할 때도 있다. 이야기를 만드는 작가가 우주여행과 관련된 기본적인 과학 법칙이나 이론을 잘 모른다면 과학적으로 타당성이 부족한 이야기가 만들어질 수도 있다. 반대로 관객이 과학 법칙과 이론을 잘 알지 못하는 경우에는 잘 만든 이야기도 과학적 타당성이 부족하다고 오해를 받을 수 있다. 우주여행과 관련된 직접적인 경험이 거의 없고 정보도 제한적이어서, 이야기를 만들거나 즐기는 데 어느 정도는 상상에 의존할 수밖에 없다는 점도 무시할 수 없다.

전체적인 줄거리가 설득력이 있고 재미있으면 내용의 일부가 과학적으로 타당성이 조금 부족해도 이야기를 즐기는 데는 큰 문제가 없다. 그래도 의문이 드는 부분이 있으면 한 번쯤 따져보는 것도 의미가 있다. 과학을 조금이나마 더 이해할 수 있고, 때로는 몰랐던 과학적 사실을 알게 될 수도 있기 때문이다.

우주여행 이야기가 타당하려면?

누구나 비행기를 탈 수 있는 요즘, 이야기 속의 비행기 여행 대부분은 많은 사람이 경험한 것과 크게 다르지 않다. 미래에 우주여행이 대중화되면 SF에서 벗어나 상식과 경험의 범주로 들어가기 때문에, 타당성이 부족한 우주여행 이야기는 자연스럽게 줄어든다. 타당성이 있는 이야기이지만 독자나 관객의 정보 부족이나 이해 부족에서 오는 오해도, 우주여행이 대중화된다면 많이 줄어들 것이다.

20세기 초반에 비행기가 만들어져 20세기 말이 되기 전에 비행기 여행이 대중화한 것을 보면, 1957년과 1961년에 각각 처음 무인 우주선과 유인 우주선으로 성공한 우주여행도 머지않은 미래에 대중화하지 않을까 하는 생각도 해볼 수 있다. 그러나 기술적인 면이나 경제적인 면에서 아직은 우주여행의 대중화가 가까운 시일 안에 될 것 같아 보이지 않는다. 수백억 원을 지불할 능력이 있는 엄청난 재력가 중 선택된 사람들만 400킬로미터 상공에 있는 국제우주정거장에 며칠 갔다 오는 정도이다. 태양계를 넘어 먼 우주에 가는 유인 우주여행은 아직은 꿈도 못 꾼다. 이런 우주여행은 경험으로 따질 수 없으니, 이론적으로 따져보는 수밖에 없다.

우주여행과 관련해서 따져볼 수 있는 것의 하나가 '사람은 얼마나 먼 거리의 우주까지 갈 수 있는가'이다. 그러려면 타고 갈 우주선의 속도와 여행에 걸리는 시간을 살펴봐야 한다. 만약에 사람이 직접 타고 가는 우주여행이라면 사람이 살아 있는 동안 우주여행을 마쳐야 하기 때문이다. 현재까지 유인 우주선으로는 달까지 간 것이 가장 먼 거리의 우주여행이었고, 무인 우주선으로 1977년에 발사한 보이저 1호는 2023년 초 현재, 지구에서 230억 킬로미터

그림 6-1 SF 영화나 소설 속의 우주여행이 타당한 이야기인지는 어떻게 따질까? 얼마나 먼 우주까지 갈 수 있는지, 그로 인해 어떤 상황이 벌어지는지를 살펴봄으로써 이야기 속 우주여행이 타당한지를 따질 수 있다.

이상 떨어진 성간 공간에 다다랐다는 소식도 있으니, 이보다 더 먼 거리의 우주여행부터 시작해 보는 것이 좋겠다.

가장 가까운 별인 프록시마 센타우리에 가려면?

태양계 밖의 가장 가까운 별은 지구에서 4광년 이상 떨어져 있다.[2] 빛이 4년도 더 날아가야 하는 거리로, 대략 40조 킬로미터이다. 지구와 태양 사이의 거리가 약 1억 5,000만 킬로미터이니, 이보다 27만 배 정도 더 멀다. 인간이 만든 우주선 중에서 가장 멀리 날아간 보이저 1호가 현재 날아가는 속도인 시속 6만 1,000킬로미터 또는 초속 17킬로미터로 날아간다고 해도 7만 5,000년 정도를 날아가야 도달할 수 있다.

만약에 그 별을 돌고 있는 행성이 우주여행의 목적지이고 우주선에 탑승한 사람이 살아 있는 동안 그곳에 도달하려고 한다면, 타고 갈 우주선의 속도는 보이저 1호보다 수천 배는 더 빨라야 한다. 우주선의 속도가 초속 3만 킬로미터라고 하자. 진공에서 빛이 날아가는 속도인 광속이 초속 30만 킬로미터이므로 광속의 10분의 1에 해당한다. 빛이 4광년 거리를 날아가는 데 4년이 걸리니, 광속의 10분의 1이면 4광년을 날아가는 데 40년이 걸린다. 20대의 젊은 나이에 출발하면 60대의 늙은 나이에 도착한다. 만약에 지구로 다시 돌아와야 한다면 적어도 40년+40년=80년이 걸린다는 이야기인데, 이 속도로는 살아 있는 동안에 목적지에 갔다가 지구로 다시 돌아오는 왕복 여행을 하는 것이 쉽지 않다. 우주선이 더 빠르게 날아갈 필요가 있다.

만약에 우주선의 속도가 광속의 5분의 1 정도라면, 총 8광년의 왕복 거리를 날아가는 데 걸리는 시간은 40년 정도로, 살아 있는 동안 갔다 올 만한 시간이다. 광속의 5분의 1은 초속 6만 킬로미터로, 보이저 1호의 속도보다 대략 3,500배 정도 빠른 속도이다. 혹시나 광속보다 더 빠른 우주선을 만들면 훨씬 더 빨리 갔다 올 수 있지 않느냐고 생각하는 사람도 있을지 모른다. 하지만 아무리 과학 기술이 발전한다 하더라도 질량이 있는 물체는 광속과 같거나 빠를 수 없다. 광속의 0.99999배처럼 광속에 매우 가까운 속도를 내는 우주선은 상상해 볼 수 있지만, 광속과 같거나 그보다 빠른 우주선을 만드는 것은 불가능하다.

지구에서 가장 가까운 별, 프록시마 센타우리

자체가 빛을 내는 천체를 별로 본다면, 지구에서 가장 가까운 별은 태양이다. 태양을 제외하면, 사람의 눈에 보이는 가장 가까운 별은 알파 센타우리Alpha Centauri이다. 우리 태양보다 약간 더 큰 알파 센타우리 A와 약간 더 작은 알파 센타우리 B, 이렇게 2개의 별이 80년을 주기로 서로 돌고 있는 쌍성계이다. 지구에서 4.34광년 떨어져 있다. 맨눈으로 볼 때는 두 별을 구분할 수 없기 때문에 하나의 별처럼 보인다. 이 쌍성계에서 약 0.2광년 떨어진 곳 주위를 우리 태양보다 훨씬 작은 붉은색의 난쟁이별(적색왜성) 프록시마 센타우리가 돌고 있다. 하지만 이 별은 맨눈으로 볼 수 없는 별이다. 현재 지구에서는 4.25광년 떨어져 있는데, 맨눈으로 볼 수 없는 별까지 포함하면 지구에서 가장 가까운 별이다. 한편 프록시마 센타우리를 돌고 있는 행성인 프록시마 b는 지구와 크기가 비슷하고, 프록시마 센타우리 별로부터의 거리도 적절해 생명체가 살 수 있는 환경이 만들어질 수 있는 영역인 '생명체 거주 가능 영역habitable zone'에 위치한다고 알려져 있다.[3] 먼 미래에 태양계 밖으로의 이주를 목적으로 하는 우주여행을 한다면 첫 번째 목적지 후보가 될 수 있는 외계행성이다.

지구에서 가장 가까운 적색왜성으로 알려진 프록시마 센타우리를 허블 천체망원경으로 찍은 사진. 사람의 눈에는 보이지 않는 별이다.

광속 또는 광년을 쓰는 이유

태양계 밖 천체까지의 거리를 킬로미터로 표시하면 숫자가 너무 커서 어느 정도인지 짐작하기가 어렵다. 가장 가까운 별인 프록시마 센타우리까지의 거리는 약 40조 킬로미터인데 그 거리가 어느 정도인지 짐작하는 것은 쉽지 않다. 하지만 광년을 거리의 단위로 쓰면 상황이 달라진다. 1광년이 9조 4,600억 킬로미터이니 지구에서 프록시마 센타우리까지의 거리는 4광년이 조금 넘게 된다. '빛이 4년 조금 넘게 걸려 날아가는 거리'라는 표현이 40조 킬로미터라는 큰 숫자로 표시하는 것보다는 더 잘 와닿는다. 보이저 1호보다 수천 배 빠른 상상의 우주선 속도도 이에 맞춰 적절한 속도의 단위를 쓸 필요가 있다. 시속 몇 킬로미터라는 식으로 표시하면 이 또한 그 크기를 짐작하기가 쉽지 않기 때문이다. 이런 경우는 진공에서 빛이 날아가는 속도, 다시 말해 초속 30만 킬로미터 또는 시속 10억 8,000만 킬로미터인 광속을 기본단위로 속도를 표시하는 것이 여러모로 편리하다.

길이와 속도 비교

길이 비교	1미터 = 1/1,000킬로미터 = 1/9,460조 광년 1킬로미터 = 1,000미터 = 1/9조 4,600억 광년 1광년 = 9조 4,600억 킬로미터 = 9,460조 미터
속도 비교	광속 = 초속 2억 9,979만 2,458미터 ≃ 초속 30만 킬로미터 = 시속 10억 8,000만 킬로미터 = 보이저 1호의 속도보다 1만 7,650배 빠른 속도

400광년 거리에 있는 북극성으로의 여행

더 멀리 있는 북극성Polaris을 목적지로 하는 우주여행을 생각해 보자. 옛날부터 항해할 때 방향을 잡는 기준이었던 북극성은 지구에서 대략 400광년 정도 떨어져 있다.[4] 가장 빠르다는 빛도 400년을 날아가야 도달할 수 있는 거리이다. 우주선의 속도가 광속보다 빠를 수 없으니, 북극성에 도달하려면 적어도 400년 이상 걸린다고 생각할 수 있다. 사람이 살아 있는 동안 도달할 수 있는 거리가 아닌 것으로 보인다. 정말 그럴까?

광속에 가까운 매우 빠른 속도로 갔다 오는 우주여행을 따질 때 적용해야 할 현대물리학 이론이 하나 있다. 바로 1905년에 아인슈타인이 발표한 특수상대성이론이다.[5] 이 이론으로 나타나는 효과 중에서 매우 빠른 속도로 날아가는 우주여행을 설명하는 데 필요한 2개의 효과는 다음과 같다.

(1) 움직이는 물체의 길이는 짧아진다(길이 수축).

(2) 움직이는 물체의 시간은 느리게 흐른다(시간 팽창).

여기에서 '길이 수축'은 움직이는 방향에서만 나타난다. 앞으로 따로 언급하지 않아도 특수상대성이론의 길이 수축으로 인한 길이나 거리의 짧아짐은 움직이는 방향에서만 나타난다는 것을 미리 알아두자. 그리고 '시간 팽창'은 '시간 지연'이라고도 한다.

우리가 일상생활에서 접할 수 있는 가장 빠른 속도, 예를 들면

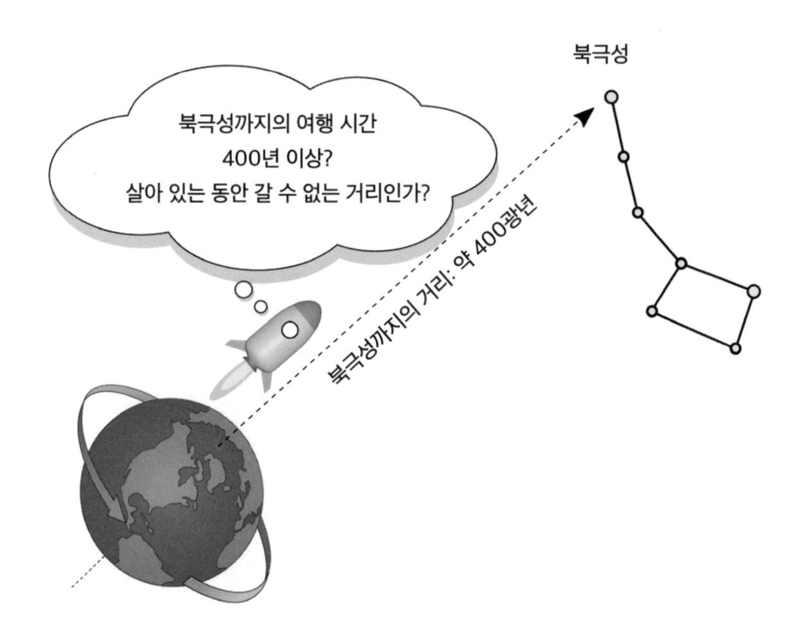

그림 6-2 약 400광년 떨어진 북극성까지 가려면 얼마나 걸릴까? 빛이 도달하는 데도 400년 정도 걸리는 것을 생각하면, 사람이 살아 있는 동안 갈 수 없는 거리처럼 보인다. 정말 그럴까?

비행기의 속도 정도로는 특수상대성이론의 길이 수축이나 시간 팽창 효과는 아주 미미하다. 적어도 움직이는 물체의 속도가 광속과 비교할 수 있을 정도로 빠른 속도일 때 그 효과가 두드러진다. 바로 이 길이 수축과 시간 팽창 때문에 광속에 가까운 속도로 수백 광년 또는 그 이상의 거리를 여행하는 상황에서 아주 재미있는 결과가 나온다.

먼저 특수상대성이론의 결과로 나타나는 효과들을 우주여행을 하는 상황에 맞추어 다시 표현해 보자. 한 사람이 시계를 가지고

우주선에 탑승해 광속에 가까운 매우 빠른 속도로 날아간다고 할 때, 지구에 가만히 있는 사람의 입장에서는

(1) 날아가는 우주선의 길이가 짧아진다(길이 수축).

(2) 우주선 안의 시계는 느리게 흐른다(시간 팽창).

그런데 우주선에 타고 있는 사람의 입장에서는 우주선 밖의 모든 것이 반대 방향으로 움직이는 상황이 된다. 마치 기차를 타고 가는 사람이 기차 창밖을 볼 때, 밖의 풍경이 기차가 움직이는 방향과 반대 방향으로 움직이는 것처럼 보이는 상황과 비슷하다. 따라서 날아가는 우주선을 타고 가는 사람의 입장에서는,

(1) 우주선 밖에 있는 물체의 길이가 짧아진다(길이 수축).

(2) 우주선 밖에 있는 시계는 느리게 흐른다(시간 팽창).

여기에서 먼저 길이 수축을 주목해 보자. 우주선을 타고 가는 사람의 입장에서는 우주선 밖의 모든 것이 움직인다. 따라서 특수상대성이론의 길이 수축으로 우주선 밖의 모든 것의 길이가 짧아진다. 우주선 밖의 거리도 짧아진다. 예를 들면 광속의 80%의 속도로 날아가는 우주선을 타고 가는 사람에게는, 우주선 밖의 거리가 5분의 3으로 줄어든다. 좀 더 빨리 날아 광속의 99.5%의 속도로 날아가는 우주선을 타고 가는 사람에게는, 우주선 밖의 거리가 10분

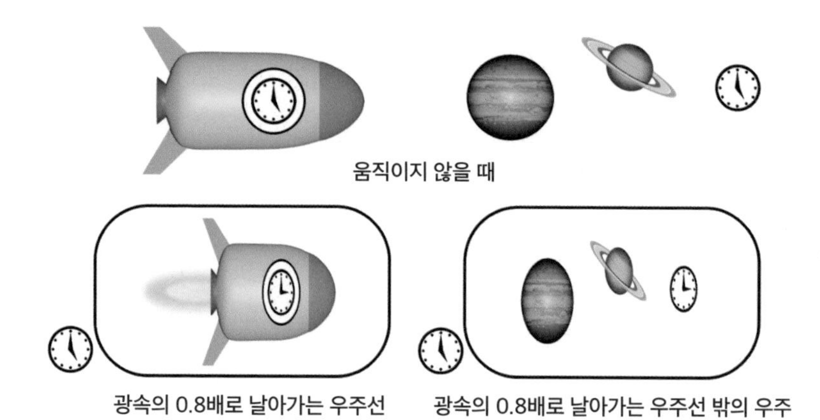

그림 6-3 매우 빠르게 움직이는 물체의 길이는 짧아지고(특수상대성이론의 길이 수축), 움직이는 물체 안에서의 시간은 느리게 흐른다(특수상대성이론의 시간 팽창). 아래 왼쪽 그림에서는 우주선이 빠르게 날아간다는 것을 로켓엔진 발화로 표현했다. 실제 상황에서 로켓엔진으로 추진하면 우주선의 속도가 점점 더 커진다. 아래 왼쪽: 움직이지 않는 사람의 입장에서 날아가는 우주선의 길이는 우주선이 움직이는 방향으로 짧아진다. 우주선 안의 시간은 천천히 흐른다. 아래 오른쪽: 우주선을 타고 가는 사람의 입장에서 우주선 밖의 세상은 우주선이 움직이는 방향의 반대 방향으로 움직인다. 이 경우 우주선 밖의 세상의 모든 것은 움직이는 방향으로 짧아진다. 우주선 밖의 세상의 거리도 움직이는 방향으로 짧아진다. 우주선 밖의 세상의 시간은 천천히 흐른다. 우주선 밖의 세상은 우주선이 움직이는 방향으로 짧아진다는 것을 찌그러진 모양으로 표현했다.

의 1로 줄어든다. 광속의 99.5%로 날아가는 우주선을 타고 가는 우주인에게는, 지구에서 400광년 떨어져 있는 북극성까지의 거리가 10분의 1인 40광년으로 짧아진다. 사람의 평균수명보다 짧은 40여 년이면 도달할 수 있는 거리가 되는 것이다.

광속의 99.995%의 속도를 낼 수 있는 더 빠른 우주선으로 여행을 하면, 우주선에서 볼 때 북극성까지의 거리는 특수상대성이론의 길이 수축 효과로 불과 4광년으로 줄게 되어 4년 정도만 날아가면 도달할 수 있다. 왕복 여행은 4년의 2배인 8년 정도면 가능하다. 이론적으로는 광속으로도 400년이 걸리는 거리를 사람이 살아 있는 동안에 여행할 수 있다는 이야기이다.

북극성

지구의 자전으로 인해 지구에서 보이는 별의 위치는 24시간을 주기로 시간에 따라 변하지만, 지구의 자전축 방향인 천구의 북극은 지구의 자전에도 위치가 변하지 않는다. 현재 천구의 북극에 가장 가까운 별이 북극성이다. 폴라리스 A, 폴라리스 Ab, 폴라리스 B, 이렇게 3개의 별로 구성된 삼중성계이다. 하지만 사람의 눈에는 하나의 별로 보인다. 지구에서의 거리는 323광년에서 433광년까지 여러 측정값이 있다.[6]

지구의 자전축은 방향이 일정하지 않고 2만 6,000년을 주기로 도는 세차운동을 한다. 돌아가는 팽이의 회전속도가 줄 때 팽이의 회전축이 한 방향으로 고정되어 있지 않고 도는 것이 세차운동이다. 지구 자전축의 세차운동 때문에 천구의 북극이 현재 위치에 영원히 있지 않고, 천천히 위치를 바꾼다. 세차운동 주기의 반인 1만 3,000년 정도 지나면 북극성은 천구의 북극에서 가장 멀리 떨어져 있게 되고, 그 이후로 점점 천구의 북극에 가까워지기 시작해 다시 지금으로부터 2만 6,000년 후에는 현재의 북극성 위치처럼 천구의 북극에 가까이 위치하게 된다.

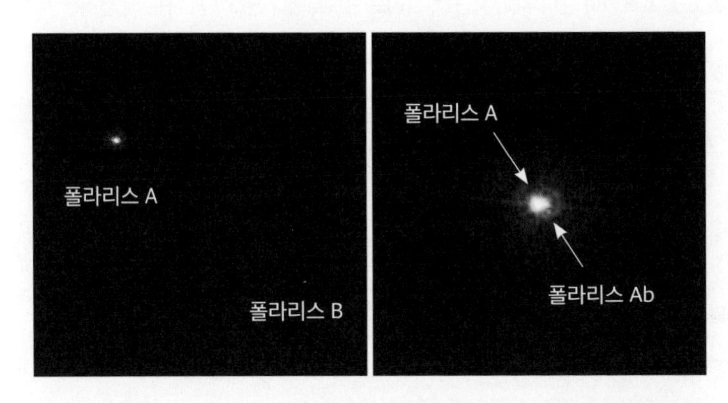

북극성으로 불리는 폴라리스를 허블 천체망원경으로 찍은 사진. 왼쪽: 폴라리스 A(위)와 폴라리스 B(아래)이다. 오른쪽: 폴라리스 A를 확대한 사진으로, 폴라리스 Ab가 작고 희미하게 보인다. 사람의 눈에는 이 3개의 별이 하나의 별로 보인다.

250만 광년 떨어진 안드로메다은하에도 갈 수 있을까?

이제는 북극성보다도 훨씬 더 먼 거리의 우주여행을 생각해 보자. 목적지는 우리 태양계와 북극성이 속한 우리 은하에서 가장 가까운 은하인 안드로메다은하이다. 우리가 어렸을 적부터 SF 소재의 이야기에서 많이 들어본 바로 그 안드로메다은하이다. 지구에서 약 250만 광년 떨어져 있는 안드로메다은하는 빛도 250만 년 동안 날아가야 도달할 수 있을 정도로 아주 먼 거리에 있다.[7]

이 경우도 마찬가지로 우주선의 속도가 광속에 매우 가까워 특수상대성이론의 길이 수축 효과가 충분히 크면, 날아가는 우주선 밖의 거리가 줄어들어 250만 년보다 훨씬 짧은 시간에 도달할 수 있다. 10만 배의 길이 수축이 일어날 만큼 빠른 속도로 날아가면

표 6-1 프록시마 센타우리, 북극성, 그리고 안드로메다 은하까지 가는 데 걸리는 시간.

목적지	거리	우주선 속도	여행 시간 (우주선 시간)
프록시마 센타우리	약 4광년	광속의 10% 광속의 20%	40년 20년
북극성	약 400광년	광속의 99.5% 광속의 99.995%	40년 4년
안드로메다 은하	약 250만 광년	광속의 99.999999995% 광속의 99.99999999995%	25년 2.5년

거리는 25광년으로 줄어들어 안드로메다은하에 도달하는 데 걸리는 시간은 25년으로 짧아진다. 이만한 길이 수축이 일어나려면 우주선의 속도는 광속의 99.999999995%가 되어야 한다. 우주선의 속도가 더욱더 빨라 광속의 99.9999999999995%이면 거리가 2.5광년으로 줄어들어 2년 6개월(2.5년) 만에 안드로메다은하에 도달할 수 있다. 물론 이론으로 할 수 있는 상상일 뿐이다.

특수상대성이론의 길이 수축과 시간 팽창

움직이는 물체의 길이는 짧아지고(길이 수축), 물체 안에서 흐르는 시간은 느리게 흐른다(시간 팽창). 물체가 움직이는 속도를 알면 길이 수축 배율과 시간 팽창 배율 γ(감마)를 계산할 수 있다

$$\gamma = \text{길이 축소 또는 시간 팽창 배수} = \frac{1}{\sqrt{1-\left(\frac{\text{우주선 속도}}{\text{광속}}\right)^2}}$$

움직이지 않는 사람 입장에서, 움직이지 않는 물체의 길이와 움직이는 물체의 길이 사이의 관계는 다음과 같다.

$$\text{움직이는 물체의 길이} = \text{움직이지 않는 물체의 길이} \times \frac{1}{\gamma}$$

움직이지 않는 물체의 시간과 움직이는 물체의 시간 사이의 관계도 비슷하게 표현할 수 있다.

$$\text{움직이는 물체에서의 시간} =$$
$$\text{움직이지 않는 물체에서의 시간} \times \frac{1}{\gamma}$$

한 예로 물체가 광속의 0.8배로 움직인다면, 길이 수축 비율과 시간 팽창 비율은

$$\gamma = \frac{1}{\sqrt{1-0.8^2}} = \frac{1}{\sqrt{1-0.64}} = \frac{1}{\sqrt{0.36}} = \frac{1}{\sqrt{0.6^2}} = \frac{1}{0.6} = \frac{5}{3}$$

이다. 움직이지 않는 사람에게 광속의 0.8배로 움직이는 물체의 길이는

$$\text{움직이는 물체의 길이} = \text{움직이지 않는 물체의 길이} \times \frac{3}{5}$$

이 되고, 움직이는 물체에서 흐르는 시간은

$$\text{움직이는 물체에서의 시간} = \text{움직이지 않는 물체에서의 시간} \times \frac{3}{5}$$

이 된다.

퀴즈

(1) 지구에서 10초의 시간이 흐르는 동안, 광속의 60%로 날아가는 우주선 안에서는 시간이 얼마나 흐를까?

(2) 지구에서 볼 때 1광년 떨어진 거리는, 광속의 60%로 날아가는 우주선에서는 얼마나 먼 거리로 보일까?

쌍둥이 역설
: 아는 것과 보이는 것의 차이

외계행성에 다녀온 쌍둥이와 지구의 쌍둥이, 누가 더 나이를 많이 먹을까?
특수상대성이론에서 쌍둥이 역설이 무엇인지 알아보자.
쌍둥이 역설을 따지려면 아는 것과 보이는 것을 구분해야 한다.

광속의 99.999999995%로 날 수 있는 우주선이 있다면, 250만 광년 떨어진 안드로메다은하까지 우주선 시간으로 25년 만에 갈 수 있다. 이 속도로 날아가면 특수상대성이론의 길이 수축 현상으로 인해 250만 광년의 거리가 25광년으로 줄어들기 때문이다. 가장 빠르다는 빛도 250만 년이 걸려야 도달할 수 있는 거리를 우주선이 25년 만에 도달한다는 말, 다시 말해 '가장 빠른 속도로 날아가도 250만 년 걸리는 거리를 25년 만에 간다'라는 말은 많은 사람들을 헷갈리게 만든다.

그림 6-4 특수상대성이론에 따르면 우주선의 속도가 광속에 매우 가까우면, 250만 광년 떨어진 거리에 있는 안드로메다은하에 25년 만에 도달하는 것이 가능하다. 빛이 도달하는 데도 250만 년이 걸리는 거리에 있는 안드로메다은하에, 광속보다 느린 우주선이 25년 만에 도달한다는 것이 어떻게 가능할까?

이 문제는 누구의 시간인가를 구분해야 해결할 수 있는 문제이다. 빛이 광속으로 안드로메다은하까지 가는 데 걸리는 시간 250만 년은 지구에 있는 사람의 시간이고, 광속의 99.999999995%의 속도로 날아가 안드로메다은하에 도달하는 데 걸리는 시간 25년은 우주선을 타고 가는 사람의 시간이다. 특수상대성이론에 의하면 시간은 모든 사람에게 똑같이 흐르지 않는다. 상대적으로 어떻게 움직이는가에 따라 다르게 흐른다. 지구에 가만히 있는 사람 입장에서는 광속의 99.999999995%의 속도로 날아가는 우주선도 안드로메다은하에 도달하려면 빛과 비슷하게 250만 년이 걸린다. 하지만 특수상대성이론의 시간 팽창 효과로 지구에 있는 사람 입장에서는 안드로메다은하로 가는 우주선 안의 시계가 지구의 시계보다 10만 배 느리게 흐른다. 지구 시간이 250만 년 흐르는 동안에 우주선 시간은 단 25년만 흐르는 상황이다.

쌍둥이 역설이란 무엇일까?

그런데 날아가는 우주선을 타고 가는 사람의 입장에서 보면 또 다른 문제가 발생한다. 우주선을 타고 가는 사람에게는 우주선 밖의 세상이 우주선이 움직이는 방향과 반대 방향으로 움직이고, 움직이는 지구의 시간은 느리게 흐른다. 우주선의 속도가 광속의 99.999999995%이면, 우주선을 타고 가는 사람의 입장에서 지구의 시간은 10만 배 느리게 흐른다. 우주선이 안드로메다은하까지 가는 데 걸리는 우주선 시간 25년 동안에 지구 시간은 25년의 10만분의 1, 다시 말해 130분 정도만 흐른다는 계산이 나온다. 우주선이 지구에서 안드로메다은하까지 가는 동안, 지구에 있는 사람의 입장에서는 지구의 시간이 250만 년이 흐르는데, 우주여행을 하는 사

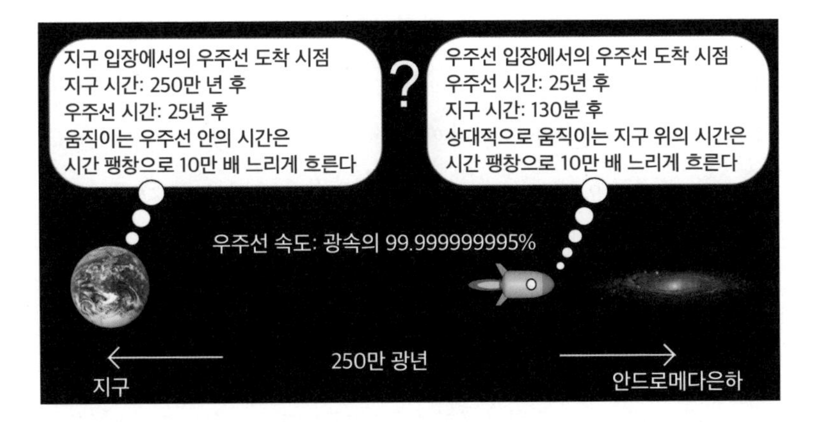

그림 6-5 지구에 있는 사람의 입장에서는 우주여행을 하는 우주선 안의 시간이 느리게 흐르고, 우주선을 타고 가는 사람의 입장에서는 상대적으로 움직이는 지구에서의 시간이 느리게 흐른다.

람의 입장에서는 지구의 시간이 130분 정도만 흐른다는 이야기는 모순으로 보인다.

특수상대성이론에 의하면 움직이는 물체의 길이는 짧아지고(길이 수축), 움직이는 물체의 시간은 느리게 흐른다(시간 팽창). 이 때문에 지구에 있는 사람의 입장에서는 날아가는 우주선의 길이가 짧아지고 우주선 안의 시계가 느리게 흐른다. 마찬가지로 날아가는 우주선을 타고 가는 사람의 입장에서는, 우주선 밖의 세상이 움직이므로 우주선 밖의 길이는 줄어들고, 우주선 밖의 시간은 느리게 흐른다. 지구의 시간도 우주선을 타고 가는 사람의 입장에서는 느리게 흐른다. 지구에 있는 사람과 우주선을 타고 가는 사람 양쪽 모두에게, 상대적으로 움직이는 상대방의 길이는 줄어들고 시간은 느리게 흐른다는 특별한 상황이 발생한다.

바로 이런 특별한 상황을 바탕으로 한 역설이 제기됐다. 그 역설의 내용은 다음과 같다. 쌍둥이 두 명 중 한 명은 지구에 남아 있고, 나머지 한 명은 광속에 가까운 속도를 낼 수 있는 우주선을 타고 멀리 떨어져 있는 외계행성에 다녀온다고 가정하자. 그러면

(1) 지구에 있는 쌍둥이 한 명의 입장에서는, 특수상대성이론의 시간 팽창으로 인해 우주선으로 여행하는 다른 쌍둥이 한 명의 시간이 느리게 흐른다. 따라서 다른 한 쌍둥이가 우주여행을 하고 돌아오면 지구에 있는 쌍둥이는 더 늙는다.

(2) 우주여행을 하는 쌍둥이 입장에서는, 지구가 상대적으로 움직이므로

지구의 시간이 더 느리게 흐른다. 따라서 우주여행을 한 쌍둥이가 더 늙는다.

서로가 상대적으로 움직이는 상대방에 비해 더 늙는다는 모순이 발생하는 것처럼 보인다. 이 이야기에 쌍둥이가 등장해서 이를 '쌍둥이 역설'이라고 부르는데, 이 역설을 주장하는 사람들은 이러한 모순 때문에 특수상대성이론에 문제가 있다고 생각했다. 하지만 쌍둥이 역설 문제는 1910년대에 이미 여러 방법으로 해결된 문

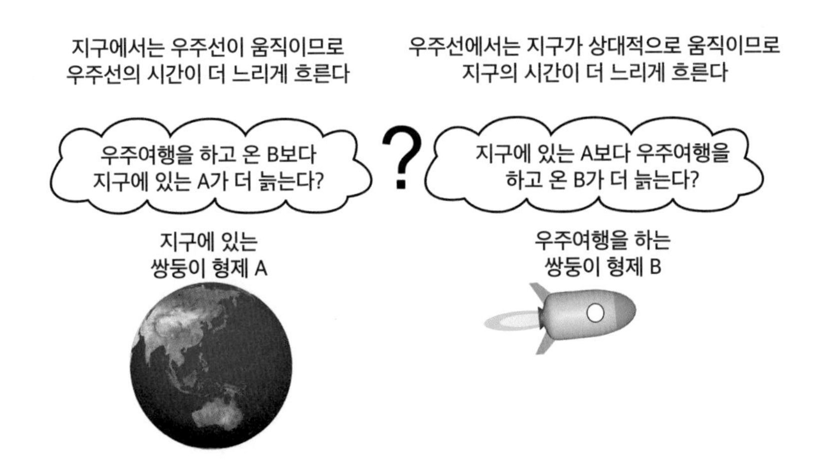

그림 6-6 쌍둥이 역설. 지구에 있는 쌍둥이의 입장에서는, 우주여행을 하는 우주선 안의 시간이 느리게 흐르기 때문에 지구에 있는 쌍둥이가 더 빨리 늙는다. 우주선을 타고 가는 쌍둥이의 입장에서는, 상대적으로 움직이는 지구의 시간이 느리게 흐르기 때문에 우주선 안의 쌍둥이가 더 빨리 늙는다. 이 두 경우가 모순이 된다는 것이 쌍둥이 역설이다.

제이다. 결론을 말하면 두 상황 중 한 상황만 맞아 모순이 없다. 결국 쌍둥이 역설 문제는 역설이 아닌 것이 된다. 좀 더 구체적으로 이 문제를 살펴보고 그 과정에서 몇 가지 중요한 사실도 짚고 넘어가 보자.

쌍둥이 역설 문제를 따져보자

원래의 쌍둥이 역설 문제에서는 우주여행을 하는 쌍둥이가 목표한 외계행성에 갔다가 지구로 다시 돌아와야 한다. 이 때문에 우주여행을 하는 쌍둥이가 타고 가는 우주선은 외계행성에 도달하면 우주선의 방향을 지구로 향하는 방향으로 바꾸어야 한다. 그러기 위해서는 속도를 줄여 방향을 바꾼 뒤 다시 속도를 올려주어야 한다. 감속과 가속을 해야 한다는 의미이다. 속력을 유지하고 방향만 바꿔 행성 주위를 돌아서 지구로 다시 향할 수도 있다. 이 경우도 움직이는 속도의 방향을 바꾸는 가속을 해야 한다. 이 과정에서 지구 시간과 우주선 시간을 비교하는 기준이 변하면서 계산이 복잡해진다. 문제를 좀 더 쉽게 해결하기 위해, 감속과 가속이 없는 '수정된 쌍둥이 역설' 문제들이 제안되었다.

대표적인 수정된 쌍둥이 역설은 다음과 같다.

(1) 지구를 지나쳐 목표한 외계행성을 향해 광속에 가까운 속도로 날아가는 A라는 우주선이 있다. A 우주선이 지구를 지나치는 순간, A 우주선

안의 시계를 지구에 있는 기준 시계와 똑같은 시간으로 맞춘다.

(2) A 우주선이 계속 비행을 해서 목표 행성을 지나칠 때, B라는 또 다른 우주선이 반대 방향으로 그 행성을 지나쳐 지구를 향해 같은 속력으로 날아간다. 이렇게 두 우주선이 서로 반대 방향으로 외계행성을 동시에 지나치는 순간, B 우주선 시계의 시간을 A 우주선 시계의 시간에 맞춘다.

(3) B 우주선이 계속 날아가서 지구를 지나치는 순간, 지구에 있는 기준 시계와 B 우주선 시계의 시간을 비교한다.

2개의 우주선이 필요하고 두 우주선이 외계행성을 동시에 반대 방향으로 지나쳐야 한다는 또다른 기술적인 문제가 있긴 하지만, 어차피 광속에 가까운 속도로 날아가는 우주선도 가정하는 마당에 이런 설정을 생각하지 못할 것도 없다. 이 수정된 쌍둥이 역설 문제에는 지구에 있는 사람, A 우주선에 타고 있는 사람, B 우주선에 타고 있는 사람, 이렇게 세쌍둥이가 필요하다.

쌍둥이 역설 문제에서 누구의 시간이 상대적으로 더 많이 흐르고 적게 흘렀는지 확인하는 직접적인 방법은 다음과 같다.

(1) 우주여행을 하는 동안 지구에 가만히 있는 사람과 여행하는 사람이, 직접 자기의 시계와 상대방의 시계가 어떻게 흐르는지 서로 관측한다.

(2) 관측한 결과를 서로 비교하여 누구의 시간이 더 많이 흘렀는지 확인한다.

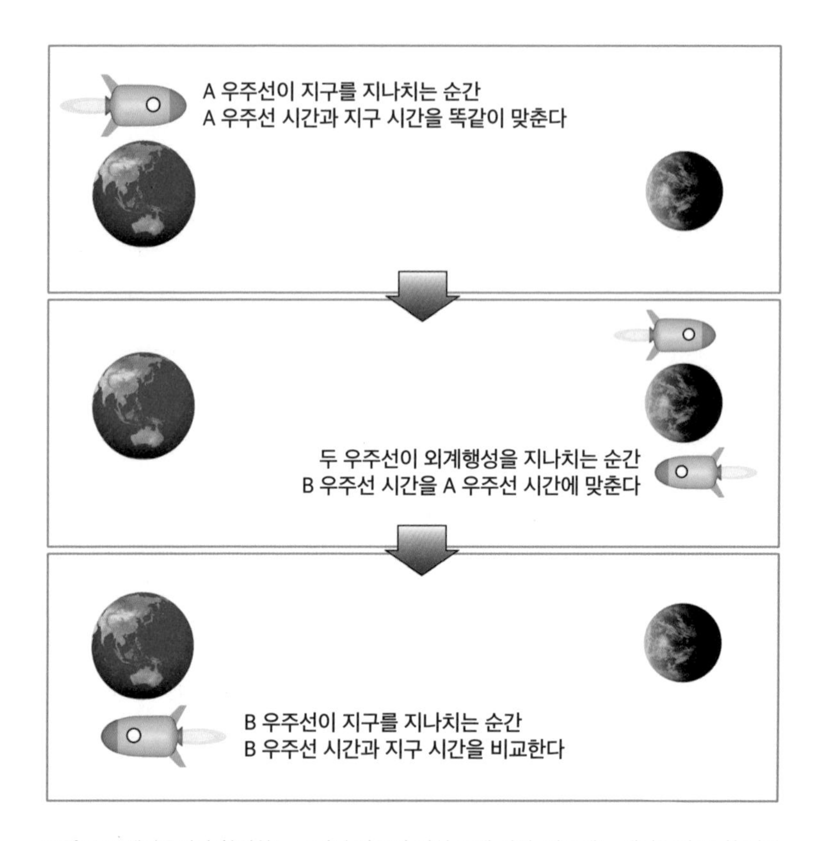

그림 6-7 세쌍둥이가 참여하는 수정된 쌍둥이 역설 문제 설정. 지구에는 세쌍둥이 중 한 명이 있다. 세쌍둥이 중 다른 한 명은 A라는 우주선을 타고 지구를 지나치면서 우주선 시간을 지구 시간에 맞춘다. A 우주선이 목적지에 도달할 때, 세 번째 쌍둥이가 탄 B 우주선이 같은 속력을 유지하며 반대 방향으로 지구로 향하면서 목적지를 지나친다. 이때 B 우주선 시간을 A 우주선 시간에 맞춘다. B 우주선이 지구에 도달해 지구를 지나치는 순간, B 우주선 시간을 지구 시간과 비교한다. 우주선이 빠르게 날아간다는 것을 로켓엔진 발화로 표현했다.

당연해 보이는 이 기본적인 방법을 통해 쌍둥이 역설 문제를 파헤쳐 볼 수 있다.

광속에 가까운 속도를 낼 수 있는 우주선이 있다는 가정에 더해, 하나 더 가정할 것이 있다. 망원경 같은 관측 장비가 엄청나게 발달해서 지구에 있는 사람이 광속에 가까운 속도로 움직이는 우주선 안의 시계를 직접 본다는 가정이다. 이런 가정이 터무니없다고 생각한다면, 우주선 안의 시계를 비디오카메라로 촬영하고 이를 지구에 곧바로 전송해 지구에서 실시간 방송으로 우주선 안의 시계를 본다고 가정할 수도 있다. 어떤 방법을 쓰든 우주선 안의 시계가 흐르는 것을 지구에서 실시간으로 보기만 하면 된다. 마찬가지로 지구의 시계도 우주선에서 실시간으로 본다고 가정한다.

지구에 있는 사람은 우주선에 있는 시계를 계속 실시간으로 보면서, 우주선이 여행하고 돌아오는 동안 우주선 안의 시간이 얼마나 흐르는지 확인한다. 마찬가지로 우주선을 타고 가는 사람도 지구에 있는 시계를 계속 실시간으로 보면서 우주여행을 하는 동안 지구의 시간이 얼마나 흐르는지 확인한다. 그리고 우주선이 지구에 돌아왔을 때 서로 확인한 상대방의 시간을 비교한다. 이런 절차를 통해 쌍둥이 역설과 같은 모순이 있는지, 모순이 없다면 누가 더 늙게 되는지 알아볼 수 있다.

'아는 것'과 '보이는 것'은 다르다

구체적으로 문제를 풀어나가기 전에 질문을 하나 해보자. 지구에 있는 사람에게 광속에 가까운 매우 빠른 속도로 움직이는 우주선 안의 시계는 항상 느리게 흐르는 것으로 보일까? 특수상대성이론의 결과인 시간 팽창으로 인해 우주선 안의 시계가 항상 느리게 흐르는 것으로 보인다고 생각하기 쉽다. 그런데 실제로는 느리게 흐르는 것으로 보일 수도 있고 빠르게 흐르는 것으로 보일 수도 있다. 앞서 분명히 특수상대성이론의 결과에 따르면 움직이는 세상의 시간은 느리게 흐른다고 했는데, 움직이는 우주선 안의 시계가 항상 느리게 흐르는 것으로 보이지 않을 수도 있다는 말이 무슨 말일까?

이번 글의 제목이 의미하는 바를 생각해 보자. '정지해 있는 사람의 입장에서는 움직이는 물체의 시간이 느리게 흐른다'는 사실을, 우리는 특수상대성이론을 통해 '알고 있다'. 그렇다는 것을 '알고 있다'고 해서, 직접 볼 때 항상 그렇게 '보인다'는 것을 의미하지는 않는다. 바로 이 '아는 것과 보이는 것의 차이'를 구체적으로 이해하면 쌍둥이 역설 문제 해결에도 좀 더 쉽게 다가갈 수 있다.

외계행성으로 갈 때 보는 지구 시간과 우주선 시간

이제 구체적인 예를 가지고 문제를 다뤄보자. 쌍둥이 역설을 다룰 때 자주 사용하는 설정을 여기서도 사용해 보자. 지구에서 20광년 떨어진 외계행성을 향해 광속의 0.8배의 속도로 날아가는 우주선이 있다. 지구에 있는 사람의 입장에서는, 우주선이 1년에 0.8광년을 날아가므로 20광년 떨어진 목표 외계행성에 도착하는 데에는 총 25년이 걸린다. 이제 우주선이 여행하는 동안 우주선 안의 시계를 최첨단 망원경이나 비디오 생방송을 통해 실시간으로 본다고 가정해 보자.

우주선이 지구를 막 떠날 때 우주선 안의 시계는 지구에서 바로 볼 수 있다. 그러나 지구 시간으로 25년 후에 우주선이 목표 외계행성에 도달했을 때 우주선의 시계는 지구에서 곧바로 볼 수 없다. 시계를 볼 수 있는 장면이 빛이나 전파를 타고 지구로 날아오는 데 걸리는 시간이 더 필요하기 때문이다. 최첨단 망원경이든 비디오 생방송이든 우주선이 외계행성에 도착했을 때의 장면은 외계행성에서 날아와 지구에 도착한 다음에야 볼 수 있다.

지구와 외계행성 사이의 거리가 20광년이라고 했으니, 우주선이 외계행성에 도착했을 때의 시계 장면은 지구까지 날아오는 데 20년이 추가로 더 걸린다. 따라서 우주선이 지구를 출발해 외계행성에 도달하는 데 걸리는 시간 25년에, 외계행성에 도착했을 때의 시계 장면이 광속으로 외계행성에서 지구까지 날아오는 데 걸리는 시간 20년을 더한 45년 후에나 우주선이 외계행성에 도착했을 때의 시계 장면을 지구에서 볼 수 있다. 다시 말해 지구를 출발해 목표 외계행성에 도착하는 전 과정을 지구에서는 45년 동안 실시간으로 본다는 이야기이다.

그러면 우주선 안의 시계는 지구에서 외계행성까지 가는 동안 얼마나 흐를까? 특수상대성이론의 시간 팽창에 의하면 광속의 0.8배로 날아가는 우주선 안의 시간은 지구 시간의 0.6배로 느리게 흐른다. 따라서 우주선이 지구를 출발해 외계행성에 도달하는 데 걸

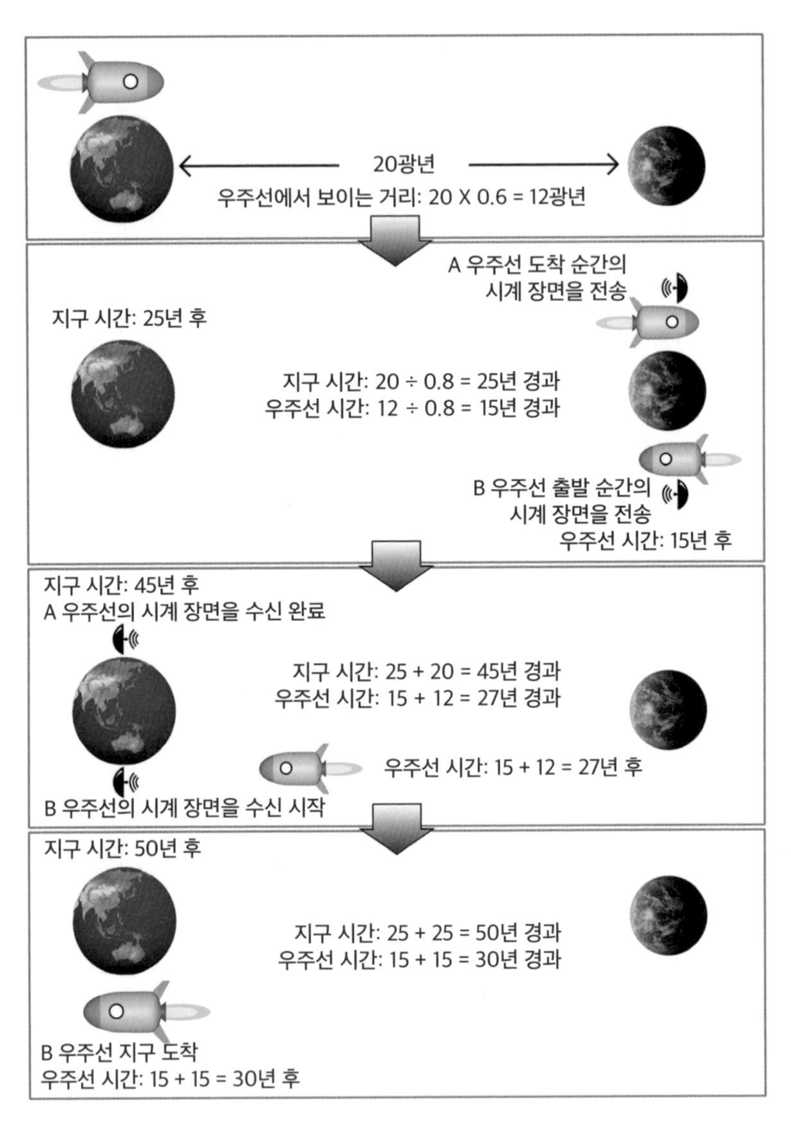

그림 6-8 광속의 0.8배(80%)의 속도로 20광년 떨어진 외계행성까지 우주여행을 하고 돌아오는 경우. 첫 번째: 지구에서 보는 외계행성까지의 거리 20광년은 광속의 0.8배로 날아가는 우주선의 우주인 입장에서는 특수상대성이론의 길이 수축으로 12광년으로 줄어든다. 두 번째: 지구에 있는 사람의 입장에서 우주선은 20광년의 거리를 광속의 0.8배로 날아가므로 20

÷0.8=25년 후에 목적지에 도착한다. 우주선을 타고 가는 사람의 입장에서는 길이 수축으로 12광년으로 줄어든 거리를 광속의 0.8배로 날아가므로 12÷0.8=15년 후에 목적지에 도착한다. 세 번째: 우주선이 목적지에 도착했을 때의 시계 장면을 담은 생방송 전파는 지구까지의 거리 20광년을 20년 동안 더 날아간 후에 지구에 도달한다. 그사이 우주선 시간은 시계 장면이 짧아진 지구까지의 거리 12광년을 날아가는 시간 12년이 더 지나간다. 지구에 도착하려면 우주선 시간으로 15-12=3년을 더 날아가야 한다. 네 번째: 우주선이 지구에 도착하는 때는 지구 시간으로 25+25=50년이 지나간 후이고, 우주선 시간으로는 15+15=30년이 지난 후이다.

리는 시간은 지구 시간으로는 25년이지만 우주선 시간으로는 0.6배인 15년이다.

한편 우주선을 타고 가는 사람의 입장에서는 상대적으로 움직이는 우주선 밖 물체의 길이가 특수상대성이론의 길이 수축 효과로 짧아진다. 지구와 외계행성 사이의 거리도 마찬가지로 짧아진다. 광속의 0.8배로 날아가는 경우에는 거리가 0.6배로 짧아지기 때문에, 지구에 있는 사람 입장에서 20광년인 지구와 외계행성 사이의 거리는 0.6배인 12광년으로 줄어든다. 이 거리를 날아가는 데 걸리는 시간을 우주선 안의 시간으로 계산하면 12광년÷0.8광속=15년이다. 지구에 있는 사람 입장에서의 우주선 시간과 같은 결과이다.

이렇게 15년이 흐르는 우주선 안의 시계를 지구 시간으로 45년 동안 실시간으로 본다는 것은 15년÷45년, 즉 3분의 1로 느리게 흐르는 우주선의 시계를 실시간으로 본다는 것을 의미한다. 우주선 안의 시계가 느리게 흐르는 것으로 보이는 것은 특수상대성이론의 시간 팽창과 마찬가지이지만, 실시간으로 보는 시계는 3분의

1로 느려져, 이론상으로 알고 있는 시간 팽창의 정도 0.6보다 더 느리게 흐르는 것을 본다. 우리가 '아는 것'보다 더 느리게 흐르는 우주선 안의 시계를 '보는 것'이다.

지구로 돌아올 때 보는 지구 시간과 우주선 시간

이제 우주선이 외계행성에서 지구로 날아오는 후반부 우주여행을 생각해 보자. 좀 전에 살펴본 상황과 마찬가지로 우주선은 지구 시간으로 25년이 걸려 지구에 도착한다. 지구에 도착하는 순간의 우주선의 시계는 시차 없이 지구에서 바로 본다. 하지만 우주선이 외계행성을 막 떠날 때 우주선의 시계 장면은 전파나 빛이 20광년을 날아가는 20년이 지난 후에야 지구에서 볼 수 있다. 다시 말해, 지구로 날아오는 우주선의 시계는, 우주선이 외계행성을 출발한 지 20년 후부터 보기 시작해 지구에 도착하는 25년 후까지 총 5년 동안 실시간으로 본다.

우주선 안의 시간은 외계행성으로 갈 때와 마찬가지로 시간 팽창이나 길이 수축에 의해 15년이 흐른다. 따라서 지구 시간 5년 동안 우주선 안의 시계가 15년 흐른 것을 실시간으로 본다. 지구 시계보다 15년÷5년=3배의 속도로 빨리 흘러가는 우주선 안의 시계를 실시간으로 본다는 계산 결과가 나온다. 우주선이 매우 빠른 속도로 움직이는데도 특수상대성이론의 시간 팽창과는 정반대로 오히려 더 빠르게 흐르는 우주선 안의 시계를 지구에서 '보는 것'이다.

표 6-2 지구에서 실시간으로 보는 우주선의 시계.

지구 시간	우주선의 시계
처음 45년	광속의 0.8배로 멀어짐 ⇒ 3분의 1배로 느리게 흐름 ⇒ 45÷3=15년
나중 5년	광속의도 0.8배로 가까워짐 ⇒ 3배로 빨리 흐름 ⇒ 5×3=15년
총 45+5=50년	15+15=30년

특수상대성이론의 시간 팽창에 의하면 광속의 0.8배 속도로 움직이는 우주선 시간은 지구 시간의 0.6배로 느리게 흐르는 데('아는 것') 반해, 실제 실시간으로 보는 우주선의 시계는 멀어질 때 3분의 1배로 느리게 흐르고 다가올 때 3배 빠르게 흐른다('보이는 것').

정리하면, 우주선이 20광년 떨어진 외계행성까지 광속의 0.8배로 왕복 여행하는 경우, 지구에서는 멀어지는 우주선의 시계를 45년 동안 실시간으로 보고, 가까워지는 우주선의 시계는 5년 동안 실시간으로 본다. 멀어지는 우주선의 시계를 보는 동안 지구에 있는 사람은 우주선의 시계가 3분의 1배로 느리게 흐르는 것으로 보기 때문에, 지구 시간 45년 동안 우주선의 시계가 $45 \times \frac{1}{3}=15$년이 흐르는 것을 본다. 다가오는 우주선의 시계를 보는 동안 지구에 있는 사람은 우주선의 시계가 3배로 빨리 흐르는 것으로 보기 때문에, 지구 시간 5년 동안 우주선의 시계가 5×3=15년이 흐른 것을 본다. 결론적으로 지구에서는 지구 시간 45+5=50년 동안 우주선의 시계가 15+15=30년이 흐르는 것을 본다.

상대론적 도플러 효과로 푸는 쌍둥이 역설

우리가 알고 있는 특수상대성이론의 결과와는 달리, 우주선 시간이 멀어질 때는 느리게 흐르는 것으로 보이고 다가올 때는 빨리 흐르는 것으로 보이는 상황은, 앰뷸런스의 사이렌 소리가 다가올 때는 높은 톤으로 들리고(진동수가 커지고) 멀어져 갈 때는 낮은 톤으로 들리는(진동수가 작아지는) 현상과 비교할 수 있다. 우리는 분명히 앰뷸런스 사이렌 소리의 진동수가 일정함을 알고 있지만, 실제로 앰뷸런스가 다가오고 멀어지고에 따라 사이렌 소리의 음높이가 다르게 들리는 상황은 '아는 것'과 '듣는 것'의 차이를 보여준다. 이렇게 다가오고 멀어지는 것에 따라 사이렌 소리의 진동수가 크거나 작게 들리는 것처럼, 우주선이 다가오고 멀어지는 것에 따라 지구에서 보는 우주선의 시계는 빠르게 흐르거나 느리게 흐르는 것으로 보인다.

빛의 진동수나 파장이 빛을 발생하는 물체의 상대적인 움직임에 따라 달라진다는 것을 특수상대성이론으로 정리한 것을 '상대론적 도플러 효과'라고 부른다. 움직이는 우주선 안의 시계가 느리게 또는 빠르게 흐르는 것으로 보이는 현상도 이 상대론적 도플러 효과와 직접 연관된다.

상대론적 도플러 효과에 따르면, 멀어지는 우주선(또는 지구)에서 보내는 빛이나 전파의 진동수는 원래의 진동수보다 작은 진동수로 관측된다.

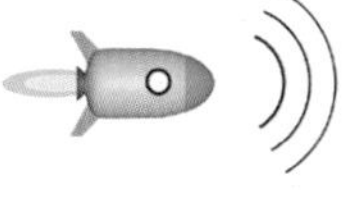

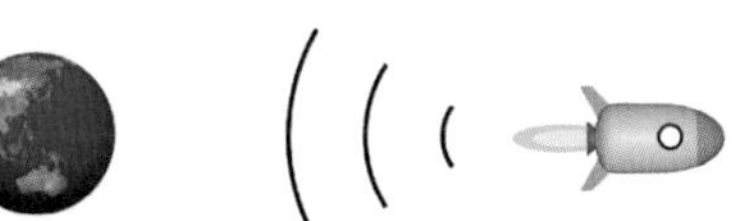

그림 6-9 위: 도플러 효과. 듣는 사람이 다가가거나 멀어질 때 다른 음높이의 소리가 들린다. 들리는 소리의 진동수는 상대적인 속도도 중요하지만, 소리를 내는 물체가 움직이는지 또는 듣는 사람이 움직이는지에 따라 계산 방법이 달라진다. 아래: 상대론적 도플러 효과. 다가오는 빛이나 전파의 진동수(또는 주파수)는 커지는 반면(청색편이), 멀어지는 빛이나 전파의 진동수는 작아진다(적색편이). 빛이나 전파의 진동수 계산에는 무엇이 움직이는지와는 상관없이 상대속도가 중요하다.

$$\text{관측 진동수} = \sqrt{\frac{\text{광속 - 우주선 속도}}{\text{광속 + 우주선 속도}}} \times \text{실제 진동수}$$

반면, 가까워지는 우주선(또는 지구)에서 보내는 빛이나 전파의 진동수는 원래의 진동수보다 큰 진동수로 관측된다.

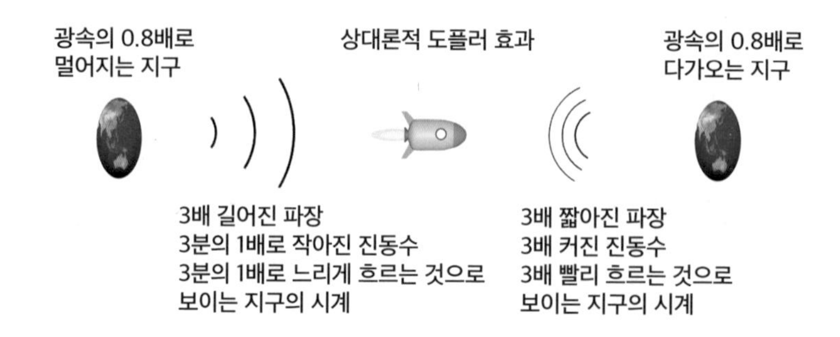

그림 6-10 상대론적 도플러 효과로 계산한 우주선에서 본 지구의 시계. 광속의 0.8배로 우주선이 날아간다고 하면, 지구에서 멀어질 때는 지구의 시계가 3배 느리게 흐르는 것으로 보이지만, 지구로 다가갈 때는 지구의 시계가 3배 빠르게 흐르는 것으로 보인다. 우주선 밖의 세상은 우주선이 움직이는 방향으로 짧아진다는 것을 찌그러진 지구로 표현했다.

$$\text{관측 진동수} = \sqrt{\frac{\text{광속} + \text{우주선 속도}}{\text{광속} - \text{우주선 속도}}} \times \text{실제 진동수}$$

이제 우주선 안에서도 지구에 있는 시계를 실시간으로 본다고 가정하고, 우주선에서 실시간으로 보는 지구의 시계는 어떤지 확인해 보자. 지구에서는 지구의 시계 장면을 꾸준히 전송한다. 우주선은 광속의 0.8배 속도로 날아가기 때문에 우주선의 입장에서는 지구와 외계행성 사이의 거리가 12광년으로 줄어(특수상대성이론의 길이 수축), 지구에서 외계행성까지 가는 데 걸리는 시간이나 외계행성에서 지구까지 오는 데 걸리는 시간이 똑같이 15년이다. 한편 우주선이 외계행성에 도착하는 순간, 우주선 자체가 방향을 바꾸기 때문에(수정된 쌍둥이 역설에서는 A와 B 두 우주선이 외계행성 위치에서 교대), 처음 15년 동안은 멀어지는 지구의 시계를 실시간으

표 6-3 우주선에서 실시간으로 보는 지구의 시계.

우주선 시간	지구의 시계
처음 15년	광속의0.8배로 멀어짐 ⇒ 3분의 1배로 느리게 흐름 ⇒ 15÷3=5년
나중 15년	광속의 0.8배로 가까워짐 ⇒ 3배로 빨리 흐름 ⇒ 15×3=45년
총 15+15=30년	5+45=50년

로 보고 나중의 15년 동안은 가까워지는 지구의 시계를 실시간으로 본다.

지구와 우주선이 멀어지는 처음 15년 동안은 상대론적 도플러 효과에 의해 지구의 시계가 3분의 1배로 느리게 흐르는 것을 보기 때문에, 우주선에서 본 지구의 시계는 $15 \times \frac{1}{3}=5$년이 흐른다. 가까워지는 후반부 15년 동안은 지구의 시계가 3배로 빨리 흐르는 것을 보기 때문에, 우주선에서 본 지구의 시계는 15×3=45년이 흐른다. 따라서 우주선에서는 우주선 시간으로 30년 동안 지구의 시계가 50년이 흐르는 것을 본다. (우주선에서 본 지구의 시계를 상대론적 도플러 효과를 직접 사용하지 않고 설명한 내용은 다음 박스글에 실었다. 좀 더 자세하게 알고 싶은 독자들은 한번 읽어보기 바란다.)

결국 지구에서 볼 때나 우주선에서 볼 때나 지구의 시계는 50년, 우주선의 시계는 30년이 흐른다. 따라서 전혀 모순이 없고, 지구에 가만히 있는 사람이 더 늙는다. 모순이 없으니 역설도 아닌 것이 된다. 이렇게 '아는 것'과 '보이는 것'의 차이를 명확히 하면 쌍둥이 역설 문제와 같은 특수상대성이론과 관련된 문제들을 이해하는 데 도움이 된다.

한편, 여행을 하고 온 사람보다 지구에 있는 사람이 더 늙는다는 사실을 북극성이나 안드로메다은하같이 매우 먼 우주로 여행하는 것에 적용하면 또 다른 문제에 직면한다.

안드로메다은하로 우주여행을 할 때 생기는 문제

우리는 우주선의 속도가 광속의 99.9999999995%(9가 10개)라면 250만 광년 떨어져 있는 안드로메다은하에도 25년이면 도달할 수 있다는 것을 알았다. 만약에 우주선의 속도가 광속의 99.999999999995%(9가 12개)라면 5년 만에 안드로메다은하까지 갈 수 있어 왕복 우주여행도 가능하다(실제 여행할 때는 가속과 감속이 있어야 하기 때문에 문제가 좀 더 복잡해진다). 그러면 250만 광년 떨어진 안드로메다은하로 왕복 우주여행을 하고 돌아오면 지구의 시간은 얼마나 흐를까?

지구에 있는 사람의 입장에서는 우주선의 속도가 광속과 비슷하므로, 우주선이 250만 광년 떨어진 안드로메다은하에 갔다 오려면 지구의 시간은 500만 년이 흐른다. 우주선을 타고 여행한 사람은 수십 년만 여행하고 돌아오는 것이지만, 지구의 시간은 무려 500만 년이 흐르는 것이다. 이것은 마치 수십 년 만에 500만 년 후의 지구로 가는, 먼 미래로의 시간여행과 같은 상황이다.

500만 년 정도의 지구의 시간이 흐르면, 지구에는 가족이나 지인이 살아 있지 않을 것이라는 사실은 제쳐두고라도, 현재의 인류도 멸종해 있을지 모르고, 어쩌면 진화의 결과로 다른 모습의 인류로 변해 있을지도 모른다. 기후 변화에 따라 해수면의 위치도 변해 지도가 달라져 있을 수도 있고, 판구조론에 따른 대륙 이동으로 인해 대륙의 위치도 약간 변해 있을 수 있다. 좀 아찔한 상황이기는 하지만 500만 년 후의 미래라면 충분히 가능성 있는 상황들이다.

이런 큰 변화가 있을 것을 알면서 그렇게 먼 거리의 우주여행을 떠날 수 있을까? 그리고 지구에 있는 사람에게는 500만 년 후에나 결과를 알 수 있는, 이렇게 먼 거리의 우주여행을 계획하려고 할까? 만약 가족, 친지, 친구, 직장동료, 그리고 우주여행 결과를 확인하려는 관계자들이 같이 탑승해 단체로 우주여행을 떠난다면 이런 여행을 시도할 수 있을지도 모른다. 여기에 편도 여행일 경우에는 새로운 정착지에서 살아나갈 방안이 있어야 하겠고, 왕복 여행일 경우에도 많이 변해 있을 미래의 지구에서 살아나갈 방안이 있어야 하는 것은 당연하다. 그런데 그렇지 않다면 이렇게 먼 우주여행을 떠나는 것을 결정하는 것은 결코 쉽지 않다. 엄청난 모험 정신으로 무장하거나 조금 괴팍스러운 사람들이라면 모를까.

마찬가지로, 안드로메다은하에 고도로 발달된 문명과 과학기술을 가지고 있는 외계생명체가 살고 있다고 해도, 그들이 지구까지 오는 것을 쉽게 생각할 수 없다. 설령 영화 〈슈퍼맨Superman〉(1978)에서 슈퍼맨의 고향 크립톤 행성이 파괴되는 것처럼 그들 행성의 멸망에 직면해 새로운 거주 행성을 찾는 경우라도, 아마 안드로메다은하 안의 가까운 행성 중에서 생명체가 거주 가능한 곳을 찾을 것이다. 이런 이유로 안드로메다은하의 외계생명체가 어떤 목적을 가지고 지구에 오는 것은 실질적으로 타당성이 좀 부족한 설정으로 볼 수 있다.

우주여행에서 돌아와 지구에서 속해 있던 사회에 복귀하려면 그 사회에 속한 다른 사람들이 살아 있을 시간 안에 돌아오는 것이 현실성이 있다. 그러려면 우주여행 목적지는 지구에서 10~20광년 정도 떨어진 외계행성으로 한정하는 것이 적절하다. 만약에 지구인과 비슷한 수명을 가지고 있으면서 과학기술이 매우 발달한 외계생명체들이 우주에 존재한다면, 그들이 우주선을 타고 여행하는 곳도 10~20광년 정도 떨어진 천체로 보는 것이 적절하다. 이런 이유로 우주선을 타고 지구에 오는 외계생명체가 있다고 해도, 그들은 지구에서 10~20광년 떨어진 곳에서 오는 외계생명체로 보는 것이 적절하다. 이주와 같은 목적으로 편도 우주여행을 한다면 다시 돌아올 필요가 없으므로, 수십 광년 또는 그 이상 떨어진 외계행성이 목적지가 될 수 있다.

우주선 밖의 세상이 움직이는 관점에서 확인하는 우주여행 시간

광속의 0.8배로 날아가는 우주선을 타고 가는 사람의 입장에서는 우주선 밖의 모든 것이 우주선이 움직이는 반대 방향으로, 빛의 0.8배 속도로 움직인다. 지구에서 목표 외계행성 사이의 거리 20광년은 우주선을 타고 가는 사람 입장에서는 특수상대성이론의 길이 수축으로 20광년×0.6=12광년이 된다. 짧아진 거리 12광년을 광속의 0.8배로 날아가므로, 지구에서 외계행성까지 가는 데 걸리는 우주선 시간은 12÷0.8=15년이다(그림6-8의 A 우주선에 해당한다).

우주선 밖의 모든 것이 우주선이 움직이는 방향과 반대로 움직인다는 관점에서 우주여행 시간 문제를 풀어보자. 여기에서도 지구에 있는 시계를 실시간으로 촬영하고 전송해 우주선에서 생방송으로 보는 방법으로, 우주여행에 걸리는 시간을 우주선 시간과 지구 시간으로 확인한다. 우주선에 탄 사람은 지구에서 외계행성까지 가는 우주선 시간으로 15년 동안 지구 시계를 생중계로 본다.

우주선이 외계행성에 도착하는 순간에 보는 지구의 시계 장면이 지구에서 언제 송출됐는지를 알아보는 것이 중요하다. 이로부터 우주선이 외계행성까지 가는 동안 우주선에 타고 있는 사람이 전송받아 보는 지구의 시계가, 지구 시간으로 얼마나 긴 시간 동안 흐르는지를 확인할 수 있기 때문이다.

우주선이 광속의 0.8배로 지구에서 멀어지므로, 지구도 광속의 0.8배로 우주선에서 멀어진다. 지구에서 송출하는 시계 장면 전파는 우주선 입장에서는 광속으로 우주선(또는 외계행성)을 향해 날아온다(광속 불변의 법칙). 우주선 시간으로 1년 동안 지구는 우주선으로부터 0.8광년 멀어지고 전파는 우주선에 1광년 가까워지므로, 우주선에 탄 우주인 입장에서 전파는 1년에 1.8광년씩 지구에서 멀어진다. 지구에서 출발한 전파가 외계행성에 도달하려면 전파는 지구에서 12광년(우주선의 입장에서 지구와 외계행성 사이의 거리) 멀어져야 한다. 1년에 1.8광년씩 지구에서 멀어지는 전파가 12광년을 멀어지려면 12÷1.8=20÷3≃6.667년이 걸린다.

우주선이 지구를 출발하는 순간에는 우주선이 지구에 있으니 지구의 시계를 곧바로 본다. 우주선이 우주선 시간으로 15년 후 외계행성에 도착하는 순간에 보는 지구의 시계 장면은 약 6.667년 전에 지구를 떠난 전파를 타고 온 시계 장면이다. 결국 우주선 시간으로 외계행성까지 가는 15년 동안 우주선에서 보는 지구의 시계 장면은 우주선 시간으로 15-(20÷3)=25÷3≃8.333년 동안 지구에서 보낸 전파를 통해 본다. 특수상대성이론의 시간 팽창 효과를 적용하면 지구의 시계 장면은 지구 시간으로 (25÷3)×0.6=5년 동안 지구에서 보낸 전파를 통해서 본다. 결국 지구의 시계가 5년의 시간이 흐르는 것을 우주선 시간으로 15년간 보게 되어 3분의 1배로 느려진 지구의 시계를 본다. 지구에서 실시간으로 보는 멀어져 가는 우주선의 시계와 똑같은 비율로 느리게 흐른다.

우주선이 외계행성에서 지구를 향해 가는 경우를 보자(그림6-8의 B 우주선에 해당한다). 이 경우에는 지구도, 지구를 떠난 전파도 지구를 향해 날아온다. 우주선에 탄 우주인 입장에서 지구는 광속의 0.8

배로 우주선에 다가오고, 전파는 광속으로 다가온다. 1년 동안 지구는 우주선을 향해 0.8광년을, 전파는 1광년을 날아오므로, 우주선에 탄 우주인 입장에서 전파는 1년에 0.2광년씩 지구에서 멀어진다. 지구에서 출발한 전파가 외계행성에 도달하려면 전파는 지구에서 12광년(우주선의 입장에서 지구와 외계행성 사이의 거리) 멀어져야 한다. 1년에 0.2광년씩 지구에서 멀어지는 전파가 12광년 멀어지려면 12÷0.2=60년이 걸린다.

외계행성을 출발하는 순간 본 지구의 시계 장면은 지구에서 출발해 우주선 시간으로 60년을 날아온 전파에 담긴 장면이다. 우주선이 지구까지 가려면 추가로 15년이 더 걸리므로, 우주선 시간으로 총 60+15=75년 동안 지구에서 날아온 전파로 지구의 시계 장면을 생중계로 본다. 특수상대성이론의 시간 팽창을 적용하면 우주선 시간 75년은 지구 시간으로 75×0.6=45년이다. 지구 시간 45년 동안의 시계 장면을 우주선 시간으로 15년 동안 보는 것이어서 3배 빨리 가는 지구의 시계를 본다.

종합해 보면, 외계행성으로 갈 때 우주선 시간 15년 동안 지구의 시계가 5년 흐르는 것을 보고, 지구로 올 때는 우주선 시간 15년 동안 지구의 시계가 45년 흐르는 것을 보게 된다. 따라서 우주선 시간 30년 동안 지구의 시계가 50년 흐르는 것을 보게 된다. 지구에서 멀어질 때 지구의 시계가 느리게 보이는 정도와, 지구로 다가갈 때 지구의 시계가 느리게 보이는 정도 모두 상대론적 도플러 효과로 계산한 결과와 일치한다.

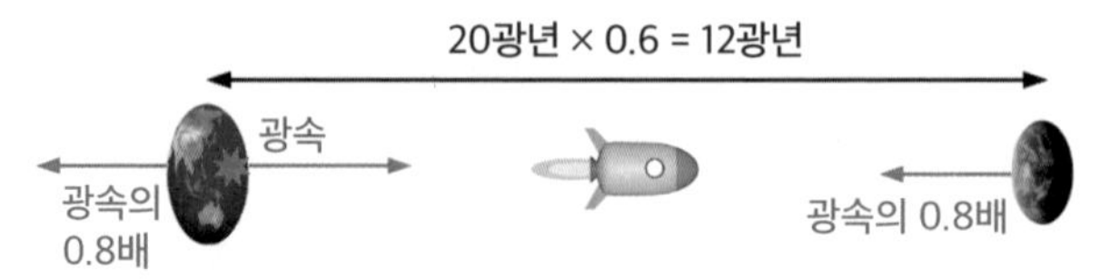

지구에서 송출한 전파는 지구에서 광속의 1.8배로 멀어진다
전파가 지구에서 12광년 멀어지려면 12 ÷ 1.8 = 20 ÷ 3년이 걸린다

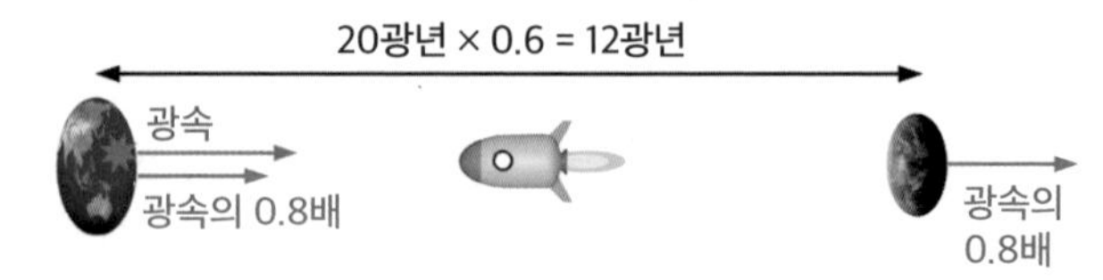

지구에서 송출한 전파는 지구에서 광속의 0.2배로 멀어진다
전파가 지구에서 12광년 멀어지는 데 12 ÷ 0.2 = 60년이 걸린다

날아가는 우주선에 탄 우주인 입장에서의 지구와 지구에서 송출한 전파. 지구에서는 20광년인 지구와 외계행성 사이의 거리는, 광속의 0.8배로 날아가는 우주선에서는 특수상대성이론의 길이 수축 효과로 12광년이 된다. 위: 우주선이 외계행성을 향해 갈 때 지구는 광속의 0.8배로 우주선에서 멀어지고, 지구에서 송출한 전파는 우주선에 광속으로 다가온다. 결국 지구에서 송출한 전파는 광속의 1.8배로 지구에서 멀어진다. 우주선에 탄 사람에게는 지구와 외계행성이 광속의 0.8배로 움직인다. 아래: 우주선이 지구를 향해 갈 때 지구는 광속의 0.8배로 우주선에 다가오고, 지구에서 송출한 전파는 우주선에 광속으로 다가온다. 결국 지구에서 송출한 전파는 광속의 0.2배로 지구에서 멀어진다. 우주선에 탄 사람에게는 지구와 외계행성이 광속의 0.8배로 움직인다. 우주선 밖의 세상은 우주선이 움직이는 방향으로 짧아진다는 것을 찌그러진 지구와 외계행성으로 표현했다.

퀴즈

(1) 광속의 60%로 지구에서 멀어지는 우주선에서 우주선 안에 걸려 있는 벽시계를 실시간으로 촬영해 지구로 전송한다고 하자. 지구에서 받아보는 동영상에서 우주선 벽시계가 10초 흐르는 동안 지구의 시간은 얼마나 흐를까?

(2) 광속의 60%로 지구를 향해 날아오는 우주선에서 우주선 안에 걸려 있는 벽시계를 실시간으로 촬영해 지구로 전송한다고 하자. 지구에서 받아보는 동영상에서 우주선 벽시계가 10초 흐르는 동안 지구의 시간은 얼마나 흐를까?

유인 우주선은 얼마나 빨리 가속할 수 있을까?

유인 우주선을 광속에 가깝게 가속하려면 시간이 걸린다.
우주선 안의 인공중력을 지구 표면의 중력과 비슷하게 유지해야 하기 때문이다.
최적의 유인 우주선 가속 전략에 대해 알아보자.

유인 우주선은 얼마나 빨리 가속할 수 있을까?

광속에 매우 가까운 속도를 낼 수 있는 우주선을 타고 간다면, 250만 광년 떨어진 안드로메다은하까지 가는 데 250만 년이 아닌 수십 년 또는 수년 만에 갈 수 있다. 날아가는 우주선 안에서의 시간으로 그렇다는 이야기이고, 지구의 시간으로는 250만 년 정도 걸린다. 이 때문에 안드로메다은하에 갔다가 지구로 다시 돌아오면, 우주선을 타고 있던 사람은 수십 년 또는 수년 만에 250만 년이 흐른 아주 먼 미래로 가는 시간여행을 하는 셈이다. 그런데 광속에 가까운 속도를 단번에 낼 수 없고, 그것이 가능하더라도 사람이 타고 갈 수 없다는 문제가 있다. 우주선을 빨리 가속하고 천천히 가속하는 것이 어떤 의미인지, 가속하는 우주선 안에서는 어떤 상황이 벌어지는지, 유인 우주선의 경우에는 어떻게 가속하고 감속해야 하는지를 구체적으로 살펴볼 필요가 있다.

같은 출발선 위에 서 있는 자동차 A와 B가 동시에 출발한다고 하자. 이때 A 자동차를 운전하는 사람은 가속페달을 끝까지 밟아 매우 빠르게 속도를 높이고, B 자동차의 운전자는 가속페달을 살살 밟아 아주 천천히 속도를 높인다고 하자. 시간이 지나면 어느 자동차가 앞서갈까? 당연히 A 자동차가 앞서간다. 다른 어떤 장애물도 없는 도로에서 두 자동차가 모두 제한속도까지만 속도를 높

그림 6-11 같은 출발선에서 동시에 출발한 두 자동차. 더 빨리 가속하는 차가 먼저 앞서가고 목표 지점에도 더 빨리 도착한다. 자동차가 얼마나 빨리 가속할 수 있는지를 수치로 나타낸 것의 하나가 제로-백 시간(0-100km/h time. 정지한 상태에서 출발해 시속 100킬로미터에 도달하는 데 걸리는 시간)이다. 자동차 성능을 나타내는 지표의 하나이기도 한 제로-백 시간은 스포츠 자동차의 경우 3초보다 짧다. 중력가속도(1g=9.8m/s^2)를 제로-백 시간으로 환산하면 약 2.8초이다.

인다고 하자. 더 빨리 속도를 높이는 A 자동차의 속도는 B 자동차의 속도보다 항상 크다. 두 자동차 모두가 제한속도에 이르러야 두 자동차의 속도가 같아진다. 따라서 더 빨리 달리는 A 자동차가 B 자동차를 항상 앞서면서 목표 지점에도 더 빨리 도착한다. '포뮬러 원'과 같은 자동차 경주를 시작할 때 출발선에서 모든 경주차가 최대한 빨리 가속하는 것도 같은 이유이다. 조금이라도 더 빠르게 속도를 높일수록 그만큼 더 빨리 달릴 수 있고 목표 지점에 더 빨리 도달할 수 있기 때문이다.

우주선도 마찬가지이다. 속도를 더 빨리 높일 수 있는 우주선이 더 앞서가고 목표 지점에 더 빨리 도달할 수 있다. 결국 우주여행에 걸리는 시간을 줄이려면 우주선이 목표한 속도까지 얼마나 빨리 올리는가가 관건이다. 극단의 경우로 우주선의 속도를 순식간에 광속에 가까운 속도로 올리는 것을 생각해 볼 수 있다. 그만큼 목적지에는 빨리 도착하겠지만, 이렇게 극단적으로 속도를 높이는 우주선 안에서는 너무 큰 인공중력이 생기기 때문에 사람이 버틸 수 없다는 문제가 있다.

속도를 올리는 것을 '가속'이라고 하고, 시간에 따라 속도가 변하는 정도를 '가속도'라고 한다. 속도를 줄이는 감속도 일종의 가속이다. 감속하는 경우에는 가속도 값을 0보다 작은 음수로 표시하는데, 가속도가 양수인가 음수인가는 가속하는 방향을 정하는 기준의 문제일 뿐이다. 가속하는 동안 우주선은 우주선 안의 모든 물체를 가속하는 방향으로 밀고, 우주선에 타고 있는 사람은 이렇게 우

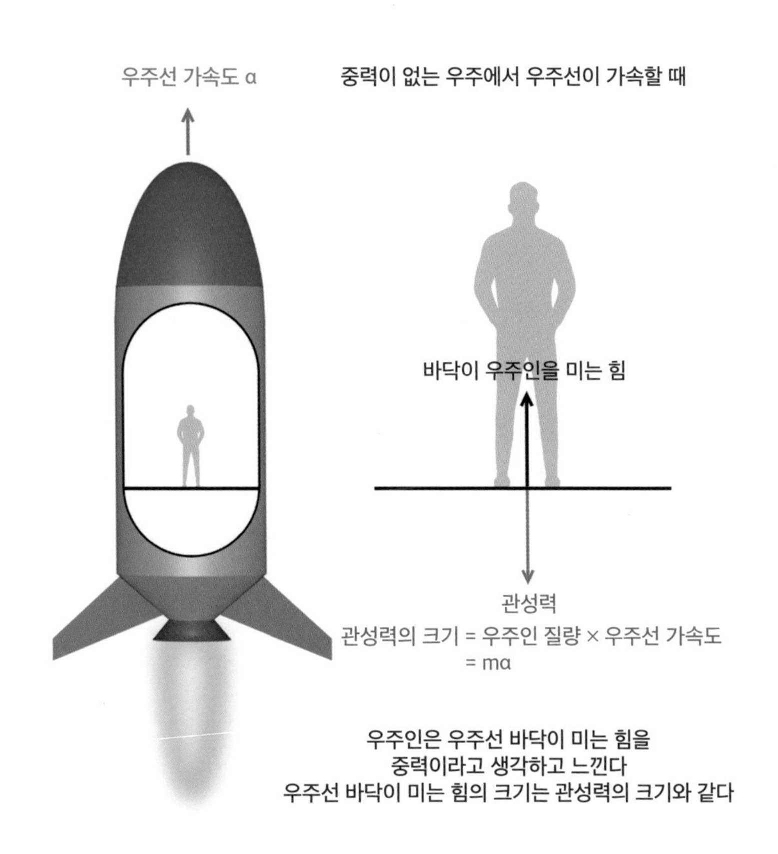

그림 6-12 가속도 a로 가속하는 우주선은 우주선 안에 있는 사람을 $F=ma$(m은 사람의 질량)의 힘으로 민다. 우주선 안에 있는 사람은 우주선이 미는 힘을 중력이라고 생각하고 느낀다. 지구를 포함한 다른 천체의 중력이 거의 없는 곳에서 우주선의 가속도가 지표면의 중력가속도(1g=9.8m/s^2)와 같으면, 우주인은 지구 표면의 중력과 같은 크기의 인공중력을 느낀다. 우주선의 가속도가 2g=19.6m/s^{2}이면 지구 표면의 중력보다 2배 큰 중력을 느낀다. 이 상황에서는 우주인의 몸무게가 지구 표면에서보다 2배 무거워진다.

주선이 미는 힘을 중력으로 느낀다. 인공중력이라고 보면 된다.

지구 표면에서 떨어지는 물체의 속도는 1초에 초속 9.8미터씩 늘어난다. 이 가속도가 지구 표면에서의 중력가속도이다. 아주 먼 우주에서 우주선이 지구 표면의 중력가속도와 같이 속도를 1초에 초속 9.8미터씩 올리는 가속을 하면 우주선 안에는 지구 표면 중력과 같은 크기의 인공중력이 만들어지고, 1초에 초속 19.6미터씩 속도를 올리는 가속을 하면 지구 표면의 중력 2배 크기의 인공중력이 만들어진다. 반대로 빠르게 달리고 있다가 감속을 하는 경우에도 우주선 안에는 인공중력이 만들어진다. 1초에 초속 9.8미터씩 속도를 줄이는 감속을 하면 지구 표면의 중력과 같은 크기의 인공중력이 만들어지고, 1초에 초속 19.6미터씩 속도를 줄이는 감속을 하면 지구 표면의 중력 2배 크기의 인공중력이 만들어진다.

엘리베이터에서의 인공중력

멈춰 있는 엘리베이터가 위로 올라가는 순간 몸이 무겁게 느껴진다. 이 경우에 가속하는 엘리베이터는 안에 있는 사람을 위로 밀어 올리고, 그 사람은 이 힘을 추가로 느껴 좀 더 큰 중력을 느낀다. 엘리베이터가 올라가기 시작하고 얼마 후에는 엘리베이터가 일정한 속도로 위로 올라간다. 이때는 속도의 변화가 없어(가속도가 0이 되어) 엘리베이터 안에 있는 사람은 평소의 중력을 느낀다.

우주인에게 가장 적절한 인공중력의 크기

수백, 수천 광년 떨어진 곳에 빨리 가고 싶어서 매우 빠르게 가속하는 경우로, 정지한 상태에서 광속에 가까운 속도로 1초 만에 가속하는 것을 생각해 보자. 정지한 상태에서 1초 만에 초속 30만 킬로미터 또는 초속 3억 미터에 가까운 속도로 가속하는 경우이다. 이 가속도는 지구 표면의 중력가속도의 3,000만 배 이상이다. 그러면 우주선 안에는 지구 표면의 중력보다 3,000만 배 이상으로 큰 인공중력이 만들어진다.

훈련받은 전투기 조종사나 우주비행사들은 중력의 10배에 이르는 인공중력도 버틸 수 있다고 한다.[8] 하지만 이 정도의 중력도 짧은 시간 동안만 버틸 수 있을 뿐이다. 지상에서 몸무게가 60킬로그램인 사람이 지구 표면의 중력보다 3,000만 배 큰 인공중력이 만

그림 6-13 우주인이 얼마나 큰 중력에 얼마나 오래 버티는지를 측정할 수 있는 장치. 동그라미 모양으로 돌아가는 장치의 끝에 앉아 있는 사람은 인공으로 만들어진 중력을 경험한다. 사진은 지구 표면의 중력보다 20배까지 큰 중력을 경험할 수 있는 장치이다. 반지름을 r라고 하고 돌아가는 속도를 v라고 할 때 한쪽 끝에서 느끼는 인공중력의 가속도 크기는 $\frac{v^2}{r}$이다.

들어지는 우주선 안에서 몸무게를 재면, 18억 킬로그램(180만 톤)인 물체를 지구에서 잰 무게와 거의 같다. 우주선 바닥에 닿는 몸의 한쪽은 몸의 윗부분이 누르고, 누르는 힘의 크기는 지구 표면에서 180만 톤인 물체가 누르는 것과 같다. 몸의 중간 부분에서도 180만 톤의 절반인 90만 톤의 무게가 누른다. 이런 중력에서는 사람이 버틸 수 없다. 설령 이런 급격한 가속이 기술적으로 가능하다고 하더라도, 사람이 타는 유인 우주선으로는 사용할 수 없다.

초소형 우주선 스타칩

몇 그램밖에 안 되는 칩에 카메라와 통신장치 등을 담은 초소형 우주선 '스타칩starchip'을, 태양계에서 가장 가까운 별의 하나인 알파센타우리에 20년에 걸친 항해로 도달하게 한다는 프로젝트가 제안되었다. 이 소형 우주선을 매단 돛에 강력한 레이저를 쏘아서, 광속의 20%까지 30분 만에 가속할 수 있을 것으로 관계자들은 보고 있다.[9] 초속 6만 킬로미터까지 1,800초 만에 가속한다는 것인데, 일정하게 가속한다고 하더라도 스타칩에는 평균적으로 지구 표면의 중력의 약 3,300배에 이르는 인공중력이 생긴다. 단 1그램으로도 지구 표면에서 3,300그램(3.3킬로그램)의 물질이 누르는 것과 같은 중력으로 스타칩을 누르는 상황이 만들어진다. 만약에 사람이 타고 가는 우주선을 같은 가속도로 가속한다면, 탑승한 우주인은 지구 중력의 3,300배에 이르는 인공중력을 경험해야 하기 때문에 살아남을 수 없다.

가속도를 줄여서 더 긴 시간 동안 목표한 속도까지 가속하면, 그만큼 우주선 안의 인공중력 크기는 줄어든다. 사람이 버틸 수 있는 인공중력을 만드는 가속도로 가속하는 경우, 광속과 견줄 만한 속도에 도달하려면 수개월 이상 가속해야 한다. 오래 가속해야 하기 때문에 인공중력을 버텨야 할 시간도 길어진다. 이런 장기적인 우주여행에서 지구 표면의 중력보다 큰 인공중력은 우주선 탑승자의 건강에 안 좋은 영향을 끼친다. 결국 우주여행 시간이 더 길어지더라도 우주선 안의 인공중력의 크기를 지구 표면의 중력과 비슷하게 유지할 필요가 있다. 그래야 인공중력이 탑승한 우주인의 건강에 끼치는 안 좋은 영향을 최소화할 수 있기 때문이다.

우주선의 가속도를 더 줄여 지구의 중력보다 작은 인공중력을 만드는 경우에는 몸이 가벼워져 일시적으로 편할 수도 있다. 하지만 장기적으로는 지구 표면의 중력보다 더 작은 중력이 건강에 안 좋은 영향을 끼칠 가능성을 배제할 수 없다. 여기에 더해 가속도가 작은 만큼 우주선의 속도를 목표 속도까지 올리는 데도 더 많은 시간이 걸려, 우주여행 시간은 길어질 수밖에 없다.

한편 지구에서 출발할 때나 외계행성에 도착할 때는 지구와 외계행성의 중력에 의한 영향도 생각해야 한다. 예를 들어, 우주선이 지구 표면에서 수직 방향으로 지구 표면의 중력가속도(1g=9.8m/s^2)로 가속한다고 하자. 그러면 우주선의 가속으로 생기는 인공중력이 지구의 중력에 더해진다. 출발할 때 우주인이 우주선 안에서 경험하는 중력의 크기는 지구 표면의 중력의 2배이다. 발사 후 시간이 지날수록 우주선의 고도가 높아지면서, 우주선은 19분 만에 지구 반지름과 같은 6,371킬로미터 고도에 도달한다. 이곳에서의 지구의 중력의 크기는 지구 표면의 중력의 4분의 1(0.25g)이고, 우주선 안에서는 지구 표면의 중력보다 1.25배 큰 중력을 경험한다. 15분 더 가속해 총 34분 동안 가속하면 우주선은 약 2만 킬로미터 상공에 이르고, 우주선 안에서는 지구 표면의 중력보다 1.1배 큰 중력을 경험한다. 지구를 출발할 때 지구 표면의 중력의 2배에 이르렀던 우주선 안의 중력은, 30분 정도의 가속으로 거의 지구 표면의 중력 수준으로 떨어진다. 외계행성에 다가가 착륙하려면 감속해야 하는데, 이때에는 반대로 외계행성에 다가갈수록 우주선 안에서 경험하는 인공중력은 점점 커진다.

우주인의 건강을 고려한 최적의 유인 우주선 가속 전략

사람이 탄 우주선이 지구에서 멈춘 상태로 출발해 가속하고, 수 광년 또는 그 이상 떨어진 목적지에 가까워지면 속도를 줄이는 감속 과정을 거쳐 도착 지점에서 완전히 멈춘다고 하자. 우주선에 탑승한 사람의 건강에 안 좋은 영향을 최소화하면서 가장 빠르게 목적지에 도달하는 이른바 '최적의 유인 우주선 가속 전략'은, 목적지의 중간 지점까지는 1g($=9.8m/s^2$)로 쉼 없이 계속 가속하고, 그 이후부터는 목적지에 도착할 때까지 1g로 계속 감속하는 것이다. 감속할 때도 가속할 때와 마찬가지로 우주선 안에는 인공중력이 생긴다. 인공중력의 방향이 가속할 때와는 반대라는 것이 차이점이다. 이렇게 가속과 감속을 하면, 우주여행을 하는 거의 모든 시간 동안 우주선 안에는 지구 표면에서와 같은 중력 환경이 만들어진다.

최적의 유인 우주선 가속 전략으로 날아가 화성까지 가는 경우를 보자. 화성이 지구에 가장 가까이 다가오면, 지구와 화성 사이의 거리는 약 5,500만 킬로미터이다. 이 거리를 최적의 유인 우주선 가속 전략으로 날아가려면, 처음 2,750만 킬로미터는 1g로 가속해서 날아가고, 이후 2,750만 킬로미터는 1g로 감속해 날아가야 한다. 그러면 총 5,500만 킬로미터의 거리를 날아가는 데 걸리는 시간은 약 41.6시간이다. 화성이 지구에 가까워지는 시기를 잘 선택하면 지구에서 화성까지 가는 데 이틀도 안 걸린다는 것을 의미한다. 우주선의 속도는 중간 지점에서 최대가 되고, 그 값은 초속 734킬로미터이다. 최대 속도가 광속의 400분의 1도 안 되기 때문에 특수상대성이론의 시간 팽창과 길이 수축으로 인한 지구 시간과 우주선 시간 사이의 차이는 미미한 수준이다.

하지만 수 광년 이상 떨어진 외계행성으로 간다고 하면 이야기가 달라진다. 최대 속도가 광속에 비교할 만한 수준이 되면서 특수상대성이론으로 따져야 하는 상황이 된다. 우주선이 지구에서 출발할 때는 정지한 상태에서 출발하므로, 지구 시간과 우주선 시간이 흐르는 정도는 같다. 지구를 떠나 우주선이 가속을 하면 우주선의 속도는 점점 빨라진다. 우주선의 속도가 빨라지면 특수상대성이론의 시간 팽창 효과가 커지기 때문에, 지구에 있는 사람의 입장에서 우주선 시간은 지구 시간에 비해 점점 더 천천히 흐른다. 지구와 목적지 사이의 중간 지점에서 가속을 멈추는데, 이때 우주선의 속도가 가장 빠르고 우주선 시간은 가장 천천히 흐른다. 이후 감속하면 우주선의 속도는 점점 느려져, 우주선 시간이 천천히 흐르는 정도가 줄어든다. 외계행성에 도착해 착륙할 때는 우주선이 멈추기 때문에 우주선 시간이 흐르는 정도는 지구 시간과 같다. 결국 우주여행을 하는 동안 우주선 시간은 지구 시간보다 평균적으로 더 천천히 흐른다. 이로 인해 우주선 안에 있는 시계로 잰 우주여행 시간은, 지구에 있는 시계로 잰 우주여행 시간보다 더 짧다.

지구와 목적지 사이의 거리를 비교해 보자. 지구에서 출발할 때는 우주선을 타고 가는 사람 입장에서나 지구에 있는 사람의 입장에서나 같은 거리이다. 하지만 가속하는 동안 우주선의 속도는 점점 빨라진다. 특수상대성이론의 길이 수축 효과로 상대적으로 반대 방향으로 움직이는 우주선 밖의 모든 것이 움직이는 방향으로 짧아진다. 지구와 목적지 사이의 거리도 가속하는 동안 점점 짧아진다. 우주선의 속도는 가속을 멈추는 중간 지점에서 가장 빠르고, 이때 지구와 목적지 사이의 거리가 가장 짧아진다. 이후 감속하는 동안 우주선의 속도는 느려지고, 짧아졌던 지구와 목적지 사이의 거리도 점점 늘어난다. 우주선이 목적지에 도착할 때는 우주선이 멈추므로, 지구와 목적지 사이의 거리는 지구에서 본 거리와 같아진다. 결국 우주선을 타고 가면 평균적으로 짧아진 거리를 날아가기 때문에, 지구 시간으로 잰 우주여행 시간보다 더 짧은 시간에 목적지에 도달한다.

최적의 유인 우주선 가속 전략으로 수 광년 이상을 날아가는 경우, 우주여행에 걸리는 시간은 특수상대성이론을 이용해 계산할 수 있다. 쉽게 접할 수 있는 수식 표현은 아니지만, 지구에 있는 사람 입장에서의 우주여행 시간과, 우주선을 타고 가는 사람 입장에서의 우주여행 시간을 각각 한 줄의 식으로 계산할 수 있다.[10] 출발지와 목적지 사이의 중간 지점에서 최대가 되는 우주선의 속도도 정확히 계산할 수 있다.

편도 여행을 기준으로 여행 거리에 따라 우주여행 시간과 우주선의 최고 속도가 어떻게 변하는지는 표6-4를 보면 알 수 있다. 10광년을 날아가는 데 걸리는 시간은 우주선 시간으로 대략 5년 정도이지만, 10배의 거리인 100광년을 날아가는 데는 걸리는 시간은 9년 정도이다. 100광년의 100배 거리인 1만 광년을 가는 데 걸리는 시간은 약 18년 정도이다. 여행 거리가 멀어질수록 여행 시간이 늘어나는 비율은 점점 줄어든다. 반면, 지구 시간으로 보면 여행 시간은 여행 거리가 늘어난 비율만큼 늘어난다. 예를 들어 100광년이면 여행 시간은 거의 100년, 1만 광년이면 여행 시간은 거의 1만 년이다. 거리를 재는 데 사용한 단위인 '광년'을 시간의 단위인 '년'으로 바꾼 것과 비슷하다.

100만 광년 떨어진 거리를 가는 데 걸리는 시간은 우주선을 타고 가는 사람에게는 27년 정도 걸린다. 하지만 지구 시간으로는 거

표 6-4 지구 표면의 중력가속도와 같은 가속도로 가속하고 감속하는 편도 우주여행에 걸리는 시간과 우주선의 최고 속도.

편도 여행 거리	여행 시간 (우주선 시간으로 잴 때)	여행 시간 (지구 시간으로 잴 때)	우주선의 최고 속도 (광속 기준)
1광년	1.89년	2.21년	75.15%
10광년	4.86년	11.78년	98.67%
100광년	9.03년	101.9년	99.9819%
1만 광년	17.92년	1만 2년	99.99999812%
100만 광년	26.85년	100만 23년	99.999999999812%

표6-4에 사용한 수식

$$\tau = \frac{2c}{g}\cosh^{-1}\left(\frac{gD}{2c^2}+1\right)$$

$$t = 2\sqrt{\left(\frac{D}{2c}\right)^2+\frac{D}{g}} = \frac{2c}{g}\sinh\left(\frac{g\tau}{2c}\right)$$

$$v^{(max)} = \frac{\frac{gt}{2}}{\sqrt{1+\left(\frac{gt}{2c}\right)^2}} = c\tanh\left(\frac{g\tau}{2c}\right)$$

우주선 시간으로 잰 여행 시간 τ, 지구 시간으로 잰 여행 시간 t, 여행 중 우주선의 최고 $v^{(max)}$를 계산하는 수식. D는 편도 여행 거리, c는 광속, g는 지구 표면에서의 중력가속도 9.8m/s^{2}이다.

의 100만 년의 시간이 걸린다. 이마저도 100만 년 후에 도착한다는 것을 안다는 것일 뿐이다. 우주선이 제대로 목적지에 도착했는지를 지구에서 확인하려면 추가로 100만 년의 시간이 더 필요하다. 도착 순간 목적지에서 도착했다는 확인 메시지를 전파로 송신하고 이 전파가 100만 광년을 날아 지구까지 도달하는 데 추가로 100만 년이 더 걸리기 때문이다. 결국 지구에서 우주선이 출발한 후 200만 년이 지난 후에나 도착 확인 메시지를 담은 전파를 수신해 도착 사실을 최종적으로 확인할 수 있다.

우주선이 감속하지 않고 1g로 가속만 하면 얼마나 먼 거리를 갈 수 있을까?

계속 가속만 하면 같은 시간에 더 멀리, 그리고 같은 거리라면 더 빨리 갈 수 있다. 100만 광년을 가는 데는 14.1년, 1억 광년을 가는 데는 18.6년, 100억 광년을 가는 데는 23.0년이 걸린다.

우주는 138억 년 전에 만들어졌다. 지금 관측할 수 있는 가장 오래된 빛은 138억 년 전의 천체에서 나왔던 빛이다. 허블의 법칙과 우주 가속팽창이론에 의하면, 우주는 팽창한다. 먼 곳에 있는 천체일수록 더 빠른 속도로 지구에서 멀어진다. 지금 관측할 수 있는 138억 년 전의 천체는 지난 138억 광년 동안 더 멀어졌기 때문에, 현재 이 천체의 위치는 138억 광년보다 훨씬 멀리 떨어진 곳에 있다. 현재의 관측 가능한 우주의 지름은 대략 930억 광년으로 알려져 있다.[11] 이 거리를 1g로 가속만 하면서 날아가는 데 걸리는 시간은 우주선 시간으로 25.2년이다. 이론적으로만 상상해 볼 수 있는 경우이다.

생명체 거주 가능 행성을 향한 우주여행

별에서의 거리가 적절해 생명체가 살 수 있는 환경을 가지고 있을 가능성이 있는 '생명체 거주 가능 영역'에 위치하는 외계행성, 이른바 '생명체 거주 가능 행성'에 대한 연구 결과가 꾸준히 발표되고 있다. 가장 가까운 별은 지구에서 4.25광년 떨어진 프록시마 센타우리라는 적색왜성(붉은색 난쟁이별)이다. 2016년에 과학잡지 《네이처》에 발표된 논문에 의하면,[12] 이 별 주위에 지구의 환경과 비슷할 가능성이 있는 행성이 돌고 있는 사실이 밝혀졌다. 가장 가까운 별에도 목적지로 삼을 만한 행성이 있다는 이야기이다. 이 밖에도 12광년 거리에 있는 고래자리 세티 별 주위를 도는 타우 세티 e Tau Ceti-e와 타우 세티 f,[13] 20광년 거리에 있는 글리제 581g Gliese 581g와 글리제 581d,[14] 22광년 거리에 있는 글리제 667Cc,[15] 35광년 거리에 있는 글리제 370b(또는 HD85512b),[16] 39광년 떨어진 트라피스트-1 TRAPPIST-1 별 주위를 도는 행성들,[17] 600광년 거리에 있는 케플러-22b Kepler-22b,[18] 1,400광년 거리에 있는 케플러-452b 행성도[19] 생명체 거주 가능 행성일 가능성이 있는 것으로 알려졌다.

적색왜성 트라피스트-1 주위를 도는 행성들은 조금 특이한 경우이다. 7개의 행성 중 3개가 생명체 거주 가능 행성일 가능성이 있는 것으로 알려졌다.[20] 먼 미래에 지구의 환경파괴 등으로 인해 인류가 태양계 밖의 새로운 행성으로 이주해야 하거나 탐사의 목적으로 인간이 직접 외계행성을 찾아가야 하는 상황이 벌어진다면, 트라피스트-1의 행성들이 목적지 후보가 될 가능성이 그만큼 크다. 이 행성들 중 한 행성을 선택해, 최적의 유인 우주선 가속 전략으로 가는 우주여행에 걸리는 시간과 최고 속도를 알아보자.

지구에서 출발한 우주선은 목표 행성까지 거리의 반인 19.5광년을 날아가는 동안 쉼 없이 1g의 가속도로 가속하고, 그 이후 19.5광년을 날아가는 동안은 1g의 가속도로 감속해 목표 행성에 도착한다. 우주선의 속도가 가장 빠를 때는 가속을 멈추고 감속을 시작하는 중간 지점을 지날 때로, 이때 우주선의 속도는 광속의 99.888%에 이른다. 목표한 행성에 도달하는 데 걸리는 시간은 지구의 시간으로는 41년이고, 우주선의 시간으로는 7.3년이다. 왕복 여행을 한다면 우주선 안의 시간으로 14.6년이 걸리지만, 지구 시간으로는 82년이 걸린다. 앞에서 언급했듯이 특수상대성이론의 시

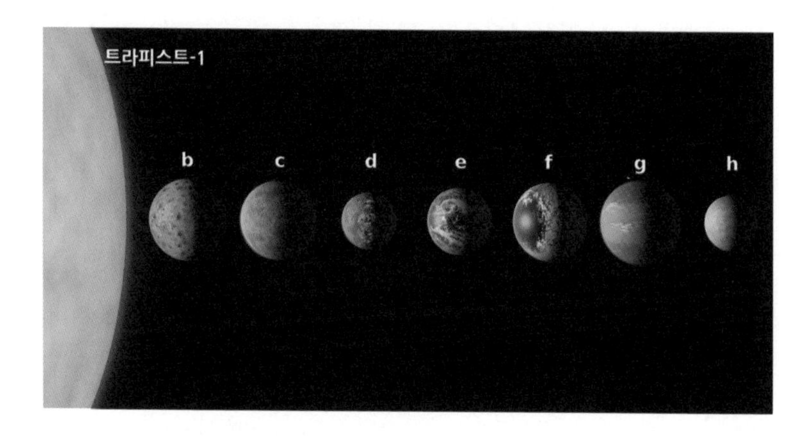

그림 6-14 지구에서 39광년 떨어져 있는 적색왜성 트라피스트-1과 그 주위를 도는 7개 행성의 크기 비교. 별의 크기는 태양계의 목성과 비슷하고, 행성들은 지구의 크기와 비슷하다. 7개의 행성 중 3개가 생명체가 살 수 있는 조건을 가지고 있을 가능성이 있음이 밝혀졌다.

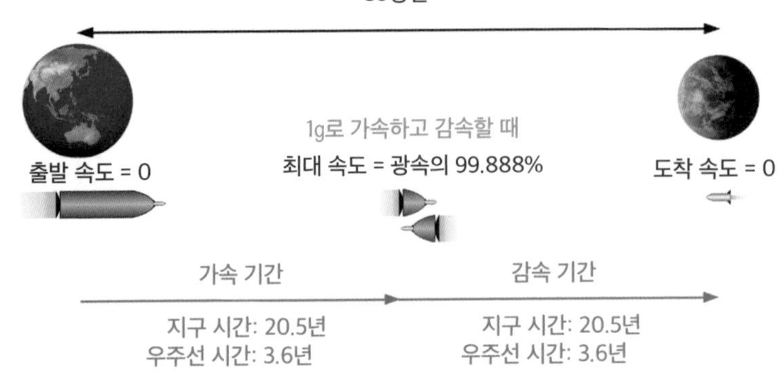

그림 6-15 지구에서 트라피스트-1의 행성까지 우주여행을 할 때 걸리는 시간. 우주선의 크기가 줄어드는 것은 가속하고 감속하는 데 사용한 추진 연료가 줄어드는 것을 표현한 것이다.

간 팽창과 길이 수축 효과에 의한 결과이다.

이쯤에서 SF 영화에서 나올 법한 설정 하나를 따져보자. 나이가 35세인 과학자가 지구를 출발해 트라피스트-1의 행성에 가서 5개월간 탐사 임무를 수행하고 지구에 다시 돌아온다고 하자. 그에게는 10세의 어린 딸이 있지만 같이 갈 수가 없어서 딸을 지구에 두고 탐사를 떠나는 슬픈 사연이 있다고 하자. 트라피스트-1의 행성에 갈 때와 올 때 모두 최적의 유인 우주선 가속 전략의 우주비행을 한다고 할 때, 외계행성 임무를 수행하고 지구로 돌아오는 데 걸리는 시간은 우주선 시간으로 15년이다. 따라서 이 과학자가 지구에 다시 돌아왔을 때의 나이는 50세가 된다. 하지만 지구에 남겨둔 딸은 82년의 시간이 흘러 92세의 할머니가 된다. 만약에 이 딸이 아들을 낳았다면 외계행성 임무를 수행하는 과학자의 손자가 된다. 그리고 92세인 딸의 나이를 생각하면 손자의 나이는 60세 전후일 가능성이 크다. 임무를 마치고 돌아온 과학자의 나이 50세보다 열 살 정도 더 많은 나이이다. 딸이 나이가 훨씬 더 많은 것은 물론이고, 손자나 손녀의 나이도 이 과학자의 나이보다 더 많은 상황이 되는 것이다.

SF 습작 이야기를 따져보자

SF 소설가 지망생이 다음과 같은 이야기를 썼다고 하자.

"아침 9시에 출발해 3시간 동안 우주여행을 하고 돌아왔더니, 지구는 4시간이 흘러 정오 12시가 아니라 오후 1시였다."

이 이야기는 타당성이 있을까? 3시간의 왕복 우주여행으로 우주여행자와 지구의 시간 차이가 1시간이 나는 상황을 계산해서 찾을 수 있다. 우주선은 지구와 태양 사이 거리의 8.5배 정도 되는 거리를 지구 표면의 중력가속도보다 1만 5,310배 더 큰 가속도로 가속하고 감속하는 방식으로 왕복 우주여행을 해야 한다. 그런 우주선 안에는 지구 표면의 중력보다 1만 5,310배 더 큰 인공중력이 만들어지기 때문에, 사람이 타고 갈 수 없다. 우주선의 최고 속도도 광속의 87.4%에 이른다. 결국 이런 설정의 이야기는 엄청난 중력을 사람이 버티는 방법을 제시하지 않는 이상 과학적으로 타당하다고 볼 수 없다.

지구 표면의 중력가속도로 가속하고 감속하는 최적의 유인 우주선 가속 전략으로 여행을 하는 경우, 1시간의 시간 차이를 얻으려면 2개월 19일을 여행하고 돌아와야 한다. 그동안 우주여행자는 지구와 태양 사이 거리의 193배에 달하는 편도 거리를 왕복해야 하고, 최고 속도는 광속의 5.6%인 초속 1만 6,800킬로미터에 이른다.

다음의 표는 지구와 우주선 사이의 시간 차이를 얻기 위해 해야 하는 우주여행 시간, 거리, 그리고 최대 속도를 나타냈다. 지구 표면의 중력가속도로 가속하고 감속하는 최적의 유인 우주선 가속 전략을 사용한다고 가정했다. (AU=1억 4,959만 7,871킬로미터)

우주 여행자와 지구의 시간 차이	왕복 여행 시간 (지구의 시간) (일 시:분:초)	왕복 여행 시간 (우주선의 시간) (일 시:분:초)	편도 거리	최고 속도 (c: 광속)
1초	5일 4:24:33	5일 4:24:32	0.8212742AU	0.0036601c
1분	20일 7:03:32	20일 7:02:32	12.58212AU	0.0143280c
1시간	79일 11:36:44	79일 10:36:44	192.9409AU	0.0560344c
1일	230일 1:30:45	229일 1:30:45	1607.182AU	0.1603430c
1주일	444일 16:13:04	437일 16:13:04	5901.560AU	0.2995615c
1달	739일 2:16:05	709일 2:16:05	0.2481252광년	0.4626545c
1년	1,968일 18:40:23	1,603일 12:40:23	1.3812478광년	0.8117820c

그림 6-16 지구에서 39광년 떨어진 행성의 트라피스트-1e에 우주선을 타고 가본 풍경을 상상한 그림. 크기가 목성과 비슷한 작은 별 트라피스트-1을 도는 행성들의 거리가 비교적 가까워 다른 행성들이 마치 달처럼 보인다.[21] 지구에서 출발한 유인 우주선이 1g의 가속도로 이곳에 편도로 가는 데는 우주선 시간으로 7.3년, 지구 시간으로는 41년이 걸린다. 왕복 여행을 하는 데는 우주선 시간으로 14.6년+α, 지구 시간으로는 82년+α가 걸리기 때문에 휴가로 이곳에 방문하기는 어려워 보인다.

퀴즈

(1) 400광년 떨어진 북극성까지 최적의 유인 우주선 가속 전략(중간 지점까지는 1g로 가속하고, 그 이후에는 1g로 감속하는 우주비행)으로 가려고 한다. 우주선이 어느 위치를 날아가고 있을 때 우주선의 속도가 가장 빠를까?

(2) 밤하늘에서 가장 밝은 별인 시리우스까지의 거리는 6.7광년이다. 시리우스까지 최적의 유인 우주선 가속 전략으로 가면 우주선 시간으로 얼마나 걸릴까?

(3) 최초로 측정한 중력파는 지구에서 13억 광년 떨어진 곳에서 2개의 블랙홀이 합쳐지면서 만들어졌다고 한다. 그곳까지 1g로 쉼 없이 가속해 날아간다면 우주선 시간으로 얼마 만에 그곳을 스쳐 지나갈까?

광속에 가깝게 가속할 때 필요한 에너지

광속에 가까운 속도로 가속하는 데 필요한 에너지는 어느 정도일까?
핵분열이나 핵융합으로도 어려울 만큼 큰 에너지가 필요할 수 있다.
질량을 100% 빛에너지로 만드는 완벽한 광자로켓의 경우를 따져본다.

수 광년 이상, 아주 먼 거리에 떨어져 있는 외계행성에 우주선을 타고 사람이 가려면 적어도 수십 년 안에 도착해야 살아 있는 동안에 갈 수 있다. 그러려면 우주선의 속도는 광속에 가까워야 한다. 오랫동안 우주선을 타고 가는 사람의 건강에 끼치는 영향을 고려해, 우주선의 속도를 높이는 가속도도 지구 표면에서의 중력가속도인 $9.8m/s^2=1g$를 유지해야 한다. 이제는 원하는 최고 속도를 내는 데 필요한 에너지가 어느 정도인지 알아봐야 할 차례이다. 현대 과학기술로 만들 수 있는 우주선의 속도와 그 속도를 만들기 위해 사용하는 에너지 또는 연료의 양을 살펴보는 것으로 시작해 보자.

현대 과학기술로 만들 수 있는 우주선의 속도

해발 100킬로미터 이상의 고도를 '우주'라고 부르고, 이곳에 도달할 수 있는 비행체를 '우주선'이라고 부른다. 카만 라인Kármán line이라고 부르는 이 고도보다 높은 곳에서는 대기가 거의 없어 양력을 이용하는 항공 비행을 할 수 없고 로켓 추진으로 비행해야 하는 곳이다.[22] 이 기준을 넘어서는 미국의 첫 유인 우주비행은 단순히 187킬로미터의 고도에 올라갔다가 내려오는 탄도비행(준궤도 비행) 방식이었다. 당시 우주선의 최고 속도는 초속 2,300미터(시속 8,300킬로미터)였다.[23]

옛 소련은 미국보다 몇 개월 앞서 지구를 한 바퀴 도는 유인 우주비행을 세계 최초로 성공했다.[24] 로켓 추진으로 우주에 도달한 후에는, 로켓 추진 없이 관성만으로 지구 주위를 도는 '궤도비행 방식'의 우주비행이었다. 탄도비행 방식보다는 한 단계 더 높은 수준의 우주비행 방식이다. 우주선이 추진력을 사용하지 않고 지구 주위를 도는 궤도비행을 하려면 대기권 밖에서의 우주선의 속도는 제1우주속도인 초속 7.9킬로미터(시속 2만 8,440킬로미터)에 가까워야 한다. 인공위성을 싣고 가는 우주선이나 ISS에 가는 우주선이 내는 속도이다. 최초로 달에 인간을 보낸 아폴로 11호는 지구로 돌아올 때 초속 11.1킬로미터(시속 4만 킬로미터)에 이르렀다. 지구의 중력을 완전히 벗어나는 데 필요한 속도인 초속 11.2킬로미터와 비슷한 속도인데, 모두 지구에서 본 우주선의 속도이다.

지구 중력 탈출속도

공기저항이 없다고 가정했을 때, 관성만으로 지구의 중력을 완전히 벗어나기 위해 내야 하는 속도를 지구 중력 탈출속도라고 한다. 물체의 운동에너지가 지구 중력의 위치에너지의 절댓값과 같아지는 속도이다. 중력상수를 G, 지구의 질량을 M, 지구의 반지름을 R라고 하면, 지구 표면에서의 지구 중력 탈출속도는

$$v = \sqrt{\frac{2GM}{R}}$$

이고, 초속 11.2킬로미터이다.

달 표면에서의 중력 탈출속도는 초속 2.38킬로미터이고, 태양 표면에서의 중력 탈출속도는 초속 617.5킬로미터이다. 태양계 각 행성 표면에서의 중력 탈출속도는 수성, 금성, 화성, 목성, 토성, 천왕성, 해왕성 순으로 초속 4.25킬로미터, 10.4킬로미터, 5.03킬로미터, 59.5킬로미터, 35.6킬로미터, 21.3킬로미터, 23.5킬로미터이다.

지구 중력 탈출속도 수준까지 속도를 올렸던 아폴로 11호를 우주로 보내는 데는 새턴 5형 로켓을 사용했다. 높이는 110미터에 이르고 총 질량이 3,000톤에 육박할 만큼 엄청난 크기였다. 지구 궤도를 벗어나 달을 향하는 우주선 부분은 50톤 정도로, 총 질량의

그림 6-17 마지막 달 탐사선인 아폴로 17호를 보낸 새턴 5형 로켓. 출발할 때의 총 질량은 약 3,000톤에 이른다. 달을 향해 날아갈 때의 최고 속도는 초속 11.1킬로미터에 이르렀다.

1.7%에 불과하다. 나머지 98.3%의 질량은 속도를 내기 위해 소모되는 연료와 로켓이다. 그중에서 연료가 많은 부분을 차지했다.[25]

달보다 훨씬 먼 태양계 밖을 향하는 보이저 1호는 지구의 중력뿐 아니라 태양의 중력도 벗어나야 하기 때문에 더 빠른 속도가 필요하다. 그러면 '새턴 5형보다 더 크고 강력한 로켓이 필요했을까?'라고 생각해 볼 수 있지만, 보이저 1호는 새턴 5형 로켓 질량의 5분의 1 정도인 로켓에 실려 날아갔다. 이것이 가능한 이유 중 하나는, 현재 날아가고 있는 보이저 1호의 질량이 733킬로그램으로, 승용

차 질량 정도였기 때문이다. 달에 갔다 온 아폴로 11호 우주선 모듈의 50분의 1도 안 된다.

여기에 더해 우주비행 도중에 행성 근처를 스쳐 지나가면서 행성의 공전 속도 일부를 훔쳐 우주선의 속도를 늘리는 이른바 중력도움 또는 스윙바이 항법도 사용했다. 태양이 끌어당기는 중력 때문에 태양에서 멀어질수록 속도가 줄어들어야 하지만, 보이저 1호는 중력도움 항법을 시행해 속도를 높여 현재는 초속 17킬로미터의 속도로 태양에서 멀어지고 있다. 발사 후 45년 정도 지난 2023년 초에 보이저 1호는 지구와 태양 사이의 거리보다 약 160배 떨어진 곳에서 계속 더 멀리 날아가고 있다.[26] 보이저 1호의 현재 속도로 날아가면, 현재 지구에서 가장 가까운 별 프록시마 센타우리까지의 거리인 4.25광년을 날아가는 데 7만 5,000년 정도 걸린다.

보이저 1호가 날아가는 속도에 특수상대성이론을 적용해 보자. 지구도 태양 주위를 초속 30킬로미터로 돌고 있기 때문에, 지구를 기준으로 볼 때 보이저 1호가 가장 빠를 때는 지구가 공전하는 방향이 보이저 1호가 날아가는 방향과 가장 많이 다를 때이다. 태양계 행성들이 만드는 면에서 35도의 각도로 보이저 1호가 날아가는 것을 감안하면, 보이저 1호는 대략 초속 45킬로미터로 지구에서 멀어진다. 이 속도에 특수상대성이론의 시간 팽창을 적용하면 보이저 1호의 시간은 1년에 약 0.35초씩 느려지는 미미한 수준이다. 이 값도 상대속도의 최댓값으로 계산한 값이기 때문에 실제 보이저 1호의 시간이 느려지는 수준은 이보다 더 작다.[27]

입자가속기로 가속하는 입자의 속도

빛을 제외하고, 현대 과학기술로 낼 수 있는 빠른 속도는 어느 정도일까? 입자가속기로 가속한 입자의 속도를 생각해 볼 수 있다. 아인슈타인의 상대성이론에 의하면 질량을 가진 입자가 아무리 빨라도, 입자의 속도는 광속과와 같거나 더 클 수 없다. 따라서 입자의 속도는 광속에 얼마만큼 가까운가로 빠른 정도를 말한다. 가속기의 성능이 좋을수록 입자를 가속해서 낼 수 있는 입자 최대 속도도 광속에 더 가깝다.

전 세계에서 가장 강력한 입자가속기는 프랑스와 스위스의 국경 지역에 있는 유럽입자물리연구소Conseil Europeenne pour la Recherche Nucleaire, CERN의 대형 강입자 충돌기Large Hadron Collider, LHC이다.[28] LHC는 양성자를 광속의 99.999999%까지 가속할 수 있다. 이 속도로 날아가는 양성자의 시간은 특수상대성이론의 시간 팽창 효과로 우리 시간보다 약 7,000배 느리게 흐른다. 우리의 시간이 7,000초 흐르는 동안 양성자의 시간은 고작 1초 흐른다는 이야기이다.

만약에 LHC에서 양성자가 낼 수 있는 최고 속도로 날아가는 우주선이 있고, 이 우주선으로 7만 광년 떨어진 우리 은하의 반대편에 있는 외계행성에 갔다 온다고 가정해 보자. 일단, 우주선이 그 외계행성에 갔다 오면 지구에서는 14만 년의 시간이 흐른다. 하지만 우주선 안의 시간은 7,000배 천천히 흐르기 때문에(특수상대성이론의 시간 팽창) 총 20년 정도밖에 안 흐른다. 우주선이 가속하고 감속하는 것은 여기에서 고려하지 말고, 뒷부분에서 다시 생각하자.

그림 6-18 CERN의 LHC가 설치된 곳의 항공사진. 지름 27킬로미터의 노란색 원이 표시된 곳의 지하 175미터에 건설되었다. 이곳에서 가속된 양성자의 속도는 광속의 99.999999%에 이른다.

날아가는 우주선의 입장에서도, 상대적으로 움직이는 우주선 밖의 세상의 길이는 우주선이 움직이는 방향으로 7,000배 줄어들어(특수상대성이론의 길이 수축), 7만 광년의 거리가 10광년으로 줄어든다. 결국 우주선에 타고 있는 사람이 20년 동안 왕복 여행을 하면 그동안 지구의 시간은 무려 14만 년이 흘러, 14만 년 후의 미래로 시간여행을 하는 셈이 된다. 이만한 속도를 내려면 에너지는 얼마나 필요할까?

광속에 가깝게 움직이는 물체의 운동에너지 계산하기

움직이는 물체는 운동에너지를 지니고 있다. 빠르면 빠를수록 운동에너지는 더 커진다. LHC에서 가속되어 날아가는 양성자의 운동에너지는 6조 5,000억 전자볼트(eV)이다. 1전자볼트는 전자 하나가 1볼트(V)의 전압을 거슬러 올라가는 데 필요한 에너지이다. 1조에 해당하는 접두어 테라Tera를 써서 6.5테라전자볼트(6.5TeV)라고 말하기도 한다. 이를 음식 열량으로 환산하면 40억분의 1칼로리(Cal=kcal)에 불과하다. 성인이 하루에 섭취하는 열량이 2,000칼로리이고, 식용유 1그램의 열량이 9칼로리임을 생각하면 매우 적은 에너지이다. 하지만 이 에너지가 양성자 하나의 운동에너지라는 것이 함정이다.

양성자 하나의 질량은 1.67×10^{-24}그램이다. 1그램을 6조로 나누고 다시 1,000억으로 나눈 값이다. 반대로 질량이 1그램이 되려면 6조 곱하기 1,000억(6×10^{23})개의 양성자가 있어야 한다. 1그램이 광속의 99.999999%로 날아가면 운동에너지는 40억분의 1칼로리에 6×10^{23}을 곱한 값이다. 무려 150조 칼로리가 된다는 계산이 나온다. 약 180억 리터의 휘발유를 태워야 나오는 에너지이다.[29] 휘발유의 부피로 따지면 한 변의 길이가 260미터에 이르는 정육면체를 꽉 채운 부피로, 2021년에 대한민국에서 1년 동안 소비한 휘발유의 1.4배 정도 되는 분량이다.[30] 더 적은 부피나 질량의 연료로 더 많은 에너지를 만드는 방법을 찾아봐야 한다.

특수상대성이론에는 $E=mc^2$이라는 공식으로 잘 알려진 '질량-

에너지 등가원리'가 있다. 질량 자체가 에너지여서, 질량이 사라지면 이 공식에 해당하는 만큼의 에너지가 생긴다는 원리이다. 질량이 사라지면서 만들어지는 에너지가 어느 정도인지는 핵폭탄의 위력으로 알 수 있다. 1945년 8월 6일에 일본 히로시마에 터진 핵폭탄은 폭발 당시 무려 6만 6,000명의 사망자가 발생했다. 이 핵폭탄의 에너지는 고작 0.7그램의 질량이 사라지면서 생긴 에너지이다. 3일 후 일본 나가사키에 터진 핵폭탄의 위력은 더 커서 거의 1그램의 질량이 사라져 생긴 에너지를 방출했다.[31] 에너지 생산 방식은 우라늄이나 플루토늄의 원자핵이 깨져 더 작은 원자핵으로 나눠지면서 사라지는 질량이 에너지로 변환되는 '핵분열' 방식이다. 핵발전소도 같은 핵분열 방식으로 에너지를 만든다. 핵폭탄은 많은 에너지를 단시간에 만드는 반면, 핵발전은 긴 시간 동안 천천히 에너지를 만들도록 에너지 변환 속도를 늦춘 것이 다른 점이다.

$E=mc^2$으로 양성자 하나의 질량에 해당하는 에너지를 계산할 수 있다. 약 9억 3,800만 전자볼트이다. 100만에 해당하는 접두어 메가(M)를 붙여 938메가전자볼트(MeV)라고도 한다. LHC에서 광속의 99.999999%로 날아가는 양성자 하나의 운동에너지 6.5테라전자볼트는 약 7,000개의 양성자 질량에 해당하는 에너지이다. 마찬가지로 1그램의 질량이 광속의 99.999999%로 날아갈 때의 운동에너지는 1그램의 7,000배인 7,000그램(7킬로그램)의 질량이 소멸할 때 생기는 에너지와 같다. 히로시마 핵폭탄 1만 개 또는 나가사키 핵폭탄 7,000개가 터졌을 때 만드는 에너지와 맞먹는다.

$$운동에너지 = \left(\frac{1}{\sqrt{1-\left(\frac{v}{c}\right)^2}} - 1 \right) mc^2$$

v: 속도 c: 광속 m: 질량

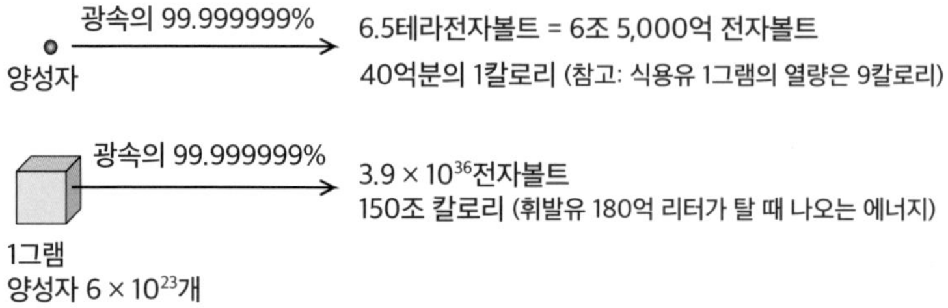

광속의 99.999999%

양성자

6.5테라전자볼트 = 6조 5,000억 전자볼트

40억분의 1칼로리 (참고: 식용유 1그램의 열량은 9칼로리)

광속의 99.999999%

1그램

양성자 6×10^{23}개

3.9×10^{36}전자볼트

150조 칼로리 (휘발유 180억 리터가 탈 때 나오는 에너지)

그림 6-19 광속의 99.999999%로 날아갈 때 양성자 1개와 질량 1그램의 운동에너지. 양성자의 운동에너지는 아주 적은 에너지처럼 보이지만, 질량 1그램의 운동에너지로 보면 엄청난 크기의 에너지이다. 질량 1그램인 물체가 광속의 99.999999%로 날아갈 때의 운동에너지는 대한민국에서 2021년에 소비한 휘발유의 1.4배를 태워야 나오는 에너지이다.

이제 사람이 타고 가는 우주선이 광속의 99.999999%로 날아갈 때의 운동에너지를 계산해 보자. 그러려면 우주선의 질량이 어느 정도 되는지를 알아야 한다. 우주선의 질량을 최근 스페이스엑스의 유인 우주선인 크루 드래곤-2의 질량과 비슷한 10톤으로 가정하고 계산해 보자. 1그램의 1,000만 배가 되는 질량이다.[32] 이 우주선이 광속의 99.999999%로 날아가면, 운동에너지는 10톤의 7,000배인 7만 톤의 질량이 소멸할 때 생기는 에너지와 같다. 나가사키 핵폭탄 700억 개가 터졌을 때의 에너지와 맞먹는다.

핵분열과 핵융합에서 질량이 소멸하면서 생기는 에너지

실제 나가사키 핵폭탄에 실은 플루토늄 질량은 6.4킬로그램이었고 그중 1킬로그램 정도만 핵분열을 해서, 핵분열 효율은 16% 정도였다.[33] 만약 100%의 효율로 핵분열을 한다면, 플루토늄-239 1.1킬로그램으로도 나가사키 핵폭탄이 터질 때와 같은 에너지(1그램)를 만든다.[34] 전체 질량의 0.09%가 소멸하면서 에너지를 만든다는 것을 의미한다. 반대로 1그램의 질량을 소멸해서 에너지를 만들려면 1그램의 1,100배인 1.1킬로그램의 플루토늄이 필요하다. 광속의 99.999999%로 날아가는 질량 10톤 우주선의 운동에너지는 7만 톤의 질량이 소멸할 때 생기는 에너지의 크기와 같으므로, 7만 톤의 1,100배인 7,700만 톤(770억 킬로그램 또는 7조 그램)의 플루토늄-239가 100%의 효율로 핵분열을 해서 만드는 에너지의 크기와 비슷하다고 보면 된다.

원자핵이 깨져서 에너지를 생산하는 핵분열과는 달리, 다른 원자핵들이 합쳐져 더 큰 원자핵을 만들면서 에너지를 생산하는 것이 핵융합이다. 질량이 사라지는 비율로 보면 핵융합이 핵분열보다 더 효율적인 에너지 생산 방식이다. 대표적인 예가 태양이다. 태양에서는 수소가 합쳐져 헬륨이 되는 핵융합이 일어나는 과정에서 줄어드는 질량이 에너지로 변환된다. 1킬로그램의 수소가 핵융합을 하면 그중 7그램 정도의 질량이 사라지면서 에너지로 변환된다.[35] 나가사키 핵폭탄 7개가 터질 때 만드는 에너지이다. 질량 비율로 따지면 전체 질량의 0.7%가 소멸되어 에너지를 만든

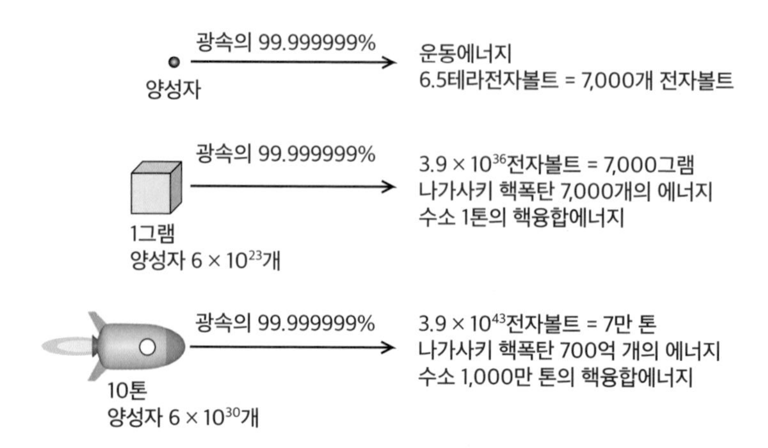

그림 6-20 광속의 99.999999%로 날아갈 때의 운동에너지를 질량-에너지 등가원리($E=mc^2$)로 계산한 결과. 우주선의 질량이 10톤이라면 운동에너지는 나가사키 핵폭탄 700억 개 또는 수소 1,000만 톤이 완벽하게 핵융합을 해서 만드는 에너지와 같다.

다. 반대로 질량 7그램이 소멸해서 에너지를 만들려면 7그램의 143배인 1킬로그램의 수소가 핵융합의 연료로 필요하다. 광속의 99.999999%로 날아가는 10톤 우주선의 운동에너지는 1,000만 톤의 수소가 100%의 효율로 핵융합을 해서 만들어지는 에너지의 크기와 같다. 수소폭탄을 제외하고는, 아직까지 핵융합으로 에너지를 생산하는 것은 상용화 수준에 이르지 못한 수준이다.

지금까지 계산한 에너지도 10톤의 우주선이 광속의 99.999999%로 날아갈 때의 운동에너지일 뿐이다. 에너지를 만드는 연료를 우주선에 실어야 하기 때문에 우주선의 전체 질량도 훨씬 더 늘어난다. 질량이 늘어난 만큼 속도를 높이는 데 더 많은 에너지가 필요하고, 그만큼 훨씬 더 많은 연료가 필요하다. 날아가면서 사용된 연료의 부산물을 우주선 뒤로 날려 보내면서 날아간다고 해도, 연료의 질량이 엄청나게 늘어나는 것은 피할 수 없다. 연료의 질량을 줄이는 것이 관건이다.

태양에서 일어나는 핵융합의 경우, 수소에서 헬륨으로 변하면서 에너지로 전환되는 질량의 비율이 약 0.7%이기 때문에 처음 질량의 99.3%는 그대로 남는다. 이론적으로는 여러 단계의 핵융합으로 원자핵이 커지면서 철(Fe)이 될 때까지 에너지를 생산할 수 있다. 이 점을 감안하면 전체 수소 질량의 0.9%까지 에너지로 만들 수 있으므로, 에너지를 만들고 난 다음에 남는 철의 질량은 맨 처음 수소 질량의 99.1%이다.[36] 이 99.1%의 질량은 더 이상 핵융합으로 에너지를 만들 수 없는 질량이다.

핵융합의 마지막 단계까지 가고 남는 철의 질량까지 모두 에너지를 만들 수는 없을까? 모든 질량이 다 에너지로 전환되는 방법으로, '반물질antimatter'을 이용하는 방법을 생각해 볼 수 있다. '반입자antiparticle'로 만들어진 반물질이, 우리가 일상적으로 접하는 물질과 만나면 소멸하면서 에너지를 만든다. 부수적으로 나오는 입자들까지 모두 소멸하면 질량이 모두 에너지로 바뀐다. 수소 1킬로그램으로 핵융합을 하거나 나가사키 핵폭탄 7개를 터뜨려 얻을 수 있는 에너지를, 물질-반물질 7그램으로 만들 수 있음을 의미한다.

그런데 현재의 과학기술로는 반물질을 많이 만드는 것도 어렵고 생산 비용도 엄청난 데다, 소멸하지 않게 반물질을 오랫동안 저장하는 것도 매우 어렵다. 원하는 때에 원하는 만큼 에너지를 만들어 가속해야 하는 우주선에 반물질을 에너지원으로 쓰는 것은 현재로서는 불가능한 수준이다.

완벽한 광자로켓을 이용한 우주여행

이제부터는 현재의 과학기술 수준이 아닌, 먼 미래의 훨씬 발전된 과학기술을 전제하고 문제를 다루어 보자. 먼저 아무 때나 필요한 만큼의 질량을 소멸시켜 모두 빛에너지로 만들 수 있는 기술이 있다고 가정하자. 현재의 반물질 생산과 저장 기술이 발전된 것일 수도 있고, 일반 물질을 100% 빛에너지로 만들 수 있는 미지의 미래 과학기술일 수도 있다. 두 번째로, 이렇게 만든 빛을 낭비 없이 100% 효율로 우주선이 움직이는 반대 방향으로 쏘아 우주선을 가속할 수 있다고 가정하자. 완벽한 '광자로켓'을 의미한다.

이 두 가정에 에너지 보존법칙과 운동량 보존법칙을 적용하면, 우주선이 목표한 속도까지 가속하는 데 필요한 에너지 또는 그 에너지를 만드는 데 소멸해야 할 연료의 질량을 계산할 수 있다. 운동에너지가 정지한 질량에너지의 7,000배에 해당하는 광속의 99.999999%까지 가속하려면, 우주선 본체 질량보다 1만 4,000배 많은 질량의 연료를 싣고 출발해야 한다는 계산 결과가 나온다. 우주선 본체 질량을 10톤이라고 가정하면, 14만 톤의 연료를 싣고 출발해야 한다. 목표한 속도에 해당하는 운동에너지가 우주선 본체 질량의 7,000배이므로, 사용된 연료의 50%가 우주선의 운동에너지로 전환된다.

한편, 최종 목적지에서 계획한 임무를 수행하려면 속도를 줄여 완전히 멈춰야 한다. 그렇지 않으면 계속 움직이는 방향으로 날아가기 때문에 목적지에 안전하게 착륙할 수 없다. 감속하는 것은 방향만 바뀐 가속이다. 속도가 0인 정지한 상태에서 광속의 99.999999%로 가속하는 것이나, 광속의 99.999999%에서 속도가 0이 되도록 감속하는 것이나, 속도의 크기 변화는 광속의 99.999999%로 같다. 우주선의 최종 질량이 같다면 가속에 필요한 에너지와 감속에 필요한 에너지는 같다.

그런데 가속과 감속을 거쳐 목적지에 도착하는 경우, 가속한 후의 우주선의 최종 질량과 감속한 후의 우주선의 최종 질량이 다르다는 것이 문제이다. 이 문제를 이해하려면, 가속하고 감속하는 과정을 거꾸로 따져볼 필요가 있다. 최고 속도에서 속도를 줄여 최종 목적지에서 멈추는 후반부의 감속 구간을 먼저 보자. 감속하기 전 우주선의 최고 속도가 광속의 99.999999%이면, 우주선을 감속해 멈추는 데 필요한 연료의 질량은 도착할 때의 우주선의 질량의 1만 4,000배이다. 도착할 때의 우주선의 질량이 10톤이라면, 이의 1만 4,000배인 14만 톤의 연료를 우주선에 싣고 가야 한다.

이제 지구에서 출발해 최고 속도로 가속하는 전반부의 가속 구

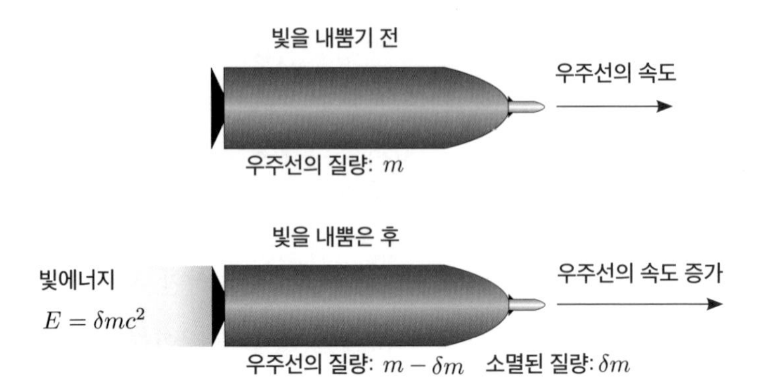

그림 6-21 완벽한 광자로켓. 원하는 만큼의 질량을 소멸시켜 에너지($E=mc^2$)를 만들고, 만든 에너지를 100% 모두 빛으로 만들어 추진력으로 사용하는 광자로켓. 우주선은 빛을 내뿜는 방향과 반대 방향으로 가속한다. 하지만 현재의 과학기술로는 실현이 불가능한 아주 먼 미래의 상상의 기술이다.

간을 보자. 가속한 후 최종 우주선의 질량은 감속을 시작하기 바로 전 우주선의 총 질량이므로, 후반부의 감속에 사용하기 위해 우주선에 탑재한 연료의 질량도 포함해야 한다. 가속 후 우주선의 최종 질량이 14만 톤이라는 이야기이다.[37] 결국 14만 톤의 우주선이 광속의 99.999999%로 날아가도록 가속한다는 것을 의미하므로, 지구에서 출발할 때 우주선은 14만 톤의 1만 4,000배인 20억 톤의 연료를 싣고 떠나야 한다. 전반부의 가속 구간과 후반부의 감속 구간을 묶어 요약하면 다음과 같다.

(1) 전반부의 가속 구간: 지구에서 20억 톤의 연료를 싣고 출발한 우주선이 정지한 상태에서 출발해 광속의 99.999999%로 가속하면, 우주선

의 질량은 초기 질량의 1만 4,000분의 1인 14만 톤으로 줄어든다. 다시 말해, 출발할 때 우주선 전체 질량의 99.993%를 연료로 소모해 광속의 99.999999%로 가속한다.

(2) 후반부의 감속 구간: 14만 톤의 연료를 싣고 광속의 99.999999%로 날아가는 우주선이 감속해서 멈추면, 우주선의 질량은 초기 질량의 1만 4,000분의 1인 10톤으로 줄어든다. 다시 말해, 최고 속도일 때 우주선 전체 질량의 99.993%를 연료로 소모해 속도를 0으로 감속한다.

지구에서 출발해 광속의 99.999999%로 가속하고 다시 감속하는 과정을 거쳐 목적지에 착륙하려면, 도착할 때의 우주선의 질량의 2억 배에 해당하는 연료가 필요하다고 정리할 수 있다. 10톤의 우주선이 광속의 99.999999%로 가속하고 감속해 목적지에 도착하려면 20억 톤의 연료가 필요한 것이다.

광속의 99.999999%는 가속과 감속에 걸리는 시간을 고려하지 않고 인간의 수명만 고려할 때 수만 광년 거리의 천체로 유인 우주여행을 할 수 있는 속도이다. 본체 질량이 10톤인 우주선이 이 속도를 내기 위해 필요한 연료의 질량 20억 톤의 부피는, 콘크리트라면 한 변의 길이가 940미터인 정육면체의 부피이고, 철이라면 한 변의 길이가 630미터인 정육면체의 부피이다. 외계행성에 도착해 탐사 임무를 마치고 지구로 다시 돌아오려면 목적지인 외계행성에서 에너지원으로 사용할 질량 20억 톤을 채굴해 우주선에 다시 장착한 다음에 출발해야 한다. 왕복 여행에 무려 40억 톤 질량의 연

그림 6-22 광속의 99.999999%로 가속했다가 감속하는 완벽한 광자로켓. 도착하는 우주선의 질량이 10톤일 때 연료를 포함한 초기 우주선의 질량은 20억 톤이어야 한다. 소멸된 질량은 모두 광자로켓에 쓰이는 빛에너지로 변환된다.

료가 필요하고, 이 질량이 모두 소멸해서 에너지로 변환되어야 한다. 목적지에 도착하는 우주선 본체 질량이 10톤일 때 그렇다는 것이고, 우주선 본체 질량의 더 크면 그에 비례해서 연료의 질량도 더 많이 필요하다.

안드로메다은하에 가기 위한 연료의 질량과 여행 시간

다른 은하로의 여행도 살펴보자. 우리 은하에서 가장 가까운 은하는 안드로메다은하이다. 약 250만 광년 떨어져 있다. 우주선의 속도가 광속의 99.9999999992%에 이르러야 우주선의 시간으로 안드로메다에 가는 데 10년 정도 걸린다. 가속하는 데 걸리는 시간은 별도이다. 완벽한 광자로켓으로 광속의 99.9999999992%인 속도를 내려면, 우주선 질량보다 50만 배 많은 연료가 필요하다. 다시 감속까지 하려면 우주선 질량의 2,500억 배 되는 연료를 싣고 지구를 떠나야 한다. 우주선의 질량이 10톤이라면 무려 2조 5,000억 톤의 연료가 필요하다(표6-5). 이는 이집트 기자의 대피라미드 40만 개에 해당하는 질량이다. 질량이 2조 5,000억 톤인 암석 소행성이라면 평균 지름은 12킬로미터 정도 되어야 한다. 지구에 돌아오려면 안드로메다의 목적지에서 다시 2조 5,000억 톤의 연료를 싣고 출발해야 한다.

이제 가속하는 크기까지 생각해 우주여행에 필요한 연료의 질량과 우주여행에 걸리는 시간을 구체적으로 계산할 차례이다. 사람이 오랜 기간 타고 가는 우주선이라면, 우주선 안의 인공중력을 지구 표면에서의 중력과 같게 유지해 인체에 안 좋은 영향을 최소화해야 한다. 그러면서 가장 빨리 목적지에 도달하려면, 지구에서 출발해 중간 지점까지는 지구 표면의 중력가속도 1g로 가속하고, 그 이후 목적지에 도달할 때까지는 1g로 감속하는 이른바 최적의 유인 우주선 가속 전략으로 우주여행을 해야 한다. 가속을 멈추고 감속을 시작하는 중간 위치에서 우주선의 속도는 최대가 된다.

표6-6에는 최적의 유인 우주선 가속 전략으로 우주여행을 하

표 6-5 우주선의 속도, 시간 팽창 (길이 수축) 배수, 우주선의 질량을 정리한 표. 편도 여행을 한 후 도착할 때 최종 우주선의 질량은 10톤이라고 가정했다. 가속과 감속에 걸리는 시간은 고려하지 않았다. 외계행성에 도착해서 지구로 돌아갈 때도 지구에서 출발할 때와 같은 질량의 연료를 다시 싣고 출발해야 한다.

우주선 속도 (광속 기준)	시간 팽창 배수 (=길이 수축 배수)	출발 전 우주선 질량 (연료 질량 포함)	외계행성 거리	편도 여행 시간 (우주선 시간)	편도 여행 시간 (지구 시간)
80%	1.667	90톤	15광년	10년	18.75년
99.99%	70	20만 톤	700광년	10년	700년
99.999999%	7000	20억 톤	7만 광년	10년	7만 년
99.9999999992%	25만	2조 5,000억 톤	250만 광년	10년	250만 년

$$\text{시간 팽창(또는 길이 수축) 배수} = \frac{1}{\sqrt{1-\left(\frac{\text{우주선 속도}}{\text{광속}}\right)^2}}$$

또는

$$\gamma = \frac{1}{\sqrt{1-\left(\frac{v}{c}\right)^2}}$$

$$\frac{\text{가속 전 우주선의 질량}}{\text{가속 후 우주선의 질량}} = \frac{\text{감속 전 우주선의 질량}}{\text{감속 후 우주선의 질량}} = \sqrt{\frac{\text{광속 + 우주선 속도}}{\text{광속 - 우주선 속도}}}$$

또는

$$\frac{m_i}{m_f} = \sqrt{\frac{c+v}{c-v}}$$

표 6-6 완벽한 효율의 광자로켓을 사용해 최적의 비행 방식(1g로 가속하고 감속하는)으로 우주여행을 한다고 가정했을 때, 목적지까지의 거리에 따른 우주여행 시간과 연료의 질량. 도착하는 우주선의 질량은 10톤으로 가정했다.

거리 (광년)	10광년	100광년	1만 광년	250만 광년
우주선 최대 속도 (광속 기준)	98.67 %	99.9819%	9.99999812%	99.99999999997%
시간 팽창 배수 (최고 속도 가준)	6.16	52.58	5159	1290000
출발 전 연료 질량을 포함한 우주선의 질량	1,500톤	11만 톤	10억 6,000만 톤	66조 5,000억 톤
편도 여행 시간 (우주선 시간)	4.86년	9.03년	17.92 년	28.62년
편도 여행 시간 (지구 시간)	11.78년	101.92년	10,002.14년	2,500,053년

는 데 걸리는 시간과 최대 속도, 그리고 완벽한 광자로켓에 필요한 연료 질량을 계산한 결과를 거리별로 정리했다. 250만 광년 떨어진 곳까지의 우주여행 시간이 표6-5에서 제시한 결과보다 더 길어진 것을 볼 수 있다. 가속과 감속을 하는 동안에는 우주선의 속도가 최고 속도에 못 미치고, 이로 인해 우주여행 시간도 더 길어지기 때문이다. 안드로메다은하의 한 외계행성을 목적지로 유인 탐사를 하러 간다고 했을때, 편도 여행에 걸리는 시간은 약 29년이다. 인간의 수명보다 짧은 시간이기 때문에 적어도 이론적으로는 가능한 유인 우주여행이다. 하지만 이에 필요한 연료의 질량은 본체 질량

10톤의 우주선일 경우 66조 톤 이상의 연료가 필요하다. 평균 지름이 약 35킬로미터인 암석 소행성의 질량과 같다.

외계행성에 가기 위한 연료의 질량과 여행 시간

지금까지 발견된 외계행성 중에서 생물체가 살 만한 환경을 가지고 있을 가능성이 있는 외계행성을 목적지로 했을 경우는 어떨까? 표6-7은 거리가 수십 광년을 넘지 않는 생명체 거주 가능 행성 후보로 한정했을 때, 우주여행에 걸리는 시간, 최대 속도, 우주선의 질량 등을 계산한 결과이다.

한꺼번에 여러 개의 생명체 거주 가능 행성이 발견되어 관심을 받았던 트라피스트-1의 행성에 가는 경우를 보자. 도착할 때의 우주선의 질량이 10톤이라면, 출발할 때의 우주선의 질량은 1만 8,250톤이어야 한다. 1만 8,240톤의 질량을 소멸해 만든 에너지로 우주선을 가속하고 감속한다는 이야기이다. 나가사키 핵폭탄이 1그램의 질량을 소멸하면서 만든 에너지가 수만 명의 희생자를 만들 만큼 엄청난 크기의 에너지였는데, 이보다 무려 182억 배 이상 큰 에너지가 트라피스트-1의 행성에 가는 데 필요하다.

광속에 가까운 속도를 내는 우주선을 타고 우주여행을 할 때 생기는 일, 예를 들면 불가능할 것 같았던 아주 먼 우주까지 도달하고 덤으로 미래로 시간여행을 하는 것 등을 상상하는 것은 무척 흥미롭다. 하지만 좀 더 자세히 따져보면 우주선이 이런 속도를 내

표 6-7 완벽한 효율의 광자로켓을 사용해 최적의 유인 우주선 가속 전략으로 우주여행을 한다고 가정했을 때, 목표한 외계행성에 가는 데 필요한 시간과 연료의 질량. 도착하는 우주선의 질량은 10톤으로 가정했다. 도착하는 우주선의 질량이 크면 출발하는 우주선의 질량도 같은 배수만큼 커야 한다. 참고로 도착하는 우주선의 질량이 100톤이라면, 출발할 때의 연료 질량을 포함한 우주선의 질량도 표에 제시한 값의 10배가 되어야 한다.

목적지	프록시마 센타우리 b	로스 128b	글리제 581	트라피스트-1
거리 (광년)	4.2광년	11광년	20광년	39광년
우주선 최대 속도 (광속 기준)	94.88%	98.87%	99.61%	99.888%
시간 팽창 배수 (최고 속도 가준)	3.17	6.67	11.32	21.12
출발 전 연료 질량을 포함한 우주선의 질량	380톤	1,760톤	5,100톤	1만 7,800톤
편도 여행 시간 (우주선 시간)	3.53년	5.01년	6.04년	7.26년
편도 여행 시간 (지구 시간)	5.82년	12.79년	21.85년	40.89년

기 위해 필요한 에너지는 엄청나다. 이런 에너지를 만들기 위해 싣고 가야 할 연료 질량도 엄청나기 때문에, 출발하는 우주선도 엄청나게 커야 한다. 다른 은하에 있는 천체를 향한 유인 우주여행이라면 필요한 에너지와 우주선의 크기는 상상을 초월하는 수준이다. 아주 먼 훗날의 미래라고 하더라도 다른 은하로의 유인 우주여행은 우주선 제작을 기획하는 단계에서부터 막힐 수도 있다.

쉼 없이 1g로 가속하고 감속하는 방식으로 10~20년 만에 목표한 외계행성에 갔다 오는 대신, 더 천천히 가속하거나 가속하는 기간을 줄여 최대 속도를 낮추는 방식으로 우주여행을 하는 방식을 생각해 볼 수도 있다. 우주여행 시간이 길어지는 단점이 있지만, 가속하고 감속하는 데 필요한 에너지를 절약할 수 있다는 장점이 있다. 가속을 덜 하는 경우는 우주선 가속으로 만드는 인공중력이 지구 표면의 중력보다 작고, 가속을 하지 않는 기간 동안에는 무중력 상태이기 때문에, 탑승한 우주인의 건강을 위해 회전으로 만드는 인공중력을 추가할 필요가 있다. 여행 시간이 인간의 수명을 넘어선다면 우주선을 타고 가는 사람들의 수명을 늘려야 한다. 동면으로 우주인의 수명을 늘리는 것은 여러 SF 영화에 나오는 설정이다. 생명과 의학에 관련된 과학기술이 발달된 먼 미래를 가정한다면 상상해 볼 만한 시나리오이다.

퀴즈

(1) 질량이 100톤인 우주선이 광속의 60%로 날아갈 때, 이 우주선의 운동에너지는 얼마일까?

(2) 연료의 질량을 모두 빛에너지로 변환해 완벽한 효율로 추진하는 광자로켓이 있다고 하고, 이 로켓으로 우주선을 광속의 99%까지 가속한다고 하자. 우주선이 목표한 속도에 도달했을 때 질량이 100톤이라고 한다면, 우주선이 출발할 때 연료의 질량을 포함한 우주선 전체의 질량은 얼마일까?

과학자와 일반 대중이 과학을 소통하는 것은 쉽지 않다. 내용 자체가 어렵다는 것이 가장 큰 문제이다. 이 문제를 극복하기 위해서는 과학을 쉽게 설명하는 과학자의 노력이 중요하다. 그런 노력에도 불구하고 대중과의 소통이 어렵다면, 과학자와 대중 사이를 연결하는 중간 다리에 있는 사람들의 역할이 중요하다. 과학 관련 기자와 유튜버를 포함한 과학 커뮤니케이터들이 이에 해당한다. 과학자는 이들에게 정확한 과학 정보를 제공해야 하고, 이들의 활동에 대한 피드백을 제공하는 것도 필요하다.

'용어의 장벽'이라는 문제도 있다. 과학자가 자연스럽게 습관적으로 쓰는 용어들이 대중에게는 이해하기 어렵고, 심시어는 무엇을 의미하는지 감을 잡기조차 어려울 수 있다. 이런 용어들을 대중이 어려워하는 것 자체를 과학자가 모를 수도 있다. 가능하면 쉬운 용어로 바꿔 쓰고, 그것이 어려우면 용어에 대한 쉬운 설명을 곁들이는 노력이 필요하다.

과학자의 '배려의 문제'가 있다. 대중이 알고 싶어 하는 과학 주제에 대해 '알고 싶으면 공부하세요'라든지 '이건 전공자가 아니면 공부해도 모릅니다'라고 하는 식의 대응은 피해야 한다. 틀린 말이 아닐 수도 있지만, 이런 말들은 일부 대중에게 상처가 될 수 있고, 이후 이들은 과학자와의 소통 경로 자체를 차단할 수도 있다.

이런 문제들을 인식하고, 처음으로 대중을 상대로 과학 관련 글을 쓰고 기고하기 시작한 때가 2014년이다. 첫 글은 특수상대성이론의 '쌍둥이 역설'을 설명하는 글이었다. 나노과학을 연구하는 사람이 이런 글을 쓴다는 것은 조금 뜬금없어 보일 수도 있다. 하지만 상대성이론은 물리학자라면 반드시 배우는 기본적인 물리학 지식이다. 그 이후에 기고한 대부분의 글도 실제 연구 활동에서 다룬 주제보다는 기본적인 물리학 지식에 기반해, 그동안 개인적으로 관심 있었던 주제의 내용을 주로 다뤘다. 뉴스에 나오는 내용에도 주목했다. 뉴스는 대중이 알고 싶어 하는 내용을 잘 잡아내고 있기 때문이다. 직접 계산을 해서 확인하는 과정도 잊지 않았다. 떠돌아다니는 이야기를 아무 검증 없이 쓰는 것은 과학자로서의 자세가 아니기 때문이다.

이렇게 기고한 글 중에서 우주와 우주탐사에 관련된 내용을 추려 책으로 만들어 대중 앞에 내놓는다. 출판을 위한 원고를 만드는 과정에서 잘못된 부분은 바로잡았고, 업데이트한 내용도 있으며, 새로 추가된 내용도 포함하고 있다. 이 책은 총 6부로 구성되어 있다. 5부까지는 기존의 우주탐사와 관련된 과학 지식을 담고 있고, 마지막 6부는 아주 먼 미래에 있을 법한 외계행성 유인 우주탐사를 다뤘다. 마지막 6부 이후에 연결될 내용은 우리의 상상과 먼 미래의 발전된 과학기술의 몫이다.

책이 나오기까지의 과정에서 도움을 주신 분들이 있다. 몇 년 전까지 한겨레의 〈사이언스온〉을 운영하셨던 오철우 교수님, 같은 한겨레의 〈미래&과학〉을 운영하시는 곽노필 기자님은 기고한 글에 대한 조언과 도움을 아끼지 않으셨다. 동아시아 출판사의 한성봉 대표님은 책을 내놓을 기회를 주셨고, 이동현 편집팀장과 안상준 콘텐츠제작부장도 책을 기획하고 편집하는 데 많은 고생을 하셨다. 이분들께 감사의 말씀을 드린다.

2023년 3월

윤복원

주

1부 무중력과 인공위성

1 “Rocketman William Suitor recalls 1984 LA Olympics flight”, 2012년 7월 30일 BBC News, https://www.bbc.com/news/av/magazine-19003777

2 “Earth’s Moon - In Depth”, Solar System Exploration, NASA, https://solarsystem.nasa.gov/moons/earths-moon/in-depth/

3 아폴로 11호 우주인이 달 표면에서 활동할 때 입은 우주복의 총 질량은 90킬로그램이 넘는 것으로 알려졌다. “US Spacesuits”, K. S. Thomas and H. J. McMann, Springer, pp. 430 (2012).

4 “Ceres - By the Numbers”, Solar System Exploration, NASA, https://solarsystem.nasa.gov/planets/dwarf-planets/ceres/by-the-numbers/

5 “Ceres - By the Numbers”, "Comet vital statistics”, Science & Exploration, ESA, https://www.esa.int/ESA_Multimedia/Images/2015/01/Comet_vital_statistics

6 “NBA Draft 2021: By The Numbers”, 2021년 7월 27일, NBA.com, https://www.nba.com/news/nba-draft-2021-by-the-numbers

7 “The flight of Vostok 1”, 50 years of humans in space, ESA, https://www.esa.int/About_Us/ESA_history/50_years_of_humans_in_space/The_flight_of_Vostok_1

8 “Space tourism”, Wikipedia, http://en.wikipedia.org/wiki/Space_tourism

9 100킬로미터 근처의 고도에도 미량의 공기가 있다. 이 공기로 인해 생기는 공기저항으로 우주선이 미미하게나마 감속된다. 이 감속 때문에 우주선 안에서는 완벽한 무중력상태가 되지는 않는다.

10 “What will it Cost to Fly on New Shepard?”, K. Chang, New York Times, 2021년 7월 20일, https://www.nytimes.com/2021/07/20/science/cost-to-fly-blue-origin-bezos.html

11 “Virgin Galactic SpaceShipTwo Crash: Full Coverage and Investigation”, Tariq Malik, 2014년 12월 19일 https://www.space.com/27629-virgin-galactic-spaceshiptwocrash-full-coverage.html

12 “Billionaire Branson Soars to Space Aboard Virgin Galactic Flight”, S. Gorman, Reuters, 2021년 7월 12일

13 “Jeff Bezos reaches space on Blue Origin’s first crewed launch”, M. Sheetz, CNBC, 2021년 7월 20일 https://www.cnbc.com/2021/07/20/jeff-bezos-reaches-space-on-blue-origins-first-crewed-launch.html

14 “Air Zero-G”, http://www.airzerog.com “Zero Gravity Coorporation”, http://www.gozerog.com

15 “North Korea says new missile puts all of US in striking range”, BBC news, 2017년 11월 29일, https://www.bbc.com/news/world-asia-42162462

16 “North Korea says tested new ICBM, prepared for long confrontation with U.S.”, J. Smith and H. Shin, Reuters, 2022년 3월 25일

17 “Starship | Earth to Earth”, https://www.youtube.com/watch?v=zqE-ultsWt0

18 “Beyond the hype of Hyperloop: An analysis of Elon Musk's proposed transit system”, Brian Dodson, New Atlas, 2013년 8월 22일, https://newatlas.com/hyperloop-musk-analysis/28672/

19 “The gravity tunnel in a non-uniform Earth”, A. R. Klotz, American Journal of Physics 83, 231 (2015)

20 “천리안위성 2B호, 오늘(2월 19일) 아침 발사 성공”, 한국항공우주연구원 보도자료, 2020년 2월 19일

2부 태양계 우주탐사

1 명왕성 근접 탐사는 해왕성 탐사보다 무려 26년이 지난 2015년에야 이루어졌고, 그 이유는 명왕성에 도달하기 위해 지나쳐야 하는 다른 행성의 위치 문제 때문이었다.

2 “Le Voyage dans la Lune”, https://fr.wikipedia.org/wiki/Le_Voyage_dans_la_Lune

3 “North Korea says tested new ICBM, prepared for long confrontation with U.S.”, J. Smith and H. Shin, 2022년 3월 25일, Reuter

4 문제를 간단하게 하기 위해 달이 지구 주위를 공전하는 것으로 인한 영향은 고려하지 않았다.

5 지구 대기권에 우주선이 재진입할 때 공기저항으로 생기는 열이 어느 정도인지 영화 〈아폴로 13Apollo 13〉(1995)이나 〈그래비티Gravity〉(2013)에 잘 묘사되어 있다. 만약에 공기저항이 없다면 지구에 귀환하는 우주선은 로켓을 역추진해서 우주선의 속도를 줄여야 안전하게 착륙할 수 있다. 대기권의 공기저항이 로켓을 대신해 우주선의 속도를 줄여주는 것이다. 그만큼 역추진에 필요한 연료의 양을 엄청나게 줄이는 효과가 있다.

6 태양도 은하 중심을 기준으로 보면 초속 230킬로미터 움직인다. 태양계 안에서 주로 탐사 활동을 하는 우리로서는 태양의 위치를 기준으로 한 속도로 계산하는 것이 여러모로 편리하다.

7 지구의 자전으로 인한 움직임도 있다. 적도 지역에서는 자전 속도가 초속 0.465킬로미터

(=465m/s) 정도이다. 공전 속도에 비하면 1.55%에 불과하지만, 아주 무시할 만한 수준은 아니다.

8 지구의 공전 방향의 반대로 지구에서 멀어지는 우주선의 경우, 태양의 위치를 기준으로 본 우주선의 속도는 지구의 공전 속도에서 우주선이 지구에서 멀어지는 속도를 뺀 속도이다.

9 공전궤도가 완벽한 동그라미 모양일 때 공전궤도에서의 중력 탈출속도는 공전속도의 $\sqrt{2}$배이다. 동그라미 모양에서 많이 벗어난 타원 모양이면 계산 방법이 달라진다.

10 "The Cosmic Velocities", http://dsp.agh.edu.pl/_media/en:dydaktyka:cosmic_velocities.pdf

11 "Does the Sun move around the Milky Way?", StarChild Question of the Month for February 2000, NASA, https://starchild.gsfc.nasa.gov/docs/StarChild/questions/question18.html

12 "The Maths that Made Voyager Possible", C. Riley and D. Campbell, BBC 4, October 23, 2012. https://www.bbc.com/news/scienceenvironment-20033940

13 "Gravitational assist in celestial mechanics - a tutorial", J. A. Van Allen, Am. J. Phys. 71, 448 (2003)

14 "Cassini Trajectory | NASA Solar System Exploration", Solar System Exploration, NASA. https://solarsystem.nasa.gov/resources/11776/cassini-trajectory/

15 "Mariner Venus/Mercury 1973", Status Bulletin, 1974년 2월 6일, Jet Propulsion Laboratory, http://ser.sese.asu.edu/M10/BULLETINS/bul-18.pdf

16 "Giuseppe 'Bepi' Colombo: Grandfather of the Fly-by", ESA History, ESA, https://www.esa.int/About_Us/Welcome_to_ESA/ESA_history/Giuseppe_Bepi_Colombo_Grandfather_of_the_fly-by

17 "Voyager - Fact Sheet", Jet Propulsion Laboratory, https://voyager.jpl.nasa.gov/frequently-asked-questions/fact-sheet/

18 탐사선이 수성의 중력에 갇혀 수성의 인공위성이 되려면, 수성에서 본 탐사선의 속도가 중력 탈출속도보다 작아지도록 탐사선의 속도를 줄여야 한다. 탐사선이 수성에 가장 가까워졌을 때 탐사선의 속도를 줄이는 것이 가장 효율적인 방법이다.

19 로켓 추진으로 줄여야 하는 속도가 클수록 더 많은 로켓 연료가 필요하고, 그만큼 훨씬 더 큰 발사체로 탐사선을 보내야 한다는 문제가 있다.

20 주15와 동일.

21 "BepiColombo Factsheet", Science & Exploration, ESA. http://www.esa.int/Our_Activities/Space_Science/BepiColombo/BepiColombo_factsheet

22 "BepiColombo Electric Propulsion Thruster and High Power Electronics Coupling Test Performances", 33rd International Electric Propulsion Conference. 6–10 October 2013. Washington, D.C. IEPC-2013-133, S.D. Clark, et al. (2013).

23 "Mission Operations - Getting to Mercury", Science & Technology, ESA. http://sci.esa.int/bepicolombo/48871-getting-to-mercury/
24 "Parker Solar Probe", The Johns Hopkins University Applied Physics Laboratory, http://parkersolarprobe.jhuapl.edu/index.php
25 한국항공우주연구원 보도자료, 2021년 10월 21일, https://www.kari.re.kr/cop/bbs/BBSMSTR_000000000011/selectBoardArticle.do?nttId=8089
26 "누리호 발사조사위원회최종 조사결과 발표", 한국항공우주연구원, 2021년 12월 29일, 보도자료 https://www.kari.re.kr/cop/bbs/BBSMSTR_000000000011/selectBoardArticle.do?nttId=8128
"3단엔진 빨리 꺼진 이유는? 누리호 비행계측 분석 내일 착수", 오수진, 연합뉴스, 2021년 10월 24일, https://www.yna.co.kr/view/AKR20211023015000017
27 "누리호 발사 성공…7대 우주강국 반열에(종합2보)", 문다영, 연합뉴스, 2022년 6월 21일, https://www.yna.co.kr/view/AKR20220621142851017
"[누리호 성공] 발사 40여분만에 첫 접속…22일 대전지상국 본격 교신(종합2보)", 문다영, 연합뉴스, 2022년 6월 21일, https://www.yna.co.kr/view/AKR20220621103852017
"누리호 조선대팀 큐브위성 첫 사출 성공…자세 안정화 시도중(종합)", 문다영, 연합뉴스, 2022년 6월 30일, https://www.yna.co.kr/view/AKR20220630014851017
28 주26과 동일.
29 "Voyager Mission Status, Jet Propulsion Laboratory", NASA https://voyager.jpl.nasa.gov/mission/status/
30 "Our Solar System's First Known Interstellar Object Gets Unexpected Speed Boost", NASA, 2018년 6월 27일 https://www.jpl.nasa.gov/news/our-solar-systems-first-known-interstellar-object-gets-unexpected-speed-boost
31 "University Physics Volume 1", Chapter 9.7, University of Central Florida, https://pressbooks.online.ucf.edu/osuniversityphysics/chapter/9-7-rocket-propulsion/
"Rocket Science 101: Basic Concepts and Definitions", Mechanical & Aerospace Engineering of Utah State University, http://mae-nas.eng.usu.edu/MAE_5540_Web/propulsion_systems/section1/RS_101.pdf
32 "누리호 시험발사체로 소형위성 발사 시장에 나서자!", 김승조, 유용원의 군사세계-전문가 코너, 조선일보, 2018년 9월 20일, https://bemil.chosun.com/nbrd/bbs/view.html?b_bbs_id=10158&pn=0&num=5410
33 "Space Launch Report: SpaceX Falcon 9 v1.1 Data Sheet", NASA, https://sma.nasa.gov/LaunchVehicle/assets/space-launch-report-falcon-9-data-sheet.pdf
34 "국민이 정한 우리나라 최초 달 탐사선의 이름 「다누리」", 보도자료, 과학기술정보통신부, 2022년 5월 23일 https://www.msit.go.kr/bbs/view.do?bbsSeqNo=94&nttSeqNo=3181715

35 "Ways To the Moon?", R. Biesbroek and G. Janin, ESA Bulletin, 103, 92 (2002)
36 250킬로미터의 지구 저궤도에서 출발해 200킬로미터의 화성 저궤도까지 간다고 가정했다.
37 "Dawn: An Ion-Propelled Journey to the Beginning of the Solar System", J. R. Brophy, M. D. Rayman, and B. Pavri, Jet Propulsion Laboratory, https://trs.jpl.nasa.gov/bitstream/handle/2014/41370/07-4318.pdf
38 일반 로켓의 경우 연료를 태워 내뿜는 속도를 초속 3킬로미터라고 가정했다.
39 주37과 동일.
40 "Relativistic Rocket Motion", J. W. Rhee, American Journal of Physics, 33, 587 (1965)
41 플루토늄-239(239Pu)가 핵붕괴 최종 단계까지 갔을 때 손실되는 질량이다.
42 "Little Boy and Fat Man", Atomic Heritage Foundation, 2014년 6월 23일, https://www.atomicheritage.org/history/little-boy-and-fat-man

3부 소행성과 혜성, 그리고 지구 방위

1 "The 'True Inventor' of Telescope", H. J. Zuidervaart, The Origin of Telescope, edited by A. Van Helden, S. Dupré, R. van Gent, Amsterdam University Press (2011).
2 "Early Greek Astronomy to Aristotle", D. R. Dicks, Cornell University Press (1970)
3 "Columbus: The Four Voyages, 1492-1504", L. Bergreen, Penguin Group US (2011)
4 "Magellan's Voyage : A Narrative Account of the First Circumnavigation", A. Pigafetta, Dover Publications (1994)
5 "Comets - In Depth", Solar System Exploration, NASA, https://solarsystem.nasa.gov/asteroids-comets-and-meteors/comets/in-depth/
6 "Rosetta ESA's comet-chaser", The European Space Agency https://www.esa.int/Science_Exploration/Space_Science/Rosetta
7 Formation and evolution of the Solar System Thierry Montmerle; "Solar System Formation and Early Evolution: the First 100 Million Years", J-C Augereau and M. Chaussidon, Earth, Moon, and Planets. 98, 39 (2006).
8 내부 물질의 질량밀도가 위치에 따라 다른 경우에는, 천체가 완벽한 공 모양을 하고 있어도 천체 표면에 있는 물체는 위치에 따라 위치에너지가 달라서 중력에 의해 다른 위치로 옮겨 갈 수도 있다.
9 땅속을 구성하는 물질의 성분이 지역과 깊이에 따라 다르다. 이 때문에 같은 압력을 받는 실제 깊이가 위치에 따라 다를 수 있다.
10 어떤 물체가 외부의 힘을 받고 원래 모양을 그대로 지닐 수 있는지는 그 물체를 구성하는 물질

의 '강도'에 달려 있다. 강도는 측정하는 방법에 따라 여러 가지가 있는데, 그중 누르는 힘으로 측정하는 '압축강도'가 대표적인 강도의 하나이다. 외부에서 물체에 힘을 가하면, 이 힘에 물체의 모양이 변하지 않으려고 대항하는 힘이 물질 내부에서 생긴다. 이렇게 외부에서 가하는 힘을 면적으로 나눈 것을 '압력'이라고 하고, 물질 내부의 힘을 면적으로 나눈 것을 '응력'이라고 한다. 압축강도는 물체가 모양을 유지하고 버티는 최대 응력이다.

11 Online Materials Information Resource - MatWeb http://www.matweb.com/
Some Useful Numbers on the Engineering Properties of Materials (Geologic and Otherwise) http://web.stanford.edu/~tyzhu/Documents/Some%20Useful%20Numbers.pdf

12 Largest Piece of Tofu, Guinness World Records http://www.guinnessworldrecords.com/records-3000/largest-piece-of-tofu/

13 "Morphometric properties of Martian volcanoes", J. B. Plescia, Journal of Geophysical Research, 109, E03003 (2004)

14 Mantle (geology), Wikipedia https://en.wikipedia.org/wiki/Mantle_(geology)

15 Outer core, Wikipedia https://en.wikipedia.org/wiki/Outer_core

16 "Ceres - In Depth", Solar System Exploration, NASA, https://solarsystem.nasa.gov/planets/dwarf-planets/ceres/in-depth/

17 "4 Vesta", Solar System Exploration, NASA, https://solarsystem.nasa.gov/asteroids-comets-and-meteors/asteroids/4-vesta/in-depth/

18 균일한 질량밀도를 가정하면 내부 압력 계산이 비교적 간단하다. (참조: http://www.mso.anu.edu.au/~charley/papers/Potato%20Radiusv8.pdf) 하지만 천체의 질량밀도는 내부 깊이에 따라 변하기 때문에 실제 압력과는 차이가 있을 수 있다. 좀 더 정확한 내부 압력을 계산하려면 깊이에 따른 질량밀도의 변화도 고려해야 한다.

19 "Mimas - In Depth", Solar System Exploration, NASA, https://solarsystem.nasa.gov/moons/saturn-moons/mimas/in-depth/

20 "Hyperion - In Depth", Solar System Exploration, https://solarsystem.nasa.gov/moons/saturn-moons/hyperion/in-depth/

21 "The Structure and Mechanical Behavior of Ice", E. M. Schulson, The Journal of The Minerals, Metals & Materials Society, 51, 21 (1999).

22 "The Compressive Strength of Ice Cubes of Different Sizes", G. A. Kuehn, E. M. Schulson, D. E. Jones, and J. Zhang, Journal of Offshore Mechanics and Arctic Engineering, 115, 142 (1993)

23 주5와 동일.

24 "Globally Distributed Iridium Layer Preserved within the Chicxulub Impact Structure", S. Goderis, et al., Science Advances 7, eabe3647 (2021)

25 “A steeply-inclined trajectory for the Chicxulub impact”, G.S. Collins, et al. Nature Communications 11, 1480 (2020). “Assessments of the energy, mass and size of the Chicxulub Impactor”, H.J. Durand-Manterola, G. Cordero-Tercero, arXiv:1403.6391, https://arxiv.org/abs/1403.6391

26 “Radiation Dose Reconstruction U.S. Occupation Forces in Hiroshima and Nagasaki, Japan, 1945–1946 (DNA 5512F)”, W. McRaney and J. McGahan, CONTRACT No. DNA001-80-C-0052 (1980).

27 “NASA Analysis: Earth Is Safe From Asteroid Apophis for 100-Plus Year”, I. J. O’Neill, J. Handal, NASA, 2021년 3월 26일, https://www.nasa.gov/feature/jpl/nasa-analysis-earth-is-safe-from-asteroid-apophis-for-100-plus-years “JPL Small-Body Database Browser: 99942 Apophis (2004 MN4)”, NASA, https://ssd.jpl.nasa.gov/sbdb.cgi?sstr=99942

28 “99942 - Earth Impact Risk Summary”, NASA. https://web.archive.org/web/20130512035601/http://neo.jpl.nasa.gov/risk/a99942.html

29 “Kuiper Belt - In Depth”, Solar System Exploration, NASA, https://solarsystem.nasa.gov/solar-system/kuiper-belt/in-depth/

30 “Oort Cloud - In Depth”, Solar System Exploration, NASA, https://solarsystem.nasa.gov/solar-system/oort-cloud/in-depth/

31 태양에서 60억 킬로미터(40AU) 떨어진 곳에서 혜성이 날아온다고 가정하고 계산.

32 태양에서 3,000억 킬로미터(2,000AU) 떨어진 곳에서 혜성이 날아온다고 가정하고 계산.

33 “Small Body Density and Porosity: New Data, New Insights”, D. T. Britt, G. J. Consolmagno, and W. J. Merline, 37th Annual Lunar and Planetary Science Conference (2006). http://www.lpi.usra.edu/meetings/lpsc2006/pdf/2214.pdf

34 “Double Asteroid Redirection Test Press Kit”, Johns Hopkins University Applied Physics Laboratory, https://dart.jhuapl.edu/News-and-Resources/files/DART-press-kit-web-FINAL.pdf

35 NASA Confirms DART Mission Impact Changed Asteroid’s Motion in Space, NASA, 2022년 10월 11일, https://www.nasa.gov/press-release/nasa-confirms-dart-mission-impact-changed-asteroid-s-motion-in-space

36 Anticipating the DART impact: Orbit estimation of Dimorphos using a simplified model, S. P. Naidu, et al., arXiv:2210.05101 [astro-ph.EP]

37 디디모스를 중심으로 디모르포스가 충돌 전에는 원 모양으로 공전하고 충돌 후에는 타원 모양으로 공전한다고 가정했다.

4부 장기간 유인 우주탐사에 필요한 인공중력

1 “The Amtrak Derailment Was Caused by a Collective Failure”, 2017년 12월 24일, 뉴욕 타임스, https://www.nytimes.com/2017/12/24/opinion/amtrak-derailment-seattle.html

2 "Shorttrack", ASSC Altrincham Speed Skating Club, http://speedskater.uk/shorttrack.html

3 곡선 구간에서는 선수들이 기울어져 달리기 때문에, 달리는 선수들의 몸 윗부분이 그리는 궤적은 스케이트 날이 그리는 궤적보다 더 안쪽에 있다. 따라서 몸 윗부분이 움직이는 궤적의 곡률반지름은 스케이트 날이 움직이는 궤적의 곡률반지름보다 작다. 동심원에서 안쪽에 있는 원의 반지름이 더 작은 것을 생각하면 된다. 이 때문에 몸 윗부분에 작용하는 원심력의 크기는 상대적으로 작고, 그만큼 기울어진 정도도 작아야 한다.

4 좀 더 엄밀하게 말하면, 중력에 대항해 바닥이 미는 힘과 바닥이 직각이 된다는 표현이 더 적절하다.

5 바닥과 발바닥 사이에 최소한의 마찰력이 필요하다.

6 이 부분도 좀 더 엄밀하게 말하면, 중력에 대항해 바닥이 미는 힘과 원운동에 필요한 구심력이 합쳐진 힘이 바닥에 직각이 된다는 표현이 더 적절하다.

7 “Coroner’s report into the death of Kumaritashvili, Nodar.”, T. Pawlowski, British Columbia Ministry of Public Safety and Solicitor General, 2010. Case No: 2010-0269-0002.

8 “Luge Track Safety”, Mon hubbard, arXiv: 1212.4901v1 (2012)

9 “Elon Musk wants SpaceX to reach Mars so humanity is not a ‘single-planet species’”, Michael Sheetz, CNBC, 2021년 4월 23일 https://www.cnbc.com/2021/04/23/elon-musk-aiming-for-mars-so-humanity-isnot-a-single-planet-species.html

10 “Space station from 2001: A Space Odyssey”, 2012년 12월 1일, ESA, https://www.esa.int/ESA_Multimedia/Images/2012/01/Space_station_from_2001_A_Space_Odyssey

11 “Not ‘Elysium,’ But Better ‘Ringworld’ Settlements Could Return Our Future to Its Past (Commentary)”, David Sky Brody (2013): https://www.space.com/22326-elysium-movie-space-colonies-future.html

12 바닥에서 1미터 위의 위치에서 공을 던진다고 가정했다. 인공중력을 만드는 회전반지름이 10미터이면, 공을 던지는 1미터 높이에서는 인공중력의 크기가 발바닥 위치에서의 인공중력 크기의 90%이다.

13 단순히 속도의 크기만 더한 것이 아닌, 방향까지 고려한 두 속도 벡터를 더한 것이다.

14 모든 방향으로 수평인 오목을 만들려면, 회전하는 구조물 안에 회전축과 직각인 방향을 축으로 회전하는 부속 구조물을 추가로 만들면 가능하다. 2개의 인공중력이 합쳐지면서 사방으로 오목인 수평이 만들어진다.

15 400킬로미터 상공도 완벽한 진공상태가 아니기 때문에 아주 미세한 공기저항이 있다. 이 때문에 ISS의 내부에서는 지표면 중력의 100만분의 1 정도 크기의 중력이 있는 이른바 마이크로 중력 상태가 만들어진다. 한편 미세한 공기저항으로 ISS의 고도도 천천히 낮아진다. ISS는 열흘에서 한달 반 사이의 간격으로 추진력을 사용해 우주선의 고도를 높인다. ISS Environment, NASA, https://web.archive.org/web/20080213164432/http://pdlprod3.hosc.msfc.nasa.gov/D-aboutiss/D6.html

16 공기저항도 없다고 가정하자.

17 지구의 자전과 공전, 태양계와 은하의 움직임 등은 일단 생각하지 않기로 하자.

18 미세한 차이도 비교할 수 있는 아주 정밀한 시계로 우주선 안의 서로 다른 위치에서 시간의 흐름을 측정해 비교하는 방법 등으로 주위에 중력이 있는지 없는지를 확인할 수 있다. 하지만 이상적인 상황으로 우주선의 부피가 매우 작아진다고 가정하면, 이 중력 측정 방법마저도 어렵게 된다.

19 "Relativity: The Special and the General Theory", A. Einstein, Berlin (2016)

5부 외계천체 찾기

1 "51 Pegasi", https://en.wikipedia.org/wiki/51_Pegasi, "51 Psgasi b", https://en.wikipedia.org/wiki/51_Pegasi_b

2 "A Jupiter-mass companion to a solar-type star", M. Mayor and D. Queloz, Nature, 378, 355 (1995)

3 "Motion of the Galaxy and the Local Group Determined from the Velocity Anisotropy of Distant Sc I Galaxies. I. The Data", V. Rubin, et al. Astronomical Journal. 81: 687-718 (1976). "Motion of the Galaxy and the Local Group Determined from the Velocity Anisotropy of Distant Sc I Galaxies. II. The Analysis for the Motion", V. Rubin, et al. Astronomical Journal, 81, 719 (1976).

4 "Observational Evidence from Supernovae for an Accelerating Universe and a Cosmological Constant", A. Riess, et al. Astronomical Journal, 116, 1009-1038 (1998). "Measurment of Ω and Λ from 42 High-Redshift Supernovae", S. Perlmutter, et al. Astrophysical Journal,517, 565-586 (1999) .

5 "Kompensation von Dopplereffekten bei Hufeisen-Fledermäusen", H. U. Schnitzler, 54, 523, (1967). "Doppler Shift Compensation" https://en.wikipedia.org/wiki/

Doppler_Shift_Compensation

6 빛의 산란 현상에 의한 결과이다.

7 상황에 따라서는 지구에서 볼 때 별을 가리지 않고 행성이 공전할 수도 있다.

8 "Seven Temperate Terrestrial Planets around the Nearby Ultracool Dwarf Star TRAPPIST-1", M. Gillon, et al. Nature, 542, 456 (2017).

9 "Evidence for a Large Exomoon orbiting Kepler-1625b", A.Teachey and D.M. Kipping, Science Advances, 4, eaav1784 (2018)

10 "The Extrasolar Planet Encyclopaedia - Catalog Listing", http://exoplanet.eu/catalog/

11 잘 보이는 정도를 투명도라고 하고, 빛이 잘 통과하는 정도를 투과율이라고 한다. 투명도를 투과율과 같은 의미로 사용하기도 한다. 이 글에서는 투명하다는 의미를 빛이 잘 통과한다는 의미로 사용한다.

12 "Risk of cancer from diagnostic X-rays: estimates for the UK and 14 other countries", A. Berrington de González, S. Darby, Lancet. 363, 345, (2004).

13 "CT-Generations RAD309", S. Hagi, https://www.kau.edu.sa/Files/0008512/Files/19500_2nd_presentation_final.pdf

14 "Observation of Gravitational Waves from a Binary Black Hole Merger", B. P. Abbott et al. (LIGO Scientific Collaboration and Virgo Collaboration) Physcal Review Letters. 116, 061102 (2016), DOI: https://doi.org/10.1103/PhysRevLett.116.061102, CC BY 3.0

15 LIGO: Laser Interferometer Gravitational-Wave Observatory, https://www.ligo.caltech.edu/

16 "GW170814: A Three-Detector Observation of Gravitational Waves from a Binary Black Hole Coalescence", B. P. Abbott et al. Physical Review Letters, 119, 141101 (2017)

17 소리의 속도는 높이나 온도에 따라 변한다. 좀 더 정확하게 거리를 측정하려면 산에서 소리의 속도가 약간 줄어든다는 점을 감안해야 한다.

18 천문현상인 'light echo'도 빛의 메아리로 해석한다. 천체에서 나오는 빛이 다른 천체 물질에 반사되어 시간 차를 두고 지구에서 관측되는 현상이다. "An energetic stellar outburst accompanied by circumstellar light echoes", H. E. Bond, et al, Nature 422, 405 (2003) 본문의 빛의 메아리는 이 특정 천문 현상을 지칭하지 않는다.

19 LIGO's Interferometer, https://www.ligo.caltech.edu/page/ligos-ifo

20 이 글을 쓰는 데는 PRL 논문뿐 아니라, 한국중력파연구협력단의 보도자료, 그리고 이번에 중력파를 관측한 라이고의 웹페이지에 공개된 데이터와 데이터 처리 코드도 참조했다. "한국중력파연구단 보도자료" http://kgwg.nims.re.kr/home/LSC_KGWG_PressRelease.pdf

21 푸리에 변환과 역푸리에 변환에는 진동수와 진폭 외에 위상phase이라는 정보도 들어간다. 위상은 사인파가 좌우로 얼마나 옮겨져 있는가를 나타낸다.

22 *"Data release for event GW150914", https://losc.ligo.org/events/GW150914/*

23 "Signal processing with GW150914 open data", https://losc.ligo.org/s/events/GW150914/GW150914_tutorial.html

6부 특수상대성이론으로 풀어보는 외계행성 유인 탐사

1 "Top Lifetime Grosses", Box Office Mojo by IMDbPro, https://www.boxofficemojo.com/chart/top_lifetime_gross/

2 "A Faint Star of Large Proper Motion", R. T. A. Innes, Circular of the Union Observatory Johannesburg. 30, 235 (1915); A 13th magnitude star in Centaurus with the same parallax as α Centauri, J. Voûte, Monthly Notices of the Royal Astronomical Society. 77, 650 (1917)

3 "A Terrestrial Planet Candidate in a Temperate Orbit around Proxima Centauri", G. Anglada-Escudé et al, Nature, 536, 437 (2016)

4 "The Pulsation Mode of the Cepheid Polaris", D. G. Turner et al, The Astrophysical Journal Letters, 762, L8 (2013).

5 "Zur Elektrodynamik bewegter Körper", A. Einstein, Annalen der Physik, 17, 891 (1905).

6 주4와 동일.

7 "Cepheid Period-Luminosity Relations in the Near-Infrared and the Distance to M31 from The Hubble Space Telescope Wide Field Camera 3", A. G. Riess, J. Fliri, and V-G Jürgen, The Astrophysical Journal. 745, 156 (2012)

8 "Medical Aspects of Harsh Environments", Volume 1, Chapter 33, Kent B. Pandoff and Robert E. Burr, Office of the Surgeon General, U.S. Army (2002)

9 "Breakthrough Starshot: Mission to Alpha Centauri", Paul Gilster, 2016년 4월 12일, https://www.centauri-dreams.org/2016/04/12/breakthrough-starshot-mission-to-alpha-centauri/

10 "The Relativistic Rocket", P. Gibbs, University of California, Riverside, https://math.ucr.edu/home/baez/physics/Relativity/SR/Rocket/rocket.html
"Relativistic Rocket Motion", J. W. Rhee, American Journal of Physics, 33, 587 (1965)

11 *"Extra Dimensions in Space and Time", I. Bars, J. Terning. Springer. pp. 27 (2010).*

"Constraints on the topology of the Universe: Extension to general geometries" P. M. Vaudrevange, G. D. Starkman, N. J. Cornish, and D. N. Spergel Phys. Rev. D 86, 083526 (2012)

12 주3과 동일.

13 "Color Difference Makes a Difference: Four Planet Candidates around Tau Ceti", F. Feng, et al The Astronimocal Journal 154, 135 (2017)

14 "The Lick-Carnegie Exoplanet Survey: A 3.1 M⊕ Planet in the Habitable Zone of the Nearby M3V Star Gliese 581", S. S. Vogt et.al, The Astrophysical Journal, 723, 954 (2010)

15 "A Dynamically-packed Planetary System around GJ 667C with Three Super-Earths in its Habitable Zone", G.Anglada-Escudé, et al, Astronomy & Astrophysics, 556, A126 (2013)

16 "The HARPS Search for Earth-like Planets in the Habitable Zone", F. Pepe, et al, Astronomy & Astrophysics 534, A58 (2011)

17 "Seven Temperate Terrestrial Planets around the Nearby Ultracool Dwarf Star TRAPPIST-1", M. Gillon, et al. Nature 542, 456 (2017).

18 "Kepler-22b: A 2.4 Earth-radius Planet in the Habitable Zone of a Sun-like Star", W.J. Borucki, et al. The Astrophysical Journal, 745, 120 (2012)

19 "Discovery and Validation of Kepler-452b: A 1.6 R⊕ Super Earth Exoplanet in the Habitable Zone of a G2 Star", J.M. Jenkins, et al. The Astronomical Journal, 150, 56 (2015)

20 "The Trappist-1 Habitable Zone", NASA Hubblesite, https://hubblesite.org/contents/media/images/2017/07/3986-Image.html

21 "Planet hop from TRAPPIST-1e", Exoplanet Exploration - Planets Beyond Our Solar System, NASA, https://exoplanets.nasa.gov/resources/2159/

22 미군과 미국 연방항공국, 그리고 미국 항공우주국은 우주의 경계를 80킬로미터로 보기도 했었다. "A word about the definition of space", S. Merlin, NASA, https://www.nasa.gov/centers/dryden/news/X-Press/stories/2005/102105_Schneider.html

23 "Project Mercury: A Chronology", J. M. Grimwood, NASA SP-4001, NASA (1963)

24 "The flight of Vostok 1", 50 years of humans in space, ESA, https://www.esa.int/About_Us/ESA_history/50_years_of_humans_in_space/The_flight_of_Vostok_1

25 "Ground Ignition Weights", NASA, https://history.nasa.gov/SP-4029/Apollo_18-19_Ground_Ignition_Weights.htm

26 "NASA – Voyager Facts: Voyager 1", NASA https://www.nasa.gov/centers/goddard/news/topstory/2003/1105voyager_facts.html

27 일반상대성이론에 의하면 중력에 의해서도 시간이 느려지는 '중력 시간 팽창' 현상이 나타난다. 좀 더 정확하게 지구의 시간과 보이저 1호의 시간을 비교하려면, 태양과 지구의 중력으로 인한 시간 팽창으로 지구의 시간이 느려지는 것도 같이 따져야 한다.

28 "Large Hadron Collider", CERN, http://home.cern/topics/large-hadron-collider

29 "Fuel Economy Impact Analysis of RFG", EPA-Office of Mobile Sources, EPA420-F-95-003, August 1995. https://afdc.energy.gov/files/pdfs/2876.pdf

30 "South Korea: Gasoline consumption", theGlobalEconomy.com, https://www.theglobaleconomy.com/South-Korea/gasoline_consumption/

31 "The Yields of the Hiroshima and Nagasaki Nuclear Explosions", John Malik, Los Alamos National Laboratory report number LA-8819, 6 November 2013, http://large.stanford.edu/courses/2018/ph241/cheng2/docs/malik.pdf

32 "Dragon Endeavour 2", NSSDCA/COSPAR ID: 2021-030A, NASA, https://nssdc.gsfc.nasa.gov/nmc/spacecraft/display.action?id=2021-030A

33 "Little Boy and Fat Man", Atomic Heritage Foundation, 2014년 6월 23일, https://www.atomicheritage.org/history/little-boy-and-fat-man

34 플루토늄-239가 핵분열을 거쳐 핵붕괴의 마지막 단계에 이르면 약 0.09%의 질량이 손실된다.

35 수소의 핵(양성자) 4개가 핵융합을 해서 헬륨 원자의 핵 1개를 만든다. 수소 원자 4개의 질량과 헬륨 원자 1개의 질량 차이로 핵융합 때 사라지는 질량을 가늠할 수 있다. 사라지는 질량은 핵융합 전 질량의 0.7% 정도이다.

36 지구에는 몇 개의 다른 종류의 철 원자가 존재한다. 동위원소라고 부르는데, 양성자 수는 같지만 중성자 수는 다른 원자들이다. 여러 개의 수소 핵은 여러 단계의 핵융합을 거쳐 핵융합의 최종 단계인 철의 핵에 이른다. 수소 원자의 질량과 지구에서 가장 풍부한 철의 동위원소의 질량으로부터 핵융합 때 사라지는 질량을 가늠해 보면, 핵융합 전의 수소 질량의 약 0.9% 정도가 사라진다.

37 움직이는 우주선의 질량과 움직이는 우주선에 싣고 가는 연료의 질량은 정지 질량으로 표시했다.

그림 출처

1부 무중력과 인공위성

그림1-1 지구, 달, 세레스 사진: NASA

그림1-2 사진: NASA

박스글 〈인류 최초의 유인 우주비행〉 사진: Wikimedia Commons

그림1-3 지구 텍스처: Wikimedia Commons

그림1-4 사진: NASA

그림1-5 지구 사진, ISS 그림: NASA | 지구 텍스처: Wikimedia Commons

그림1-7 지구 텍스처: Wikimedia Commons | ISS 그림: NASA

그림1-8 지구 텍스처: NASA

그림1-9 지구 텍스처: NASA

그림1-11 하이퍼루프 그림: Neuhausengroup, Wikimedia Commons

그림1-13 사진: 한국항공우주연구원

그림1-14 지구 텍스처: Wikimedia Commons

그림1-15 지구 텍스처: Wikimedia Commons

그림1-16 지구 텍스처: NASA

박스글 〈지구 위의 두 지점을 잇는 경로 중 가장 짧은 경로인 측지선〉 지구 텍스처: NASA

그림1-17 지구 텍스처: NASA

그림1-18 지구 텍스처: NASA

그림1-19 지구 텍스처: NASA

2부 태양계 우주탐사

그림2-1 그림: Wikimedia Commons

그림2-2 달 사진: NASA

박스글 〈대륙간 탄도미사일이 날아가는 모양〉 지구 텍스처: NASA

그림2-3 지구, 달 사진: NASA

그림2-4 지구, 달 사진: NASA

그림2-5 지구 텍스처: Wikimedia Commons

그림2-6 지구 텍스처: Wikimedia Commons

그림2-7 공항 사진: Wikimedia Commons | 테니스 공, 사람 그림: pixabay.com

그림2-8 목성 사진: NASA | 탐사선, 테니스 공, 테니스 라켓 그림: pixabay.com
그림2-9 테니스 공, 사람 그림: pixabay.com
그림2-10 보이저 1호 비행 궤적, 목성 그림: NASA | 탐사선 그림: pixabay.com
박스글 〈카시니-하위헌스호〉 카시니-하위헌스호 비행 궤적 원본 그림: NASA
그림2-11 그림: NASA, ESA
그림2-12 참조한 그림: JPL, NASA
박스글 〈보이저 1호와 2호의 방향을 바꾸는 중력도움 항법〉 원본 그림: JPL, NASA
그림2-13 테니스 공, 사람 그림: pixabay.com
그림2-14 금성 그림: NASA | 탐사선 그림: pixabay.com
그림2-15 금성 그림: NASA | 탐사선 그림: pixabay.com
그림2-16 사진: 한국항공우주연구원
그림2-17 지구 텍스처: Wikimedia Commons
그림2-18 오우무아무아 그림: Wikimedia Commons | 오우무아무아 궤적: NASA
그림2-21 지구, 달, 화성 사진: NASA
그림2-22 지구 텍스처, 다누리호 그림: Wikimedia Commons | 달 사진: NASA | 과학기술정보통신부 보도자료 참조
그림2-23 사진: NASA

3부 소행성과 혜성, 그리고 지구 방위

그림3-1 사진: ESA
그림3-7 사진: NASA
그림3-8 그림: pixabay.com
그림3-9 지구 텍스처: Wikimedia Commons | 소행성 사진: NASA
그림3-10 지구, 소행성 사진: NASA
그림3-11 원본 그림: Wikimedia Commons
그림3-12 자동차 그림: openclipart.org
그림3-13 원본 그림: Wikimedia Commons
그림3-14 지구 텍스처: NASA
그림3-16 그림: NASA/JHUAPL/Steve Gribben
그림3-17 사진: CTIO/NOIRLab/SOAR/NSF/AURA

4부 장기간 유인 우주탐사에 필요한 인공중력

그림4-1 사진: 미국 연방 교통안전위원회(National Transportation Safety Board)
그림4-2 지도: OpenStreetMap
그림4-6 사진: Wikimedia commons

그림4-8 사진: Wikimedia commons
그림4-9 사진: Wikimedia commons
그림4-10 지구, 화성 사진: NASA
그림4-12 사람 그림: openclipart.org
그림4-17 지도: Wikimedia commons
그림4-18 지도 원본: pixabay.com
그림4-19 지구 사진: NASA
그림4-22 지구 텍스처: Wikimedia commons | ISS 그림: NASA
그림4-24 지구 텍스처: Wikimedia commons
그림4-25 사람 그림 원본: pixabay.com
그림4-26 사람 그림 원본: pixabay.com

5부 외계천체 찾기

그림5-1 위의 별 지도: IAU and Sky & Telescope | 아래의 별과 행성 그림: Wikimedia Commons
그림5-3 사람: openclipart.org | 경주용 자동차: pixabay.com
그림5-4 악보 그림: openclipart.org
그림5-5 행성 그림: NASA
그림5-6 지구 사진: NASA
그림5-7 심장, 초음파 사진: Wikimedia commons
그림5-8 박쥐 그림: pixabay.com
그림5-9 사진: NASA
그림5-12 사진: Wikimedia commons
그림5-13 Man vyi가 1889년에 찍은 포스터 사진: Wikimedia Commons
그림5-14 컴퓨터 그림: openclipart.org | CT 사진: Wikimedia commons
그림5-15 사진: Wikimedia commons
그림5-18 아인슈타인 고리, 아인슈타인 십자가 사진: Wikimedia commons
그림5-19 블랙홀 그림: NASA
박스글 〈비행기의 위치 측정〉 사진: Wikimedia commons
박스글 〈자율주행차에 사용하는 레이다와 라이다〉 사진: Steve Jurvetson, Wikimedia commons
그림5-22 원본 그림: Wikimedia commons
그림5-26 원본 그림: “Observation of Gravitational Waves from a Binary Black Hole Merger”, B. P. Abbott et al. (LIGO Scientific Collaboration and Virgo Collaboration) Physical Review Letters. 116, 061102 (2016), DOI: https://doi.org/10.1103/PhysRevLett.116.061102, CC BY 3.0
그림5-27 원본 그림: 그림5-26과 동일

그림5-28 원본 그림: 그림5-26과 동일

그림5-30 원본 그림: 그림5-26과 동일

그림5-34 원본 그림: 그림5-26과 동일

그림5-34 원본 그림: 그림5-26과 동일

그림5-35 원본 그림: 그림5-26과 동일

그림5-36 데이터, 그래프: “Signal processing with GW150914 open data”, https://losc.ligo.org/s/events/GW150914/GW150914_tutorial.html

그림5-38 원본 그림: 그림5-26과 동일

6부 특수상대성이론으로 풀어보는 외계행성 유인 탐사

그림6-1 원본 그림: pixabay.com

박스글 〈지구에서 가장 가까운 별, 프록시마 센타우리〉 사진: NASA

그림6-2 지구 그림: pixabay.com

그림6-3 목성, 토성 그림: pixabay.com

박스글 〈북극성〉 사진: NASA

박스글 〈특수상대성이론의 길이 수축과 시간 팽창〉 아인슈타인 사진: Wikimedia Commons

그림6-4 지구 사진: NASA | 안드로메다은하 사진: Wikimedia Commons

그림6-5 지구 사진: NASA | 안드로메다은하 사진: Wikimedia Commons

그림6-6 지구 텍스처: NASA

그림6-7 지구 텍스처, 외계행성 그림: NASA

그림6-8 지구 텍스처, 외계행성 그림: NASA

그림6-9 지구 텍스처: NASA

그림6-10 지구 텍스처: NASA

박스글 〈우주선 밖의 세상이 움직이는 관점에서 확인하는 우주여행 시간〉 지구 텍스처, 외계행성 그림: NASA

그림6-11 자동차 그림: openclipart.org

그림6-12 사람 그림: openclipart.org

그림6-13 인공중력 장치 사진: NASA

그림6-14 그림: NASA

그림6-15 지구 텍스처, 외계행성 그림: NASA

그림6-16 그림: NASA-JPL/Caltech

그림6-17 사진: NASA

그림6-18 사진: CERN

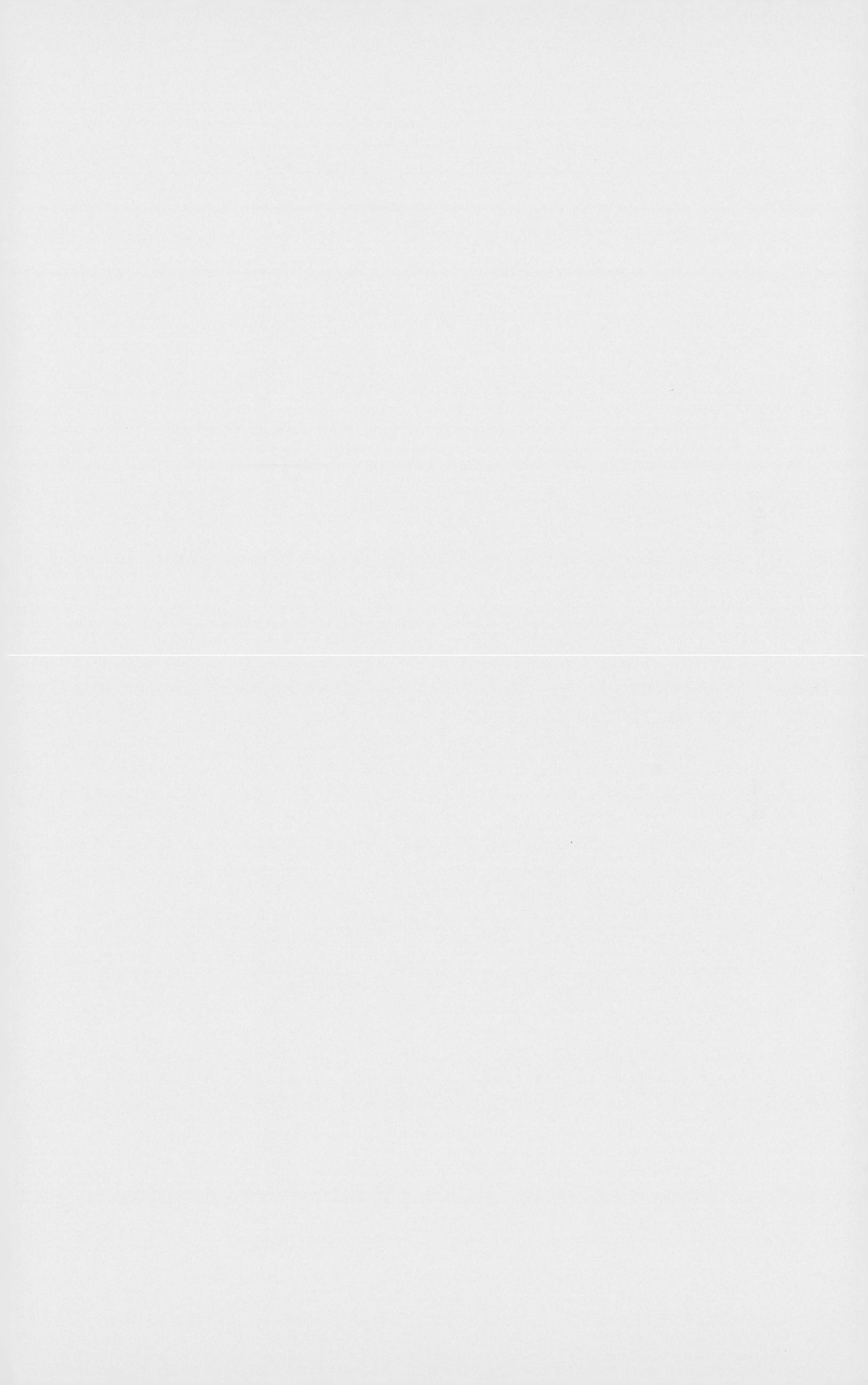